“十二五”职业教育国家规划教材
经全国职业教育教材审定委员会审定

水利工程测量

（第二版）

主　编　赵　红
副主编　张养安　李聚方　刘　勇

中国水利水电出版社
www.waterpub.com.cn

内 容 提 要

本教材共分三篇、十五个项目。第一篇基础篇，包括七个项目，主要介绍了测量的基本概念、基本知识和基本工作，以及测量仪器的使用方法、基本工作的作业方法；其中项目一绪论，主要介绍了测量的基本概念、基本工作和基本原则；项目二地形图的基本知识，主要介绍了地形图的基本概念和基本知识；项目三测量误差的基本知识，主要介绍了误差的概念及精度评定的方法；项目四至七介绍了测量工作（包括水准测量、角度测量、距离测量）的原理和方法，以及水准仪、经纬仪、全站仪的使用方法；第二篇地形图测绘，主要介绍了地形图测绘的作业流程、外业施测、数据处理及成图，其中项目八介绍了控制测量的作业方法，项目九介绍了地形图测绘的方法，项目十介绍了地形图应用；第三篇施工测量及变形监测包括项目十一至十五，介绍了测量在水利工程中的应用，包括施工测量的基本工作、大坝施工测量、隧洞施工测量、渠道测量和大坝变形观测等内容。

本教材可供水利工程、水利水电建筑工程、水信息、水文、工程地质、农林、环境工程等专业使用，也可供从事水利水电的专业技术人员参考。

图书在版编目（CIP）数据

水利工程测量 / 赵红主编. -- 2版. -- 北京 : 中国水利水电出版社, 2016.1(2024.7重印).
“十二五”职业教育国家规划教材
ISBN 978-7-5170-4045-3

Ⅰ. ①水… Ⅱ. ①赵… Ⅲ. ①水利工程测量－高等职业教育－教材 Ⅳ. ①TV221

中国版本图书馆CIP数据核字(2016)第019515号

书　　名	“十二五”职业教育国家规划教材 **水利工程测量（第二版）**
作　　者	主编　赵　红　副主编　张养安　李聚方　刘　勇
出版发行	中国水利水电出版社 （北京市海淀区玉渊潭南路 1 号 D 座　100038） 网址：www.waterpub.com.cn E－mail：sales@mwr.gov.cn 电话：(010) 68545888（营销中心）
经　　售	北京科水图书销售有限公司 电话：(010) 68545874、63202643 全国各地新华书店和相关出版物销售网点
排　　版	中国水利水电出版社微机排版中心
印　　刷	天津嘉恒印务有限公司
规　　格	184mm×260mm　16 开本　21.75 印张　516 千字
版　　次	2010 年 2 月第 1 版　2010 年 2 月第 1 次印刷 2016 年 1 月第 2 版　2024 年 7 月第 7 次印刷
印　　数	16001—19000 册
定　　价	**69.50** 元

第二版前言

教材事关国家和民族的前途命运，教材建设必须坚持正确的政治方向和价值导向。本书坚持党的二十大精神，全面贯彻党的教育方针，落实立德树人根本任务，为党育人，为国育才，弘扬劳动光荣、技能宝贵、创造伟大的时代风尚。

本书根据《教育部关于加强高职高专教育人才培养工作的意见》和《关于全面提高高等职业教育教学质量的若干意见》（教高［2006］16号文）等文件精神，按照高职高专教育教学的要求，以及水利水电类专业对工程测量技术的要求，结合示范性高等职业院校教学改革的实践经验编写。

本书在第一版的基础上，重点做了以下方面的改进：随着测量技术的发展，目前控制测量普遍采用GPS测量技术，数字测图采用全站仪和GPS施测，因此，修订教材在全站仪和GPS两个方面上增加了相应内容；对于重要知识点，增加了特别提示；根据最新的水利工程测量规范，对教材内容进行修改；为了更好地体现职业性，本教材的修订以水利工程测量工作过程为主线，围绕职业岗位能力要求，科学选择和设计教材内容，并且对教材内容按照项目化和任务化进行组织。本教材的修订立足两个方面：一方面要把基本知识和技能讲透，一方面要让学生利用掌握的基本技能去解决实际工作中的问题，因此，对内容上进行了组织和调整，共分为三篇（即基础篇、地形图测绘、施工测量的基本工作），十五个项目；遵循“岗、课、证”融通的原则，将“工程测量员”职业资格考证的要求和内容融入到教材中，并且增加了附录三“工程测量员职业技能鉴定标准”，与企业一线专家合作，共同编写了职业技能鉴定理论和实操考试模拟试卷；为了强化学生的实践操作技能，教材增加了新的实训内容，如增加全站仪检校、综合实训环节等。

本教材由浙江水利水电学院赵红担任主编，杨凌职业技术学院张养安、黄河水利职业技术学院李聚方、浙江同济科技职业学院刘勇担任副主编。其中：项目一由黄文彬编写，项目二由毛迎丹编写，项目三和项目五由黄伟朵编写，项目四和项目十由张养安编写，项目七、项目十一、项目九的任务三、任务十的任务四、附录一和附录二由赵红编写，项目六和项目九由刘勇编写，项目八由李聚方编写，项目十二、项目十五由唐继权编写，项目十三由王稳江编写，项目十四由鲁有柱编写，附录三由赵红、毛迎丹以及杭州勘测设计院吕松华高级工程师共同编写。全书由赵红统稿，浙江大学陈丽华副教授审稿。

囿于编者水平，书中的差错或不当之处在所难免，恳盼使用本教材的教师和读者多提宝贵意见，以使本教材日臻完善。

编　者

2024年3月

第一版前言

本教材是按照高职高专教育教学的要求，以及水利水电类专业对工程测量技术的要求，根据多年来的教学和实践经验编写的，由浙江水利水电专科学校、杨凌职业技术学院、黄河水利职业技术学院和浙江同济科技职业学院共同编写。

水利工程测量是水利水电类专业的技术基础课。随着电子技术、计算机技术和空间技术的发展，现代测绘技术也得到了突飞猛进的发展，新技术、新仪器、新方法大量涌现。为了更好地培养高素质、高技能的应用型人才，及时反映测量的新知识，突出能力培养和技能训练的职业教育特点，本书在编写过程中充分考虑到高职高专类学生的具体情况，以阐明基本理论、基本知识和培养学生的实际动手能力为宗旨，力求简化理论知识的叙述和公式推导，特别强调实践环节，对学生实际能力的培养做了有益的探索；同时，还重视测量新技术、新仪器和新方法的讲述，如介绍了电子水准仪、电子经纬仪、全站仪、GPS、数字化地形图测绘等内容。

本教材由浙江水利水电专科学校赵红担任主编，杨凌职业技术学院张养安、黄河水利职业技术学院李聚方、浙江同济科技职业学院王建华担任副主编。其中：第六章、第十一章、第九章的第三节、第十章的第四节、附录一和附录二由赵红编写；第三章和第十章由张养安编写；第八章由李聚方编写；第五章和第九章由王建华编写；第十三章由王稳江编写；第十四章由鲁有柱编写；第一章由黄文彬编写；第二章由毛迎丹编写；第四章、第七章由黄伟朵编写；第十二章、第十五章由唐继权编写。全书由赵红统稿，浙江大学陈丽华副教授审稿。

囿于编者水平，书中的差错或不当之处在所难免，恳盼使用本教材的教师和读者多提宝贵意见，以帮助我们改进，使本教材日臻完善。

编　者

2009 年 10 月

目　　录

第二篇　地形图测绘

第三篇　施工测量的基本工作

第一篇 基 础 篇

项目一 绪 论

内容提要 本项目共分七个任务，主要介绍了地面点位置的表示方法，测量工作的基本概念和基本原则，以及地球曲率对观测量的影响。本章的重点内容是：水利工程测量的主要任务；水准面、大地水准面、相对高程、绝对高程、高差；独立平面直角坐标系；测量的基本工作和基本原则；地球曲率对水平距离、高程和水平角的影响。本项目的难点是：高斯平面直角坐标。

任务一 测绘科学的发展及应用

测绘是测量和地图制图的统称。测绘科学研究的对象主要是地球的形状、大小和地球表面上各种固定物体的几何形状及空间位置。测绘科学的成果通常将地形信息结合某些社会信息和自然信息编制成图或地理数据库供人们直观、方便地使用。早在几千年前，中国、埃及等世界文明古国的劳动者就创造了简单的测绘工具并将其应用到土地丈量、河道治理等方面。因此，测绘技术是从人类实践中逐渐发展起来的一门历史悠久的技术。传统的测绘学科主要包括大地测量学、普通测量学、摄影测量学、工程测量学、海洋测量学、地籍测绘学、地图制图学等分支。

大地测量学是研究地球的形状、大小和重力场，测定地面点几何位置和地球整体与局部运动的理论和技术的学科。其基本任务是：①建立国家大地控制网，为地形测图和大型工程测量提供基本控制；为空间科学技术和军事用途提供资料。②测定地球的形状、大小和研究地球重力场的理论、技术和方法，为研究地球形状、大小和其他科学问题提供资料。

普通测量学是研究对地球表面局部地区（在测量区域内，不考虑地球曲率的影响，地球表面被当作水平面处理）进行测绘工作的基本理论、技术和方法的学科。

摄影测量学是研究利用摄影或遥感的手段获取目标物的影像数据，从中提取几何或物理的信息，并用图形、图像和数字形式表达测绘成果的学科。因获得像片的方法不同，摄影测量学又可分为地面摄影测量、航空摄影测量、航天摄影测量等。它的主要研究内容有：获取目标物的影像，对影像进行处理，将所测得的成果用图形、图像或数字表示。

工程测量学研究工程建设在勘测、规划、设计、施工、运行管理各个阶段的测量工作的理论、技术和方法的学科。主要任务是研究工程建设中所进行的各种测量工作，主要包括测绘地形图、施工放样及进行竣工测量和设备的安装测量等方面。

海洋测绘学是研究以海洋水体和海底为对象所进行的测量和海图编制理论和方法的学科。它主要包括海道测量、海洋大地测量、海底地形测量、海洋专题测量以及航海图、海底地形图等图的编制。

地籍测量学是研究测定土地及其附着物的权属、位置、数量、质量和利用情况的学科。凡涉及土地及其附着物的权利的测量都可视为地籍测量。地籍测量是一项基础性的具有政府行为的测绘工作，是政府行使土地行政管理职能的具有法律意义的行政性技术行为。

地图制图学是研究地图及其编制和应用的一门学科。它研究用地图图形反映自然界和人类社会各种现象的空间分布、相互联系及其动态变化，具有区域性学科和技术性学科的两重性，亦称地图学。传统的地图制图学由地图学总论、地图投影、地图编制、地图整饰和地图制印等部分组成。

随着科学技术的进步，光电技术、人造地球卫星技术、计算机技术在测绘技术中得到了普遍应用，测绘学研究的对象不再仅仅只是地球，而已扩展到地球外层空间的各种自然和人造实体。测绘的作业方式和应用领域都已经发生了重大变化，传统的按作业方式或应用领域的分类方法已经不能完全适应测绘学科的现状。

20 世纪末，以"3S"（全球定位系统——GPS、遥感技术——RS、地理信息系统——GIS）为代表的现代测绘技术得到快速发展并已普遍应用于测绘生产中，测绘产品也逐步实现向数字高程模型（DEM）、数字正射影像（DOM）、数字线划图（DLG）和数字栅格图（DRG）——"4D"产品方面过渡。随着"数字地球"的建立，测绘将为经济建设提供越来越多的服务。

测绘工作常被人们称为建设的尖兵，在经济建设和国防建设中具有重要作用。这是由于不论是国民经济建设还是国防建设，其勘测、设计、施工、竣工及保养维修等阶段都需要测绘工作，而且都要求测绘工作走在这类任务的前面。如农田水利建设、国土资源管理、地质矿藏的勘探与开发、交通航运的设计、工矿企业和城乡建设的规划、海洋资源的开发、江河的治理、大型工程建设等，都必须首先进行测绘并提供地形图与数据等资料，才能保证规划设计与施工的顺利进行。因此，在国防建设中，军事工程的设计与施工、火炮及导弹武器的发射、战役及战斗方案的部署、各军兵种军事行动的协同等，都离不开地形图和测绘工作的保障。所以，人们形象地称地形图是"指挥员的眼睛"。在其他领域，如地震灾害的预报、航天、考古、探险，甚至人口调查等工作中，也都需要测绘工作的配合。

新中国成立以来，我国测绘的主要成就有：①在全国范围内（除台湾省外），建立了高精度的大地控制网，统一了坐标系统与高程系统；②完成了国家基本比例尺地形图的测绘，测图比例尺随着我国经济建设发展的需要逐步增大，测图方法从以平板仪地形测量和模拟立体摄影测量为主，发展到以内外业一体化地面数字测图和全数字摄影测量为主；③编制和出版了各种地图、专题图及地图集，制图逐渐实现了从手工编绘向数字化、自动化过渡；④制定了各种测绘技术规范和法规，统一了技术规格和精度指标；⑤建立了从中等测绘职业教育到高等测绘教育的完整教育体系，培养和造就了大量测绘技术人才；⑥测绘技术步入世界先进行列，向着自动化和数字化发展，十余年来，研制出了大量具有世界先进水平的测绘软件，如全数字摄影测量系统——VirtuoZo、面向对象的地理信息系统——GeoStar（吉奥之星）、地理信息系统软件平台——MAPGIS、数字测图系统——清华山维的EPSW、武汉瑞得的RDMS、南方测绘的CASS等；⑦测绘仪器的制造从无到有，不仅能生产各种不同等级的光学经纬仪、水准仪、平板仪等，还能批量生产电子经纬仪、电磁波测距仪、自动安平水准仪、全站仪、GPS接收机、解析测图仪等。

作为时代的结晶，测绘科学技术在人们认识自然、改造自然与发展生产力的过程中发挥了十分重要的作用。工程建设的勘测、规划、设计、施工、竣工及运营后的监测、维护都需要测量工作，地震预测预报、灾情监测、空间技术研究、海底资源探测、大坝变形监测、加速器和核电站运营的监测等，无不需要测绘工作的配合和提供空间信息。

从以上测绘学在国民经济建设和国防建设中的应用可以看到，测绘学的服务范围和对象正在不断扩大，不再是原来单纯从控制到测图，为国家制作基本地形图，而是扩大到国民经济和国防建设中与地理空间数据有关的各个领域。测绘学为研究地球的自然和社会现象，解决人口、资源、环境和灾害等社会可持续发展中的重大问题，以及为国民经济和国防建设提供技术支撑和数据保障。

水利水电建设中的测量工作称之为水利工程测量。水利工程测量是为水利工程建设服务的专门测量，属于工程测量学的范畴。它的主要任务是：

（1）为水利工程规划设计提供所需的地形资料。规划时需提供中、小比例尺地形图及有关信息，建筑物设计时要测绘大比例尺地形图。

（2）施工阶段要将图上设计好的建筑物按其位置、大小测设于地面，以便据此施工，称为施工放样。

（3）工程完工后，需要测绘竣工图，供日后扩建、改建和维修使用。在施工过程及工程建成后运行管理中，需要对建筑物的稳定性及变化情况进行监测，即变形观测，以确保工程安全。

本课程是水利类专业的技术基础课。作为一名水利工作者，必须掌握测量的知识和技能，才能担负起工程勘测、规划设计、施工及管理等任务。学习该课程，具体要求包括：掌握现代测量学的基本知识、基本理论；具有使用常规测量仪器的操作技能，掌握先进测绘仪器的原理、使用方法，如全站仪、GPS等；基本掌握小区域大比例尺地形图测绘的原理、方法；掌握数字测图的过程与方法；在水利工程规划、设计和施工中能正确地使用地形图和测量信息；掌握处理测量数据的理论和评定精度的方法；在施工过程中，能正确使用测量仪器进行一般水利工程的施工放样工作。

水利工程测量是一门实践性很强的课程，在教学过程中，除了课堂讲授之外，还有实验课和教学实习。在掌握课堂讲授内容的同时，要认真参加实验课，以便巩固和验证所学理论，掌握各种实践技能。教学实习是一个系统的实践环节，要自始至终完成各项内容的实习，才能对测量的理论、知识和实践过程有一个完整的、系统的认识，实践技能才能得到巩固和提高。

任务二　地球的形状和大小

测量工作研究的主要对象是地球的自然表面（地球在长期的自然变化过程中形成的表

面)，即岩石圈的表面。地球表面是一个形状极其复杂而又不规则的曲面。地面上有高山、丘陵、平原、江河、湖泊、海洋等。如果仅从某一局部地区来推断，很难确定出地球的形状和大小。如，我国西藏与尼泊尔交界处的珠穆朗玛峰高达 8848.13m，而在太平洋西部的马里亚纳海沟深达 11022m。不过，从整体来看，地面的起伏与地球平均半径（约 6371000m）相比是微不足道的。

通过长期的测绘工作和科学调查，人们了解到地球表面上的海洋面积约占 71%，陆地面积约占 29%。我们可以把地球总的形状看成是一个被海水包围的形体，也就是设想一个静止的海水面（即没有波浪、无潮汐的海水面）向大陆内部延伸，最后包围起来的闭合形体。我们将水在静止时的表面叫做水准面。水准面有无穷多个，其中一个与平均海水面重合并延伸到大陆内部的水准面叫做大地水准面，如图 1-1 所示。大地水准面是唯一的，是决定地面点高程的起算面。由大地水准面所包围的形体叫做大地体，通常认为大地体可以代表整个地球的形状。

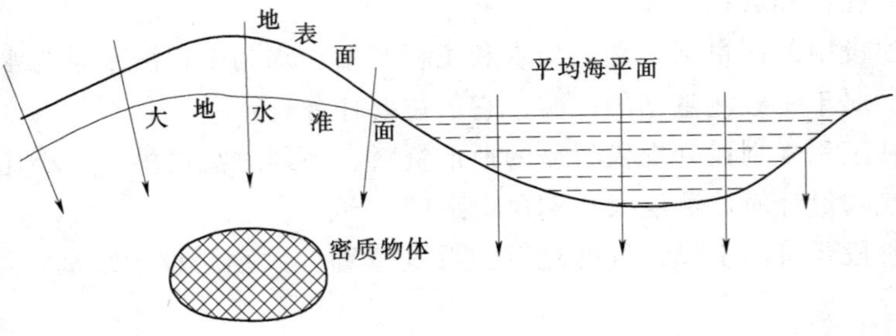

图 1-1　大地水准面示意图

水准面是一个连续封闭曲面，通过水准面上某一点而与水准面相切的平面称为过该点的水平面。水准面有这样的物理特征：处处都与其铅垂线方向相垂直。铅垂线方向又称为重力方向。重力是地球引力和离心力的合力，地球表面离心力与引力之比约为 1∶300，所以重力方向主要取决于引力方向。由于地球内部物质分布不均匀，使得地面各点铅垂线方向发生不规则的变化，大地水准面实际上是略有起伏而不规则的封闭曲面，如图 1-2 所示。

显然，要在这样的曲面上进行各种测量数据的计算和成果、成图的处理是相当困难的，甚至是不可能的。然而，人们经过长期的精密测量，发现大地体十分接近于一个两极稍扁的旋转椭球体，如图 1-3 所示。这个与大地体形状和大小十分接近的旋转椭球体，

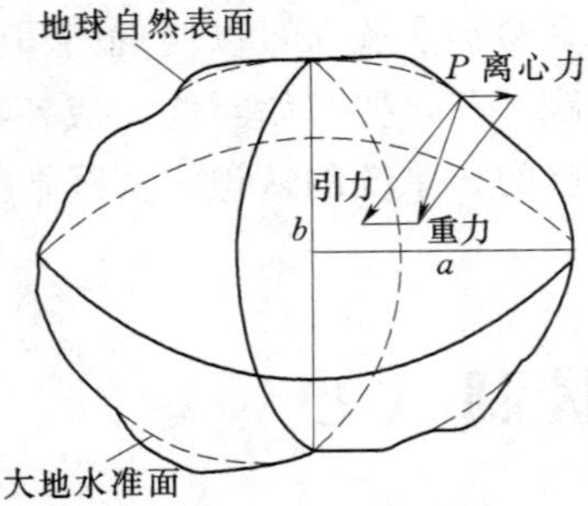

图 1-2　大地水准面与地球自然表面

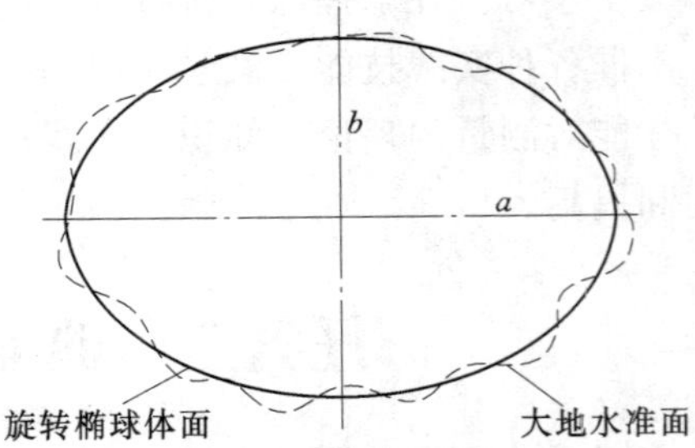

图 1-3　旋转椭球面

我们称之为地球椭球体。它是一个符合 $\frac{X^2}{a^2}+\frac{Y^2}{a^2}+\frac{Z^2}{b^2}=1$ 公式的数学曲面，用 a 表示地球椭球体的长半径，b 表示其短半径，则地球椭球的扁率 f 为

$$f=\frac{a-b}{a} \tag{1-1}$$

所以地球椭球的元素用 a、b、f 表示即可。

世界各国推导和采用的地球椭球元素很多，现摘录几种典型的地球椭球元素以作参考。

表 1-1　　几种典型的地球椭球元素

地球椭球名称	年份	长半径 a/m	扁　率	国别或国际组织	备　注
白塞耳	1841	6377397	1∶299.1528128	德国	
海福特	1910	6378388	1∶297.0	美国	
克拉索夫斯基	1940	6378245	1∶298.3	苏联	1954 年北京坐标系采用
IUGG1975	1975	6378140	1∶298.257	1975 年 IUGG 第 16 届大会推荐值	1980 年国家大地坐标系采用
IUGG1979	1979	6378137	1∶298.257223563	1979 年 IUGG 第 17 届大会推荐值	美国 GPS 采用

注　IUGG 指国际大地测量与地球物理联合会。

由于地球椭球的扁率很小，在地形测量的某些范围内常常近似地把它看作圆球体，其半径取为

$$R=\frac{a+a+b}{3}\approx 6371(\text{km}) \tag{1-2}$$

一个国家为了处理自己的大地测量成果，首先要在地面上适当的位置选择一点作为大地原点，用于归算地球椭球定位结果，并作为观测元素归算和大地坐标计算的起算点。采用与地球大小和形状接近的并确定了和大地原点关系的地球椭球体，称为参考椭球体，其表面称为参考椭球面。

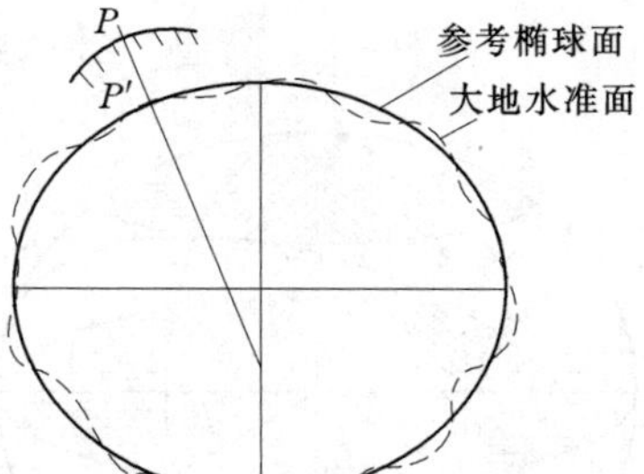

图 1-4　椭球体的定位

如图 1-4 所示，在地面上适当地方选择一点 P，设想把椭球与大地体相切，切点 P' 位于 P 点的铅垂线方向上。这时，椭球面上的 P' 点的法线与大地水准面的铅垂线相重合，使椭球的短轴与地轴保持平行，且椭球面与这个国家范围内的大地水准面的差距尽量小。于是椭球与大地水准面的相对位置便确定下来，这就是参考椭球体的定位工作。参考椭球面是处理大地测量成果的基准面。如果一个国家（或地区）的参考椭球选定得适当，参考椭球面与本国（本地区）大地水准面的差距就会很小，它将有利于测量成果的处理。

我国所采用的参考椭球几经变化。新中国成立前，曾采用海福特椭球；新中国成立后，采用的是大地原点在前苏联普尔科沃的克拉索夫斯基椭球。由于克拉索夫斯基椭球参

数与 1975 年国际第三推荐值相比，其长半轴相差 105m，而 1978 年我国根据自己掌握的测量资料推算出的地球椭球为 $a=6378143$m，$\alpha=1:298.255$，这个数值与国际第三推荐值十分接近，我国决定自 1980 年起采用 1975 年国际第三推荐值（表 1-1）作为参考椭球，它更适合我国大地水准面的情况，从而使测量成果归算得更准确。

特别提示：

(1) 大地水准面和铅垂线是测量外业所依据的基准面和基准线。

(2) 大地水准面的主要特点是：①大地水准面是一个不规则的封闭曲面；②大地水准面上处处与铅垂线（重力方向线）垂直；③大地水准面是唯一的。

(3) 参考椭球面是处理大地测量成果的基准面。

任务三　地面点位置的表示方法

由于地球自然表面高低起伏变化较大，要确定地面点的空间位置，就必须要有一个统一的坐标系统。在测量工作中，通常用地面点在基准面（如参考椭球面）上的投影位置和该点沿投影方向到大地水准面的距离来表示。投影位置通常用地理坐标或平面直角坐标来表示，到大地水准面的距离用高程表示。

一、坐标

（一）大地坐标系

以大地经度和大地纬度表示地面点在参考椭球面上的投影位置的坐标系就是大地坐标系。

首子午面和赤道面是大地坐标系的起算面，如图 1-5 所示，过参考椭球面上任一点 P 的子午面与首子午面的夹角 L 为该点的大地经度，简称经度。经度由首子午面向东量算称为东经，向西量算称为西经，其值各为 0°～180°。在同一子午线上的各点，其经度相同。过参考椭球面上任一点 P 的法线与赤道面的夹角 B，称为该点的大地纬度，简称纬度。纬度由赤道面向北量算称为北纬，向南量算称为南纬，其值各为 0°～90°。在同一平行圈上各点的纬度相同。大地经度 L 和大地纬度 B 统称为大地坐标。

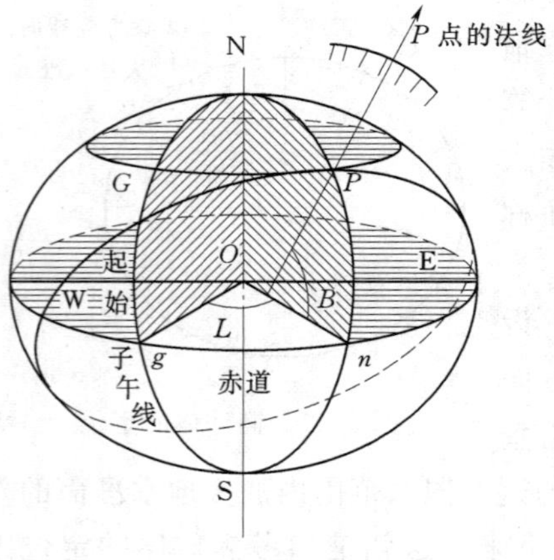

图 1-5　大地坐标系

由于参考椭球面与大地水准面之间的相关位置已固定下来，地面上任何一点的位置都可以沿法线方向投影到参考椭球面上，并用其大地经度、大地纬度表示出来。由此可见，大地坐标是以法线为依据，以参考椭球面为基准面。

用经度、纬度表示 P 点位置的坐标系是在球面上建立的，故又称为球面坐标，也称为地理坐标。

（二）高斯平面直角坐标系

地球表面是一个曲面，当测区范围较小时，可以把地球表面当作平面看待，所测得的一系列地面点所构成的图形，可以直接用相似的方法缩绘在平面上。但测区范围较大时，将地球表面上的图形投影到平面上必然会产生变形。因此，这时就不能把地球表面当作平面了，必须要采用适当的投影方法解决这个问题。投影的方法有多种，测量工作中通常采用高斯投影。

1. 高斯投影的概念

高斯投影又称等角横切椭圆柱投影，它是正形投影（保角映射）的一种。这种投影保持图上任意两个方向的夹角与实地相应的角度相等，在小范围内保持图上形状与实地相似。这种方法是由德国数学家高斯首先创立并经克吕格改进完善的，所以又称高斯—克吕格投影，通常简称高斯投影。

为简要说明高斯投影的概念，设想用一个椭圆柱横套在参考椭球体的外面（图 1-6），并使椭圆柱与参考椭球体的某一子午线相切，相切的子午线 $NKOS$ 称为轴子午线或中央子午线；椭圆柱的中心轴 ZZ' 与赤道面相重合，并通过椭球中心 C。将中央子午线两侧一定经度范围内（如 6°或 3°）的点、线投影到椭圆柱面上。然后，沿过南北极的母线 AA'、BB' 将椭圆柱面剪开，并将其展成一平面（称为高斯平面），就可得到椭球面投影到平面上的图形了。

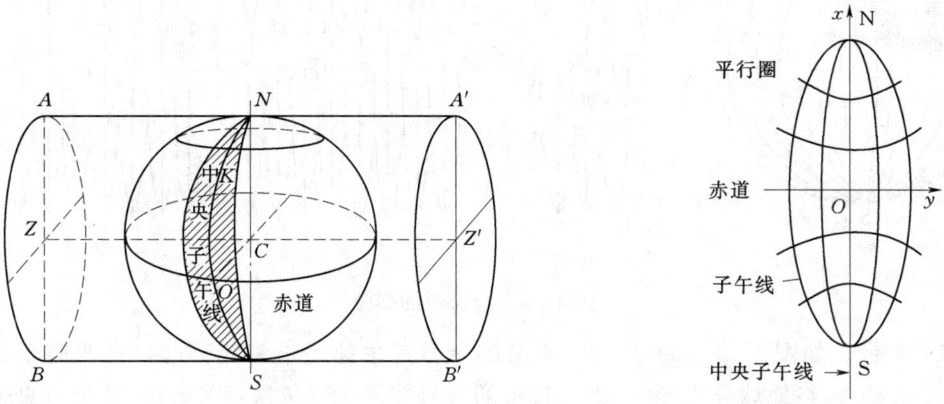

(a)　　(b)

图 1-6　高斯投影

将椭球面上的经纬线投影到高斯平面上后，这些曲线的形状或长度发生了变化，它们具有下述性质：

（1）中央子午线投影后为一条直线，为 x 轴，并且是投影的对称轴。中央子午线的长度没有变形。

（2）除中央子午线外，其余子午线投影后均为凹向中央子午线的曲线，并以中央子午线为对称轴。这些子午线投影后有长度变形，且离中央子午线越远，投影后长度变形越大。

（3）赤道投影后为一条直线，为 y 轴，其长度有变形。

（4）除赤道外的其余纬圈，投影后均为凸向赤道的曲线，并以赤道为对称轴。

（5）除中央子午线外，椭球面上所有的曲线弧投影后长度都有变形。在任一点处，设

椭球面上的曲线微分弧长为 dS，投影到平面上后其微分弧长变为 ds，则其长度比为

$$m=\frac{\mathrm{d}s}{\mathrm{d}S}>1 \tag{1-3}$$

（6）经线与纬圈投影后仍保持正交。

由此可见，凡是参考椭球面上其大地位置对称于中央子午线或赤道的点，其在高斯投影面上的平面位置也将对称于相应的坐标轴。

2. 投影带的划分

高斯投影虽然不存在角度变形，但长度变形还是存在的。除中央子午线外，投影在平面上的长度都要发生变形，并且离中央子午线越远，长度变形越大。变形太大对于测图和用图都是不方便的，因此，必须设法加以限制。通常是采用分带投影（即限制投影范围）的办法来限制长度变形。

具体做法是，把投影的区域限制在中央子午线两边一条狭小的范围内，这个范围的宽度一般为经差 6°、3°或 1.5°等几种，分别简称 6°带、3°带和 1.5°带。按照这种做法，国际上统一把椭球分成许多 6°或 3°带，并依次进行编号，如图 1-7（*a*）所示。

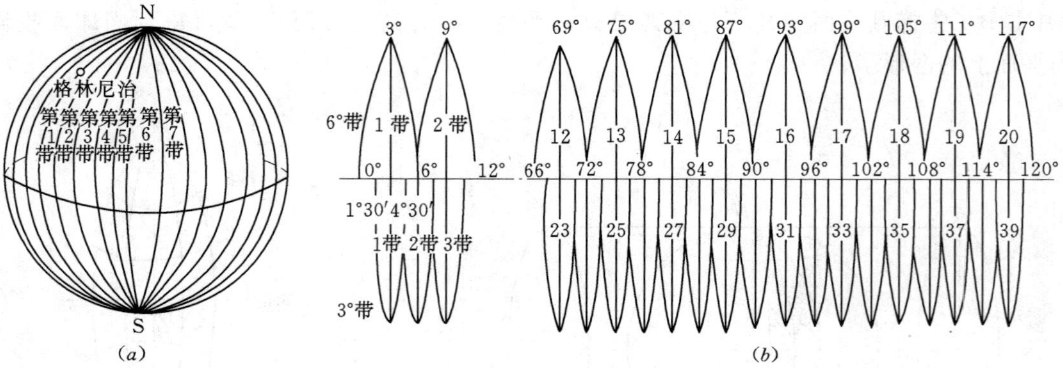

图 1-7　投影带的划分

（1）6°带。如图 1-7（*b*）所示，6°带的带号是由起始子午线算起，自西向东每隔经差 6°划分一带，将地球分成 60 个带，每带的带号按 1～60 依次编号。第 N 带中央子午线的经度 L_{N0} 与带号 N 的关系为

$$L_{N0}=6N-3\quad(N=1,2,\cdots,60) \tag{1-4}$$

或写成

$$N=(L_{N0}+3)/6 \tag{1-5}$$

如已知某点的经度为 L，则该点所在 6°带的带号为

$$N=[L/6]+\begin{cases}1,\text{前项有余数时}\\0,\text{前项无余数时}\end{cases} \tag{1-6}$$

这里的［·/·］表示“取整数运算”，不能整除时舍弃余数。式（1-6）表示取 $L/6$ 的“整数”，当不能整除时，无论余数多小，一律进位。

【例 1-1】　已知某点的经度为 115°30′，该点位于 6°带第几带？该带中央子午线的经度是多少度？

解：因为　　115.5/6=19…1.5

所以 $N=[115.5/6]+1=19+1=20$

$L_0=20\times6-3=117$

该点位于第20带，其中央子午线的经度为117°。

(2) 3°带。如图1-7 (b) 所示，3°带是在6°带的基础上划分的。6°的中央子午线和分带子午线都是3°的中央子午线。3°带是由东经1.5°起算，自西向东每隔经差3°划分，其带号按1～120依次编号。3°带第 n 带的中央子午线的经度 L_{n0} 与带号 n 的关系为

$$L_{n0}=3n \quad (n=1,2,\cdots,120) \tag{1-7}$$

或写成

$$n=L_{n0}/3 \tag{1-8}$$

如已知某点的经度为 L，则该点所在的3°带的带号为

$$n=[(L-1.5)/3]+\begin{cases}1,\text{前项有余数时}\\0,\text{前项无余数时}\end{cases} \tag{1-9}$$

因为3°带是从1.5°起，自西向东划分的，所以式 (1-9) 中要将 L 减去1.5°。

我国中央子午线的经度从75°到135°，6°带横跨11带（13～23带）；3°带横跨21带（25～45带）。因此，就我国而言，其6°带和3°带的带号是没有重复的，就带号本身，就能看出是3°带还是6°带。

(3) 任意带。在工程测量中，为了使长度变形更小，有时采用任意带，即中央子午线选择在测区中一合适位置（通常是测区中央），带宽一般为1.5°。大比例尺测图一般采用3°带坐标。对于有特殊要求的测图，可采用任意带坐标。

3. 高斯平面直角坐标系的定义

高斯平面直角坐标系是以每一带的中央子午线的投影为 x 轴（纵轴），赤道的投影为 y 轴（横轴），各个投影带自成一个平面直角坐标系统，如图1-6所示。x 轴向北为正，向南为负；y 轴向东为正，向西为负。由此而确定点位的坐标称为自然坐标。我国位于北半球，x 的自然坐标值均为正，而 y 的自然坐标值则有正有负。为了避免 y 坐标出现负值，规定在自然坐标 y 上加500km（相当于将纵轴西移500km）。因每带都有一些自然坐标相同的点，为了说明某点的确切位置，则在加500km后的 y 坐标前加上相应的带号。将自然坐标 y 加500km，并在前面冠以带号的坐标称为通用坐标。例如，在图1-8中，假定 p_1、p_2 两点均位于第21带，其自然坐标分别为 $y'_{p1}=+180736.3\text{m}$、$y'_{p2}=-105374.8\text{m}$，则其通用坐标为 $y_{p1}=21680736.3\text{m}$、$y_{p2}=21394625.2\text{m}$。我国的 x 坐标值均为正，因而 x 的自然坐标值和通用坐标值相同。

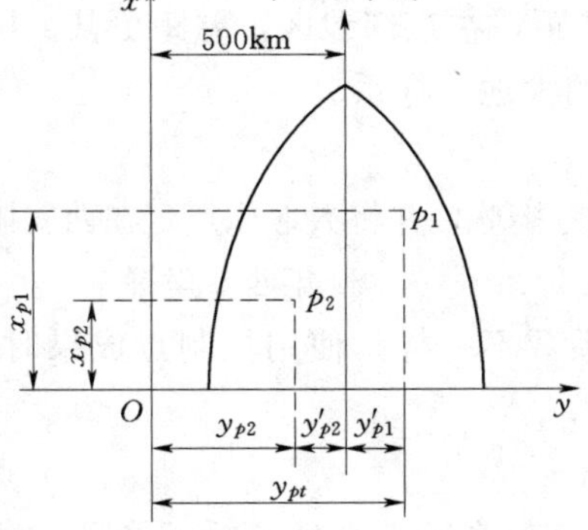

图1-8 高斯平面直角坐标系

(三) 独立平面直角坐标系

当测区范围较小时（半径不大于10km的区域内），可把该区域的球面视为平面，将地面点直接沿铅垂线方向投影到水平面上并在该平面上建立直角坐标系。测量上使用的平面直角坐标系与数学上的笛卡尔坐标系有所不同。如图1-9所示，测量上将南北方向的坐标轴定为 x 轴（纵轴），自原点向北为正，向南为负；东西方向的坐标轴定为 y 轴（横轴），自原点向东为

正，向西为负；象限按顺时针方向编号，并规定所有直线的方向都是以纵坐标轴北端为准按顺时针方向量度。这样，数学中的全部平面三角公式均可直接使用，同时又便于测量中的方向和坐标计算。为使用方便，测量上用的平面直角坐标系的原点有时是假设的。假设原点的位置应使测区内各点的 x、y 值为正。

（四）空间直角坐标系

在测量应用中，常用空间直角坐标来表示空间点的位置。通常空间直角坐标系的原点设在参考椭球体中心 O，z 轴与椭球体旋转轴重合，向北为正；x 轴指向格林尼治子午面与地球赤道的交点，y 轴垂直于 xOz 平面，构成右手系，如图 1-10 所示。点在此坐标系下的位置由 x、y、z 坐标（该点在此坐标系的各个坐标轴上的投影）所定义。当原点位于参考椭球体中心时，这样定义的坐标系又被称为参心系；位于地球质心时，称为地心系。

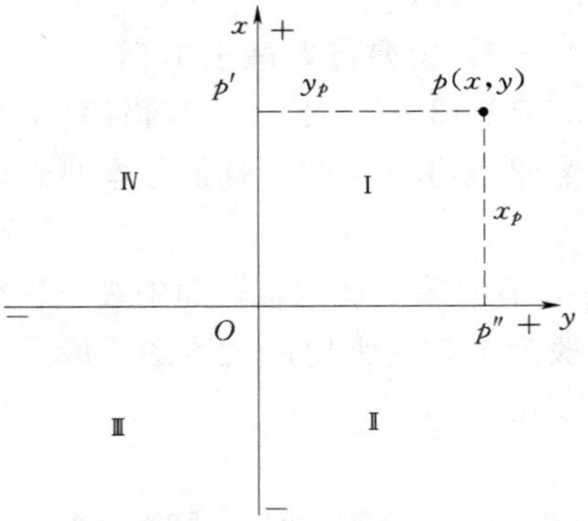

图 1-9 独立平面直角坐标系

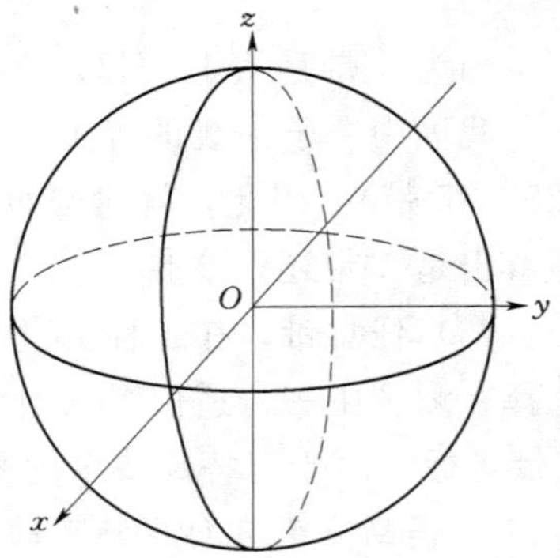

图 1-10 空间直角坐标系

（五）我国的大地坐标系

新中国成立后，我国先后采用了三套大地坐标系。

1. 1954 年北京坐标系

20 世纪 50 年代，由于国家建设的需要，我国地面点的大地坐标是通过联测，从苏联经我国东北传算过来的，其坐标系统定名为 1954 年北京坐标系。实际上，这个坐标系统是苏联 1942 年普尔科沃大地坐标系的延伸，它采用的是克拉索夫斯基椭球元素值，大地原点在苏联普尔科沃。由于该坐标系大地原点距我国甚远（我国使用的参考原点在北京），在我国范围内该参考椭球面与大地水准面存在着明显的差距，在东部地区，差距更甚。因此，1978 年全国天文大地网平差会议决定建立我国独立的大地坐标系。

2. 1980 年西安坐标系（1980 年国家大地坐标系）

自 1980 年起，我国采用 1975 年国际第三推荐值作为参考椭球，并将大地原点定在西安附近（陕西省泾阳县永乐镇），由此建立了我国新的国家大地坐标系——1980 年西安坐标系。

两个系统的坐标可以转换，但不同的地区坐标转换系数不一样。使用控制点成果时，一定要注意坐标系的统一性。

3. 2000 年国家大地坐标系

2000 年国家大地坐标系是一种地心坐标系，坐标原点在地球质心（包括海洋和大气的整个地球质量的中心），z 轴指向 BIH1984.0 定义的协议地极方向（BIH 国际时间局），

x 轴指向 BIH1984.0 定义的零子午面与协议赤道的交点，y 轴按右手坐标系确定。椭球参数有：长半轴 $a=6378137\text{m}$、扁率 $f=1/298.257222101$。我国自 2008 年 7 月 1 日起启用 2000 年国家大地坐标系。

随着 GPS 的普及，出现了 WGS-84 坐标系。WGS 是 World Geodetic System（世界大地坐标系）的缩写，它是美国国防制图局为进行 GPS 导航定位于 20 世纪 80 年代中期建立的一个地心坐标系。

特别提示：测量平面直角坐标系与数学上的笛卡尔坐标系是不同的，不同点主要有以下两个方面：

（1）坐标轴的定义不同。测量平面直角坐标系中，定义纵轴为 x 轴，向北为正；横轴为 y 轴，向东为正，将笛卡尔坐标系的 x 轴与 y 轴互换了位置。

（2）象限的规定不同。测量平面直角坐标系中规定象限按顺时针方向编号，而笛卡尔坐标系按逆时针方向编号。

二、高程

大地坐标或平面直角坐标只能反映地面点在参考椭球面上或投影面上的位置，并不能反映其高低起伏的差别，为此需建立一个统一的高程系统。建立高程系统，首先要选择一个基准面。在一般测量工作中都以大地水准面作为基准面。

（一）绝对高程

地面上某点到大地水准面的铅垂距离称为该点的绝对高程或海拔，有时也称正常高、正高，简称高程。如图1-11所示，地面点 A、B 的绝对高程分别为 H_A、H_B。

一般地，一个国家只采用一个平均海水面作为统一的高程基准面（起算面），由此高程基准面建立的高程系统称为国家高程系，否则称为地方高程系。我国是以青岛验潮站的验潮结果求得平均海水面，作为全国统一的高程基准面。

特别提示：空间点沿法线方向到参考椭球面的距离称之为大地高，大地高与正常高之间的差值称之为高程异常。

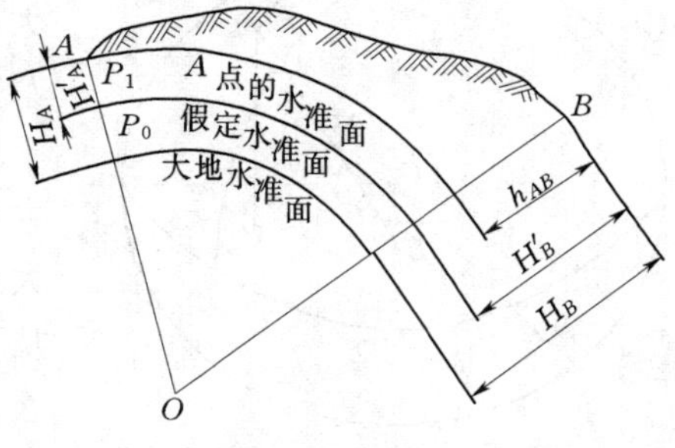

图 1-11　高程系统示意图

（二）相对高程

地面上某点到任一假定水准面的垂直距离称为该点的相对高程或假定高程。如图 1-11 所示，地面点 A、B 的假定高程分别为 H'_A、H'_B。当测区附近无国家高程控制点时，可采用假定高程系统，即假设任意一个水准面作为高程起算面。将来如有需要，只需与国家高程控制点联测，再经换算成绝对高程就可以了。

（三）高差

地面上两点高程之差称为高差，用 h 表示。如图 1-11 所示，A、B 两点的高差为

$$h_{AB}=H_B-H_A=H'_B-H'_A \tag{1-10}$$

由此可见，地面两点之间的高差与采用的高程系统无关。

高差值有正、负。如果测量方向由 A 到 B，A 点高，B 点低，则高差 $h_{AB}=H_B-H_A$ 为负值；若测量方向由 B 到 A，即由低点测到高点，则高差 $h_{BA}=H_A-H_B$ 为正值。

（四）我国的高程系统

1. 1956 年黄海高程系

我国过去是以青岛验潮站 1950—1956 年连续验潮的结果求得的平均海水面作为全国统一的高程基准面，由此基准面起算所建立的高程系统，称为 1956 年黄海高程系。为了明显而稳固地表示高程基准面的位置，在山东省青岛市观象山上，建立了国家水准原点。用精密水准测量方法测出该水准原点高程为 72.289m。全国各地的高程都以它为基准进行推算。

2. 1985 年国家高程基准

1985 年，国家测绘局根据青岛验潮站 1952—1979 年间连续观测的潮汐资料，推算出青岛水准原点的高程为 72.260m，于 1987 年 5 月正式通告启用，并以此定名为“1985 年国家高程基准”，同时“1956 年黄海高程系”即相应废止。各部门各类水准点成果将逐步归算至“1985 年国家高程基准”上来。所以，在使用高程成果时，要特别注意使用的高程基准，防止错误。

任务四　空间直角坐标与大地坐标间的转换

现代工程测量已突破了传统的测量方法，GPS 技术在测量上的广泛应用使得工程测量越来越方便，但由于 GPS 测量成果通常采用的是空间坐标形式，而在工程测量中的成果又常常要求采用大地坐标形式，因此，在用 GPS 进行工程测量时会涉及空间直角坐标与大地坐标之间的相互转换问题。

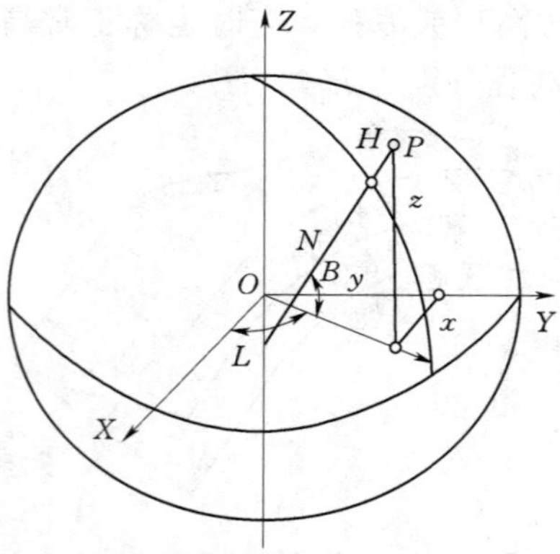

图 1-12　空间直角坐标与大地坐标

假定地面某点 P 的空间直角坐标为（X，Y，Z），大地坐标为（B、L、H），其中，B 为大地经度，L 为大地纬度，H 为大地高，如图 1-12 所示。大地高是从参考椭球面沿过该点的法线量测至该点的距离。那么，大地坐标到空间直角坐标的转换见式（1-11）；而空间直角坐标到大地坐标的转换见式（1-12）及式（1-13）。

$$\left.\begin{aligned}X&=(N+H)\cos B\cos L\\Y&=(N+H)\cos B\sin L\\Z&=[N(1-e^2)+H]\sin B\end{aligned}\right\}\tag{1-11}$$

其中

$$e=\sqrt{\frac{a^2+b^2}{a^2}},N=\frac{a}{\sqrt{1-e^2\sin^2 B}}$$

式中，e 为第一偏心率（a、b 为所用椭球的长、短半径），对于不同的椭球体，N、e 取值不同。

$$\left.\begin{aligned} L &= \arctan\left(\frac{Y}{X}\right) \\ B &= \arctan\left\{\frac{Z}{\sqrt{X^2+Y^2}}\left[1-\frac{e^2 N}{(N+H)}\right]^{-1}\right\} \\ H &= \frac{\sqrt{X^2+Y^2}}{\cos B} - N \end{aligned}\right\} \quad (1-12)$$

式中，B、H 需通过迭代求得其值，迭代开始时，设

$$\left.\begin{aligned} N_0 &= a \\ H_0 &= \sqrt{X^2+Y^2+Z^2} - \sqrt{ab} \\ B_0 &= \arctan\left\{\frac{Z}{\sqrt{X^2+Y^2}}\left[1-\frac{e^2 N_0}{(N_0+H_0)}\right]^{-1}\right\} \end{aligned}\right\} \quad (1-13)$$

任务五　用水平面代替水准面的限度

我们知道，水准面是一个曲面，地面上一点的水平面与过该点的水准面相切。由水准面的特性可知，水平面与过该点的铅垂线是正交的，地球的形体可视为旋转椭球体，如果精度要求不高，可以将地球视为圆球。如果使用球面代替大地水准面，将地面点投影到球面上，然后再投影展绘到平面图纸上，这一过程是很复杂的。在实际测量工作中，当测区面积不大时，往往以水平面直接代替水准面，即在一定范围内把地球表面上的点直接投影到水平面上来决定其位置。这样做简化了测量和计算工作，但却给测量结果带来误差，如果这些误差在所容许的误差范围之内，这种代替是允许的。但是，究竟在多大范围内才能允许用水平面代替水准面呢？下面对用水平面代替水准面引起的距离、角度和高程等方面误差的大小作初步分析。

一、地球曲率对水平距离的影响

在图 1-13 中，设以 O 点为球心，R 为半径的球面为水准面。在地面上有 A'、B' 两点，它们投影到球面的位置为 A、B，如果将切于 A 点的水平面代替水准面，即以相应的切线段 AC 代替圆弧 $\overset{\frown}{AB}$，则在距离方面将产生误差 Δd。由图 1-13 可以看出

$$\Delta d = AC - \overset{\frown}{AB} = t - d = R\tan\alpha - R\alpha \quad (1-14)$$

式中　R——地球半径，R=6371km；

α——弧长 d 所对圆心角。

将 $\tan\alpha$ 用级数展开，并取级数前两项，得

$$\Delta d = R\alpha + \frac{1}{3}R\alpha^3 - R\alpha = \frac{1}{3}R\alpha^3 \quad (1-15)$$

因为 $\alpha=\dfrac{d}{R}$，故

$$\Delta d = \frac{d^3}{3R^2} \quad (1-16)$$

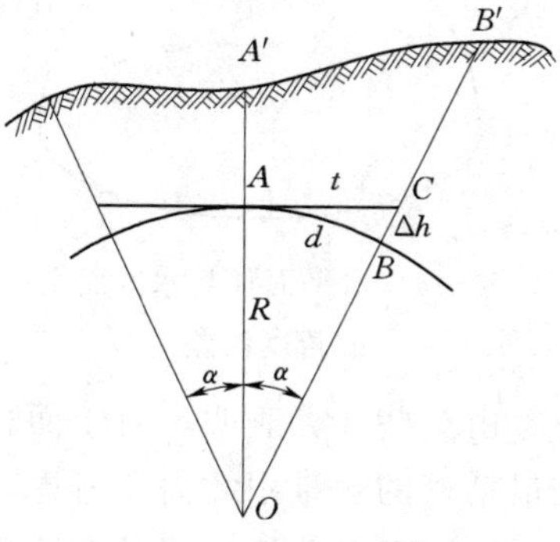

图 1-13　用水平面代替水准面的限度

或用相对误差表示为

$$\frac{\Delta d}{d}=\frac{1}{3}\left(\frac{d}{R}\right)^2 \quad (1-17)$$

因 R 可以看成常数，故 Δd 仅随 d 而变化。以不同的距离 d 代入式（1－16）和式（1－17），产生的误差和相对误差列于表 1－2 中。

表 1－2　　地球曲率对水平距离和高程的影响

距离 d/km	距离误差 Δd/mm	距离相对误差 $\Delta d/d$	高程误差 Δh/mm
0.1	0.000008	1/1250000 万	0.8
1	0.008	1/12500 万	78.5
10	8.2	1/120 万	7850.0
25	128.3	1/19.5 万	49050.0

从表中可以看出，当地面距离为 10km 时，用水平面代替水准面所产生的距离误差仅为 0.82cm，其相对误差为 1/120 万。而实际测量距离时，使用精密电磁波测距仪的测距精度为 1/100 万（相对误差），地形测量中普通钢尺的量距精度约为 1/2000（相对误差）。所以，只有在大范围内进行精密量距时，才考虑地球曲率的影响，而在半径为 10km 的圆面积内测量距离时，可不必考虑地球曲率对水平距离的影响，也就是说可以把水准面当作水平面看待，认为地面上两点 A'、B' 在水准面上的距离（$\overset{\frown}{AB}$弧的长度）与它们在水平面上投影点之间的直线距离 AC 相同，其误差可忽略不计。

二、地球曲率对水平角度的影响

由球面三角学知道，同一空间多边形在球面上投影 $A'B'C'$ 的各内角之和，较其在平面上投影 ABC 的各内角之和大一个球面角超 ε 的数值，如图 1－14 所示。其公式为

$$\varepsilon=\rho''\frac{P}{R^2} \quad (1-18)$$

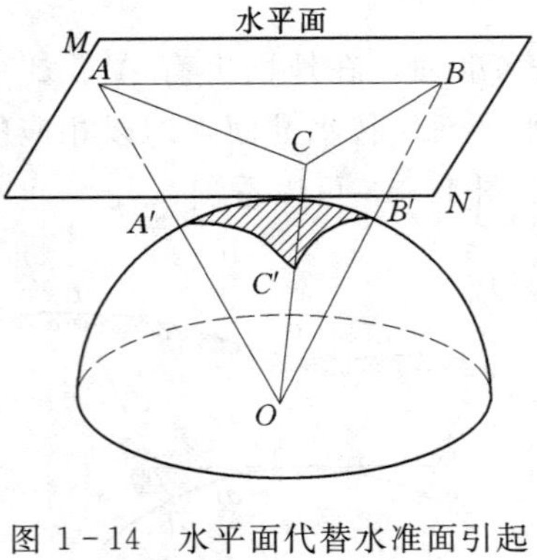

图 1－14　水平面代替水准面引起的角度误差

式中　ρ''——以秒计的弧度；

P——球面多边形面积；

R——地球半径。

在测量工作中实测的是球面面积，绘制成图时则绘成平面图形的面积。

当 $P=10\text{km}^2$ 时，$\varepsilon=0.05''$；

当 $P=100\text{km}^2$ 时，$\varepsilon=0.51''$；

当 $P=400\text{km}^2$ 时，$\varepsilon=2.03''$；

当 $P=2500\text{km}^2$ 时，$\varepsilon=12.70''$。

由这些计算表明，对于面积在 100km^2 以内的多边形，地球曲率对水平角的影响只有在最精密的测量中才需要考虑，一般的测量工作是不必考虑的。

以上两项分析说明：在面积为 100km^2 范围内，不论是进行水平距离或水平角度测量，都可以不顾及地球曲率的影响；在精度要求较低的情况下，这个范围还可以相应扩大。

三、地球曲率对高程的影响

在图 1-13 中，B'点的高程为$B'B$，如用过 A 点的水平面代替水准面，则 B'点的高程为$B'C$，这时在高程方面产生的误差为 Δh。从该图中可以看出，$\angle CAB=\frac{\alpha}{2}$，因该角很小，以弧度表示，则

$$\Delta h = d\frac{\alpha}{2} \tag{1-19}$$

因 $\alpha=\frac{d}{R}$，故

$$\Delta h = \frac{d^2}{2R} \tag{1-20}$$

以不同的距离 d 代入上式，算得相应的 Δh 值列于表 1-2 中。从表中可以看出，当距离为 100m 时，在高程方面的误差就接近 1mm，这对高程测量来说，其影响是很大的。所以尽管距离很短，也不能忽视地球曲率对高程的影响。

特别提示： 在面积为 $100km^2$ 范围内，不论是进行水平距离或水平角测量，都可以不顾及地球曲率影响；在精度要求较低的情况下，这个范围还可以相应扩大。但是不论距离有多少，地球曲率对高差的影响是不能忽视的。

任务六　测量工作的基本原则

一、测量的基本工作

测量工作的基本内容是确定地面点的位置并根据各点的邻接关系绘制地图。它有测绘和测设两方面的含义，测绘是利用测量手段测定地面点的空间位置，并以图形、数据等形式表示出来的过程；测设是利用测量手段将设计的点位标定到地面上的过程。实际测量工作中，一般不能直接测出地面点的坐标和高程，通常是根据已知坐标和高程的点，测出已知点与待定点之间的几何关系，然后再推算出待定点的坐标和高程。

如图 1-15 所示，设地面上有三个点 A、B、C，投影到水平面上的位置分别为 a、b、c。如果 A、B 点已知，要确定 C 点的位置，则需要测定水平角 β、水平距离 D_{BC} 和高差 h_{BC}，即可得到 C 点的平面位置和高程。所以水平距离、水平角和高差称为确定地面点位置的三个基本元素，称之为测量三要素，距离测量、角度测量和高程测量是测量的基本工作。

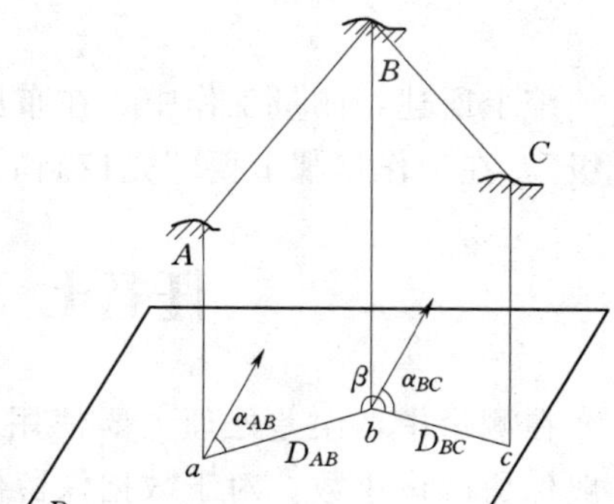

图 1-15　地面点的相对位置

二、基本原则

地球表面的形状错综复杂，物体的种类多种多样。地面上的人造或天然的固定物体称为地物，如道

路、河流、房屋。地面的高低起伏形态称为地貌。地物和地貌统称为地形。要把地形反映到图上，是通过测定地面上地物和地貌的一些特征点（也称碎部点）的平面位置和高程来实现的。把测定的地物、地貌的特征点展绘在图纸上，称为白纸测图。如果在野外测量时，将测量的特征点的坐标自动存储在测量仪器（如全站仪）中，并传输给计算机，再利用专门的绘图软件绘制地形图，这就是数字化测图。

进行测量工作时，如果从一个特征点开始逐点进行施测，最后虽可以得到欲测各点的位置，但由于测量工作中存在不可避免的误差，会导致前一点的测量误差传递到下一点，使误差累积起来，最后可能达到不可容许的程度。因此，测量工作必须按照一定的原则进行。

在实际测量工作中要遵循“从整体到局部，由高级到低级，先控制后碎部”的原则。首先在测区范围内选定若干具有控制意义的点组成控制网，这些点称为控制点，如图 1-16（*a*）中的 *A*，*B*，…，*F* 点，通过精密的测量仪器，把它们的平面位置和高程精确地测定出来，然后再根据这些控制点测定出附近碎部点的位置，如图 1-16（*b*）所示。前者测定控制点位置的工作称为控制测量，后者测绘碎部点的工作称为碎部测量。由于控制点的位置比较准确，在每个控制点上测绘地形碎部点的误差只影响局部，不致影响整个测区，误差就不会从一个碎部点传递到另一个碎部点，在一定的观测条件下，各个碎部点均能保证具有应有的精度。

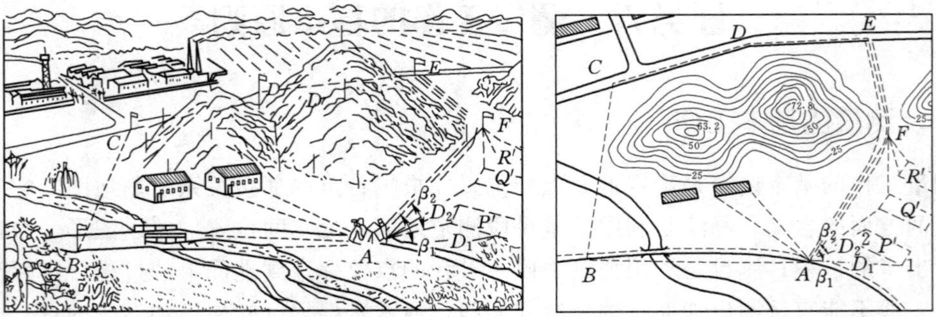

（*a*）　　（*b*）

图 1-16　地形图测绘

综上所述，测量工作中，在布局上要“从整体到局部”，在精度控制上要“由高级到低级”，在工作步骤上要“先控制后碎部”。

任务七　测量常用的计量单位

在测量中，误差处理主要使用 mm 为计量单位，成果处理主要使用 m 为计量单位，一般保留两位小数。对于数据保留位数的取舍处理按照“四舍五入、五看奇偶、奇进偶不进”的原则进行。常见有长度、角度和面积三种计量单位，见表 1-3～表 1-5。

表 1-3　长度单位

公制	英制
1km＝1000m 1m＝10dm ＝100cm ＝1000mm	1 英里（mile，简写 mi） 1 英尺（foot，简写 ft） 1 英寸（inch，简写 in） 1km＝0.6214mi＝3280.8ft 1m＝3.2808ft＝39.37in

表 1-4　角度单位

60 进制	弧度制
1 圆周＝360° 1°＝60′ 1′＝60″	1 圆周＝2 π弧度 1 弧度＝180°/π＝57.3° ＝ρ° ＝3438′＝ρ′ ＝206265″＝ρ″

表 1-5　面积单位

公制	市制	英制
$1km^2=1\times10^6m^2$ $1m^2=100dm^2$ $=1\times10^4cm^2$ $=1\times10^6mm^2$	$1km^2=1500$ 亩 $1m^2=0.0015$ 亩 1 亩＝$666.6666667m^2$ $=0.06666667hm^2$	$1km^2=247.11$ 英亩 $=100hm^2$ $10000m^2=1hm^2$ $1m^2=10.764ft^2$ $=1550.0031in^2$

习　题

1. 什么是大地水准面？它在测量工作中的作用是什么？

2. 什么是参考椭球面？它有何作用？

3. 测量中常用的坐标系有几种？测量中的平面直角坐标系与数学中的坐标系有什么不同？

4. 什么是高斯投影？高斯平面直角坐标系是怎么建立的？

5. 北京某点的大地经度为 116°20′，试计算它所在 6°带和 3°带的带号及中央子午线的经度。

6. 什么是绝对高程？什么是相对高程？两点间的高差如何计算？

7. 测量的基本原则是什么？测量的三项基本工作是什么？

项目二　地形图基本知识

内容提要　本项目共分四个任务，主要介绍了地形图的比例尺，地形图的分幅与编号，大比例尺地形图测图中地物、地貌的表示方法。本项目的重点内容是：比例尺及比例尺精度，地物、地貌的概念，等高线的概念、分类、特性，等高线表示各种地貌的方法，矩形分幅与编号。本项目的难点是：比例尺精度，等高线表示各种地貌的方法，梯形分幅。

地面上有各种各样的天然的或人工的固定物体，通常我们称之为地物，如房屋、农田、道路等。地表面的高低起伏形态，如高山、丘陵、盆地等称为地貌。地物和地貌总称为地形。通过野外实地测绘，可将地面上的各种地物、地貌按铅垂方向投影到同一水平面上，再按一定的比例缩小绘制成图。在图上仅表示地物平面位置的图，称为平面图；如果既表示地物的平面位置，又表示地貌的起伏形态的图，称为地形图。图 2-1 是 1∶500 某城区居民地地形图，图 2-2 是 1∶5000 比例尺地形图的一部分。

为了测绘、管理和使用上的方便，地形图必须按照国家统一规定的图幅、编号、图式，并按一定的比例尺进行绘制。本章主要介绍地形图的基本知识。

任务一　地形图的比例尺

地形图上一段直线的长度与地面上相应线段的实际水平长度之比，称为地形图的比例尺。比例尺有数字比例尺、图示比例尺两类。

1. 数字比例尺

数字比例尺用分子为 1 的分数表达，分母为整数。设图中某一线段长度为 d，相应实地的水平长度为 D，则图的比例尺为

$$\frac{d}{D}=\frac{1}{\frac{D}{d}}=\frac{1}{M}=1:M \tag{2-1}$$

比例尺分母 M 值越大，比值越小，比例尺就越小。

通常称 1∶100 万、1∶50 万和 1∶25 万的比例尺为小比例尺；1∶10 万、1∶5 万、1∶2.5万的比例尺为中比例尺；1∶1 万、1∶5000、1∶2000、1∶1000 和 1∶500 比例尺为大比例尺。1∶100 万、1∶50 万、1∶25 万、1∶10 万、1∶5 万、1∶2.5 万、1∶1 万 7 种比例尺的地形图为国家基本比例尺地形图。大比例尺地形图通常是直接为满足各种工程设计、施工而测绘的。不同比例尺的地形图一般有不同的用途。如 1∶1 万和 1∶5000 地形图为基本比例尺地形图，是国民经济建设部门进行总体规划、设计的一项重要依据，也

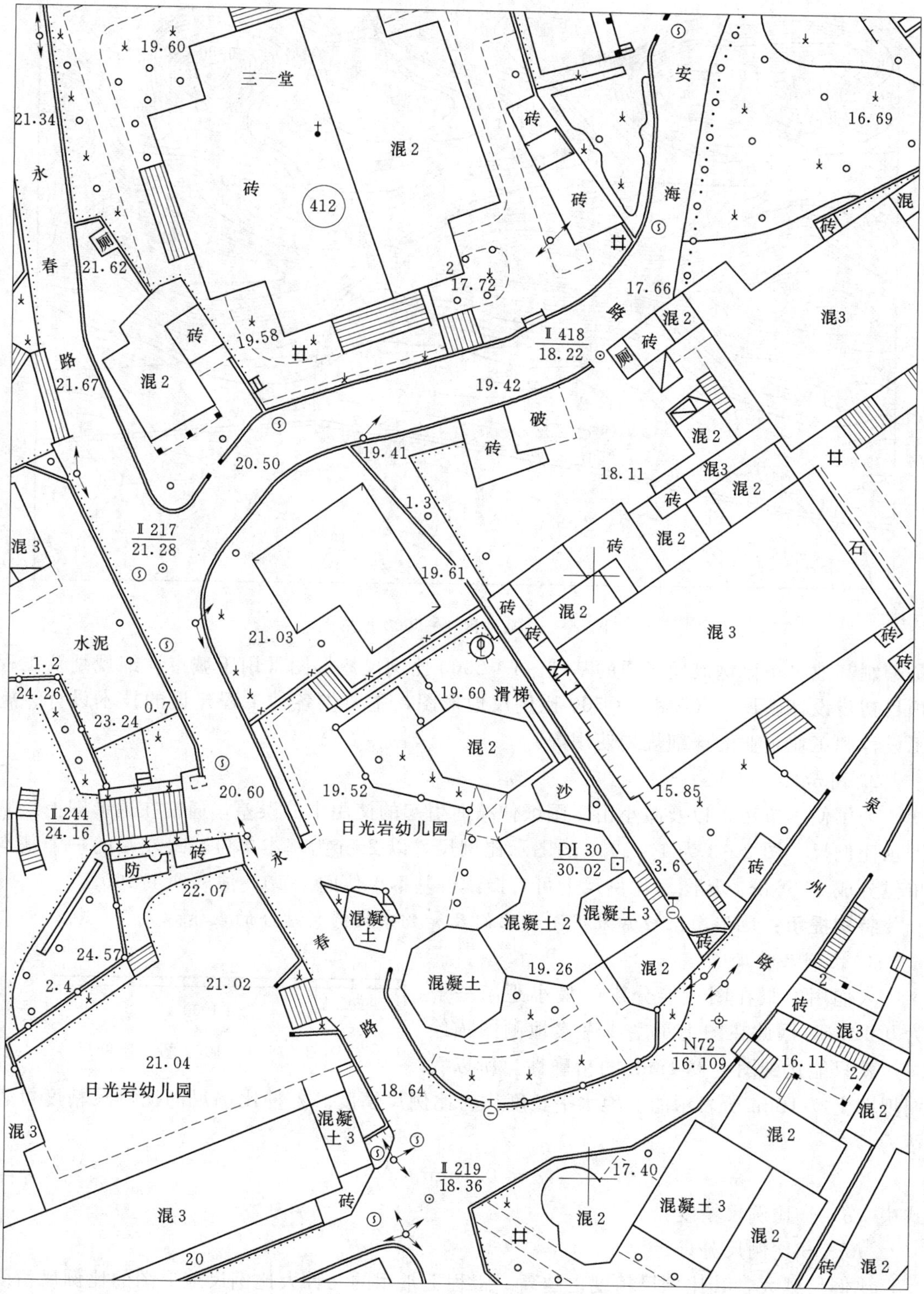

图 2-1　1∶500 某城区居民地地形图

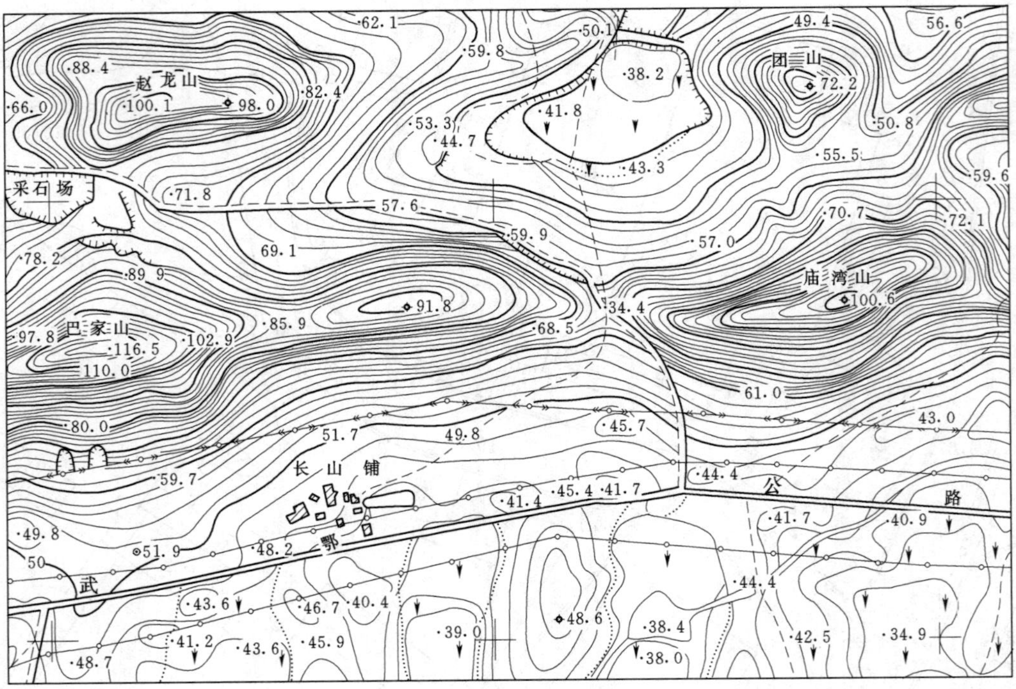

图 2-2　某地区 1∶5000 地形图

是编制其他更小比例尺地形图的基础。1∶2000 比例尺地形图常用于城市详细规划及工程项目初步设计。1∶1000 和 1∶500 比例尺地形图，主要供各种工程建设的技术设计、施工设计和工业企业的详细规划使用等。

2. 图示比例尺

为了便于应用，以及减小由于图纸伸缩而引起的使用中的误差，通常在地形图上绘制图示比例尺。图 2-3 为 1∶1000 的图示比例尺，以 2cm 为基本单位，最左端的一个基本单位分成 10 等份。从图示比例尺上可直接读得基本单位的 1/10，估读到 1/100。

特别提示： 地形图上经常采用图示比例尺和数字比例尺结合的表示方式。

3. 比例尺精度

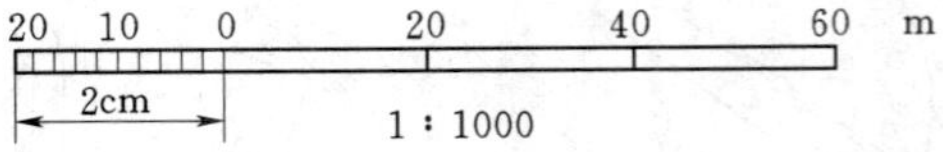

图 2-3　1∶1000 图示比例尺

人们用肉眼在图上能分辨的最小距离一般为 0.1mm，因此在图上量度或者实地测图描绘时，就只能达到图上 0.1mm 的精确性。所以我们把图上 0.1mm 所表示的实地水平长度称为比例尺精度。各种比例尺的比例尺精度可表达为

$$\delta = 0.1\text{mm} \times M \tag{2-2}$$

式中　δ——比例尺精度；

M——比例尺分母。

比例尺越大，其比例尺精度也越高。工程上常用的几种大比例尺地形图的比例尺精度见表 2-1。

表 2-1　　　　　　　　　　　　比 例 尺 精 度 表

比例尺	1∶500	1∶1000	1∶2000	1∶5000
比例尺精度/m	0.05	0.1	0.2	0.5

比例尺精度的概念，对测图和设计都有重要的意义。根据比例尺的精度，可以确定在测图时量距应准确到什么程度。例如测 1∶1000 图时，实地量距只需取到 10cm，因为即使量得再精细，在图上也无法表示出来。同时，若设计规定需在地图上能量出的实地最短长度时，就可以根据比例尺精度定出测图比例尺。如一项工程设计用图，要求图上能反应 0.2m 的精度，则所选图的比例尺就不能小于 1∶2000。图的比例尺越大，其表示的地物、地貌就越详细，精度也越高。但比例尺越大，测图所耗费的人力、财力和时间也越多。因此，在各类工程中，究竟选用何种比例尺测图，应从实际情况出发，合理选择，而不要盲目追求大比例尺的地形图。

特别提示：图的比例尺越大，其比例尺精度也越高。图的比例尺越大，其表示的地物、地貌就越详细，精度也越高。

任务二　地物符号和地貌符号

一、地物符号

地物的种类繁多，形态复杂，一般可分为两类：一类是自然地物，如河流、湖泊等；另一类为人工地物，如房屋、道路、管线等。地物的类别、大小、形状及其在图上的位置，都是按规定的地物符号和要求表示的。国家测绘总局颁发的《地形图图式》统一规定了地形图的规格要求、地物、地貌符号和注记，供测图和识图时使用。

表 2-2 是 GB/T 20257.1—2007《1∶500，1∶1000，1∶2000 地形图图式》所规定的部分地物符号，根据地物的大小和描绘的方法可分为四种类型，即比例符号、非比例符号、半比例符号、地物注记。

1. 比例符号

地物的轮廓较大，能按比例尺将地物的形状、大小和位置缩小绘在图上以表达轮廓性的符号。这类符号一般是用实线或点线表示其外围轮廓，如房屋、湖泊、森林、农田等，见表 2-2 中的 1～9 号。

特别提示：有些地物、地貌如图示没有规定，又需要表示时，则测图和用图单位可协商制定有关的补充规定，并按其规定的符号进行表示。

表 2-2　　　　　　　　　　　　地形图图式（摘录）

编号	符号名称	1∶500	1∶1000	1∶2000	编号	符号名称	1∶500	1∶1000	1∶2000
1	单幢房屋 a. 一般房屋； b. 有地下室的房屋	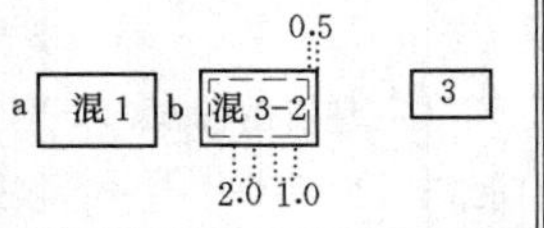			3	稻田 a. 田埂	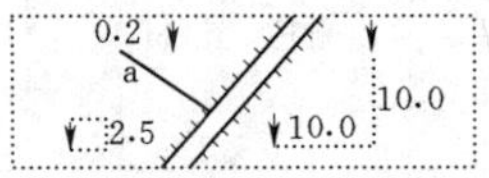		
2	台阶	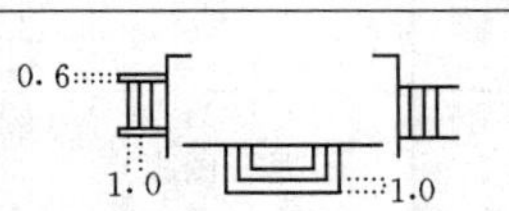			4	旱地	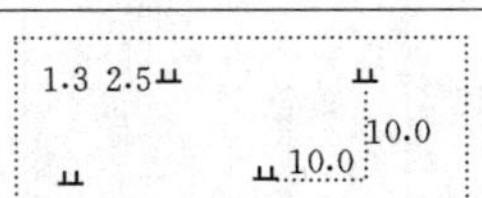		

续表

编号	符号名称	1∶500	1∶1000	1∶2000
5	菜地	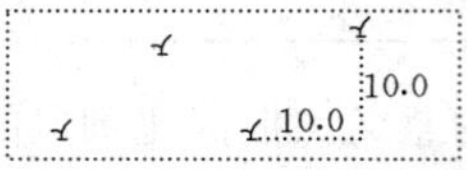		
6	果园	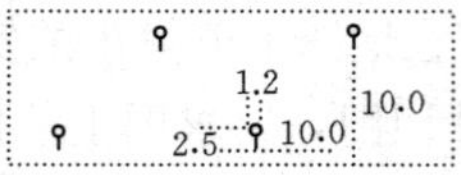		
7	草地 a. 天然草地； d. 人工草地	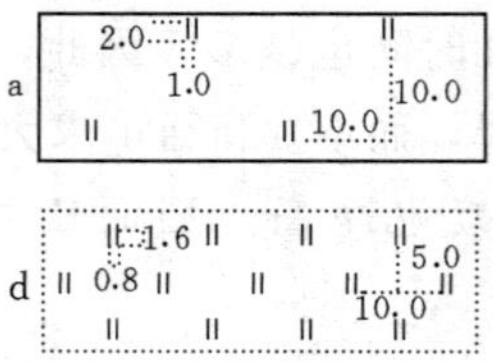		
8	花圃、花坛	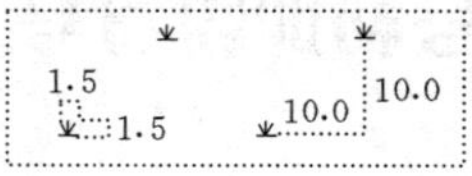		
9	灌木林	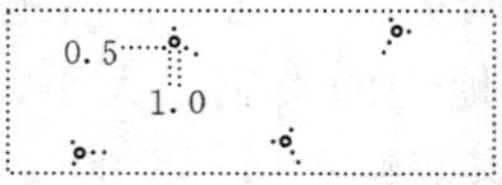		
10	高压输电线 架空的 a. 电杆	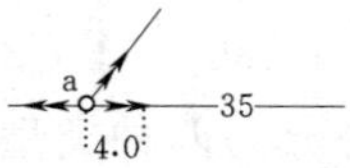		
11	配电线 架空的 a. 电杆	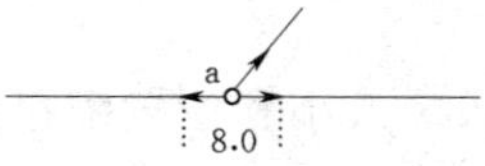		
12	电杆			
13	围墙 a. 依比例尺； b. 不依比例尺	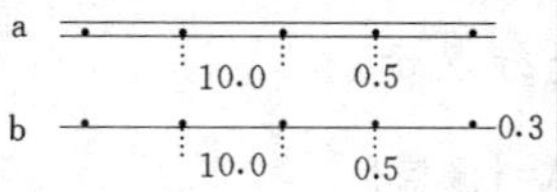		
14	栅栏、栏杆	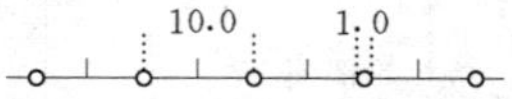		
15	篱笆	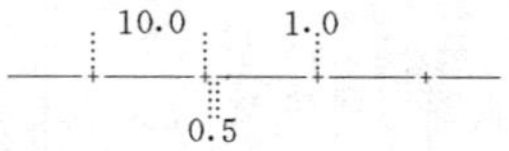		
16	活树篱笆	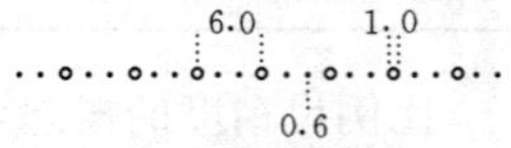		
17	行树 a. 乔木行树； b. 灌木行树	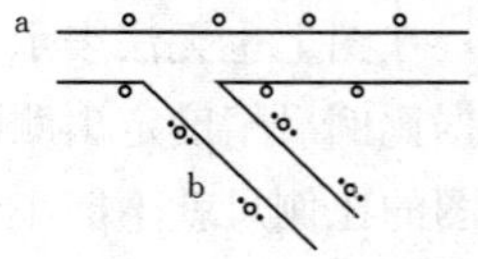		
18	街道 a. 主干道； b. 次干道； c. 支路	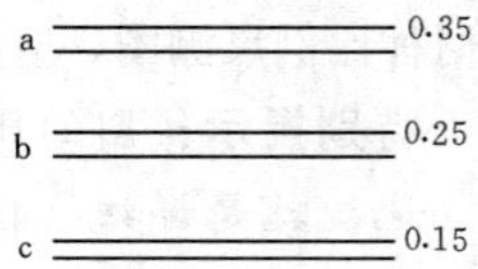		
19	内部道路	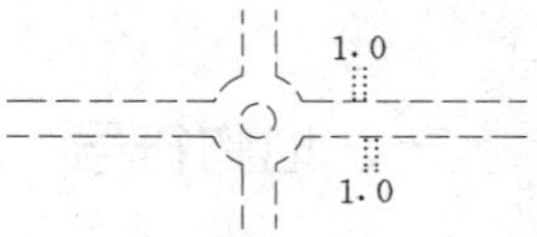		
20	小路、栈道	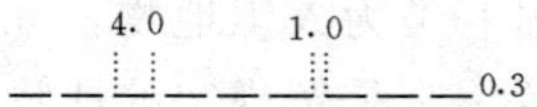		
21	三角点 a. 土堆上的	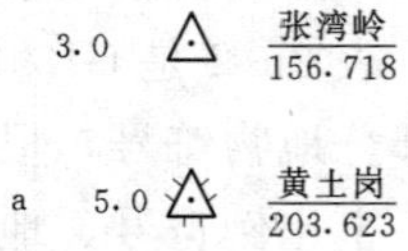		
22	小三角点 a. 土堆上的	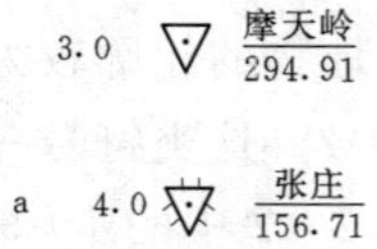		
23	导线点 a. 土堆上的	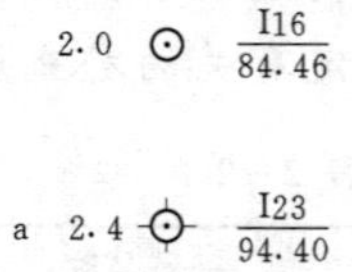		
24	埋石图根点 a. 土堆上的	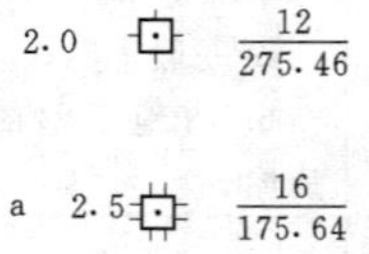		
25	不埋石图根点	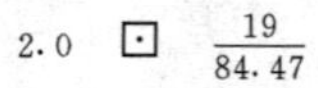		

续表

编号	符号名称	1:500	1:1000	1:2000
26	水准点	2.0 ⊗ $\frac{\text{Ⅱ京石5}}{32.805}$		
27	卫星定位等级点	3.0  $\frac{\text{B14}}{495.263}$		
28	水塔 a. 依比例尺; b. 不依比例尺	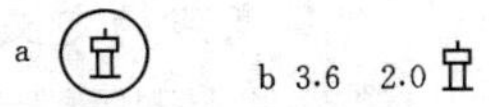		
29	水塔烟囱 a. 依比例尺; b. 不依比例尺	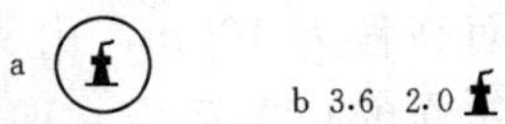		
30	亭 a. 依比例尺; b. 不依比例尺	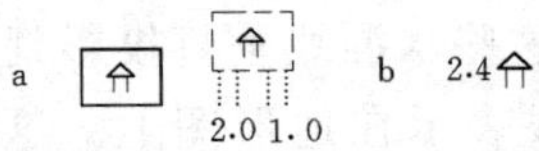		
31	旗杆	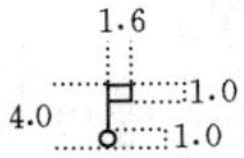		
32	路灯			
33	独立树 a. 阔叶; b. 针叶; c. 棕榈、椰子、槟榔; d. 果树; e. 特殊树	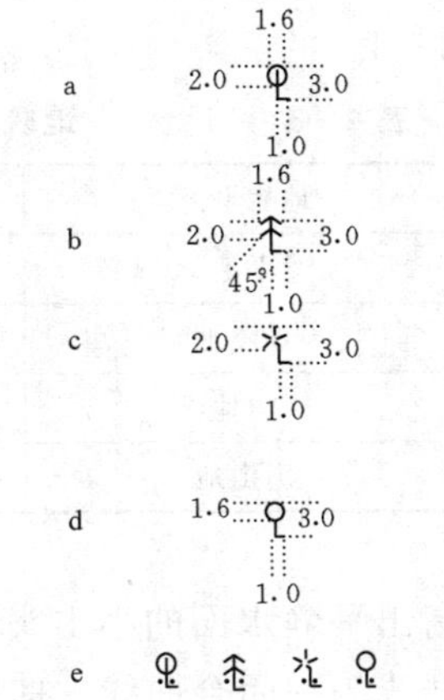		
34	等高线 a. 首曲线; b. 计曲线; c. 间曲线	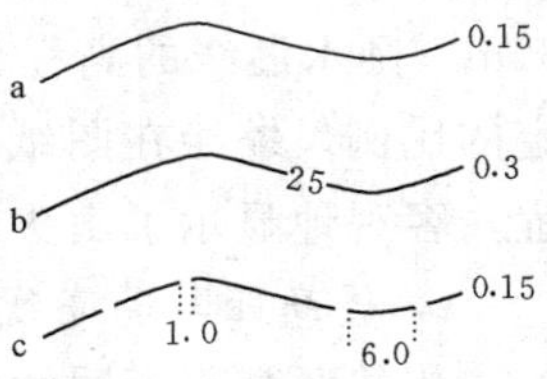		
35	高程点及其注记	0.5 •1520.3 •—15.3		

2. 非比例符号

一些具有特殊意义的地物，轮廓较小，不能按比例尺缩小绘在图上时，就采用统一尺寸，用规定的符号来表示，如三角点、水准点、烟囱、路灯等。这类符号在图上只能表示地物的中心位置，不能表示其形状和大小，见表 2-2 中的 12 号、21～33 号。

3. 半比例符号

一些呈线状延伸的地物，其长度能按比例缩绘，而宽度不能按比例缩绘，需用一定的符号表示的称为半比例符号，也称线状符号，如铁路、公路、围墙、通信线等。半比例符号只能表示地物的位置（符号的中心线）和长度，不能表示宽度，见表 2-2 中 10～11 号、13～16 号。

4. 地物注记

地形图上对一些地物的性质、名称等加以注记和说明的文字、数字或特定的符号，称为地物注记，例如房屋的层数，河流的名称、流向、深度，工厂、村庄的名称，控制点的点号、高程，地面的植被种类等。

特别提示：比例符号与半比例符号的使用界限并不是绝对的。如公路、铁路等地物，在 1:500～1:2000 比例尺地形图上是用比例符号绘出的，但在 1:5000 比例尺以上的地形图上是按半比例符号绘出的。比例符号与非比例符号之间也是同样的情况。一般来说，测图比例尺越大，用比例符号描绘的地物越多。比例尺越小，用非比例符号表示的地物越多。

二、地貌符号

地貌形态多种多样，可按其起伏的变化程度分为平地、丘陵地、山地、高山地，见表2－3。

表 2－3　　地貌分类

地貌形态	地面坡度/（°）
平地	2 以下
丘陵地	2～6
山地	6～25
高山地	25 以上

图上表示地貌的方法有多种，对于大、中比例尺主要采用等高线法，对于特殊地貌则采用特殊符号表示。

（一）等高线概念

1. 等高线的定义

等高线是地面上高程相等的相邻点连成的闭合曲线，如图 2－4 所示。设想有一座高出平静水面的小山头，山顶被水淹没时的水面高程为 100m，山头与水面相交形成的水涯线为一闭合曲线，曲线的形状随山头与水面相交的位置而定，曲线上各点的高程相等。例如，当水面高为 95m 时，曲线上任一点的高程均为 95m；若水位继续降低至 90m、85m，则水涯线的高程分别为 90m、85m。将这些水涯线垂直投影到水平面 H 上，并按一定的比例尺缩绘在图纸上，就将山头用等高线表示在地形图上。这些等高线的形状和高程，客观地显示了山头的空间形态。

2. 等高距与等高线平距

相邻两高程不同的等高线之间的高差称为等高距，常以 h 表示。如图 2－4 中的等高距是 5m。在同一幅地形图上，等高距是相同的。

相邻两高程不同的等高线之间的水平距离称为等高线平距，常以 d 表示。等高线平距 d 的大小与地面坡度有关。等高线平距越小，地面坡度越大；平距越大，坡度越小；坡度相等，平距相等。因此，可根据地形图上等高线的疏密判定地面坡度的缓陡，如图 2－5所示。

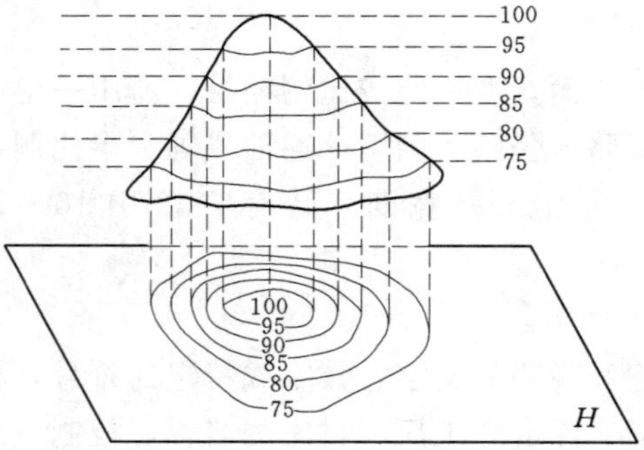

图 2－4　用等高线表示地貌的方法（单位：m）

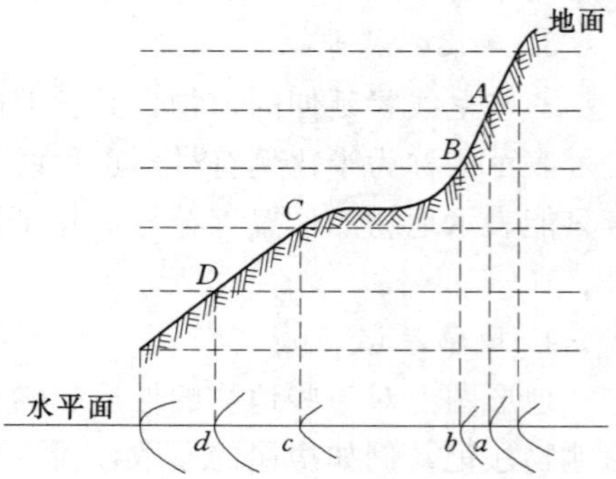

图 2－5　等高线平距

等高距选择过小，会成倍地增加测绘工作量。对于山区，有时会因等高线过密而影响地形图清晰。等高距的选择，应该根据地形类型和比例尺的大小，并按照相应的规范执行。表 2－4 是大比例尺地形图基本等高距参考值。

表 2-4　**大比例尺地形图的基本等高距**　单位：m

地貌类别	比例尺			
	1∶500	1∶1000	1∶2000	1∶5000
平坦地	0.5	0.5	1	2
丘陵地	0.5	1	2	5
山地	1	1	2	5
高山地	1	2	2	5

3. 等高线的分类

等高线可分为首曲线、计曲线、间曲线和助曲线。首曲线也称基本等高线，是指从高程基准面起算，按规定的基本等高距描绘的等高线，用宽度为 0.1mm 的细实线表示，如图 2-6（*a*）中的 102m、104m、106m、108m 等各条等高线，图 2-6（*b*）中的 42m、44m、46m、48m 等高线。

计曲线是指从高程基准面起算，每隔四条基本等高线有一条加粗的等高线。为了读图方便，计曲线上也注出高程。如图 2-6（*a*）中的 100m 等高线，图 2-6（*b*）中的 30m、40m、50m 等高线。

间曲线是当基本等高线不足以显示局部地貌特征时，按 1/2 基本等高距加绘的等高线，用长虚线表示，如图 2-6（*a*）中的 101m、107m 等高线。按 1/4 基本等高距加绘的等高线，称为助曲线，用短虚线表示，如图 2-6（*a*）中的 107.5m 等高线。间曲线和助曲线描绘时可以不闭合。

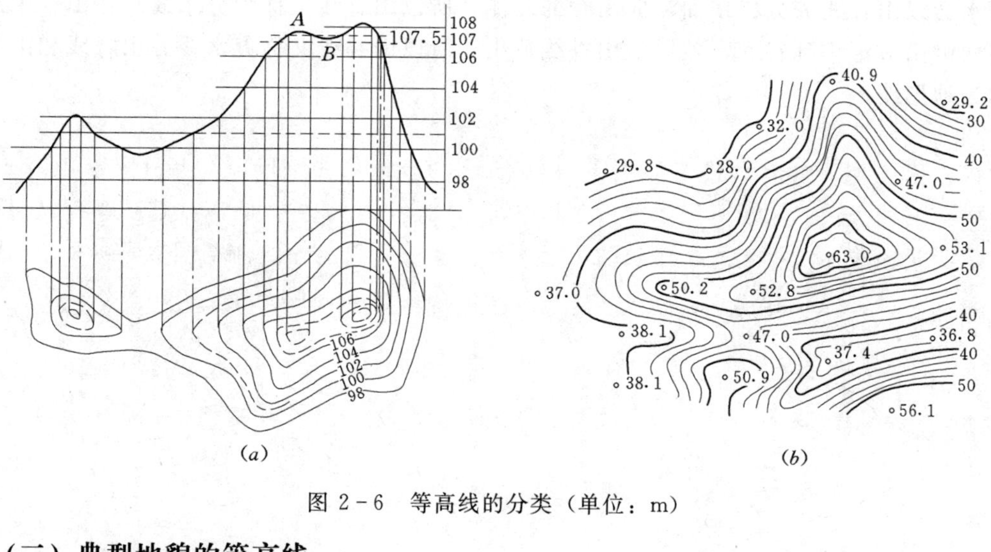

（*a*）　（*b*）

图 2-6　等高线的分类（单位：m）

（二）典型地貌的等高线

地貌的形态虽然纷繁复杂，但通过仔细研究和分析就会发现它们是由几种典型的地貌综合而成的。了解和熟悉典型地貌的等高线特性，对于提高我们识读、应用和测绘地形图的能力很有帮助。

1. 山头和洼地

山头的等高线特征如图 2-7 所示，洼地的等高线特征如图 2-8 所示。山头和洼地的等高线都是一组闭合曲线，但它们的高程注记不同。内圈等高线的高程注记大于外圈者为山头；反之，小于外圈者为洼地。也可以用示坡线表示山头或洼地。示坡线是垂直于等高线的短线，用以指示坡度下降的方向，如图 2-7、图 2-8 所示。

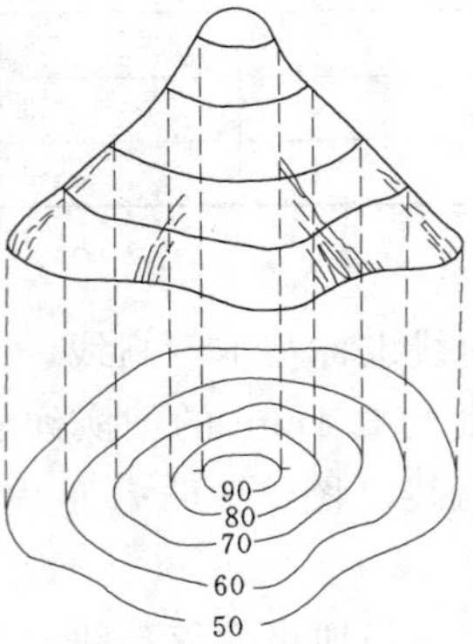

图 2-7 山头（单位：m）

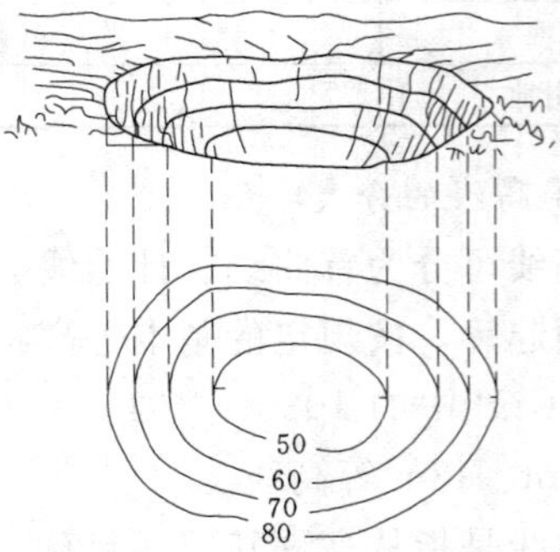

图 2-8 洼地（单位：m）

2. 山脊和山谷

山的最高部分为山顶，从山顶向某个方向延伸的高地称为山脊。山脊的最高点连线称为山脊线。山脊等高线的特征表现为一组凸向低处的曲线，如图 2-9 所示。

相邻山脊之间的凹部称为山谷，它是沿着某个方向延伸的洼地。山谷中最低点的连线称为山谷线，如图 2-10 所示，山谷等高线的特征表现为一组凸向高处的曲线。因山脊上的雨水会以山脊线为分界线而流向山脊的两侧，所以山脊线又称为分水线。在山谷中的雨水由两侧山坡汇集到谷底，然后沿山谷线流出，所以山谷线又称集水线。山脊线和山谷线合称为地形线。

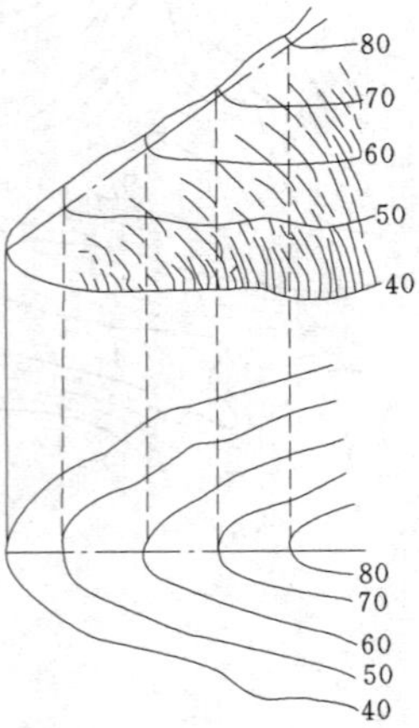

图 2-9 山脊等高线（单位：m）

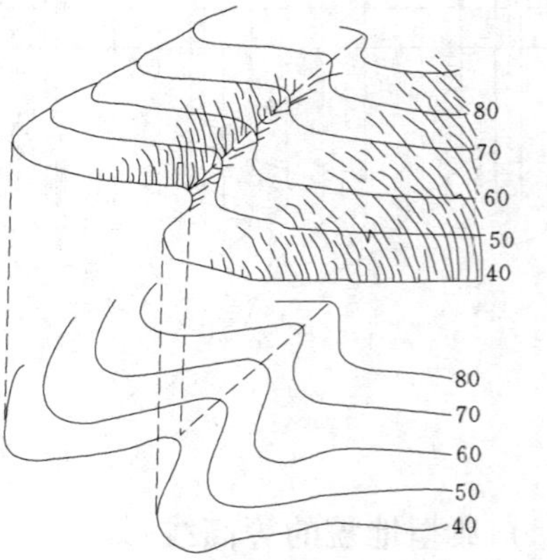

图 2-10 山谷等高线（单位：m）

3. 鞍部

鞍部是相邻两山头之间呈马鞍形的低凹部位（图 2-11 中的 S）。鞍部等高线的特征是对称的两组山脊线和两组山谷线，即在一圈大的闭合曲线内，套有两组小的闭合曲线。

4. 陡崖和悬崖

陡崖是坡度在70°以上的陡峭崖壁，因用等高线表示将非常密集或重合为一条线，故采用陡崖符号来表示，如图2-12（*a*）、（*b*）所示。

悬崖是上部突出，下部凹进的陡崖。上部的等高线投影到水平面时，与下部的等高线相交，下部凹进的等高线用虚线表示，如图2-12（*c*）所示。

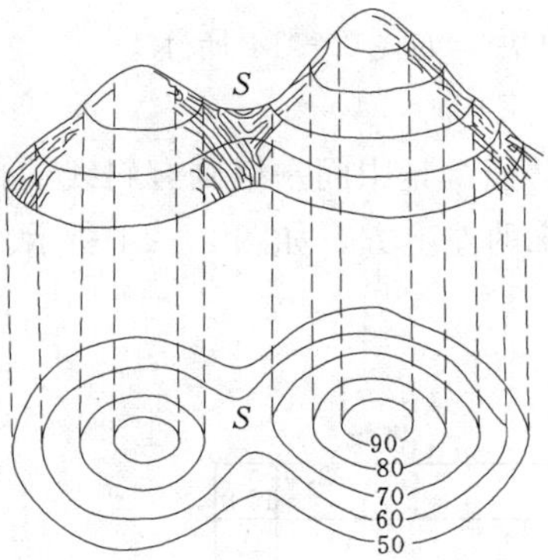

图2-11 鞍部（单位：m）

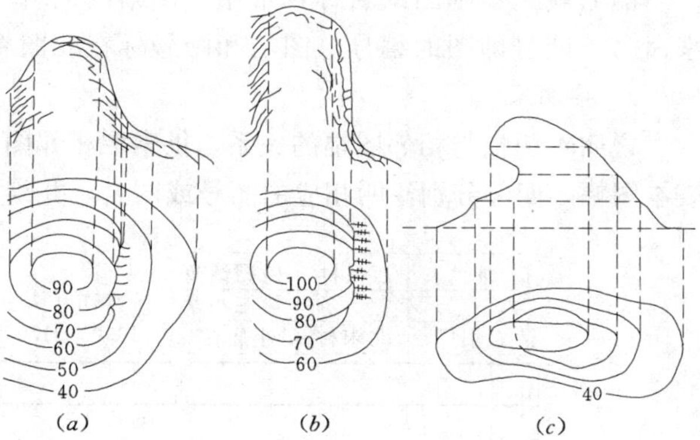

图2-12 陡崖和悬崖（单位：m）

认识了典型地貌的等高线特征以后，进而就能够认识地形图上用等高线表示的各种复杂地貌。图2-13为某一地区的综合地貌。

（三）等高线的特性

（1）同一条等高线上各点的高程相等。

（2）等高线是闭合曲线，不能中断，如果不在同一幅图内闭合，则必定在相邻的其他图幅内闭合。

（3）等高线只有在峭壁或悬崖处才会重合或相交。

（4）同一幅地形图上等高距相等。等高线平距小，表示坡度大；平距大，则坡度小；平距相等，则坡度相同。

（5）等高线与山脊线、山谷线正交。

图2-13 综合地貌等高线（单位：m）

任务三 地形图的图外注记

为了图纸管理和使用的方便，在地形图的图框外有许多注记，如图号、图名、接图表、图廓、坐标格网、三北方向线和坡度尺等。

1. 图名和图号

图名就是本幅图的名称，常用本图幅内最著名的地名、最大的村庄或厂矿企业的名称来命名。图号即图的编号。图名和图号标在北图廓上方的中央，如图 2-14 所示。

2. 接图表

说明本图幅与相邻图幅的关系，供索取相邻图幅时使用。通常是中间一格画有斜线的代表本图幅，四邻分别注明相应的图号或图名，并绘注在北图廓的左上方，如图 2-14 所示。

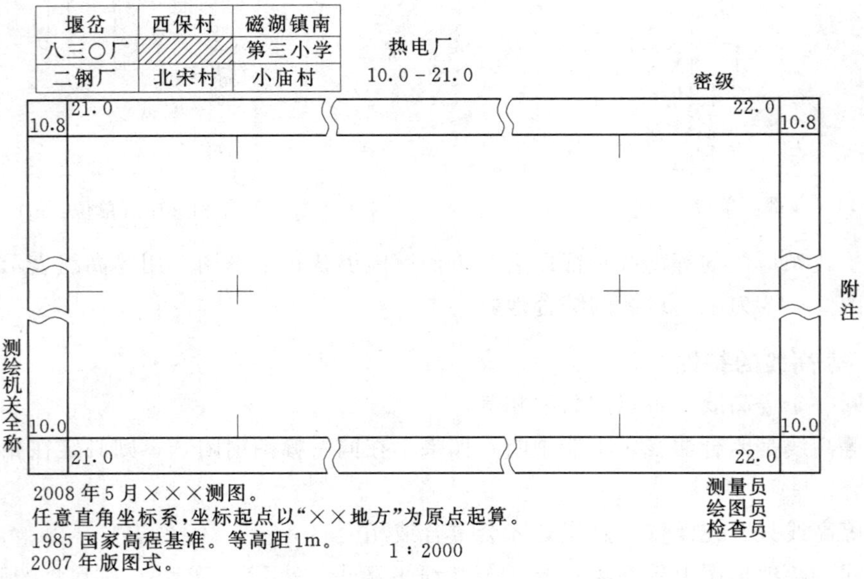

图 2-14 地形图图外注记

3. 图廓和坐标格网线

图廓是图幅四周的范围线。矩形图幅有内图廓和外图廓之分。内图廓是地形图分幅时的坐标格网线，也是图幅的边界线。外图廓是距内图廓以外一定距离绘制的加粗平行线，仅起装饰作用。在内图廓外四角处注有坐标值，并在内图廓线内侧，每隔 10cm 绘有 5mm 的短线，表示坐标格网线的位置。在图幅内每隔 10cm 绘有坐标格网交叉点，如图 2-15 所示。

知识链接： 我国处于北半球，纵坐标 x 均为正，自然坐标即为通用坐标。横坐标 y 有正有负，为了避免出现负号，规定了 y 自然坐标加 500km，并在前面冠以带号的坐标为其通用坐标。

梯形图幅的图廓有三层：内图廓、分图廓和外图廓。内图廓是经纬线，也是该图幅的边界线。如图 2-15 中西图廓经线是东经 128°45′，南图廓是北纬 39°50′。内、外图廓之间的黑白相间的线条是分图廓，每段黑线或白线的长度，表示实地经差或纬差为 1′。分

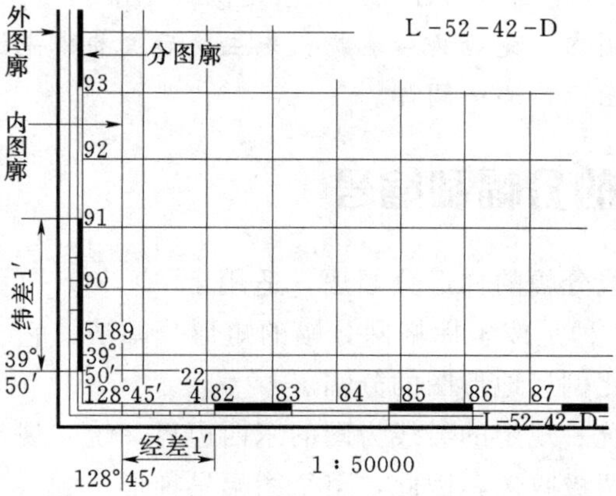

图 2-15　梯形图幅图廓

图廓与内图廓之间，注记了以公里为单位的平面直角坐标值，如图2-15中的5189表示纵坐标为5189km（从赤道算起）。其余90、91等，其公里的千百位的数都是51，故省略。横坐标为22482，22为该图幅所在投影带的带号，482表示该纵线的横坐标公里数。外图廓以外还有图示比例尺、三北方向、坡度尺等，是为了便于在地形图上进行量算而设置的各种图解，称为量图图解。

4. 三北方向线及坡度尺

在许多中、小比例尺的南图廓线的右下方，还绘有真子午线、磁子午线和坐标纵轴（中央子午线）三者之间的角度关系，常称为三北方向线，如图2-16（*a*）所示。该图中，磁偏角为9°50′（西偏），子午线收敛角为0°05′（西偏）。利用该关系图，可对图上任一方向的真方位角、磁方位角和坐标方位角三者间作相互换算。

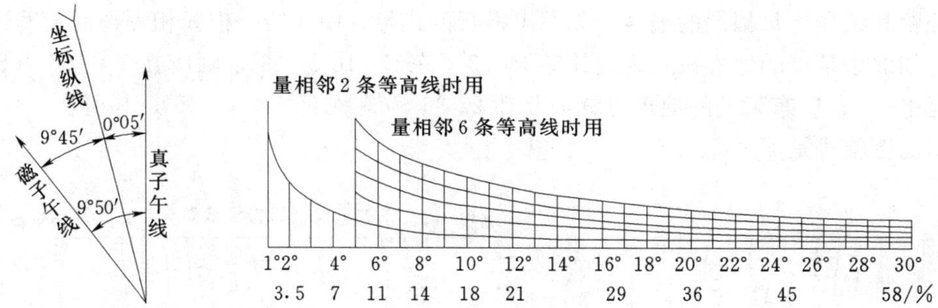

（*a*）　　　　（*b*）

图 2-16　三北方向线及坡度尺

在中比例尺地形图的南图廓左下方还常绘有坡度比例尺，如图2-16（*b*）所示。它是一种量测坡度的图示尺，按以下原理制成：坡度 $i=\tan\alpha=\dfrac{h}{dM}$，$d$ 为图上等高线的平距，h 为等高距，M 为比例尺分母。在用分规卡出图上相邻等高线的平距后，可在坡度比例尺上读出相应的地面坡度数值。坡度尺的水平底线下边注有两行数字，上行是用坡度角表示的坡度，下行是对应的倾斜百分率表示的坡度。

5. 投影方式、坐标系统、高程系统

地形图测绘完成后，都要在图上标注本图的投影方式、坐标系统和高程系统，以备日后使用时参考。

坐标系统指该图幅是采用哪种坐标系完成的，如1980年国家大地坐标系、城市坐标系、独立直角坐标系等。

高程系统指本图所采用的高程基准，如1985年国家高程基准或假定高程基准。

特别提示：地形图的阅读，可按先图外后图内、先地物后地貌、先主要后次要、先注记后符号的基本顺序，并依照相应的《地形图图示》逐一阅读。

任务四 地形图的分幅和编号

地形图的分幅方法有两种：一种是按经纬线分幅的梯形分幅法，适用于1∶500～1∶100万的大、中、小比例尺地形图的分幅；另一种是按坐标格网分幅的矩形分幅法，它一般用于城市和工程建设1∶500～1∶2000的大比例尺地形图的分幅。

地形图的梯形分幅又称国际分幅，由国际统一规定的经线为图的东西边界，统一规定的纬线为图的南北边界。由于子午线向南、北两极收敛，因此，整个图幅呈梯形。

一、旧的梯形分幅与编号

（一）1∶100万比例尺地形图的分幅和编号

1∶100万比例尺地形图的分幅是从赤道（纬度0°）起，分别向南北两极，每隔纬差4°为一横行，依次以拉丁字母A，B，C，D，…，V表示；由经度180°起，自西向东每隔经差6°为一纵列，依次用数字1，2，3，…，60表示。图2-17所示为东半球北纬1∶100万地图的国际分幅和编号。每幅图的编号，先写出横行的代号，中间绘一横线相隔，后面写出纵列的代号。如北京某处的地理位置为北纬39°56′23″，东经116°22′53″，则所在1∶100万比例尺图幅号是J-50；广东某处的地理位置为北纬22°36′10″，东经113°04′45″，其所在1∶100万比例尺图的图幅号是F-49。

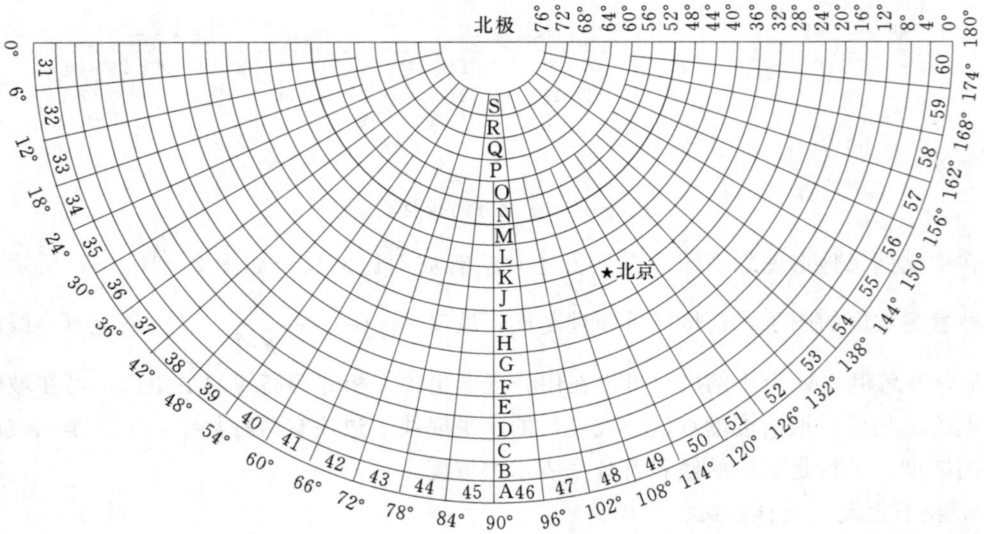

图2-17 东半球北纬1∶100万地图的国际分幅和编号

（二）1∶50万、1∶25万、1∶10万比例尺地图的分幅和编号

这三种比例尺地图的分幅和编号，都是在1∶100万比例尺地图分幅和编号的基础上，

按表 2-5 中的相应纬差和经差划分的。每幅 1∶100 万的图，按经差 3°、纬差 2°可划分成 4 幅 1∶50 万的图，分别以 A、B、C、D 表示。如北京某处所在的 1∶50 万的图的编号为 J-50-A，如图 2-18 所示。

每幅 1∶100 万的图又可按经差 1°30′、纬差 1°划分为 16 幅 1∶25 万的图，分别以 [1]，[2]，…，[16] 表示。如北京某处所在的 1∶25 万的图的编号为 J-50-[2]，如图 2-18 中有阴影线的图幅。每幅 1∶100 万的图按经差 30′、纬差 20′划分为 144 幅 1∶10 万的图，分别以 1，2，3，…，144 表示。如北京某处所在的 1∶10 万的图幅的编号为 J-50-5，如图 2-19中有阴影线的图幅。

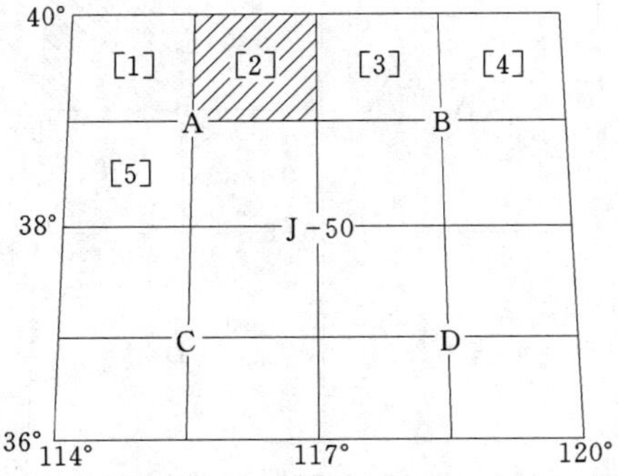

图 2-18　1∶50 万地图的分幅和编号

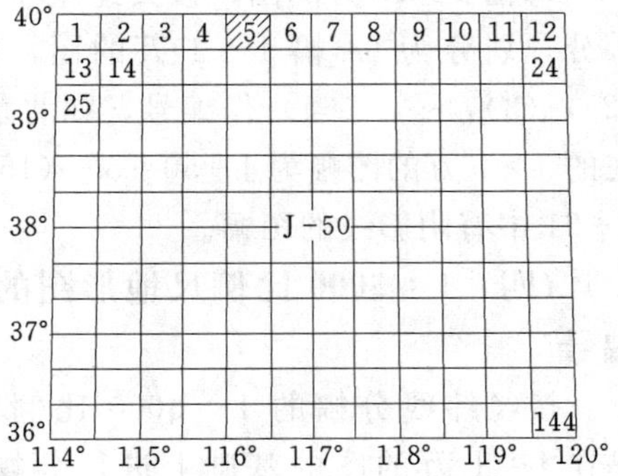

图 2-19　1∶10 万地图的分幅和编号

(三) 1∶5 万、1∶2.5 万、1∶1 万比例尺地图的分幅和编号

这三种比例尺地图的分幅和编号都是在 1∶10 万比例尺图的基础上进行的，其划分的经差和纬差见表 2-5。每幅 1∶10 万的图，可划分为 4 幅1∶5万的图，分别在 1∶10 万的图号后面写上各自的代号 A、B、C、D。如北京某处所在 1∶5 万的图幅为 J-50-5-B，如图 2-20 所示。再将每幅 1∶5 万的图四等分，就得到 1∶2.5 万的图，分别以 1、2、3、4 编号，如北京某处所在 1∶2.5 的图幅编号为 J-50-5-B-2，如图 2-20 中有阴影线的图幅。

表 2-5　　各种比例尺按经、纬度分幅

比例尺	图幅大小		1∶100 万、1∶10 万、1∶5 万、1∶1 万图幅内的分幅数	分幅代号
	纬差	经差		
1∶100 万	4°	6°	1	行 A，B，C，…，V 列 1，2，3，…，60 A，B，C，D [1]，[2]，[3]，…，[16] 1，2，3，…，144
1∶50 万	2°	3°	4	
1∶25 万	1°	1°30′	16	
1∶10 万	20′	30′	144	
1∶10 万	20′	30′	1	A，B，C，D (1)，(2)，(3)，…，(64)
1∶5 万	10′	15′	4	
1∶1 万	2′30″	3′45″	64	

续表

比例尺	图幅大小		1∶100万、1∶10万、1∶5万、1∶1万图幅内的分幅数	分幅代号
	纬差	经差		
1∶5万	10′	15′	1	1，2，3，4
1∶2.5万	5′	7′30″	4	
1∶1万	2′30″	3′45″	1	a，b，c，d
1∶5000	1′15″	1′52.5″	4	

每幅1∶10万的图，按其经差和纬差作8等分，划分为64幅1∶1万的图，以（1），（2），（3），…，（64）作编号，如北京某处所在的1∶1万的图幅为J－50－5－（15），如图2－21中有阴影线的图幅。

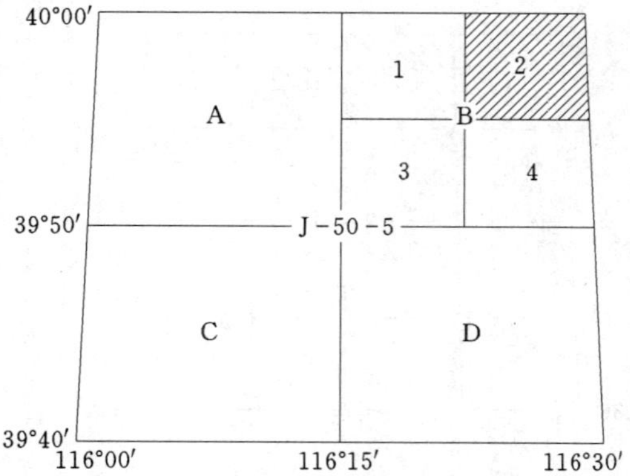

图2－20　1∶5万和1∶2.5万地图的分幅和编号

（四）1∶5000比例尺地形图的分幅和编号

按经纬线分幅的1∶5000比例尺地图，是在1∶1万的图的基础上进行分幅和编号的，每幅1∶1万的图分成四幅1∶5000的图，并分别在1∶1万图的图号后面写上各自的代号a、b、c、d作为编号。如北京某处所在的1∶5000梯形分幅图号为J－50－5－（15）－a，如图2－22中有阴影线的图幅。

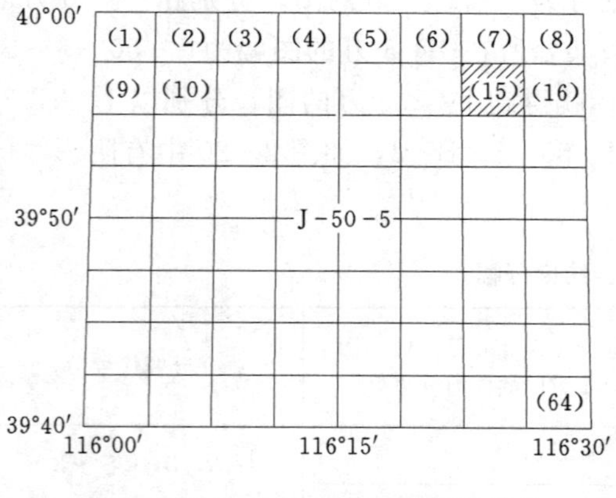

图2－21　1∶1万地图的分幅和编号

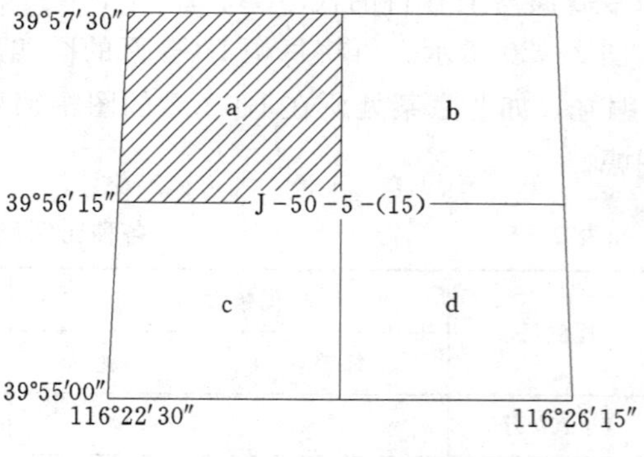

图2－22　1∶5000地图的分幅和编号

二、现行的国家基本比例尺地形图分幅和编号

为适应对大比例尺地形图的分幅和编号方面规范化、标准化的要求，2012年10月1日，国家技术监督局发布了GB/T 13989—2012《国家基本比例尺地形图分幅和编号》。该标准替代了GB/T 13989—92《国家基本比例尺地形图分幅和编号》。该标准将原来的1∶100万～1∶5000的分幅和编号要求扩大到了1∶100万～1∶500，使得大比例尺地形

图也有了经、纬度分幅。

（一）1：100 万比例尺地形图分幅和编号

新标准仍以 1：100 万比例尺地形图为基础，1：100 万比例尺地形图的分幅经、纬差不变，但由过去的纵行、横列改为横行、纵列，它们的编号由其所在的行号（字符码）与列号（数字码）组合而成，如北京所在的 1：100 万地形图的图号为 J50。

（二）1：50 万～1：500 地形图分幅和编号

1：50 万～1：500 地形图的各比例尺分别采用不同的字符作为其比例尺代码，见表 2－6。1：50 万～1：500 地形图均由 1：100 万地形图逐次加密划分而成，即将 1：100 万地形图按所含各比例尺地形图的经差和纬差划分为若干行和列，图幅关系见表 2－7。

表 2－6　　比例尺代码表

比例尺	1：50 万	1：25 万	1：10 万	1：5 万	1：2.5 万	1：1 万	1：5000	1：2000	1：1000	1：500
代码	B	C	D	E	F	G	H	I	J	K

表 2－7　　现行的国家基本比例尺地形图分幅编号关系表

比例尺		1：100 万	1：50 万	1：25 万	1：10 万	1：5 万	1：2.5 万	1：1 万	1：5000	1：2000	1：1000	1：500
图幅范围	经差	6°	3°	1°30′	30′	15′	7′30″	3′45″	1′52.5″	37.5″	18.75″	9.375″
	纬差	4°	2°	1°	20′	10′	5′	2′30″	1′15″	25″	12.5″	6.25″
行列数量关系	行数	1	2	4	12	24	48	96	192	576	1152	2304
	列数	1	2	4	12	24	48	96	192	576	1152	2304
图幅数量关系		1	4	16	144	576	2304	9216	36864	331776	1327104	5308416
			1	4	36	144	576	2304	9216	82944	331776	1327104
				1	9	36	144	576	2304	20736	82944	331776
					1	4	16	64	256	2304	9216	36864
						1	4	16	64	576	2304	9216
							1	4	16	144	576	2304
								1	4	36	144	576
									1	9	36	144
										1	4	16
											1	4

1：50 万～1：5000 均由其所在 1：100 万地形图的图号、比例尺代码和各图幅的行列号共 10 位码组成，如图 2－23 所示。横行从上到下、纵列从左到右按顺序分别用三位数字码表示，不足三位者前面补零。

1：2000～1：500 均由其所在 1：100 万地形图的图号、比例尺代码和各图幅的行列号共 12 位码组成，如图 2－24 所示。横行从上到下、纵列从左到右按顺序分别用四位数字码表示，不足四位者前面补零。

图 2－25 所示为 1：10 万、1：5 万、1：2.5 万地形图的图幅编号。在图中，带单斜

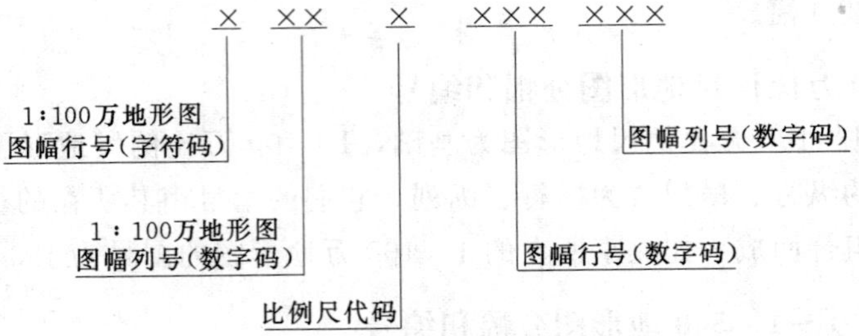

图 2-23　1∶50 万～1∶5000 地形图图号的构成

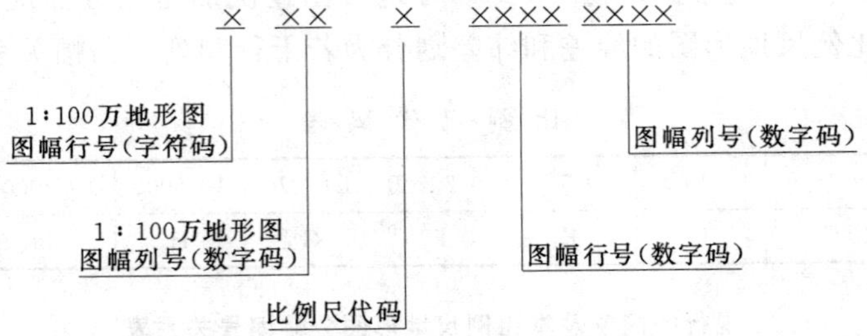

图 2-24　1∶2000～1∶500 地形图图号的构成

线的图幅为 1∶10 万的地形图，其图号为 J50D002011；带网格的图幅为 1∶5 万的地形图，其图号为 J50E023003；带阴影的图幅为 1∶2.5 万的地形图，其图号为 J50F046046。

特别提示：目前的地形图绝大多数采用新的《国家基本比例尺地形图分幅和编号》。

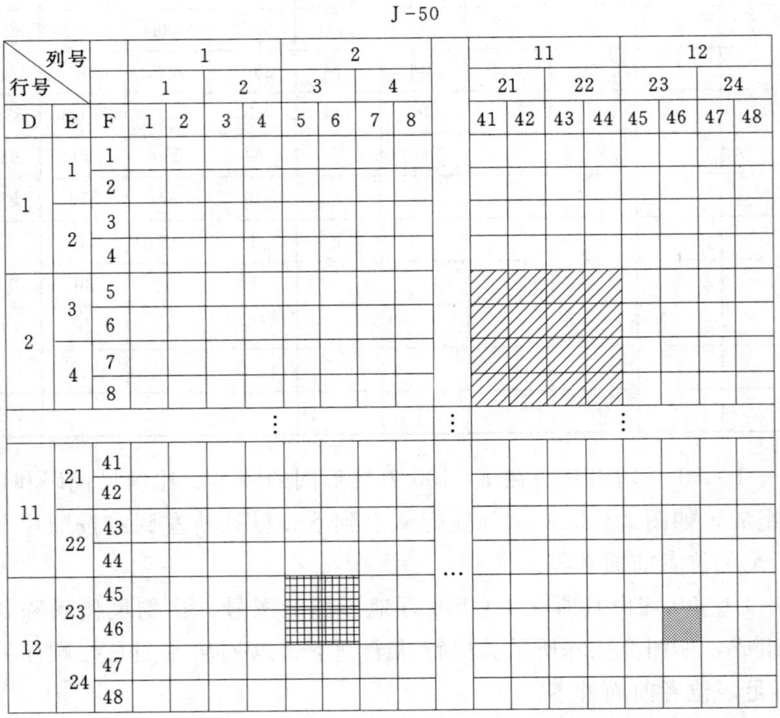

图 2-25　1∶10 万～1∶2.5 万地形图的行、列编号

三、1∶500～1∶2000 大比例尺地形图的矩形分幅和编号

《1∶500　1∶1000　1∶2000 地形图图式》规定：1∶500～1∶2000 比例尺地形图一般采用 50cm×50cm 正方形分幅或 50cm×40cm 矩形分幅；根据需要，也可以采用其他规格的分幅；1∶2000 地形图也可以采用经纬度统一分幅。地形图编号一般采用图廓西南角坐标公里数编号法，也可选用流水编号法或行列编号法等，带状测区或小面积测区，可按测区统一顺序进行编号。采用图廓西南角坐标公里数编号法时，x 坐标在前，y 坐标在后，1∶500 地形图取至 0.01km（如 10.40～21.75），1∶1000、1∶2000 地形图取至 0.1km（如 10.0～21.0）。带状测区或小面积测区，可按测区统一顺序进行编号，一般从左到右，从上到下用数字 1，2，3，4，…编号，如图 2－26（*a*）所示的“杜阮－7”其中“杜阮”为测区地名。

行列编号法一般以代号（如 A，B，C，D，…）为横行，由上到下排列，以数字 1，2，3，…为代号的纵列，从左到右排列来编定，先行后列，如图 2－26（*b*）中的 A－4。采用国家统一坐标系时，图廓间的公里数应根据需要加注带号和百公里数，如 X：^{43}27.8，Y：^{374}57.0。

	杜阮-1	杜阮-2	杜阮-3	杜阮-4	
杜阮-5	杜阮-6	杜阮-7	杜阮-8	杜阮-9	杜阮-10
杜阮-11	杜阮-12	杜阮-13	杜阮-14	杜阮-15	杜阮-16

（*a*）

A-1	A-2	A-3	A-4	A-5	A-6
B-1	B-2	B-3	B-4		
	C-2	C-3	C-4	C-5	C-6

（*b*）

图 2－26　大比例尺地形图的分幅和编号

特别提示：已知图幅内某点的经纬度或图幅西南图廓点的经纬度，可计算不同比例尺地形图的图幅编号；同样，已知图号也可以计算该图幅西南图廓点的经纬度。相应的计算公式及算例可参见 GB/T 13989—92《国家基本比例尺地形图分幅和编号》。

习　　题

1. 什么叫地形图？

2. 什么叫地形图比例尺？它有几种类型？

3. 什么是比例尺精度？它对测图和设计用图有什么意义？1∶5000 地形图的比例尺精度是多少？

4. 已知某点经度为东经 116°28′25″，纬度为北纬 39°54′30″，试按国际分幅法写出该点所在的 1∶100 万、1∶10 万、1∶5000 及 1∶1000 地形图的编号。

5. 何谓地物和地貌？地形图上的地物符号分为哪几类？试举例说明。

6. 什么是等高线、等高距和等高线平距？它们与地面坡度有何关系？

7. 何谓山脊线、山谷线、鞍部？试用等高线绘之。

8. 等高线有哪些特性？

9. 地形图的图外注记包括哪些内容？

项目三 测量误差基本知识

内容提要 本项目共分六个任务，主要介绍了测量误差的来源及分类，偶然误差的特性，衡量精度的指标，观测值函数的中误差——误差传播定律，等精度观测的最或是值计算及精度评定以及不等精度观测的最或是值计算及精度评定。本项目的重点内容是：误差的定义、分类、特性，衡量精度的指标（中误差、相对误差和允许误差的概念及计算），误差传播定律，等精度观测的最或是值计算及精度评定。本项目的难点是：误差传播定律的应用，中误差的计算，权的确定。

在一定的外界条件下对某量进行多次观测，尽管观测者使用精密的仪器和工具，采用合理的观测方法，以及认真负责的工作态度，但观测结果之间往往还是存在着差异。这种差异说明了观测中存在误差。观测误差的产生是不可避免的。本章主要介绍产生误差的基本原因，分析误差的性质，确定判断观测成果质量的标准以及如何求得观测值的最可靠值等。

任务一 测量误差的来源及分类

一、测量误差及其来源

任何观测值都包含误差。例如：水准测量闭合路线的高差总和往往不等于零；观测水平角两个半测回测得的角值不完全相等；距离往返丈量的结果总有差异。这些都说明观测值中有误差存在。

观测对象客观存在的量，称为真值，通常用 X 表示。如三角形内角和的真值为 180°。每次观测所得的数值，称为观测值，通常用 l_i（i=1，2，…，n）表示。观测值与真值的差数，称为真误差，通常用 Δ_i 表示，有

$$\Delta_i = l_i - X \quad (i = 1, 2, \cdots, n) \tag{3-1}$$

产生观测误差的因素是多方面的，概括起来有以下三个：

（1）观测时由于观测者的感觉器官的鉴别能力存在局限性，在仪器的对中、整平、照准、读数等方面都会产生误差。同时，观测者的技术熟练程度也会对观测结果产生一定影响。

（2）测量中使用的仪器和工具，在设计、制造、安装和校正等方面不可能十分完善，致使测量结果产生误差。

（3）观测过程中的外界条件，如温度、湿度、风力、阳光、大气折光、烟雾等时刻都在变化，必将对观测结果产生影响。

通常把上述的人、仪器、客观环境这三种因素综合起来称为观测条件。

因受上述因素的影响，测量中存在误差是不可避免的。误差与粗差是不同的，粗差是指观测结果中出现的错误，如测错、读错、记错等，通常所说的“测量误差"不包括粗差。

测量中，一般把观测条件相同的各次观测，称为等精度观测；观测条件不同的各次观测，称为非等精度观测。

二、测量误差的分类

根据观测误差的性质不同，观测误差可分为系统误差和偶然误差两类。

（一）系统误差

在相同观测条件下，对某量进行一系列观测，若出现的误差在数值、符号上保持不变或按一定的规律变化，这种误差称为系统误差。

系统误差是由仪器制造或校正不完善，观测者生理习性及观测时的外界条件等引起的。如用名义长度为 30 m 而实际长度为 29.99 m 的钢卷尺量距，每量一尺段就有将距离量长 1cm 的误差。这种量距误差，其数值和符号不变，且量的距离愈长，误差愈大。因此，系统误差在观测成果中具有累计性。

1. 系统误差的特性

（1）同一性。

（2）单向性。

（3）累积性。

系统误差在观测成果中的累积性，对成果质量影响显著。但它们的符号和大小又有一定的规律性，因此，可在观测中采取相应措施予以消除。

2. 系统误差消除的方法

（1）测定仪器误差，对观测结果加以改正。如进行钢尺检定，求出尺长改正数，对量取的距离进行尺长改正。

（2）测前对仪器进行检校，以减少仪器校正不完善的影响。如水准仪的 i 角检校，使其影响减到最小限度。

（3）采用合理观测方法，使误差自行抵消或削弱。如水平角观测中，采用盘左、盘右观测，可消除视准轴误差和横轴误差等。

（二）偶然误差

在相同观测条件下，对某量进行一系列观测，若出现的误差在数值、符号上有一定的随机性，从表面看并没有明显的规律性，这种误差称为偶然误差。

偶然误差是许许多多人们所不能控制的微小的偶然因素（如人眼的分辨能力、仪器的极限精度、外界条件的时刻变化等）共同影响的结果。如用经纬仪测角时的照准误差；水准测量中，在标尺上读数时的估读误差等。

在测量过程中，通常偶然误差和系统误差是同时出现的。由于系统误差具有一定的规律性，只要采取相应措施便可加以消除或削弱。偶然误差则不能完全消除，只能采取适当的方法削弱他的影响。

除上述两类性质的误差外，还可能发生错误，例如，测错、记错、算错等。错误的发生是由于观测者在工作中粗心大意造成的，又称粗差。凡含有粗差的观测值应舍去不用，并需重测。

为了提高观测成果的质量，同时也为了发现和消除错误，在测量工作中，一般都要进行多于必要的观测，称多余观测。例如，测量一平面三角形的内角，只需要测得其中的任意两个角度，即可确定其形状。但实际上也测出第三个角，以便检校内角和，从而判断结果的正确性。

任务二 偶然误差的特性

偶然误差产生的原因纯系随机性的，只有通过大量观测才能揭示其内在的规律，这种规律具有重要的实用价值。现通过一个实例来阐述偶然误差的统计规律。

在相同的观测条件下，对 358 个三角形独立地观测了其三个内角，每个三角形其内角之和应等于它的真值 180°，由于观测值存在误差而往往不相等。根据式（3－1）可计算各三角形内角和真误差（在测量工作中称为三角形闭合差）。

$$\Delta_i = (l_1 + l_2 + l_3)_i - 180 \quad (i = 1, 2, \cdots, n) \tag{3-2}$$

式中 $(l_1+l_2+l_3)_i$——第 i 个三角形内角观测值之和。

现取误差区间的间隔 $d\Delta = 3''$，将这一组误差按其正负号与误差值的大小排列。出现在基本区间误差的个数称为频数，用 K 表示，频数除以误差的总个数 n 称为频率（K/n），也称相对个数。统计结果见表 3－1。

表 3－1 多次观测结果中偶然误差在区间出现个数统计表

误差区间 dΔ（3″）	正误差		负误差		合计	
	个数 K	相对个数 K/n（频率）	个数 K	相对个数 K/n（频率）	个数 K	相对个数 K/n（频率）
0～3	45	0.126	46	0.128	91	0.254
3～6	40	0.112	41	0.115	81	0.226
6～9	33	0.092	33	0.092	66	0.184
9～12	23	0.064	21	0.059	44	0.123
12～15	17	0.047	16	0.045	33	0.092
15～18	13	0.036	13	0.036	26	0.073
18～21	6	0.017	5	0.014	11	0.031
21～24	4	0.011	2	0.006	6	0.017
24 以上	0	0	0	0	0	0
Σ	181	0.505	177	0.495	358	1.00

从表 3－1 中可以看出：小误差出现的频率较大，大误差出现的频率较小；绝对值相等的正负误差出现的频率相当；绝对值最大的误差不超过某一个定值。在其他测量结果中也显示出上述同样规律。通过大量实验统计结果表明，特别是当观测次数较多时，可以总结出偶然误差具有如下特性：

（1）有限性。在一定的观测条件下，偶然误差的绝对值不会超过一定的限值。

（2）单峰性。绝对值小的误差比绝对值大的误差出现的机会多。

（3）对称性。绝对值相等的正负误差出现的机会相等。

（4）抵偿性。由对称性可导出，偶然误差的算术平均值，随观测次数的无限增加而趋向于零，即

$$\lim_{n\to\infty}\frac{\Delta_1+\Delta_2+\cdots+\Delta_n}{n}=\lim_{n\to\infty}\frac{[\Delta]}{n}=0 \tag{3-3}$$

式中　[Δ]——误差总和的符号。

换言之，偶然误差的理论平均值为零。

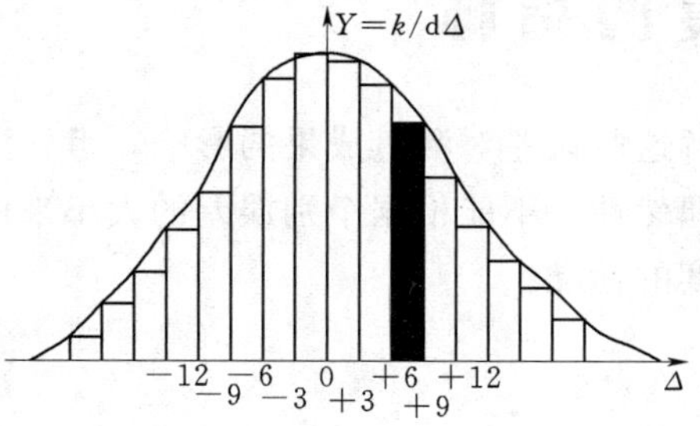

图 3-1　直方图

为了充分反映误差分布的情况，除了上述用表格的形式（称误差分布表）表示，还可以用直观的图形来表示。如图 3-1 中以横坐标表示误差的大小，纵坐标表示各区间误差出现的相对个数除以区间的间隔值。这样，每一误差区间上方的长方形面积，就代表误差出现在该区间的相对个数。例如图中有阴影的长方形面积就代表误差出现在+6″～+9″区间内的相对个数 0.092。这种图称为直方图，其特点是能形象地反映出误差的分布情况。

如果继续观测更多的三角形，即增加误差的个数，当 $n\to\infty$ 时，各误差出现的频率也就趋近于一个完全确定的值，这个数值就是误差出现在各区间的概率。此时如将误差区间无限缩小，那么图 3-1 中各长方条顶边所形成的折线将成为一条光滑的连续曲线，如图 3-2 所示。这些曲线称为误差分布曲线，也叫正态分布曲线。曲线上任一点的纵坐标 y 均为横坐标 Δ 的函数，其函数形式为

$$y=f(\Delta)\frac{1}{\sqrt{2\pi}\sigma}e^{-\frac{\Delta^2}{2\sigma^2}} \tag{3-4}$$

式中　e——自然对数的底，e=2.7183；

σ——观测值的标准差，其几何意义是分布曲线拐点的横坐标（将在下节讨论），其 σ^2 称为方差。

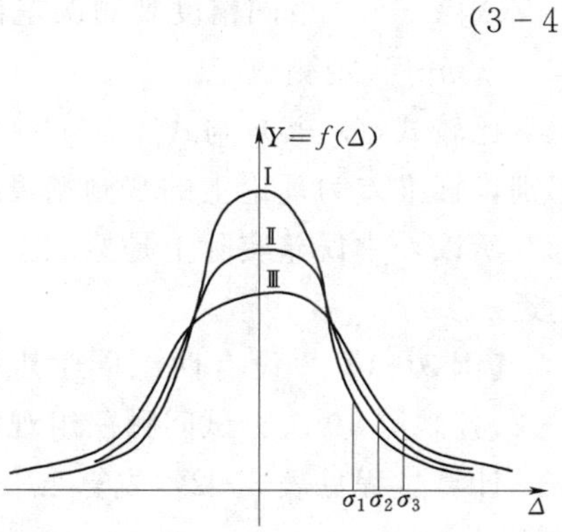

图 3-2　三组观测分布曲线

图 3-2 中有三条误差分布曲线Ⅰ，Ⅱ及Ⅲ，代表不同标准差 σ_1，σ_2 及 σ_3 的三组观测。由图中看出，曲线Ⅰ较高而陡峭，表明绝对值较小的误差出现的概率大，分布密集；曲线Ⅱ、Ⅲ较低而平缓，分布离散。因此，前者的观测精度高，后两者则较低。由误差分布的密集和离散程度，可以判断观测的精度。但是求误差曲线的函数式比较困难，通常由分布曲线的标准差来比较精度。曲线越陡，标准差越小。如图 $\sigma_1<\sigma_2<\sigma_3$，说明曲线Ⅰ的精度最高，曲线Ⅱ的精度其次，曲线Ⅲ的精度最低。

1. 偶然误差削弱的方法

(1) 适当提高仪器等级。

(2) 增加多余观测，根据闭合差评定测量精度和分配闭合差。

(3) 求最可靠值。

2. 各种误差处理原则

(1) 粗差（严格意义上不能叫误差）——细心，多余观测，检核舍弃。

(2) 系统误差——找出规律，加以改正。

(3) 偶然误差——多余观测，制定限差。

任务三 衡量精度的指标

由于测量误差不可避免地存在，那么就必须了解这些误差对测量成果的影响，考核测量成果是否满足工程建设的要求。由于误差表现为偶然性，不能根据个别误差的大小来评定精度，就需要运用合理的方式建立统一的评定精度的标准。

一、中误差

观测误差的标准差σ，其定义为

$$\sigma^2 = \lim_{n\to\infty}\frac{[\Delta\Delta]}{n} \tag{3-5}$$

用式（3-5）求σ值要求观测数n趋近无穷大，实际上很难办到。在实际测量工作中，观测数总是有限的，一般采用下述公式

$$m = \pm\sqrt{\frac{[\Delta\Delta]}{n}} \tag{3-6}$$

式中 m——中误差；

$[\Delta\Delta]$——一组同精度观测误差自乘的总和，也可以写成$\sum\Delta^2$；

n——观测数。

比较式（3-5）与式（3-6）可以看出，标准差σ与中误差m的不同在于观测个数的区别，标准差为理论上的观测精度指标，而中误差则是观测数n为有限时的观测精度指标。所以，中误差实际上是标准差的近似值，统计学上又称估值，随着n的增加，m将趋近σ。

【例3-1】 设有两组同学观测同一个三角形，每组的三角形内角和观测成果见表3-2，各观测10次。试问哪一组观测成果精度高？

计算过程见表3-2，先算Δ_i，再算Δ_i^2，求和，再根据观测数n计算中误差。其结果如下

$$m_1 = \pm\sqrt{\frac{\sum\Delta^2}{n}} = \pm\sqrt{\frac{72}{10}} = \pm 2.7''$$

$$m_2 = \pm\sqrt{\frac{\sum\Delta^2}{n}} = \pm\sqrt{\frac{130}{10}} = \pm 3.6''$$

由此可以看出第一组观测值比第二组观测值的精度高，因为第二组观测值中有较大的误差，用平方能反应较大误差的影响。因此，测量工作中采用中误差作为衡量精度的标准。

特别提示：某个观测值的真误差小，并不能说明它的精度就高，因为精度高低是由中误差来衡量的。

表 3-2　　按观测值的真误差计算中误差

次　序	第一组观测			第二组观测		
	观测值 l	Δ	Δ^2	观测值 l	Δ	Δ^2
1	180°00′03″	−3	9	180°00′00″	0	0
2	180°00′02″	−2	4	159°59′59″	+1	1
3	179°59′58″	+2	4	180°00′07″	−7	49
4	179°59′56″	+4	16	180°00′02″	−2	4
5	180°00′01″	−1	1	180°00′01″	−1	1
6	180°00′00″	0	0	179°59′59″	+1	1
7	180°00′04″	−4	16	179°59′52″	+8	64
8	179°59′57″	+3	9	180°00′00″	0	0
9	179°59′58″	+2	4	179°59′57″	+3	9
10	180°00′03″	−3	9	180°00′01″	−1	1
		$\sum\vert\Delta\vert=24$	$\sum\Delta^2=72$		$\sum\vert\Delta\vert=24$	$\sum\Delta^2=130$

二、相对误差

在测量工作中，有时用中误差还不能完全表达观测结果的精度。例如，用钢卷尺丈量200m和40m两段距离，量距的中误差都是±2cm，但不能认为两者的精度是相同的，因为量距的误差与其距离的长短有关。为此，用相对中误差描述观测值的精度。相对中误差是观测值的中误差与观测值的比值，通常用分子为1的分数形式表示。上述例子中，前者的相对中误差为$\frac{0.02}{200}=\frac{1}{10000}$，而后者则为$\frac{0.02}{40}=\frac{1}{2000}$，前者分母大比值小，量距精度高于后者。

在距离测量中，有时也采用往返观测的较差与观测值平均值之比来衡量精度，称为相对误差。

三、允许误差

中误差是反映误差分布的密集或离散程度的，它代表一组观测值的精度高低，不是代表个别观测值的质量。因此，要衡量某一观测值的质量，决定其取舍，还要引入允许误差的概念。允许误差又称为极限误差，简称限差。偶然误差的第一特性说明，在一定条件下，误差的绝对值有一定的限值。根据误差理论可知，在等精度观测的一组误差中，误差落在区间（$-\sigma$，$+\sigma$）、（-2σ，$+2\sigma$）、（-3σ，$+3\sigma$）的概率分别为

$$\left.\begin{array}{l}P(-\sigma<\Delta<+\sigma)\approx 68.3\% \\ P(-2\sigma<\Delta<+2\sigma)\approx 95.4\% \\ P(-3\sigma<\Delta<+3\sigma)\approx 99.7\%\end{array}\right\} \tag{3-7}$$

式（3-7）说明，绝对值大于两倍中误差的误差，其出现的概率为4.6%，特别是绝对值大于三倍中误差的误差，其出现的概率仅0.3%，已经是概率接近于零的小概率事件，或者说是实际上的不可能事件。因此在测量规范中，为确保观测成果的质量，通常规定三倍或两倍中误差为偶然误差的容许误差或限差，即

$$\Delta_{容}(\Delta_{限})=2m \text{ 或 } \Delta_{容}(\Delta_{限})=3m \tag{3-8}$$

超过上述限差的观测值应舍去不用，或返工重测。

任务四 观测值函数的中误差——误差传播定律

上一节根据一组等精度独立观测值的真误差计算观测值的中误差。但是在测量工作中，有些未知量往往不能直接测得，而是由某些直接观测值通过一定的函数关系间接计算而得。例如，水准测量中，测站的高差是由测得的前、后视读数求得的，即 $h=a-b$。式中高差 h 是直接观测值 a、b 的函数。由于观测值 a、b 客观上存在误差，必然使得 h 也受其影响而产生误差。阐述观测值中误差与函数中误差之间关系的定律，称为误差传播定律。现就线性与非线性两种函数形式分别讨论如下。

1. 线性函数

线性函数的一般形式为

$$Z=k_1x_1\pm k_2x_2\pm\cdots\pm k_nx_n \tag{3-9}$$

式中 x_1，x_2，…，x_n——独立观测值，其中误差分别为 m_1，m_2，…，m_n；

k_1，k_2，…，k_n——常数。

设函数 Z 的中误差为 m_Z，则（略去推导）

$$m_Z=\pm\sqrt{k_1^2m_1^2+k_2^2m_2^2+\cdots+k_n^2m_n^2} \tag{3-10}$$

2. 非线性函数

非线性函数即一般函数，其形式为

$$Z=f(x_1,x_2,\cdots,x_n) \tag{3-11}$$

对函数取全微分，得 $$dZ=\frac{\partial f}{\partial x_1}dx_1+\frac{\partial f}{\partial x_2}dx_2+\cdots+\frac{\partial f}{\partial x_n}dx_n \tag{3-12}$$

因为真误差很小，可用真误差 Δx_i 代替 dx_i，得真误差关系式

$$\Delta Z=\frac{\partial f}{\partial x_1}\Delta x_1+\frac{\partial f}{\partial x_2}\Delta x_2+\cdots+\frac{\partial f}{\partial x_n}\Delta x_n \tag{3-13}$$

式中 $\frac{\partial f}{\partial x_i}$（$i=1$，2，…，$n$）——函数对各变量所取的偏导数，以观测值代入，所得的值为常数。

因此，式（3-13）成为线性函数的真误差关系式，仿式（3-10），得函数 Z 的中误差为

$$m_Z=\pm\sqrt{\left(\frac{\partial f}{\partial x_1}\right)^2m_1^2+\left(\frac{\partial f}{\partial x_2}\right)^2m_2^2+\cdots+\left(\frac{\partial f}{\partial x_n}\right)^2m_n^2} \tag{3-14}$$

3. 误差传播定律的应用

应用误差传播定律求观测值函数的中误差时，可归纳为如下三步：

（1）按问题的要求写出函数式

$$Z = f(x_1, x_2, \cdots, x_n)$$

（2）对函数式求全微分，得出函数的真误差与观测值真误差的关系式

$$\Delta Z = \frac{\partial f}{\partial x_1}\Delta x_1 + \frac{\partial f}{\partial x_2}\Delta x_2 + \cdots + \frac{\partial f}{\partial x_n}\Delta x_n$$

式中　$\frac{\partial f}{\partial x_i}$——用观测值代入求得的值。

（3）写出函数中误差与观测值中误差之间的关系式

$$m_Z = \pm\sqrt{\left(\frac{\partial f}{\partial x_1}\right)^2 m_1^2 + \left(\frac{\partial f}{\partial x_2}\right)^2 m_2^2 + \cdots + \left(\frac{\partial f}{\partial x_n}\right)^2 m_n^2}$$

必须指出：只有自变量之间相互独立，即观测值必须是独立的观测值，才可以进一步写出中误差关系式。否则应作并项或移项处理，使其均为独立观测值为止。用数值代入上式时，注意各项的单位要统一。

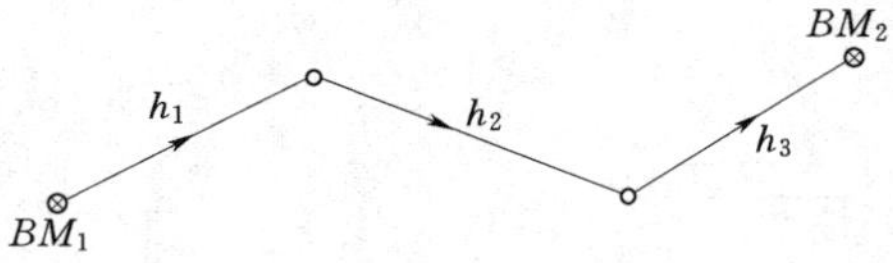

图 3-3　水准测量平差

【例 3-2】　自水准点 BM_1 向水准点 BM_2 进行水准测量（图 3-3），设各段所测高差分别为 $h_1 = +3.852 \pm 5$（mm）；$h_2 = +6.305 \pm 3$（mm）；$h_3 = -2.346 \pm 4$（mm）。求 BM_1、BM_2 两点间的高差及中误差（其中，后缀±5mm、3mm、4mm 为各段观测高差的中误差）。

解：（1）列函数式：BM_1、BM_2 之间的高差 $h = h_1 + h_2 + h_3 = 7.811$（m）。

（2）写出函数的真误差与观测值真误差的关系式：$\Delta_h = \Delta_{h_1} + \Delta_{h_2} + \Delta_{h_3}$，可见各系数 k_1、k_2、k_3 均为 1。

（3）高差中误差 $m_h = \pm\sqrt{m_{h_1}^2 + m_{h_2}^2 + m_{h_3}^2} = \pm\sqrt{5^2 + 3^2 + 4^2} = \pm 7.1$（mm）。

【例 3-3】　在三角形（图 3-4）中，观测得斜边 S 为 100.000m，其观测中误差为 3mm，观测得竖直角 v 为 30°，其测角中误差为 3″，求高差 h 的中误差。

解：（1）列函数式

$$h = S\sin v$$

（2）写出函数的真误差与观测值真误差的关系式

$$\mathrm{d}h = \sin v\mathrm{d}s + S\cos v\mathrm{d}v$$

$$\Delta_h = \sin v\Delta_s + S\cos v\Delta_v = \sin 30^\circ \times \Delta_s + 100\cos 30^\circ \times \Delta_v$$

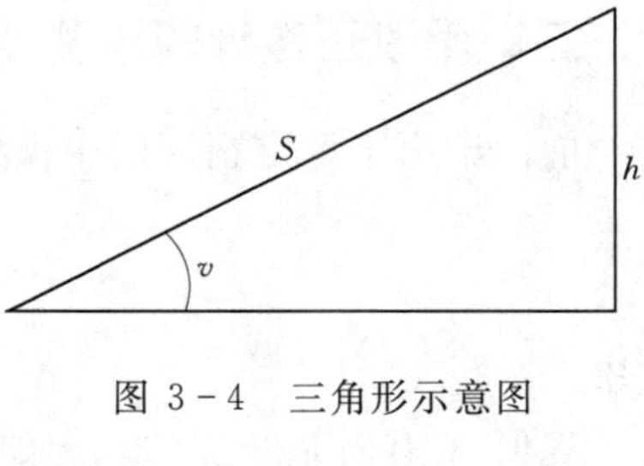

图 3-4　三角形示意图

（3）高差中误差 $m_h^2 = \sin^2 v m_S^2 + S^2\cos^2 v m_v^2$

$$= \frac{1}{4}m_S^2 + 100^2 \times \frac{3}{4}m_v^2$$

$$= \frac{1}{4}3^2 + (100 \times 1000)^2 \times \frac{3}{4}\left(\frac{3}{206265}\right)^2 \text{（把单位统一）}$$

$$= 3.8\ (\text{mm}^2)$$

$$m_h = \pm 1.95\ (\text{mm})$$

任务五　等精度观测的最或是值计算及精度评定

在相同的观测条件（人员、仪器、观测时的外界条件）下进行的观测，称为等精度观测。在不同的观测条件下进行的观测，称为不等精度观测。

一、等精度观测的最或是值计算

一个被测量的物理量，如一个角度、一段距离、两点的高差等，它们的真值是无法知道的，只有经过多次重复测量，才能得到近似于真值的可靠值，称为最或是值，即似真值。

设在相同的观测条件下，对某未知量 X 进行了 n 次观测，观测值为 l_1，l_2，…，l_n

$$\Delta_i = l_i - X \quad (i = 1,2,\cdots,n) \tag{3-15}$$

将上式求和后除以 n，得

$$\frac{[\Delta]}{n} = \frac{[l]}{n} - X \quad (i = 1,2,\cdots,n)$$

当 $n \to \infty$ 时，根据偶然误差第（4）特性

$$\lim_{n\to\infty} \frac{[\Delta]}{n} = 0$$

则

$$X = \lim_{n\to\infty} \frac{[l]}{n} = \lim_{n\to\infty} \frac{l_1 + l_2 + \cdots + l_n}{n}$$

即 n 趋近无穷大时，算术平均值 $\bar{l} = \dfrac{l_1 + l_2 + \cdots + l_n}{n}$ 即为真值。

在实际工作中，观测次数总是有限的，所以算术平均值不可视为所求量的真值；但随着观测次数的增加，算术平均值是趋近于真值的，故认为是该值的最可靠值（最或是值）。

最或是值与观测值之差称为改正数 v_i。

$$v_i = \bar{l} - l_i \tag{3-16}$$

求和

$$[v] = n\bar{l} - [l] = 0 \tag{3-17}$$

即改正数总和为零。可用式（3-17）作计算中的检核。

二、用改正数计算观测值的中误差

前面给出了评定精度的中误差公式

$$m = \pm\sqrt{\frac{[\Delta\Delta]}{n}}$$

式中

$$\Delta_i = l_i - X \quad (i = 1,2,\cdots,n)$$

真值 X 有时是知道的，例如三角形三个内角之和为 180°，但更多情况下，真值是不知道的。因此，真误差也就无法知道，故不能直接用上式求出中误差。观测值的最或是值可以求得，观测值的改正数 v_i 根据式（3-16）也可以求得，所以，实际工作中可以利用观测值的改正数来计算观测值的中误差。公式推导如下

$$\Delta_i = l_i - X \quad (i = 1,2,\cdots,n)$$

$$v_i = \bar{l} - l_i$$

将上两式合并得

$$\Delta_i + v_i = \bar{l} - X \quad (i = 1,2,\cdots,n)$$

令

$$\bar{l} - X = \delta$$

则

$$\Delta_i + v_i = \delta \text{ 或 } \Delta_i = - v_i + \delta$$

上式等号两边平方求和再除以 n，得

$$\frac{[\Delta\Delta]}{n} = \frac{[vv]}{n} - 2\delta\frac{[v]}{n} + \frac{n\delta^2}{n}$$

$$[v] = 0$$

得

$$\frac{[\Delta\Delta]}{n} = \frac{[vv]}{n} + \delta^2 \tag{3-18}$$

其中

$$\delta = \bar{l} - X = \frac{[l]}{n} - \left(\frac{[l]}{n} - \frac{[\Delta]}{n}\right) = \frac{[\Delta]}{n}$$

$$\delta^2 = \frac{1}{n^2}(\Delta_1 + \Delta_2 + \cdots + \Delta_n)^2 = \frac{[\Delta^2]}{n^2} + 2\frac{[\Delta_i\Delta_i]}{n^2}$$

当 $n\to\infty$ 时，上式右端第二项趋于 0，则

$$\delta^2 = \frac{[\Delta^2]}{n^2} = \frac{1}{n}\frac{[\Delta^2]}{n} = \frac{1}{n}m^2$$

将上式代入式（3－18）得

$$m^2 = \frac{[vv]}{n} + \frac{m^2}{n}$$

$$m^2\left(1 - \frac{1}{n}\right) = \frac{[vv]}{n}$$

$$m^2 = \frac{[vv]}{n}\frac{n}{n-1} = \frac{[vv]}{n-1}$$

$$m = \pm\sqrt{\frac{[vv]}{n-1}} \tag{3-19}$$

式（3－19）为同精度观测中用观测值的改正数计算观测值中误差的公式，称为白塞尔公式。

【例 3－4】　对一段距离进行 5 次观测，其观测结果见表 3－3，求该组距离观测值的中误差。

表 3－3　　5 次观测结果表

次　序	观测值 l/m	改正数 v/mm	vv/mm²
1	123.457	－5	25
2	123.450	＋2	4
3	123.453	－1	1
4	123.449	＋3	9
5	123.451	＋1	1
$\sum$	617.260	0	40

解：

$$\bar{l}=\frac{l_1+l_2+\cdots+l_5}{5}=123.452(\mathrm{m})$$

$$m=\pm\sqrt{\frac{[vv]}{n-1}}=\pm\sqrt{\frac{40}{5-1}}=+3.16(\mathrm{mm})$$

三、等精度观测的最或是值（算术平均值）的中误差

由前述可知，等精度观测的最或是值就是算术平均值，要评定它的精度，可以把算术平均值看成是各个观测值的线性函数。

【例 3-5】 算术平均值 $\bar{l}=\frac{l_1+l_2+\cdots+l_n}{n}=\frac{\sum_{i=1}^{n}l_i}{n}$，已知：各观测值的中误差为 $m_1=m_2=\cdots=m_n=m$，求最或是值（算术平均值）的中误差 $m_{\bar{l}}$。

解： 将算术平均值表达式求全微分

$$\mathrm{d}\bar{l}=\frac{1}{n}\mathrm{d}l_1+\frac{1}{n}\mathrm{d}l_2+\cdots+\frac{1}{n}\mathrm{d}l_n$$

根据误差传播定律有

$$\begin{aligned}m_{\bar{l}}&=\pm\sqrt{\left(\frac{1}{n}\right)^2m_1^2+\left(\frac{1}{n}\right)^2m_2^2+\cdots+\left(\frac{1}{n}\right)^2m_n^2}\\&=\pm\frac{m}{\sqrt{n}}=\pm\sqrt{\frac{[vv]}{n(n-1)}}\end{aligned}\qquad(3-20)$$

特别提示：

1. 由式（3-20）可以看出，算术平均值的中误差一定小于单次观测值的中误差，即平差后精度一定会有所提高。

2. 观测次数越多，平差值的中误差越小，精度越高。

【例 3-6】 设对某距离丈量了 6 次，其结果为 140.324，140.319，140.320，140.311，140.301，140.316，见表 3-4。试求其结果的最或是值、算术平均值中误差及其相对中误差。

解： 首先计算最或是值（算术平均值）

$$x=\frac{[l]}{n}=\frac{140.324+140.319+140.320+140.311+140.301+140.316}{6}=140.315(\mathrm{m})$$

算术平均值中误差

$$\begin{aligned}M&=\pm\sqrt{\frac{[vv]}{n(n-1)}}\\&=\pm\sqrt{\frac{335}{6\times(6-1)}}=\pm3.3(\mathrm{mm})\end{aligned}$$

相对中误差

$$T=\frac{M}{x}=\frac{3.3}{140.315\times1000}=\frac{1}{42000}$$

表 3-4　　6 次丈量结果表

次序	观测值 l/m	改正数 v/mm	vv/mm²
1	140.324	−8.83	78.028
2	140.319	−3.83	14.694
3	140.320	−4.83	23.361
4	140.311	4.17	17.361
5	140.301	14.17	200.694
6	140.316	−0.83	0.694
$\sum$	841.891	0.00	334.833

$$M=\pm\sqrt{\frac{[vv]}{n(n-1)}}=\pm\sqrt{\frac{334.833}{6\times(6-1)}}=\pm 3.3(\text{mm})$$

$$T=\frac{M}{x}=\frac{3.3}{140.315\times 1000}=\frac{1}{42000}$$

【例 3-7】　用三角形闭合差求测角中误差 m（误差传播定律的逆向应用，先利用真误差求函数值的中误差，再推求观测值的中误差），已知各三角形内角和见表 3-5，并计算出闭合差。

表 3-5　　测角中误差计算表

次　序	观测值	闭合差 Δ/（″）	Δ^2/s^2
1	180°00′10.3″	−10.3	106.1
2	179°59′57.2″	+2.8	7.8
3	179°59′49.0″	+11.0	121
4	180°00′01.5″	−1.5	2.6
5	180°00′02.6″	−2.6	6.8
$\sum$		−1.6	244.3

解： 利用真误差求函数值的中误差（三角形闭合差的中误差），得 $m_\Delta=\pm\sqrt{\frac{244.3}{5}}=\pm 7.0''$

列函数式为

真误差（闭合差）$\Delta=A+B+C-180°$（三个内角 A、B、C 为等精度观测）

设
$$m_A=m_B=m_C=m$$

则
$$m_\Delta^2=3m^2$$

$$m_\Delta=\pm\sqrt{3}m$$

测角中误差
$$m=m_\Delta/\sqrt{3}=\pm 4.0''$$

任务六　不等精度观测的最或是值计算及精度评定

1. 权的概念

前面讨论的都是等精度观测，但在实际工作中，还会遇到不等精度观测的情况。所谓不等精度观测是指在不同条件下进行的观测。这时各观测值的可靠程度不同，即精度不同。因此不能采用算术平均值作为最终结果，需要引进“权”的概念。权是用来比较各观测值可靠程度的一个相对性数值，常用字母 P 表示。权越大表示精度越高。

例如在相同条件下分两组对某一水平角进行观测，第一组观测 4 个测回，第二组观测 6 个测回。并设一测回观测值的中误差 $m=\pm 2.0''$，则其算术平均值的中误差分别为

$$m_1 = m/\sqrt{4} = \pm \frac{2''}{2} = \pm 1''$$

$$m_2 = m/\sqrt{6} = \pm \frac{2''}{\sqrt{6}} = \pm 0.82''$$

由此可见，第二组平均值的中误差小，结果比较可靠，应有较大的权。因此可以根据中误差来规定观测结果的权。权的计算公式为

$$P_i = \frac{\lambda}{m_i^2} \qquad (i = 1,2,\cdots,n) \tag{3-21}$$

式中 λ——任意常数。选择适当的 λ，可使权成为便于计算的数，例如选第一组观测次数为 λ，即 $\lambda=4$，则

$$P_1 = \frac{\lambda}{m_1^2} = \frac{4}{1} = 4$$

$$P_2 = \frac{\lambda}{m_2^2} = \frac{4}{\left(\frac{2}{\sqrt{6}}\right)^2} = \frac{4}{\frac{2}{3}} = 6$$

在水准测量中，由于水准路线越长，误差越大，故观测值的权与水准路线的长度成反比。例如设每公里水准路线的观测中误差为 m，若观测 L 公里，其中误差为 $m\sqrt{L}$，设 $\lambda=m^2$，则其权为 $\frac{1}{L}$。

2. 不等精度观测的平均值

对未知量 X 进行了 n 次不同精度观测，各观测值为 L_1，L_2，…，L_n 其相应的权 P_1，P_2，…，P_n，按加权平均值的方法，求算未知量的最或是值为

$$X = \frac{P_1L_1 + P_2L_2 + \cdots + P_nL_n}{P_1 + P_2 + \cdots + P_n} = \frac{[PL]}{[P]} \tag{3-22}$$

3. 单位权中误差与加权平均值的中误差

权是表示观测值的可靠性的相对指标，因此，可取任一观测值的权作为标准，以求其他观测值的权。如取 $\lambda=m_1^2$，则

$$P_1 = \frac{m_1^2}{m_1^2} = 1, P_2 = \frac{m_1^2}{m_2^2}, \cdots, P_n = \frac{m_1^2}{m_n^2}$$

等于 1 的权称为单位权，它所对应的观测值中误差称为单位权中误差，设单位权中误差为 μ，则权与中误差的关系为

$$P_1 = \frac{\mu^2}{m_1^2}$$

如果用观测值改正数计算单位权中误差，可按式（3-23）计算

$$\mu = \pm\sqrt{\frac{[Pvv]}{n-1}} \tag{3-23}$$

在式（3－22）中，$\frac{P_1}{[P]},\frac{P_2}{[P]},\cdots,\frac{P_{n1}}{[P]}$ 均为常数，如已知各观测值 L_1，L_2，…，L_n 的中误差分别为 m_1，m_2，…，m_n，则根据误差传播定律，可推算出加权平均值的中误差为

$$m_X^2=\frac{P_1^2}{[P]^2}m_1^2+\frac{P_2^2}{[P]^2}m_2^2+\cdots+\frac{P_n^2}{[P]^2}m_n^2$$

因为

$$P_i=\frac{\mu^2}{m_i^2}$$

所以

$$m_i^2P_i=\mu^2$$

代入上式得

$$m_X^2=\mu^2\frac{1}{[P]}$$

则加权平均值的中误差为

$$m_X=\frac{\mu}{\sqrt{[P]}} \tag{3-24}$$

【例 3－8】 某角度采用不同测回数进行三组观测，每组的观测值列于表 3－6，试求该角度的加权平均值及其中误差。

解：

表 3－6　　不等精度观测计算中误差

组别	观测值	测回数	权 P	v	Pv	Pvv
1	57°34′14″	6	6	+2.17	+13.02	28.25
2	57°34′20″	4	4	−3.83	−15.32	58.68
3	57°34′15″	2	2	+1.17	+2.34	2.74
		Σ	12		0	89.67

加权平均值为

$$X=57°34'14''+\frac{6\times0+4\times6+2\times1}{6+4+2}=57°34'16.17''$$

$$\mu=\pm\sqrt{\frac{[Pvv]}{n-1}}=\pm\sqrt{\frac{89.6}{3-1}}=\pm6.70''$$

$$m_X=\frac{\mu}{\sqrt{[P]}}=\pm\frac{6.70''}{\sqrt{12}}=\pm1.93''$$

习　题

1．测量误差的来源有哪些方面？

2．偶然误差和系统误差有什么不同？各有什么特点？

3．在相同的观测条件下，对同一量进行了若干次观测，问这些观测值的精度是否相同？此时能否将误差小的观测值理解为比误差大的观测值的精度高？

4．中误差和相对中误差是怎么定义的？

5．设在相同的观测条件下，对一距离进行了 6 次观测，其结果为 341.752m、

341.784m、341.766m、341.773m、341.795m、341.774m。试求其算术平均值、算术平均值中误差和相对中误差。

6. 在水准测量中，若水准尺上每次读数中误差为±2.0mm，则每站高差中误差是多少？

7. 若一方向的观测中误差为±6″，且每个角度都是作为两个方向之差求得的，求五边形中5个内角和的中误差。

8. 用经纬仪观测某角4个测回，如果一个测回测角中误差为±6″，求该角的中误差。

9. 在同精度观测中，对某角观测4个测回，得其平均值的中误差为±15″，若使平均值的中误差小于±10″，至少应观测多少测回？

10. x、y、z 的关系式为 $z=3x+4y$，现独立观测 x、y，它们的中误差分别为 $m_x=\pm3$mm，$m_y=\pm4$mm，求 z 的中误差 m_z。

11. 如图3-5所示，D 点高程分别由 A、B、C 求得，各为39.222m，39.285m，39.274m，求 D 点高程及中误差。

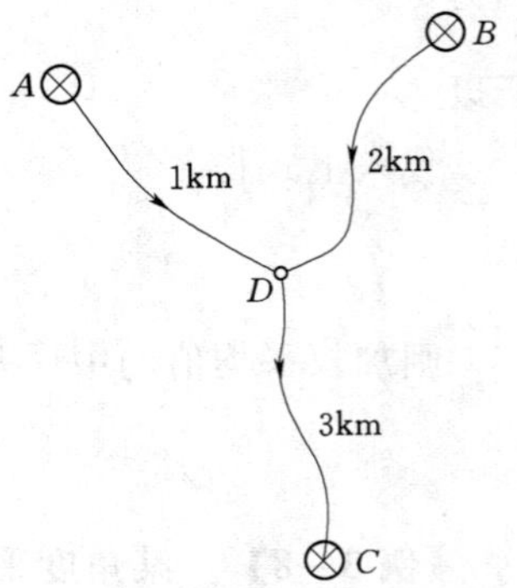

图3-5　D 点示意图

项目四 水 准 测 量

内容提要 本项目共分六个任务，主要介绍了水准测量的原理和方法，水准仪的使用和检校，测量误差的影响和消除方法。本项目的重点内容是：水准测量原理、水准器的作用、水准仪的操作与检校、水准测量的施测程序及成果计算、测量误差的影响和消除方法。本项目的难点是：高差闭合差的调整和水准仪的检校。

测定地面点高程的工作称为高程测量，它是测量的基本工作之一。高程测量按所使用的仪器和施测方法的不同，可以分为水准测量、三角高程测量、GPS 高程测量和气压高程测量。水准测量是目前精度较高的一种高程测量方法，它广泛应用于国家高程控制测量、工程勘测和施工测量中。

任务一 水 准 测 量 原 理

知识链接： 绝对高程（或称高程、海拔）是从地面点沿铅垂线到大地水准面的距离。相对高程（或称假定高程）是地面点到任意水准面的距离。高差是地面两点间的高程之差。

一、水准测量原理

水准测量是利用水准仪提供的一条水平视线，读取竖立于地面两个点上水准尺的读数，测定出两点间的高差，然后，根据已知点的高程推算出待定点的高程。

如图 4-1 所示，已知 A 点高程 H_A，欲求 B 点的高程 H_B，可在 A、B 两点的中间安置一台能提供水平视线的仪器——水准仪，并分别在 A、B 两点上竖立带有刻划的标尺——水准尺，当水准仪视线水平时，依次照准 A、B 两点上的水准尺并读数。若沿 AB 方向测量，则规定 A 为后视点，其标尺读数 a 称为后视读数；B 为前视点，其标尺读数 b 称为前视读数。根据几何学中平行线的性质可知，A、B 两点的高差为

$$h_{AB} = a - b \qquad (4-1)$$

显然，地面上两点间的高差等于后视读数减去前视读数。根据式（4-1）算得的高差，可能为正亦可能为负，因此高差值前须注上相应的“+”、“-”符号。高差为正，说明前视点比后视点高；高差为负，说明前视点比后视点低。

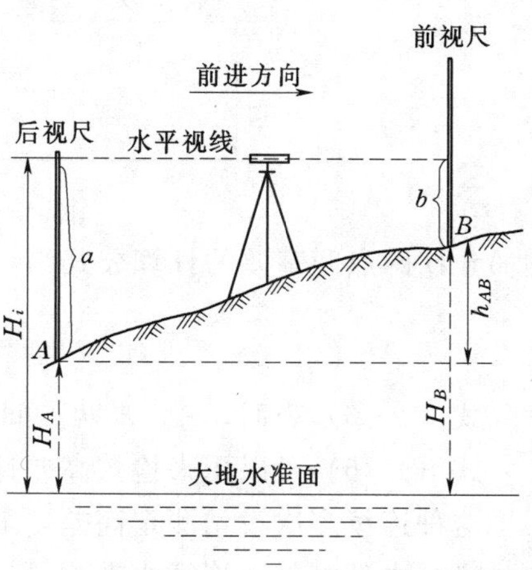

图 4-1 水准测量原理

在计算高程中，高差应连同符号一并运算。由图 4-1 可知，待定点 B 的高程为

$$H_B = H_A + h_{AB} \tag{4-2}$$

在工程测量中还有一种应用比较广泛的计算方法：由视线高程计算 B 点高程。由图 4-1 可知，A 点的高程加上后视读数等于水准仪的视线高程，简称视线高，设为 H_i，即

$$H_i = H_A + a \tag{4-3}$$

则 B 点的高程等于视线高减去前视读数，即

$$H_B = H_i - b = (H_A + a) - b \tag{4-4}$$

二、转点、测站

在水准测量中，每安置一次仪器，称为一个测站。在实际工作中，已知点到待定点之间往往距离较远或高差较大，仅安置一次仪器不可能测得它们的高差，必须分成若干站，逐站安置仪器连续进行观测。如图 4-2 所示，如果 A、B 两点相距较远或高差较大且安置一次仪器无法测得其高差时，就需要在两点间增设若干个作为传递高程的临时立尺点，称为转点（turning point，缩写为 TP），如图 4-2 中的 TP_1，TP_2，…，TP_n 点，并依次连续设站观测。设测出的各站高差为

$$\left.\begin{aligned} h_1 &= a_1 - b_1 \\ h_2 &= a_2 - b_2 \\ &\vdots \\ h_n &= a_n - b_n \end{aligned}\right\} \tag{4-5}$$

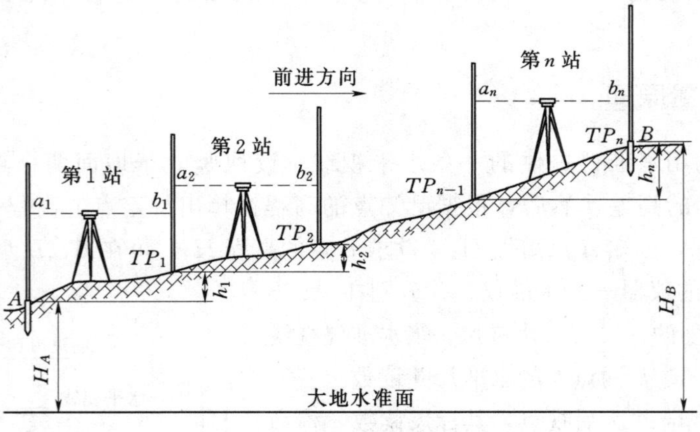

图 4-2 连续设站水准测量原理

则 A、B 两点间高差的计算公式为

$$h_{AB} = \sum_{i=1}^{n} h_i = \sum_{i=1}^{n} a_i - \sum_{i=1}^{n} b_i \tag{4-6}$$

式（4-6）表明，A、B 两点间的高差等于各测站后视读数之和减去前视读数之和。式（4-6）可以用来检核高差计算的正确性。

这种连续多次设站测定高差，最后取各站高差代数和求得 A、B 两点间高差的方法，称为复合水准测量或连续水准测量。

特别提示： 本项目是采用高差法计算待定点的高程。视线高法主要是在工程测量中应用比较普通，如断面测量、土地平整等。

任务二　水准测量的仪器和工具

水准测量所用的仪器为水准仪，工具有水准尺和尺垫。

一、微倾式水准仪

目前工程测量中常用的水准仪有微倾式水准仪、自动安平水准仪、精密水准仪和数字水准仪。国产微倾式水准仪的型号有 DS_{05}、DS_1、DS_3 和 DS_{10} 四个等级。“D”、“S”分别是“大地测量”和“水准仪”汉语拼音的第一个字母。下标数字是指各等级水准仪每公里往返测高差中数的中误差，以 mm 为单位。工程建设中，使用最多的是 DS_3 型普通水准仪。

图 4-3 为我国生产的 DS_3 型微倾式水准仪，数字 3 表示用这种仪器进行水准测量时，每公里往返测高差中数的中误差为±3mm。水准仪主要由望远镜、水准器和基座三个部分组成。

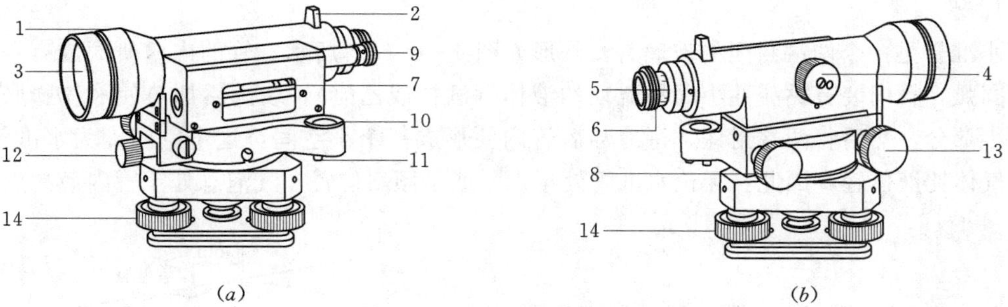

图 4-3　DS_3 微倾式水准仪

1—准星；2—照门；3—物镜；4—物镜调焦螺旋；5—目镜；6—目镜调焦螺旋；7—管水准器；8—微倾螺旋；9—管水准气泡观察窗；10—圆水准器；11—圆水准器校正螺丝；12—水平制动螺旋；13—水平微动螺旋；14—脚螺旋

（一）望远镜

望远镜是用以照准目标和对水准尺进行读数的设备。它由物镜、调焦对光透镜、十字丝分划板及目镜组成，如图 4-4 所示。镜筒外面装有准星，用来初步照准目标。目标通过物镜在望远镜内形成倒立的小物像（实像）；转动物镜对光螺旋，调焦透镜则随之前后移动，

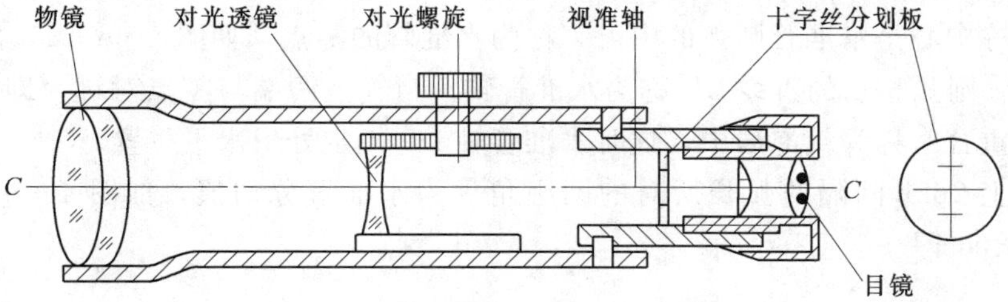

图 4-4　望远镜构造

可使物像落到十字丝平面上。再经过目镜的放大作用，使物像和十字丝同时放大成虚像。放大后的虚像与眼睛直接看到的目标大小之比值，称为望远镜放大率，通常以 V 表示。放大率是鉴别望远镜质量的主要指标。DS_3 型水准仪的望远镜放大倍率一般不低于 28 倍。

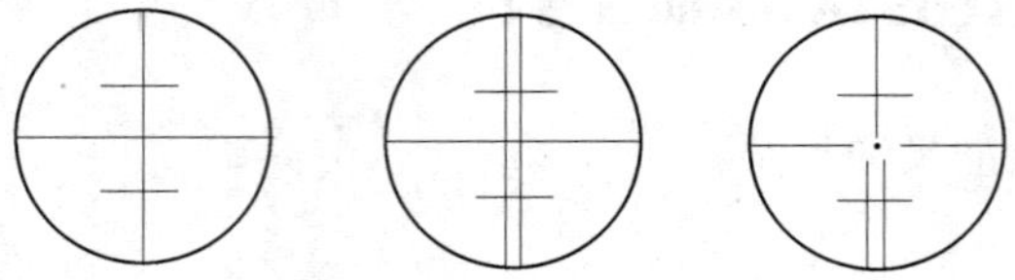

图 4-5　十字丝分划板

如图 4-4 所示，物镜光心与十字丝交点的连线 CC 称为视准轴。视准轴是水准仪在测量中用来读数的视线。

十字丝分划板形式较多，常见的几种形式如图 4-5 所示，一般是在玻璃平板上刻有相互垂直的纵横细线，称为横丝（又叫中丝）和纵丝（也叫竖丝）。与横丝平行而等距的上下两根短细线，称为视距丝，用于测量距离。调节目镜调焦螺旋，可使十字丝成像清晰。

（二）水准器

水准仪上的水准器是利用液体受重力作用后气泡居于高处的特性，来判断望远镜的视准轴是否水平及仪器竖轴是否竖直的装置。水准器通常分为管水准器（简称水准管）和圆水准器两种。

1. 水准管

水准管是一个两端封闭的玻璃管，外形如图 4-6（a）所示。管的内壁研磨成有一定半径的圆弧，管内装有黏滞性小而易流动的液体（酒精或乙醚），装满后加热使液体膨胀而排出一小部分，然后将两端封住，待冷却后管内便形成一个小空间，这个空间即为水准气泡。由于气体比液体轻，因此，无论水准管处于水平或是倾斜位置，气泡总处于管内最高点。

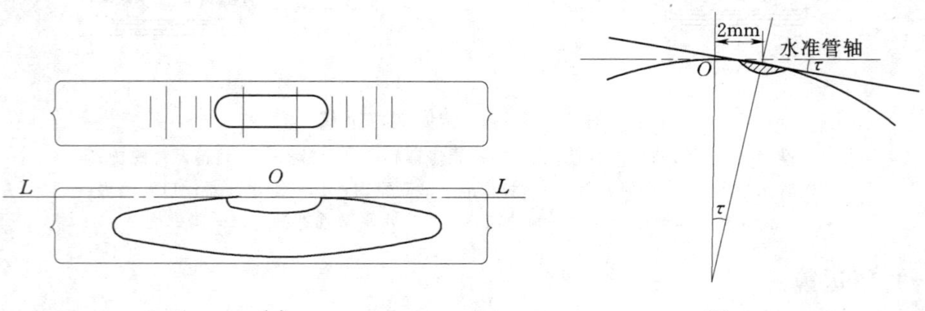

（a）　　（b）

图 4-6　水准管

水准管壁上刻有 2mm 间隔的分划线，用来判断气泡居中位置，如图 4-6（a）所示。分划线的对称中心是水准管圆弧的中点，称为水准管的零点，如图 4-6（a）的 O 点。过 O 点与水准管圆弧相切的直线 LL 称为水准管轴。当气泡两端与零点对称，即气泡中点与水准管零点重合时称为气泡居中，这时水准管轴 LL 一定处于水平位置。

水准管上 2mm 间隔的弧长所对的圆心角称为水准管分划值，如图 4-6（b）所示，一般用 τ 表示，即

$$\tau = \frac{2}{R}\rho$$

式中　τ——水准管分划值，(″)；

R——水准管圆弧半径，mm；

ρ——1 弧度的秒值，$\rho=206265''$。

水准管分划值与圆弧半径成反比，半径越大，分划值越小，整平的精度越高，气泡移动也越灵活。所以一般把水准气泡移动至最高点的能力，称为水准器的灵敏度。DS_3 型水准仪的水准管分划值一般为 20″/2mm。它的几何意义为：当水准气泡移动 2mm 时，水准管轴倾斜的角度为 20″。

为了提高水准管气泡居中的精度，目前水准仪多采用符合水准器，如图 4－7（*a*）所示。符合水准器就是在水准器上设置一组符合棱镜，当气泡两端的半边影像经过三次反射后，其影像反映在望远镜的符合水准器的放大镜内，其气泡不居中，气泡两半边影像错开，如图 4－7（*b*）所示；当转动微倾螺旋使气泡两半边的影像吻合时，气泡完全居中，如图 4－7（*c*）所示。

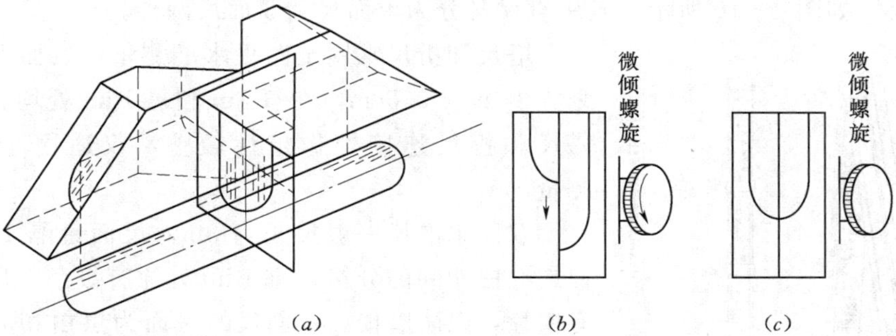

图 4－7　符合水准器

制造水准仪时，使水准管轴平行于望远镜的视准轴。旋转微倾螺旋使水准管气泡居中时，水准管轴处于水平位置，从而使望远镜的视准轴也处于水平位置。

水准管一般装在圆柱形的、上面开有窗口的金属管内，用石膏固定。如图 4－8 所示，一端用球形支点 *A*，另一端用四个校正螺丝将金属管连接在仪器上。用校正针拨动校正螺丝，可以使水准管相对于支点 *A* 做升降或左右移动，从而校正水准管轴平行于望远镜的视准轴。

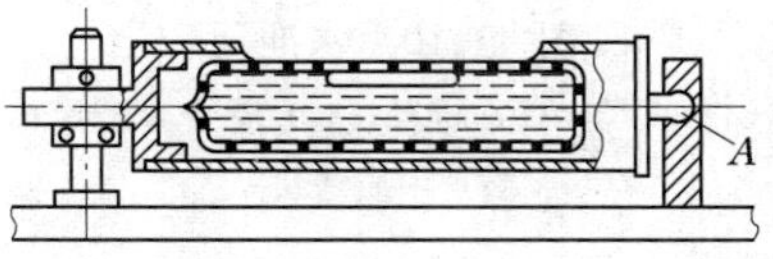

图 4－8　水准管的安装

2. 圆水准器

圆水准器由玻璃圆柱管制成，其顶面内壁为磨成一定半径 *R* 的球面，中央刻有小圆圈，其圆心 *O* 为圆水准器的零点，过 *O* 点的球面法线为圆水准器轴，如图 4－9 所示。当圆水准气泡居中时，圆水准器轴处于竖直位置；当气泡不居中，气泡偏移零点 2mm 时，轴线所倾斜的角度值，称为圆水准器的分划值，一般为 8′～10′。圆水准器的分划值大于管水准器的分划值，它通常用于粗略整平仪器。

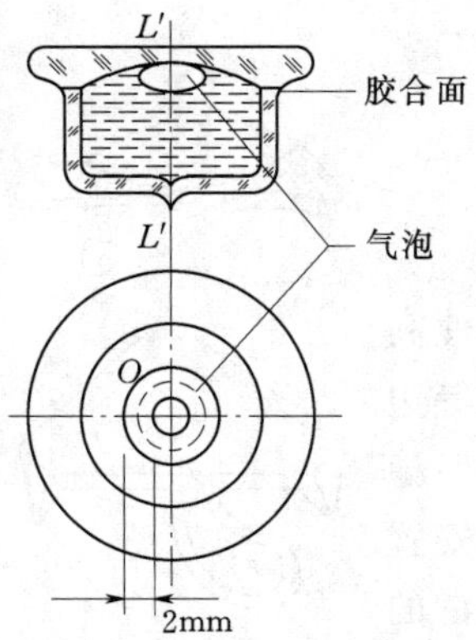

图 4－9　圆水准器

制造水准仪时，使圆水准器轴平行于仪器竖轴。旋转基座上的三个脚螺旋使圆水准气泡居中时，圆水准器轴处于竖直位置，从而使仪器竖轴也处于竖直位置。

3. 基座

基座的作用是支承仪器的上部，用中心螺旋将基座连接到三脚架上。基座主要由轴座、脚螺旋、底板和三角压板构成。

特别提示：水准管的作用是精确整平仪器。使用时，需调节微倾螺旋使水准管气泡居中。圆水准器的作用是粗略整平仪器。使用时，需调节脚螺旋使圆水准气泡居中。

二、水准尺和尺垫

（一）水准尺

水准尺一般用优质木材或玻璃钢制成，长度为2～5m不等。根据构造可以分为直尺、塔尺和折尺，如图4－10所示。其中直尺又分为单面尺和双面尺两种。

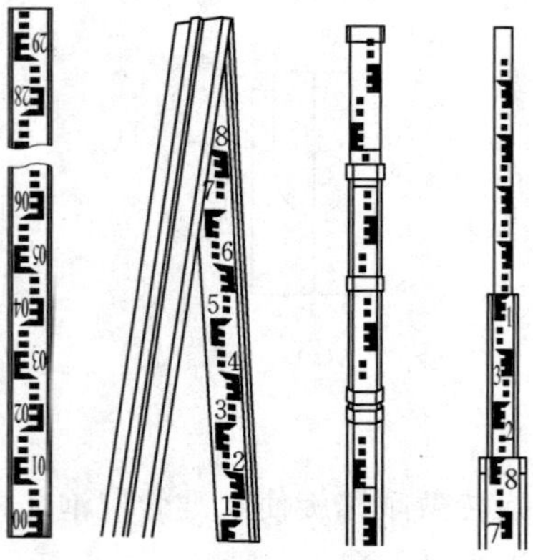

(a)　(b)　(c)　(d)

图4－10　水准尺

(a) 直尺；(b) 折尺；(c) 铝合金塔尺；(d) 木质塔尺

塔尺和折尺常用于图根水准测量，尺面上的最小分划为1cm或0.5cm，在每1m和每1dm处均有注记。因塔尺和折尺连接处稳定性较差，仅适用于普通水准测量。

双面水准尺一般尺长为3m，尺面每隔1cm涂以黑白或红白相间的分格，每1dm处注有数字。尺子底面钉有铁片，以防磨损。双面尺的一面为黑白相间，称为黑面尺；另一面为红白相间，称为红面尺。在水准测量中，水准尺必须成对使用。每对双面水准尺黑面尺底部的起始数均为零，而红面尺底部的起始数分别为4.687m和4.787m。为使水准尺更精确地处于竖直位置，多数水准尺的侧面装有圆水准器。

（二）尺垫

尺垫如图4－11所示，用生铁铸成，一般为三角形，中央有一突出的半圆球，水准尺立于半圆球上；下有三个尖脚可以插入土中。尺垫通常用于转点上，使用时应放在地上踩稳固。

三、微倾式水准仪的使用

（一）安置水准仪

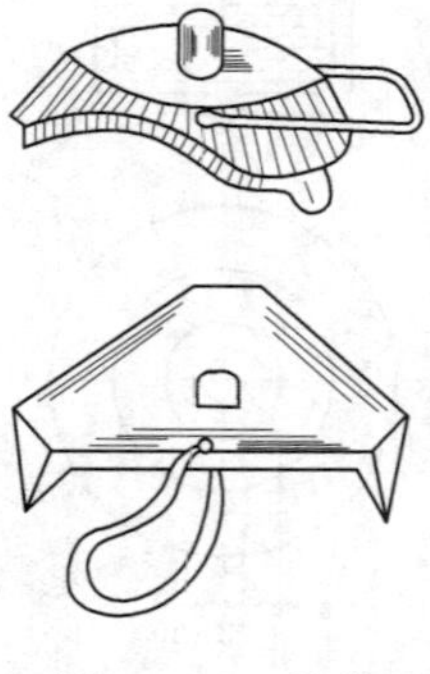

图4－11　尺垫

在测站上，首先松开三脚架架腿的固定螺旋，伸缩三个架腿使高度适中，再拧紧固定螺旋。在平坦地面，通常三个脚架腿大致成等边三角形，高度适中，脚架顶面大致水平，用脚踩实架腿，使脚架稳定、牢固；在斜坡地面上，应将两个架腿安置在坡下，另一架腿安置在斜坡方向上，踩实各个架腿，这样安置仪器比较稳固；在较光滑的地面上安置仪器时，三脚架的三个腿一定不能分得太开，以防止滑动。三脚架安置好后，从仪器箱中取出仪器，旋紧中心连接螺旋将仪器固定在架头上。

（二）粗略整平

松开水平制动螺旋，转动仪器，将圆水准器置于两个脚螺旋之间，当气泡中心偏离 O 点位于 m 处时，如图 4-12（a）所示，用两手同时相对（向内或向外）转动 1、2 两个脚螺旋（此时气泡移动方向与左手拇指移动方向相同），使气泡沿 1、2 两螺旋连接的平行方向移至中间 n 处，如图 4-12（b）所示。然后转动第三个脚螺旋，使气泡居中，如图 4-12（b）、（c）所示。

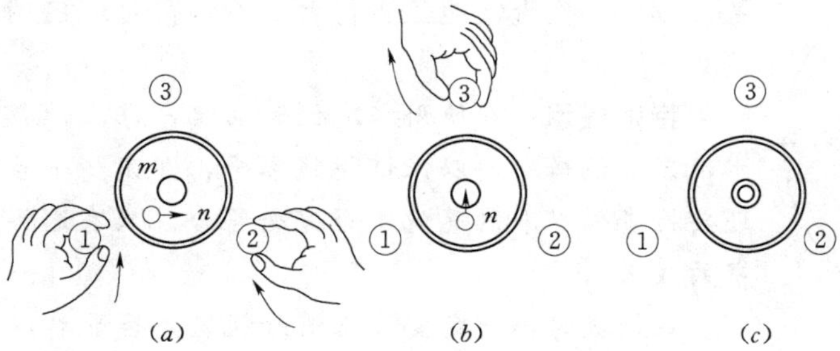

图 4-12　粗平水准仪

（三）照准水准尺

（1）松开制动螺旋，将望远镜转向明亮的背景，调节目镜，使十字丝清晰。

（2）利用望远镜镜筒上面的准星，照准水准尺，然后拧紧制动螺旋。

（3）转动物镜对光螺旋，使水准尺成像清晰。

（4）转动微动螺旋，用十字丝的纵丝照准水准尺中央或边缘。

（5）消除视差。经过物镜对光后，尺像应落在十字丝平面上；否则，当眼睛微微上下移动时，将看到十字丝的横丝相对水准尺读数也随之变化，这种现象称为十字丝视差（简称视差），如图 4-13（a）、（b）所示。视差的存在严重影响读数的正确性，必须予以消除。为此，应反复调节目镜和物镜对光螺旋，直至眼睛无论在哪个位置观察，横丝所照准的读数始终清晰不变为止，如图 4-13（c）所示。

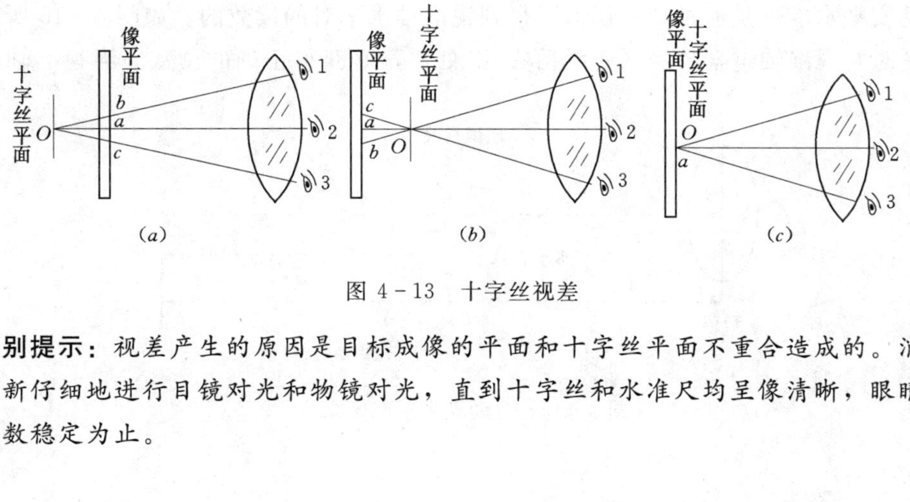

图 4-13　十字丝视差

特别提示： 视差产生的原因是目标成像的平面和十字丝平面不重合造成的。消除的方法是重新仔细地进行目镜对光和物镜对光，直到十字丝和水准尺均呈像清晰，眼睛上下移动时读数稳定为止。

(四) 精确整平

转动微倾螺旋，同时由气泡观察窗进行观察，至两半气泡符合为止。精确整平时应当注意：若需右半气泡往下，应按顺时针方向转动微倾螺旋；若需右半气泡往上，应按逆时针方向转动微倾螺旋。

(五) 读数

精确整平后，用中丝读取水准尺读数，如图 4-14 所示，读数为 1.608m。先估出毫米，再看清所注米数、分米数和厘米数，然后一气读出全部读数。读后再检查气泡是否符合，若不符合应再精确整平，重新读数。

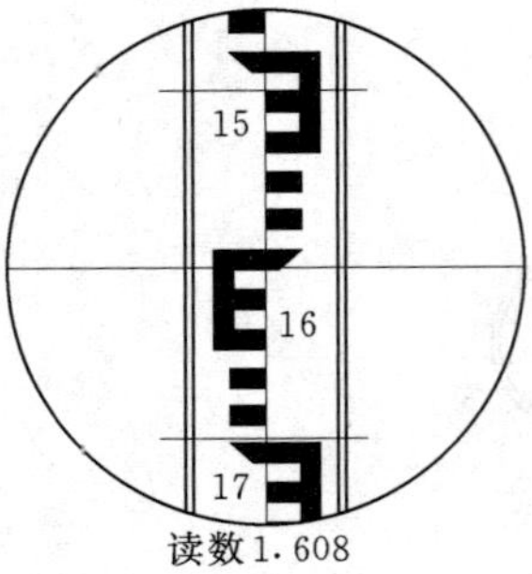

图 4-14 水准尺读数

特别提示：在使用水准仪时切记，每次读数前，必须使管水准器气泡居中，以保证视线水平，即先精平后读数，读数后还要检查管水准器气泡是否完全符合。只有这样，才能取得准确的成果。

在读数时，一定要注意消除视差，否则难以得到准确的读数；还要注意望远镜是呈正像还是倒像，避免读数错误；记录者应该把观测者所报的读数复诵一遍，以免出差错。

四、自动安平水准仪

用水准仪进行水准测量的特点是通过水准管的气泡居中来获得水平视线的。因此，在水准尺上读数时，要用微倾螺旋将水准管气泡居中，这样将会影响到水准测量的速度。自动安平水准仪则不需要水准管和微倾螺旋，只有一个圆水准器即可。安置仪器时，只要使圆水准器的气泡居中，再借助一种“补偿器”的特别装置，就可以使视线自动处于水平状态。因此，使用这种自动安平水准仪不仅操作简单，而且能大大缩短观测时间，还可以把由于水准仪安置不当、地面有微小的震动或脚架的不规则下沉等影响视线水平的因素作迅速的调整，从而得到正确的读数值，提高水准测量的精度。

(一) 视线自动安平原理

自动安平水准仪是通过“补偿器”得到视准轴水平时的读数的。如图 4-15 所示，视准轴水平时与视准轴重合的水平光线落在 X' 处，正好获得正确的读数。当视准轴倾斜一

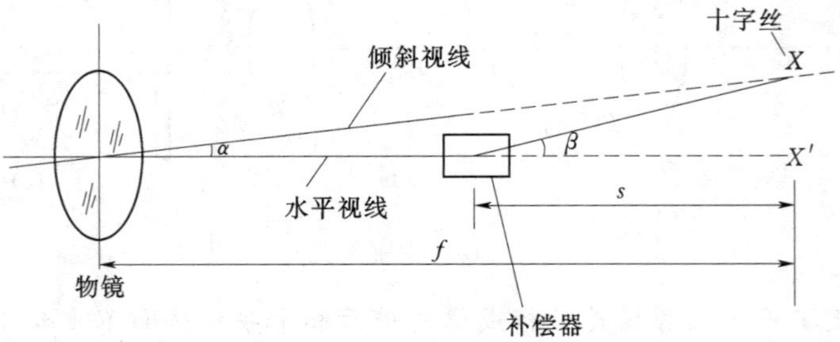

图 4-15 自动安平水准仪原理

个 α 角后，若原来的水平光线不经过“补偿器”，那么它还是通过 X'处，但是十字丝交点已经移到 X 处了。也就是说，十字丝交点上的读数不再是正确的了，如果在水平光线的中途设置一个“补偿器”，使光线偏转一个 β 角，让光线恰好通过十字丝的交点，那么在十字丝交点上的读数仍然能够是正确的，即相当于视准轴水平时的读数。由此可见，设计自动安平水准仪“补偿器”的实质，在于使光线通过物镜后路径发生偏转，偏转角的大小能够正好“补偿”视准轴倾斜后所引起的读数误差。由于 α 和 β 的值都很小，所以 XX'可以表示为

$$XX' = f\alpha$$

或

$$XX' = s\beta$$

即

$$f\alpha = s\beta \tag{4-7}$$

式中　f——望远镜物镜的焦距；

s——补偿器到十字丝的距离。

凡满足式（4-7）条件的，都能达到补偿的目的。

（二）自动安平水准仪的操作步骤

自动安平水准仪的操作步骤分为四步，即粗平—检查—照准—读数。其中，粗平、照准、读数的方法和微倾式水准仪相同，具体操作方法参阅本节的第三部分即可。

检查的方法就是按动自动安平水准仪目镜下方的补偿控制按钮，查看“补偿器”是否正常工作。在粗平时，按动一次按钮，如果目标影像在视场中晃动，则说明“补偿器”工作正常，可以获得水平视线的读数。

另一种自动安平水准仪的操作步骤：经过圆水准器的粗平后，观测者在望远镜内观察警告指示窗是否全部呈绿色，若没有全部呈绿色，则不能对水准尺读数，必须再调整圆水准器，直到警告指示窗全部呈绿色后，即视线在补偿器范围内，方可进行测量。此种仪器若长期未使用，则在使用前应检查补偿器是否失灵。转动脚螺旋，如果警告指示窗两端能分别出现红色，反转脚螺旋红色能消除，并由红转为绿，则说明补偿器摆动灵敏，可以工作。

五、精密水准仪和水准尺

（一）精密水准仪

精密水准仪主要用于国家一等、二等精密水准测量、大型建（构）筑物的沉降观测、地震监测、大型精密机械的安装等。如图 4-16 所示是我国生产的 DS_1 型精密水准仪，仪器主要有望远镜、水准管、符合棱镜系统、光学测微器、读数系统、微倾机构及制动和微动机构等。该仪器望远镜的放大率为 40 倍，水准管分划值为 10″/2mm，转动测微螺旋可使水平视线在 5mm 范围内平移，测微器分划尺刻有 100 个分格，测微器分划尺的最小格值为 0.05mm。

图 4-16　DS_1 型精密水准仪

1—目镜；2—物镜；3—物镜对光螺旋；4—测微轮；5—水平微动螺旋；6—微倾螺旋；7—基座；8—底板；9—脚螺旋；10—粗平水准管；11—测微读数镜

精密水准仪和普通水准仪的主要区别是，在精密水准仪上装有光学测微器，如图 4-17 所示，它由平行玻璃板、测微分划尺、传动杆、测微螺旋及测微读数系统构成。平行玻璃板放在物镜前面，它与测微分划尺条的传动杆相连接。当旋转测微螺旋时，传动杆推动平行玻璃板绕其轴俯仰，测微分划尺也随之转动，可使水平视线上下平移。当用望远镜照准水准尺后，十字丝横丝一般不会恰好与尺上某一整分划线对齐。这时，旋转平行玻璃平移视线，可使十字丝横丝对齐尺上的一整分划线，其转动量即视线平移量由测微尺上读出。这样，将水准尺上横丝所对分划的读数（m、dm、cm）和测微尺上的读数（mm、0.1mm、0.01mm）配在一起，即为一完整读数。

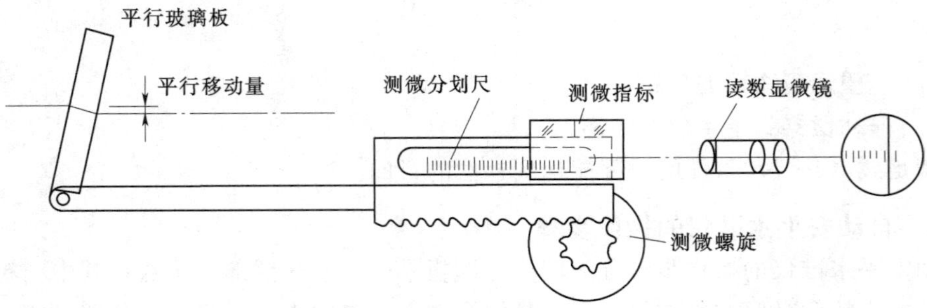

图 4-17　平行玻璃板测微装置

测微分划尺上刻有 100 个分格，在另一块固定棱镜上刻有指标线，测微分划尺的读数以指标线为准，通过目镜右下方的测微放大镜读出。测微尺的一个分划反映视线平移 0.05mm，100 个分格恰好为 5mm，5mm 以下的小数可由分划尺读出，最小读数可达 0.05mm。

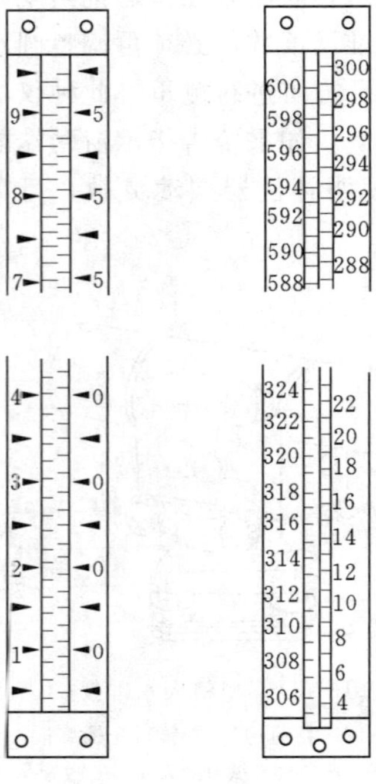

(a)　　(b)

图 4-18　精密水准尺

（二）精密水准尺

配合精密水准仪做精密水准测量的精密水准尺如图 4-18 所示，其刻划印刷在铟瓦合金钢带上，由于这种合金钢的膨胀系数小，能保证水准尺的尺长准确而稳定，为使铟瓦合金钢带尺不受木质尺身的伸缩影响，以一定的拉力将其引张在木质尺身的凹槽内。带尺上刻有 5mm 或 10mm 间隔的刻划线，数字注记在木尺上。

如图 4-18（a）所示是 DS_1 型和 Ni004 型精密水准仪配套用尺。在同一铟瓦合金钢尺面上，两排刻划线彼此错开，左边一排分划为奇数值，注记为 dm 数，右边一排分划为偶数值，注记为 m 数，小三角形指示半 dm 处，长三角指示整 dm 的起始线。分划线的实际间隔为 5mm，但表面注记值为实际的 2 倍，因此读数必须除以 2，才是实际读数。

如图 4-18（b）所示是 N_3 型精密水准仪配套用尺，右侧刻划的注记从 0～300cm 为基本分划，左侧一排注记从 300～600cm，为辅助分划，左右注记差为一常数 $k=$

301.550cm，称为基辅差，它的作用是检查读数是否正确。

精密水准仪的操作方法与一般水准仪基本相同，不同之处是每次读数都要用光学观测微器测出不足一个分格的数值。

水准仪的操作和水准尺的读数方法如下：望远镜照准水准尺，转动微倾螺旋使其水准管气泡居中，如图 4-19（*a*）所示。再转动光学测微器手轮，带动物镜前的平行玻璃转动，从而使尺子的像在十字丝面上移动，当十字丝横丝一侧的楔形丝精确地夹住最靠近中丝的分划线，即可读数。如图 4-19（*a*）所示尺上直接读数为 304cm，再由测微目镜中测微分划尺上的读数为 150（即 1.50mm），则全部读数为 304.150cm（3.04150m），实际读数应为 3.04150/2=1.52075m。在测量时，不必每一个读数都除以 2，而是算得高差后再除以 2 即可。

若采用如图 4-19（*b*）所示的楔丝夹在 176cm 处，测微分划尺上的读数为 650（即 6.50mm），则水准尺全部读数为 176.650cm，这是实际读数，不需除以 2。

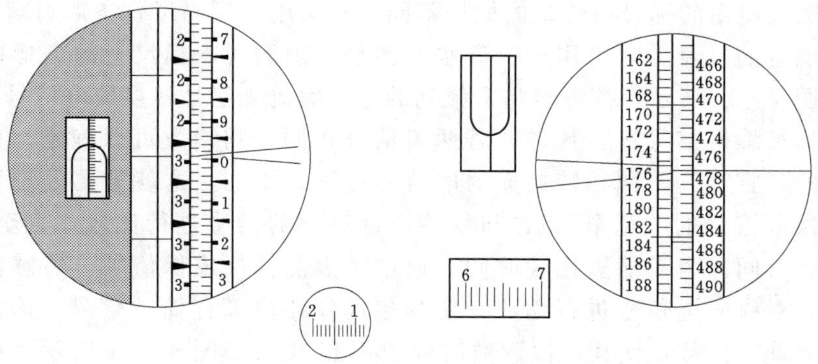

（*a*）　　　　（*b*）

图 4-19　水准仪读数

六、电子水准仪

电子水准仪又称数字水准仪，它是在自动安平水准仪的基础上发展起来的。它采用条码标尺，各厂家标尺编码的条码图案不相同，不能互换使用。目前照准标尺和调焦仍需人工目视进行。人工完成照准和调焦之后，标尺条码一方面被成像在望远镜分划板上，供目视观测，另一方面通过望远镜的分光镜，标尺条码又被成像在光电传感器（又称探测器）上，即线阵 CCD 器件上，供电子读数。因此，如果使用传统水准标尺，电子水准仪又可以像普通自动安平水准仪一样使用。

（一）电子水准仪的特点

（1）自动读数、自动测量。只需照准专用的条码标尺，便可进行自动读数，自动测量视距与中丝读数，自动计算高差，自动进行高差、距离和高程放样测量。

（2）快速进行多次测量并自动计算平均值。

（3）轻便的标尺。专用的条码标尺采用玻璃钢或铟瓦合金钢条材料制成，携带和使用都十分方便。

(4) 作业效率高。自动读数提高了测量速度和工作速率。

(5) 大显示屏。电子数字水准仪采用的大显示屏，使得信息的显示和阅读以及菜单的使用都十分便利。

(6) 操作简便。较少的操作键结合自动读数功能大大简化了测量过程。

(7) 无疲劳观测及操作。只要照准标尺聚焦，按动测量键即可完成标尺读数和视距测量。即使聚焦欠佳也不会影响标尺读数，因为标尺读数在很大程度上并不依赖于标尺编码的清晰度，但调焦清晰后可以提高测量速度。

(8) 采用 REC 模块自动记录和存储数据，使用后处理软件可实现水准测量从外业数据采集到最后成果计算的一体化。

(9) 将标尺倒立可测出房间或隧道顶部的距离，可做粗略的水平角测量。

(10) 含有用户测量程序、视准差检测改正程序及水准网平差程序。

(二) 电子水准仪测量原理

电子水准仪使用的标尺与传统的标尺不同，它采用条形码尺，条形码印制在铟瓦合金钢条或玻璃钢的尺身上，可用于一等水准测量。观测时，标尺上的条形码由望远镜接收后，如图 4-20 所示，探测器将采集到的标尺编码光信号转换成电信号，并与仪器内部存储的标尺编码信号进行比较，若两者信号相同，则读数可以确定。条形码在探测器内成像的“宽窄”不同，转换成的电信号也随之不同，这就需要处理器按一定的步距改变一次电信号的“宽窄”，也与仪器内部存储的信号进行比较，直至相同为止，这将花费较长时间。为了缩短比较时间，通过调焦使标尺成像清晰。传感器采集调焦镜的移动量，对编码电信号进行缩放，使其接近仪器内部存储的信号。因此，可以在较短的时间内确定读数，使其一次读数时间也不超过 4s。图 4-21 所示为电子水准仪数字化图像处理原理图。

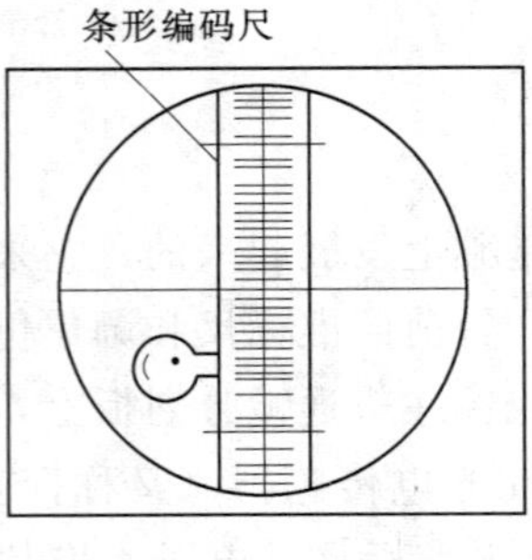

图 4-20 条形码尺的影像

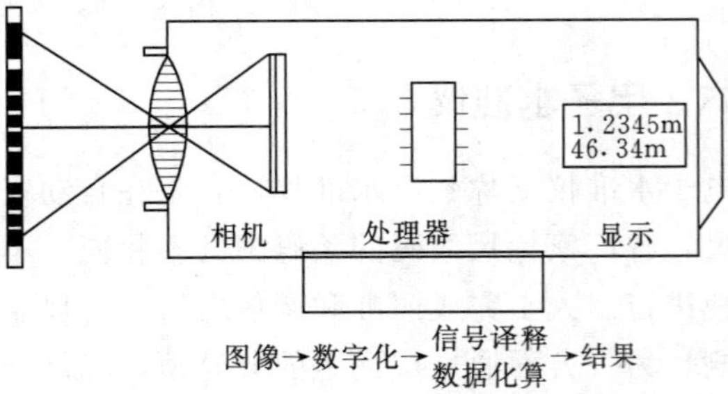

图 4-21 电子水准仪数字化图像处理原理图

任务三 水准测量的方法

一、水准点

水准点为高程控制点，是通过水准测量的方法来测定其高程，常用 *BM* 表示水准点。水准点有永久性和临时性两种。永久性水准点一般用石料或钢筋混凝土制成，深埋在地面冻土线以下，顶面设有不锈钢或其他不易腐蚀的材料制成的半球形标志。永久性的水准点标石的类型可分为基岩水准标石、基本水准标石、普通水准标石和墙脚水准标志四种，其中混凝土普通水准标石和墙脚水准标志的埋设要求如图 4-22 所示。临时性的水准点可用地面上突出的坚硬岩石做记号，松软的地面也可打入木桩，在桩顶钉一个小铁钉来表示水准点，在坚硬的地面上也可以用油漆画出标记作为水准点。

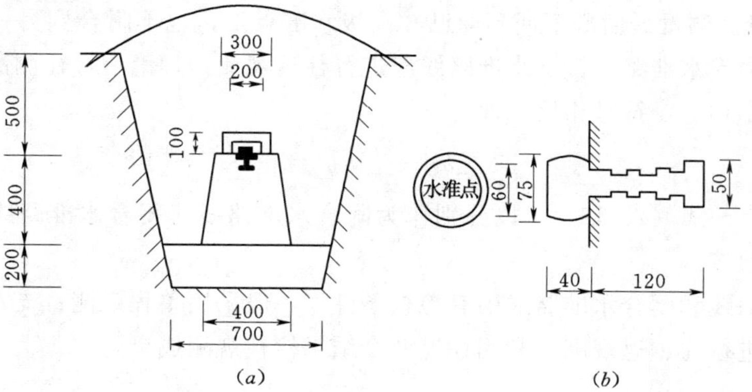

图 4-22　水准标志埋设图（单位：mm）

埋设水准点后，应绘出水准点与附近地物关系图，在图上还要写明水准的编号和高程，称为点之记，便于日后寻找水准点的位置。

二、水准路线

在水准点之间进行水准测量所经过的路线，称为水准路线。按照已知高程的水准点的分布情况和实际需要，水准路线一般布设为附合水准路线、闭合水准路线和支水准路线，如图 4-23 所示。

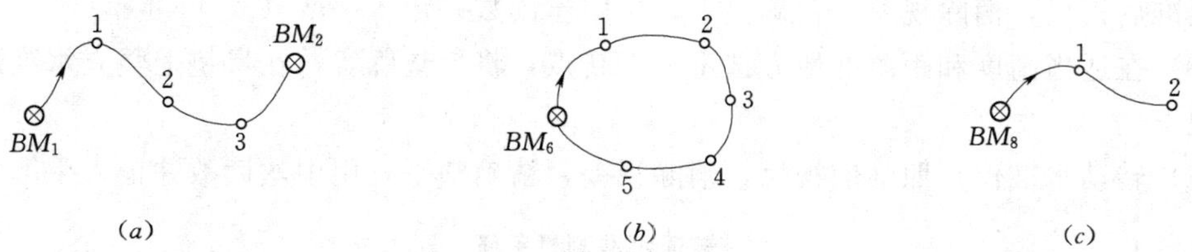

图 4-23　水准路线

(a) 附合水准路线；(b) 闭合水准路线；(c) 支水准路线

1. 附合水准路线

如图 4-23 (a) 所示，它是从一个已知高程的水准点 BM_1 出发，沿各高程待定点 1、2、3 进行水准测量，最后附合到另一个已知高程的水准点 BM_2 上，各站所测高差之和的理论值应等于由已知水准点的高程计算出的高差，即有

$$\sum h_{理}=H_{BM_2}-H_{BM_1} \tag{4-8}$$

2. 闭合水准路线

如图 4-23 (b) 所示，它是从一个已知高程的水准点 BM_6 出发，沿各高程待定点 1、

2、3、4、5 进行水准测量，最后返回到原来水准点 BM_6，各站所测高差之和的理论值应等于零，即有

$$\sum h_{理} = 0 \tag{4-9}$$

3. 支水准路线

如图 4-23（c）所示，它是从一个已知高程的水准点 BM_8 出发，沿各高程待定点 1、2 进行水准测量。测量最后既不回到原已知高级水准点上，也不附合到另一已知高级水准点的路线，称为支水准路线。支水准路线应进行往返观测，理论上，往测高差总和与返测高差总和应大小相等，符号相反，即有

$$\sum h_{往} + \sum h_{返} = 0 \tag{4-10}$$

式（4-8）～式（4-10）可以分别作为附合水准路线、闭合水准路线和支水准路线观测正确性的检核。

附合水准路线和闭合水准路线因有检核条件，一般采用单程观测；支水准路线没有检核条件，必须进行往、返观测，利用往返两个结果检核观测成果。

三、普通水准测量外业观测程序和注意事项

我国国家水准测量依精度不同分为一、二、三、四等，一等精度最高。不属于国家规定的水准测量一般称为普通（或等外）水准测量。等级水准测量对所用仪器、工具以及观测、计算方法都有特殊要求，但和普通水准测量比较，由于基本原理相同，因此基本工作方法也有许多地方相同。

（一）观测程序

（1）在起始水准点上竖立水准尺，作为后视。

（2）在路线上适当距离的地方安置水准仪（离水准尺最远不应超过 150m），概略整平，照准后视尺，消除视差，精确整平，用中丝读数并记入手簿（表 4-1）。

（3）在适当高度和距离的地方选定一个转点，将尺垫踩实，在尺垫上竖立水准尺，作为前视。

（4）转动水准仪，照准前视尺，消除视差，精确整平，用中丝读数并记入手簿。

表 4-1　　普通水准测量手簿

名称：　　测区　观测者：　记录者：　　　年　　月　　日　天气：　　仪器型号：

测站	测点（立尺点）		中丝读数 /m	每站高差（后-前）/m	高程 /m	备注
1	后视	$BM-A$	2.655	+1.203	456.816	已知
	前视	TP_1	1.452			
2	后视	TP_1	2.339	+0.521		
	前视	TP_2	1.818			
3	后视	TP_2	1.876	+1.041		
	前视	TP_3	0.835			

续表

测站	测　点（立尺点）		中丝读数 /m	每站高差（后-前）/m	高　程 /m	备　注
4	后视	TP_3	1.556	+0.228		
	前视	TP_4	1.328			
5	后视	TP_4	1.485	−0.351		
	前视	临1	1.836		459.458	
校核计算	后视	$\sum\alpha$	9.911	$\sum h=+2.642$	$H_{临1}-H_{BM-A}$ =459.458−456.816 =+2.642m	
	前视	$\sum b$	7.269			
	$\sum a-\sum b=9.911-7.269=+2.642$					

（5）前视尺位置不动，变作后视；将原来的后视尺移到前面去。

（6）将水准仪移到前面适当高度和距离的地方安置好后，仿（2）、（3）、（4）步的方法进行操作。

（二）注意事项

（1）在水准点（包括已知点和待测点）上立尺时，不能放置尺垫。

（2）水准尺应竖直，不能左右偏斜，更不能前后俯仰。

（3）在观测员未迁移测站之前，后视转点尺垫不能提动。

（4）前、后视距离应大致相等。

（5）记录、计算字迹要工整清晰，读错或记错的数据应当以横线或斜线划去，将正确数据记在它的上方，不能就字改字，不能连环涂改。

四、水准测量的校核方法

1. 计算校核

由式$\sum h=\sum \alpha-\sum b=h_{AB}$可看出，$B$点对$A$点的高差等于各转点之间高差的代数和，也等于后视读数之和减去前视读数之和的差值，即

$$h_{AB}=\sum h=\sum \alpha-\sum b \tag{4-11}$$

经式（4-11）校核无误后，说明高差计算是正确的。

按照各站观测高差和A点已知高程，推算出各转点的高程，最后求得终点的高程。终点B的高程H_B减去起点高程H_A应等于各站高差的代数和，即

$$H_B-H_A=\sum h \tag{4-12}$$

经式（4-12）校核无误后，说明各转点高程的计算是正确的。

2. 测站校核

水准测量连续性最强，一个测站的误差或错误对整个水准测量成果都有影响。为了保证各个测站工作的正确性，可采用以下方法进行校核。

（1）变更仪器高法。在一个测站上用不同的仪器高度测出两次高差，即测得第一次高差后，改变仪器高度（至少10cm），然后再测一次高差，当两次所测高差之差不大于

±6mm则认为观测值符合要求，取其两次高差的平均值作为最后结果。若大于±6mm 则需要重测。

(2) 双面尺法。本方法仪器高度不变，而用水准尺的红面和黑面高差进行校核。红、黑面高差之差也不能大于±6mm。

3. 路线校核

上述检核只能检查单个测站的观测精度和计算是否正确，还必须进一步对水准测量成果进行检核，即将测量结果与理论值比较，来判断观测精度是否符合要求。实际测量得到的该段高差与该段高差的理论值之差即为测量误差，称为高差闭合差，用 f_h 表示。

$$f_h = \sum h_{测} - \sum h_{理} \tag{4-13}$$

如果高差闭合差在允许限差之内，观测结果正确，精度合乎要求，否则应当重测。水准测量的高差闭合差的允许值因水准测量的等级不同而异。表 4-2 为工程测量的限差规定表。

(1) 闭合水准路线的高差闭合差。对于闭合水准路线，$\sum h_{理}=0$，因此

$$f_h = \sum h_{测} \tag{4-14}$$

(2) 附合水准路线的高差闭合差。对于附合水准路线，$\sum h_{理}=H_{终}-H_{始}$，因此

$$f_h = \sum h_{测} - (H_{终} - H_{始}) = \sum h_{测} + H_{始} - H_{终} \tag{4-15}$$

(3) 支水准路线的高差闭合差。支水准路线中往返测量值之和理论上应等于零，因此

$$f_h = \sum h_{测} = \sum h_{往} + \sum h_{返} \tag{4-16}$$

当闭合差在容许误差范围之内时，则认为精度合格，成果可用。超过容许范围时，则应查明原因进行重测，直到符合要求。

表 4-2　　工程测量的限差规定表

等级	容许闭合差/mm	一般应用范围举例
三等	$f_{h容}=\pm 12\sqrt{L}$ 或 $f_{h容}=\pm 4\sqrt{n}$	有特殊要求的较大型工程、城市地面沉降观测等
四等	$f_{h容}=\pm 20\sqrt{L}$ 或 $f_{h容}=\pm 6\sqrt{n}$	综合规划路线、普通建筑工程、河道工程等
图根	$f_{h容}=\pm 40\sqrt{L}$ 或 $f_{h容}=\pm 12\sqrt{n}$	水利工程、山区线路工程、排水沟疏浚工程、小型农田等

注 1. 表中 L 为水准路线单程千米数，n 为单程测站数。
2. 容许闭合差 $f_{h容}$ 在平地按水准路线的千米数 L 计算，在山地按测站数 n 计算。

特别提示：在观测过程中，如果发现圆水准气泡不居中了，应重新调整圆气泡使其居中，并应重新读取该测站的后视读数和前视读数。

在观测过程中为了减少误差，应注意使前、后视距离相等。

在已知水准点和待求水准点上，不要放置尺垫；在转点上必须放置尺垫。

当一测站的观测、记录和计算全部结束后，才允许搬站。搬站时，应注意不要碰动前视尺的尺垫。

任务四　普通水准测量高差闭合差的调整与高程计算

一、内业成果计算的基本方法

水准测量外业观测数据经检核无误后，才能进行内业成果的计算。内业成果的计算步骤如下。

1. 计算实测高差闭合差 f_h 和高差闭合差的容许值 $f_{h容}$

当 $f_h \leqslant f_{h容}$ 时，进行后续计算；如果 $f_h > f_{h容}$，则说明外业成果不符合要求，必须重测，不能进行内业成果的计算。

2. 对高差闭合差进行调整和分配

高差闭合差调整和分配的原则是：将高差闭合差反符号后，按与测站数或距离成正比的原则，分配到各观测高差中。

根据以上原则，对于附合或闭合水准路线，每段高差的改正数 v_i 应按下式计算

$$v_i = -\frac{f_h}{\sum L} L_i \tag{4-17}$$

或

$$v_i = -\frac{f_h}{\sum n} n_i \tag{4-18}$$

式中　v_i——测段高差的改正数，m；

f_h——高差闭合差，m；

$\sum L$——水准路线总长度，m；

L_i——测段长度，m；

$\sum n$——水准路线测站数总和；

n_i——测段测站数。

高差改正数的总和应与高差闭合差大小相等，符号相反，即

$$\sum V_i = -f_h \tag{4-19}$$

用上式检核计算的正确性。

3. 计算改正后的高差

将各段高差观测值加上相应的高差改正数，求出各段改正后的高差，即

$$h_{i改} = h_{i测} + v_i \tag{4-20}$$

对于支水准路线，当闭合差符合要求时，可按下式计算各段平均高差

$$h = \frac{h_{往} - h_{返}}{2} \tag{4-21}$$

式中　h——平均高差，m；

$h_{往}$——往测高差，m；

$h_{返}$——返测高差，m。

4. 计算各点高程

根据改正后的高差，由起点高程逐一推算出其他各点的高程。最后一个已知点的推算

高程应等于它的已知高程，以此检查计算是否正确。

二、闭合水准路线高差闭合差的调整

【例 4-1】 某一闭合水准路线的观测成果如图 4-24 所示，试按普通水准测量的精度要求，计算待定点 A、B、C 的高程（$H_{BM_1}=152.358$m），结果见表 4-3。

表 4-3　　闭合水准路线的成果计算表

点　名	测站数	实测高差/m	高差改正数/m	改正后高差/m	高程/m	备　注
BM_1					152.358	
	5	+0.746	+0.006	+0.752		
A					153.110	
	4	+1.374	+0.005	+1.379		
B					154.489	
	8	−2.553	+0.010	−2.543		
C					151.946	
	6	+0.405	+0.007	+0.412		
BM_1					152.358	
Σ	23	−0.028	+0.028	0		
辅助计算	$f_h=\sum h=-0.028\text{m}=-28\text{mm}$ $f_{h容}=\pm 12\sqrt{n}=\pm 12\sqrt{23}=\pm 57.5$ (mm)					

1. 高差闭合差的计算与检核

$$f_h=\sum h_{测}=-0.028\text{m}=-28\text{mm}$$

$$f_{h容}=\pm 12\sqrt{n}=\pm 12\sqrt{23}=\pm 57.5(\text{mm})$$

$f_h < f_{h容}$，符合普通水准测量的要求，可以进行闭合差调整。

2. 高差改正数和改正后的高差计算

根据式（4-19），计算每一测段的高差改正数：

$$v_1=-\frac{-0.028}{23}\times 5=+0.006(\text{m})$$

$$v_2=-\frac{-0.028}{23}\times 4=+0.005(\text{m})$$

$$v_3=-\frac{-0.028}{23}\times 8=+0.010(\text{m})$$

$$v_4=-\frac{-0.028}{23}\times 6=+0.007(\text{m})$$

$\sum v_i=+0.028\text{m}=-f_h$，说明计算正确。

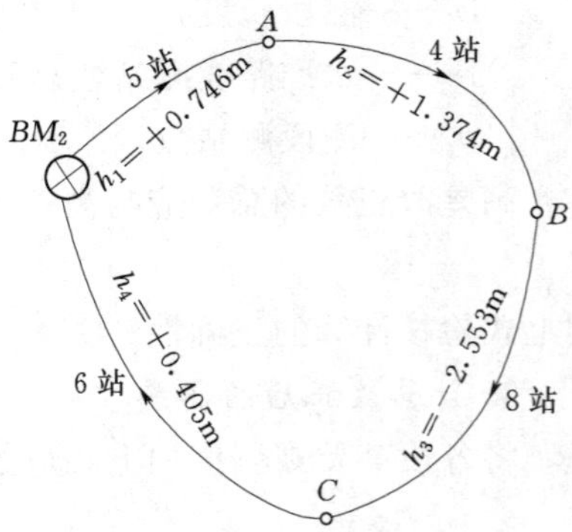

图 4-24　闭合水准路线略图

3. 改正后的高差计算

根据式（4-21）计算每一测段改正后的高差。

$$h_{1改}=+0.746+0.006=+0.752(\text{m})$$

$$h_{2改}=+1.374+0.005=+1.379(\text{m})$$

$$h_{3改}=-2.553+0.010=-2.543(\text{m})$$

$$h_{4改}=+0.405+0.007=+0.412(\text{m})$$

4. 高程的计算

$$H_A = 152.358 + 0.752 = 153.110(\text{m})$$
$$H_B = 153.110 + 1.379 = 154.489(\text{m})$$
$$H_C = 154.489 - 2.543 = 151.946(\text{m})$$
$$H_{BM_1} = 151.946 + 0.412 = 152.358(\text{m})$$

推算的 H_{BM_1} 应等于该点的已知高程，以此作为计算的检核。

三、附合水准路线高差闭合差的调整

【例 4-2】 图 4-25 为按图根水准测量要求施测某附合水准路线观测成果略图。$BM-A$ 和 $BM-B$ 为已知高程的水准点，图中箭头表示水准测量的前进方向，路线上方的数字为测得的两点间的高差，路线下方数字为该段路线的长度，试计算待定点 1、2、3 点的高程。

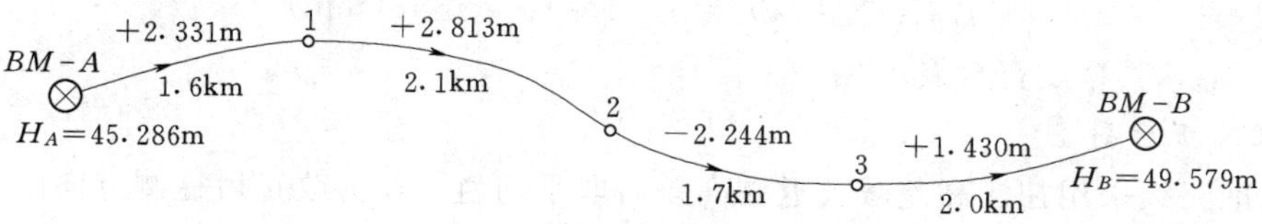

图 4-25　附合水准路线略图

1. 高差闭合差的计算与检核

$$f_h = \sum h - (H_B - H_A) = 4.330 - (49.579 - 45.286) = 0.037(\text{m}) = 37\text{mm}$$

$$f_{h容} = \pm 40\sqrt{L} = \pm 40 \times \sqrt{7.4} = \pm 109(\text{mm})$$

$f_h < f_{h容}$，符合图根水准测量的要求，可以分配闭合差。

2. 高差改正数和改正后的高差计算

由于已知每一测段的长度，因此利用式（4-18）计算高差改正数，计算结果见表 4-4。

$\sum v_i = -f_h = -0.037\text{m}$，说明改正数计算正确。然后利用式（4-21）计算改正后的高差，计算结果见表 4-4。

$\sum h_{i改} = H_B - H_A = 49.579 - 45.286 = +4.293$（m），说明计算正确。

表 4-4　　**附合水准测量的成果计算表**

点　名	路线长 L_i/km	观测高差 h_i/m	改正数 v_i/m	改正后高差 h_i/m	高差 H/m
$BM-A$					45.286
	1.6	+2.331	−0.008	+2.323	
1					47.609
	2.1	+2.813	−0.011	+2.802	
2					50.411
	1.7	−2.244	−0.008	−2.252	
3					48.159
	2.0	+1.430	−0.010	+1.420	
$BM-B$					49.579
$\sum$	7.4	+4.330	−0.037	+4.293	

3. 高程的计算

1 点高程的计算过程为

$$H_1 = H_A + h_1 = 45.286 + 2.323 = 47.609(\text{m})$$

其余点的高程计算过程依此类推，作为检核，最后推算出的 B 点高程应该等于其已知高程。

四、支水准路线高差闭合差的调整

图 4－26 为一支水准路线。支水准路线应进行往、返观测。已知水准点 A 的高程为 86.785m，图中箭头表示水准测量往测方向，往、返测站平均值为 16 站。

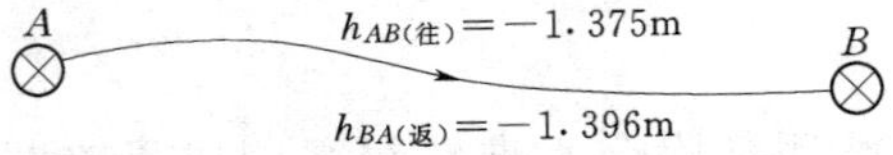

图 4－26 支水准路线略图

1. 求往、返测高差闭合差

理论上，往、返两次测得高差应绝对值相等，符号相反，即高差代数和应等于零。否则，其值为闭合差 f_h。

$$f_h = h_{往} + h_{返} = -1.375 + 1.396 = 0.021(\text{m})$$

$$f_{h容} = \pm 12\sqrt{n} = \pm 12\sqrt{16} = \pm 48(\text{mm})$$

$f_h < f_{h容}$，其精度符合要求。

2. 求改正后高差

支水准路线采用往测高差减去返测高差后取平均值，作为改正后往测方向的高差。即

$$h_{AB(往)} = \frac{h_{往} - h_{返}}{2} = \frac{-1.375 - 1.396}{2} = -1.386(\text{m})$$

3. 计算待定点高程

待定点 B 的高程为

$$H_B = H_A + h_{AB(往)} = 86.785 - 1.386 = 85.399(\text{m})$$

必须指出，如果支水准路线起始点的高程抄录错误或该点的位置搞错，那么所计算的待定点的高程也是错误的。因此，应用此法应特别注意检查。

特别提示： 在计算过程中，改正数的总和应与闭合差大小相等、符号相反。如因尾数取舍而不符合此条件，应通过适当取舍令其符合。

任务五 微倾式水准仪的检验与校正

一、水准仪的轴线及其应该满足的条件

如图 4－27 所示，水准仪的主要轴线有视准轴 CC、水准管轴 LL、圆水准器轴 L_0L_0 和竖轴 VV。为保证水准仪能提供一条水平视线，使水准仪能正确工作，水准仪的轴线应该满足下列三个条件：①圆水准器轴应平行于竖轴（$L_0L_0 /\!/ VV$）；②十字丝的横丝应垂直于竖轴；③水准管轴应平行于视准轴（$LL /\!/ CC$）。

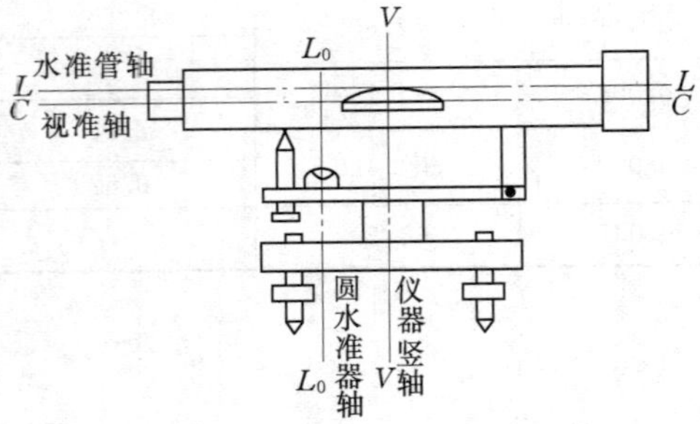

图 4－27 水准仪的轴线关系

这些条件在仪器出厂时经检验都满足了，但由于长期使用和在运输过程中的震动，使仪器各部分的螺丝松动，各轴线之间的几何关系

发生了变化。所以水准测量作业前，应对水准仪进行检验，如有问题，应该及时校正。

二、水准仪的检验与校正

（一）圆水准器的检验与校正

（1）检验目的。使圆水准器轴平行于仪器竖轴。

（2）检验原理。假设竖轴 VV 与圆水准器轴 L_0L_0 不平行，那么当气泡居中时，圆水准器轴竖直，竖轴则偏离竖直位置 α 角，如图 4－28（*a*）所示。将仪器旋转 180°，如图 4－28（*b*）所示，此时圆水准器轴从竖轴右侧移至左侧，与铅垂线夹角为 2α。圆水准器气泡偏离中心位置，气泡偏离的弧长所对的圆心角应等于 2α。

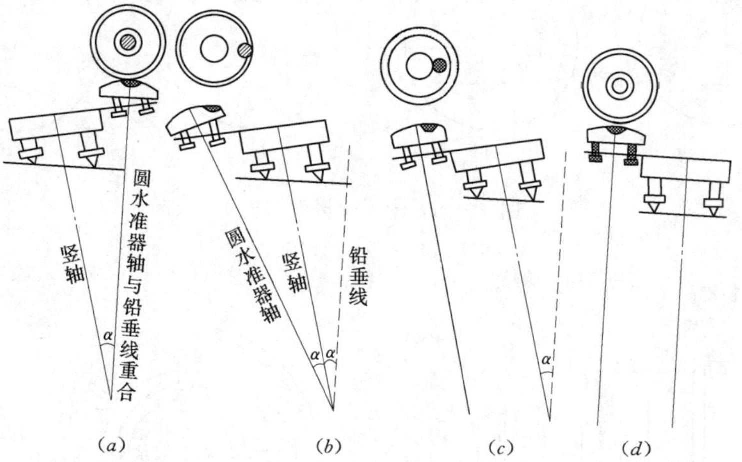

图 4－28　圆水准器检验、校正原理

（3）检验方法。转动脚螺旋使圆水准器气泡居中，然后将仪器旋转 180°，若气泡仍居中，说明此项条件满足；若气泡偏离中心位置，说明此项条件不满足，需要校正。

（4）校正方法。用校正针拨动圆水准器下面的 3 个校正螺丝，如图 4－28（*c*）所示，使气泡退回偏离中心距离的一半，此时圆水准器轴与竖轴平行；再旋转脚螺旋使气泡居中，此时竖轴处于竖直位置如图 4－28（*d*）所示。校正工作需反复进行，直到仪器旋至任何位置气泡都居中为止。

圆水准器校正螺丝如图 4－29 所示。

（二）十字丝横丝的检验与校正

（1）目的。使十字丝横丝垂直于仪器的竖轴。

（2）检验原理。如果十字丝横丝不垂直于仪器的竖轴，当竖轴竖直时，十字丝横丝不是水平的，这时用横丝的不同部位在水准尺上读数将产生误差。

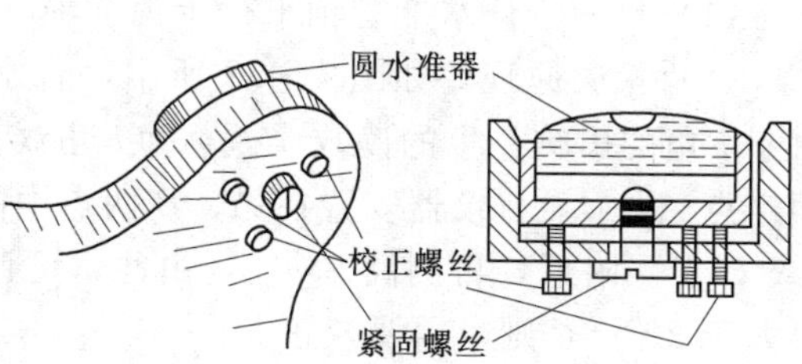

图 4－29　圆水准器校正螺丝

（3）检验方法。仪器整平后，从望远镜视场内选择一清晰目标点，用十字丝交点照准目标点，拧紧制动螺旋。转动水平微动螺旋，若目标点始终沿横丝作相对移动，如图4-30中的（*a*）、（*b*）所示，说明横丝垂直于竖轴；如果目标偏离横丝，如图4-30中的（*c*）、（*d*）所示，则表明横丝不垂直于竖轴，需要校正。

（4）校正方法。校正方法因十字丝分划板装置的形式不同而异。如图4-31（*a*）所示，这种仪器在目镜端镜筒上有三颗固定螺丝，可直接用螺丝刀松开相邻两颗固定螺丝，转动分划板座，让横丝水平，再将螺丝拧紧。如图4-31（*b*）所示，这种仪器必须卸下目镜处的外罩，再用螺丝刀松开十字丝分划板座的四颗固定螺丝，轻轻转动分划板座，使横丝水平。最后旋紧固定螺丝，并旋上外罩。

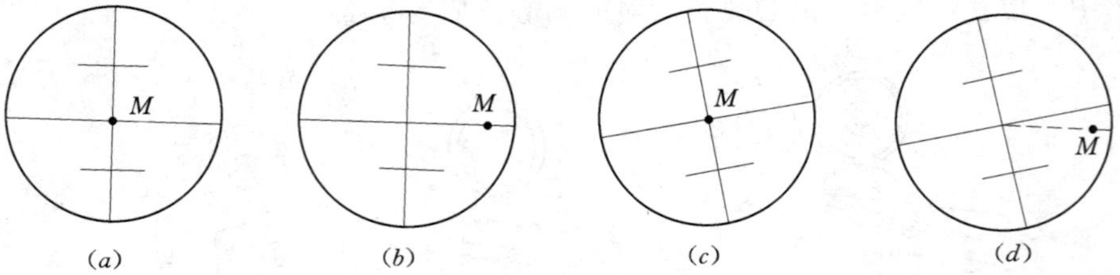

图4-30 十字丝横丝的检验

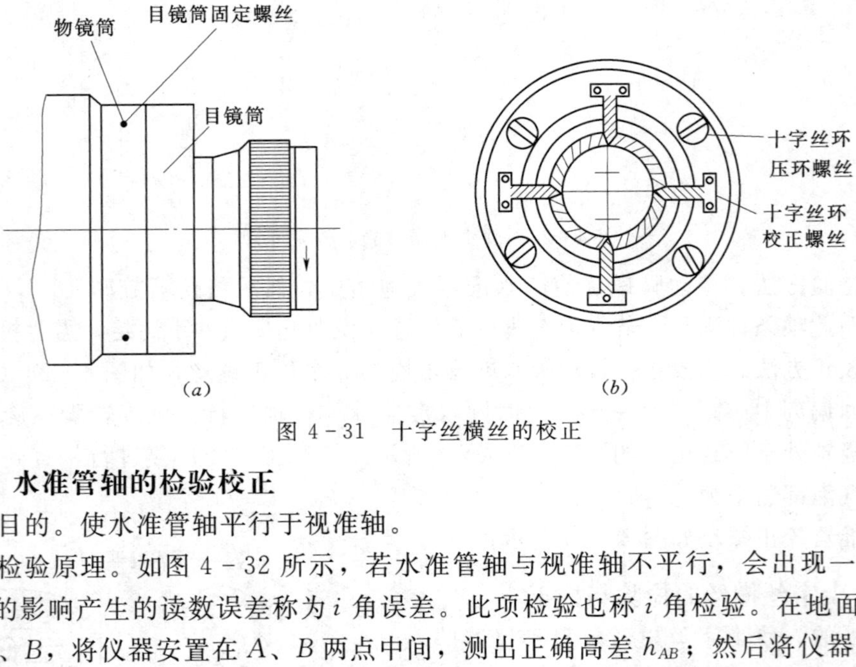

图4-31 十字丝横丝的校正

（三）水准管轴的检验校正

（1）目的。使水准管轴平行于视准轴。

（2）检验原理。如图4-32所示，若水准管轴与视准轴不平行，会出现一个交角i，由于i角的影响产生的读数误差称为i角误差。此项检验也称i角检验。在地面上选定两固定点A、B，将仪器安置在A、B两点中间，测出正确高差h_{AB}；然后将仪器移到A点（或B点）附近，再测高差h'_{AB}，由此，可计算出i角。规范规定，DS_3型水准仪的i角不得大于20″；否则，需要校正。

（3）检验方法。在一平坦地面上选择相距80～100m的两点A、B，分别在A、B两点打入木桩，在木桩上竖立水准尺。将水准仪安置在A、B两点的中间，使前、后视距相等，如图4-32所示，精确整平仪器后，依次照准A、B两点的水准尺读数，设读数分别为a_1和b_1，因前、后视距相等，所以i角对前、后视读数的影响相等，即$x_1=x_2$，A、B

两点的高差为

$$h_{AB}=(a_1-x_1)-(b_1-x_2)=a_1-b_1$$

因抵消了 i 角误差的影响，所以由 a_1、b_1 算出的高差是正确高差。

为了进行测站检核，可采用变动仪器高法或双面尺法测出 A、B 两点的高差，若两次测得的高差之差不超过 3mm，则取其平均值作为最后结果 h_{AB}。

将仪器移至离前视点 B 点约 3m 处，如图 4-32 所示。精平后读得后、前尺读数分别为 a_2、b_2。因仪器离 B 点很近，两轴不平行引起的读数误差可忽略不计，故根据 b_2 和 A、B 两点的正确高差 h_{AB} 算出 A 点尺上应有读数为 $a_2'=b_2+h_{AB}$。如果 a_2 与 a_2' 相等，则说明两轴平行。否则存在 i 角，其值为

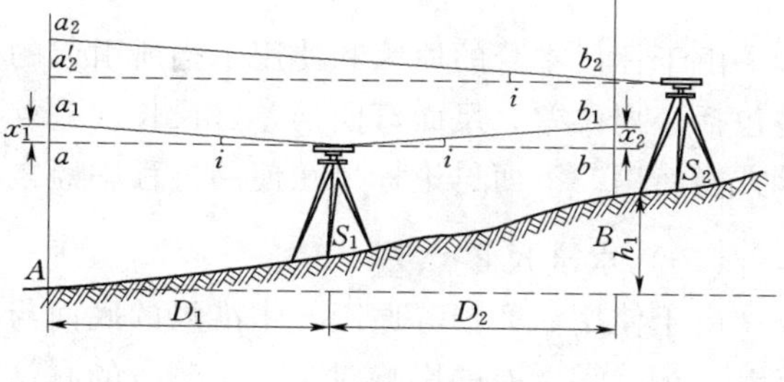

图 4-32　水准管轴的检验

$$i''=\frac{\Delta h}{D_{AB}}\rho'' \tag{4-22}$$

其中

$$\Delta h=a_2-a'_2$$

$$\rho=206265''$$

当 i 角大于 20″时，需要校正。

(4) 校正方法。水准仪不动，转动微倾螺旋使十字丝的横丝切于 A 尺的正确读数 a_2' 处，此时视准轴水平，但水准管气泡偏离中心。用校正针先松开水准管的左右校正螺丝，然后拨动上下校正螺丝，如图 4-33 所示，一松一紧，升降水准管的一端，使气泡居中。此项检验需反复进行，直到符合要求后，拧紧松开的校正螺丝。

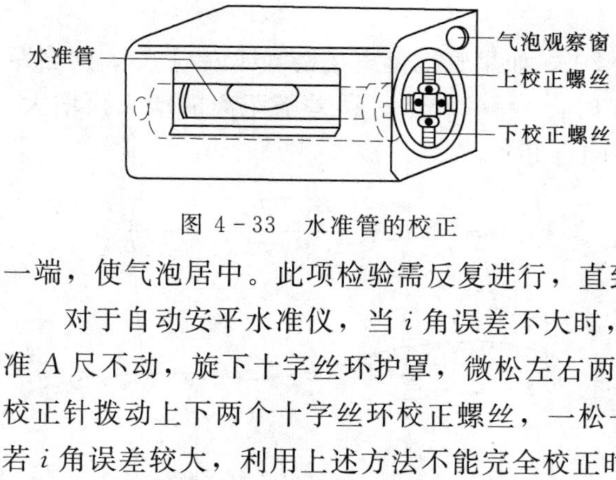

图 4-33　水准管的校正

对于自动安平水准仪，当 i 角误差不大时，可用十字丝进行校正。方法是：水准仪照准 A 尺不动，旋下十字丝环护罩，微松左右两个十字丝环校正螺丝［图 4-31 (b)］，用校正针拨动上下两个十字丝环校正螺丝，一松一紧，直至十字横丝照准正确读数 a_2' 为止。若 i 角误差较大，利用上述方法不能完全校正时，应交专业维修人员处理。

任务六　水准测量的误差来源及其影响

水准测量误差的来源主要有三个方面：仪器本身误差、观测误差及外界条件影响产生的误差。为了提高水准测量精度，必须分析和研究误差的来源及其影响规律，找出消除或减弱这些误差影响的措施。

一、仪器误差

仪器误差的主要来源是望远镜的视准轴与水准管轴不平行而产生的 i 角误差。水准仪

虽经检验校正，但不可能彻底消除 i 角。要消除 i 角对高差的影响，必须在观测时使仪器至前、后视水准尺的距离相等。

二、水准尺误差

由于标尺本身的原因和使用不当所引起的读数误差称为水准尺误差。水准尺本身的误差包括分划误差、尺面弯曲误差、尺长误差等，在使用前必须对水准尺进行检验，符合要求方能使用。下面讨论标尺在使用过程中经常出现的误差及其减弱的措施。

（一）水准尺零点差

由于使用、磨损等原因，水准尺的底面与其分划零点不完全一致，其差值称为标尺零点差。标尺零点差的影响对于一个测段的测站数为偶数站的水准路线，可自行抵消；若为奇数站，所测高差中将含有该误差的影响。因此，在一个测段内应使测站数为偶数。

（二）水准尺倾斜误差

水准测量时，若水准尺倾斜，如图 4-34 所示，在倾斜标尺上的读数总是比正确的标尺读数大。为减少标尺竖立不直产生的读数误差，可使用安装有圆水准器的水准尺，并注意在测量工作中认真扶尺，使标尺竖直。

三、整平误差

水准测量是利用水平视线测定高差的，如果仪器没有精确整平，则倾斜的视线将使标尺读数产生误差。

如图 4-35 所示，设水准管的分划值为 20″，如果气泡偏离半格（即 $i=10''$），则当距离为 50m 时，$\Delta=2.4$mm；当距离为 100m 时，$\Delta=4.8$mm；误差随距离的增大而增大。因此，在读数前，必须使符合水准气泡精确吻合。

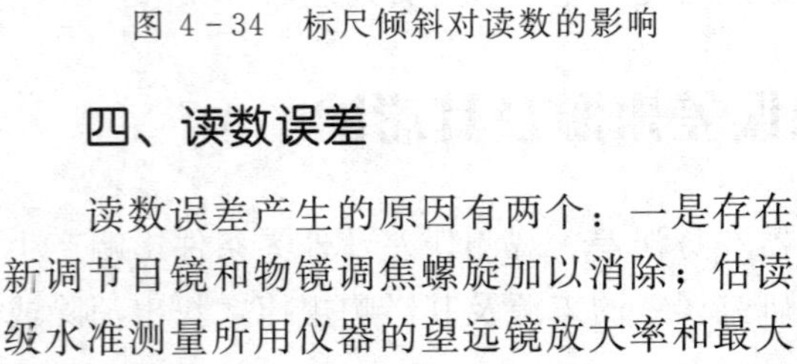

图 4-34 标尺倾斜对读数的影响

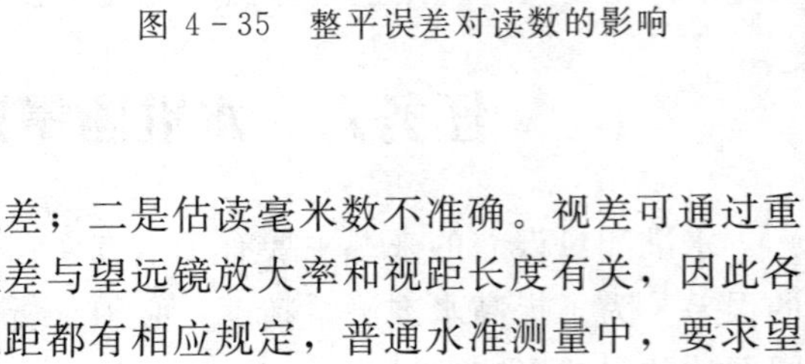

图 4-35 整平误差对读数的影响

四、读数误差

读数误差产生的原因有两个：一是存在视差；二是估读毫米数不准确。视差可通过重新调节目镜和物镜调焦螺旋加以消除；估读误差与望远镜放大率和视距长度有关，因此各级水准测量所用仪器的望远镜放大率和最大视距都有相应规定，普通水准测量中，要求望远镜放大率在 20 倍以上，视线不超过 150m。

五、仪器和标尺升沉误差

在水准测量时，由于仪器、水准尺的重量和土壤的弹性会使仪器及水准尺下沉或上升，将使读数减小或增大引起观测误差，如图 4-36 所示。

1. 仪器下沉（或上升）所引起的误差

假设仪器下沉（或上升）的速度与时间成正比，如图 4-36（a）所示，从读取后视读数 α_1 到读取前视读数 b_1 时，仪器下沉了 Δ，则有

$$h_1 = \alpha_1 - (b_1 - \Delta)$$

为了减弱此项误差的影响，可在同一测站进行第二次观测，而且第二次观测先读前视读数 b_2，再读后视读数 α_2，则

$$h_2 = (\alpha_2 + \Delta) - b_2$$

取两次高差的平均值，即

$$h = \frac{h_1 + h_2}{2} = \frac{(a_1 - b_1) + (a_2 - b_2)}{2}$$

可消除仪器下沉对高差的影响。一般称上述操作为“后、前、前、后”的观测程序。

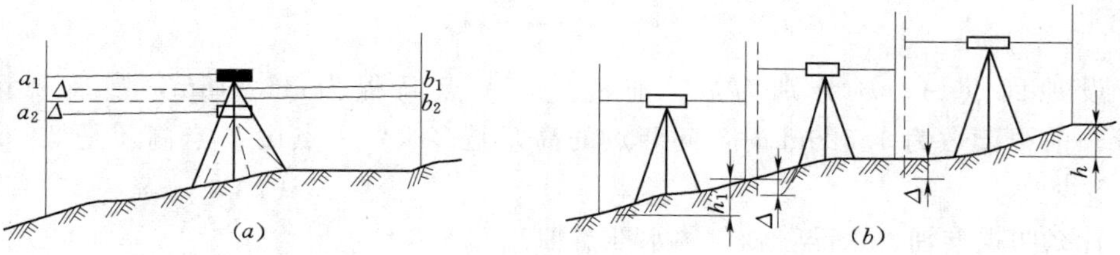

图 4-36　仪器和标尺升沉误差的影响

（a）仪器下沉；（b）尺子下沉

2. 尺子下沉（或上升）引起的误差

如图 4-36（b）所示，如果往测与返测尺子下沉的量是相同的，则由于误差符号相同，而往测与返测高差符号相反，因此，取往测和返测高差的平均值可消除其影响。

六、大气折光的影响

在项目一绪论中已经介绍了用水平面代替大地水准面的限度，地球曲率对测量高差的影响与距离成正比。而大气折光的作用使得水准仪本应水平的视线成为一条曲线，它对测量高差的影响规律与地球曲率的影响相同，如图 4-37 所示。地球曲率和大气折光对测量高差的综合影响为

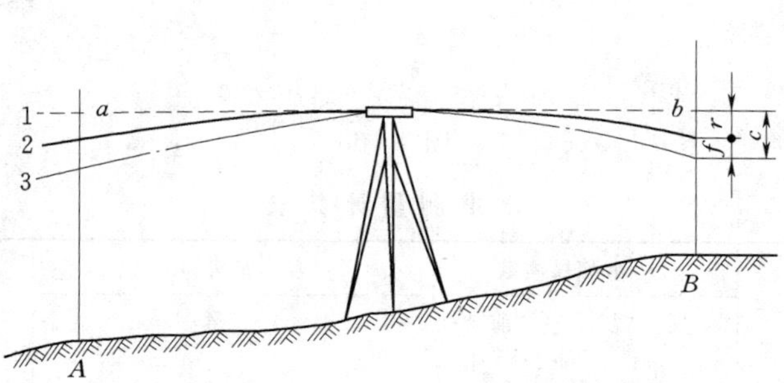

图 4-37　地球曲率和大气折光对高差的影响

1—水平视线；2—折光后视线；3—与大地水准面平行的线

$$f = C - r = \frac{D^2}{2R} - \frac{D^2}{2 \times 7R} = 0.43\frac{D^2}{R} \tag{4-23}$$

式中 C——用水平面代替大地水准面对标尺读数的影响；

r——大气折光对标尺读数的影响；

D——仪器到水准尺的距离；

R——地球的平均半径，为 6371km。

观测时，可使后视与前视距离相等，从而减少地球曲率和大气折光的影响；视线离地面过低，受折光的影响有所增加，一般应使视线离地面的高度不少于 0.3m。

以上各项误差，都是按单独影响的原则分析的，而实际情况则是综合性的影响。只要在作业中注意上述措施，按规范要求施测，在操作熟练和提高观测速度的情况下，完全能够达到施测精度的要求。

习　　题

1. 设地面点 A、B 分别为后、前视点，A 点高程为 36.115m，当后视读数为 1.228m、前视读数为 1.626m 时，问两点的高差是多少？A 点比 B 点高还是低？B 点的高程是多少？

2. 什么叫视准轴、水准管轴、圆水准器轴？

3. 什么叫水准管分划值？圆水准器和水准管的作用有何不同？

4. 试述水准仪的操作步骤。

5. 什么叫视差？它是怎样产生的？如何消除？

6. 什么是精平？为什么微倾水准仪必须精平后才能读数？

7. 在水准测量中，什么点上应安放尺垫？什么点上不应该安放尺垫？

8. 将图 4－38 所示水准路线中的各有关数据填入表 4－5，并计算各测站的高差和 B 点的高程（单位：m）。

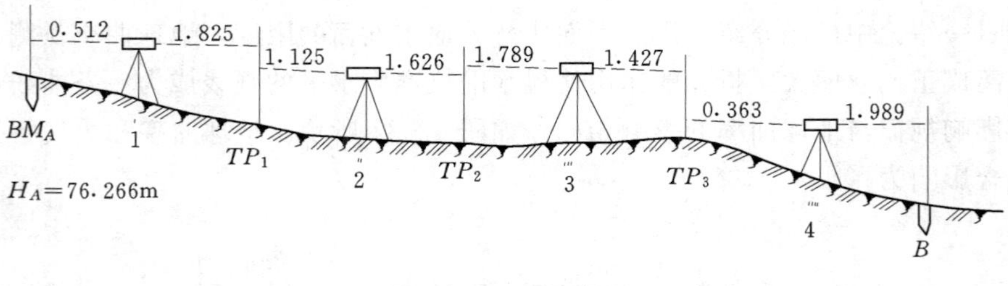

图 4－38

表 4－5　　　　　　　　　　水准测量计算表

测站	测点	水准尺读数		高差/m		高程/m	备注
		后视/m	前视/m	+	−		
1	BM_A TP_1						

续表

测站	测点	水准尺读数		高差/m		高程/m	备注
		后视/m	前视/m	+	−		
2	TP_1 TP_2						
3	TP_2 TP_3						
4	TP_3 B						
	计算校核						

9. 根据表 4-6 的水准测量记录，计算高差、高程并进行校核。

表 4-6　　水准测量记录

测站	测点（立尺点）		中丝读数/m	每站高差（后-前）/m	高程/m	备注
1	后视	BM_6	1.442		73.123	已知点
	前视	TP_1	1.002			
2	后视	TP_1	0.857			
	前视	TP_2	1.412			
3	后视	TP_2	2.456			
	前视	TP_3	0.685			
4	后视	TP_3	1.876			
	前视	临 1	2.443			
检核计算	后视	$\sum a$		$\sum h=$		
	前视	$\sum b$				

10. 图 4-39 为附合水准路线的观测成果和简图，试在表 4-7 中完成水准测量成果计算。

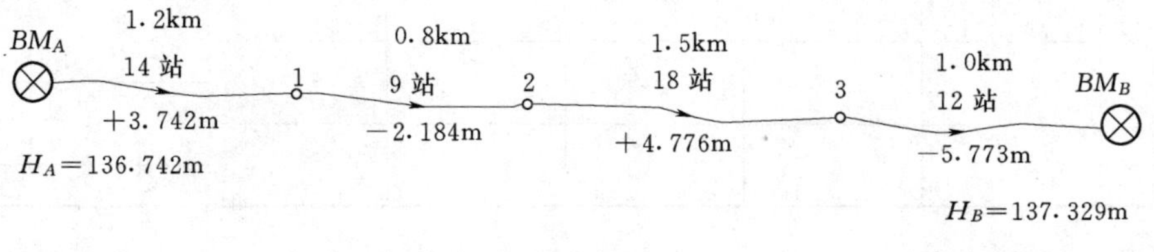

图 4-39

表 4-7　　附合水准路线成果计算表

测段编号	点　名	测站数或距离	实测高差/m	改正数/m	改正后高差/m	高　程/m	备　注

11. 调整图 4-40 所示闭合水准路线的观测成果，在表 4-8 中完成水准测量成果计算，并求出各点高程。

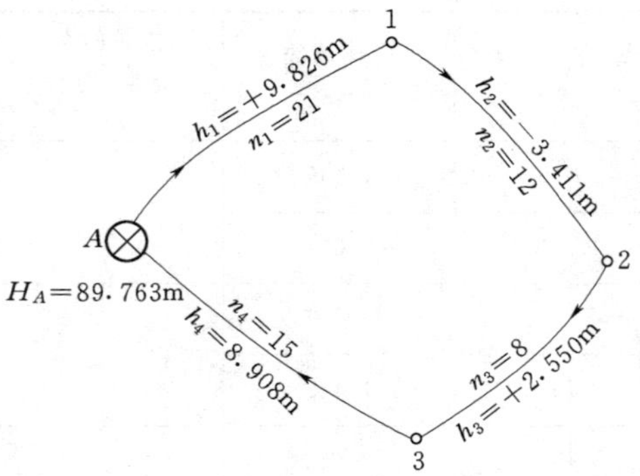

图 4-40　闭合水准路线观测成果

表 4-8　　闭合水准路线计算表

点　号	测站数	观测高差/m	改正数/m	改正后高差/m	高　程/m	点　号	备　注
总和							

12. 将水准仪安置在 A、B 两点中间，读得后视读数 a_1 为 1.564m，前视读数 b_1 为 1.762m。当水准仪搬到前视点 B 附近，又读得后视读数 a'_2 为 1.204m，前视读数 b'_2 为

1.456m，问水准管轴是否平行于视准轴？若不平行，视线是上倾还是下倾？应如何进行校正？

13. 水准测量的主要误差有哪些？各采用什么措施和方法消减其影响？

14. 如何判断自动安平水准仪的补偿器是否处于正常状态？

项目五 角 度 测 量

内容提要 本项目共分六个任务，主要介绍了角度测量的基本原理、角度测量的仪器和测量的方法，经纬仪的使用和检验校正，测角误差的影响和误差消除方法。本项目的重点内容是：测角原理、经纬仪测定水平角和竖直角的方法、经纬仪的操作与检验校正、测角误差的影响和误差消除方法。本项目的难点是：水平角和竖直角的表格计算、经纬仪的检验校正。

角度观测是测量工作的基本内容之一。角度观测包括水平角观测、竖直角观测。要确定地面点的平面位置，一般需要观测水平角；要确定地面点的高程位置或将测得的斜距换算为平距时，一般需要观测竖直角。

任务一 角 度 测 量 原 理

一、水平角测量的原理

一点到两目标点的方向线垂直投影到水平面上所成的角称为水平角，其取值范围是 0°～360°，一般用 β 表示。如图 5-1（a）所示，由地面一点 A 到 B、C 两个目标的方向线 AB 和 AC，沿铅垂线方向垂直投影到水平面 P 上的两线段分别为 ab 和 ac，其夹角 β 即为 AB、AC 方向间的水平角。它等于通过 AB 和 AC 两线段所形成的两个竖直平面之间所夹的两面角。两面角的棱线 Aa 是一条铅垂线。根据其概念，垂直于 Aa 的任一水平面 P 与两竖直面的交线均可用来度量水平角 β 值。

如果在铅垂线 Aa 上的 O 点处水平放置一个带有刻度的圆盘，即水平度盘，并使圆盘的中心位于铅垂线 Aa 上；再用一个既能在竖直面内转动又能绕铅垂线 Aa 水平转动的望远镜去照准两目标 B 和 C，并且将 AB、AC 垂直投影到这个刻度圆盘上，从而可以截得相应的数值 n 和 m。如果刻度圆盘刻划的注记是按顺时针方向由 0°递增到 360°，那么 AB 和 AC 两方向线的水平角就能计算出来，即

$$\angle bac = \beta = m - n \tag{5-1}$$

二、竖直角测量的原理

在同一竖直面内，一点至观测目标的方向线与水平线间所夹的角称为竖直角，亦称“高度角”或“垂直角”，通常用 α 表示。如图 5-1（b）中的 α_A 和 α_B。竖直角是有正负意义的量，它的取值范围为 -90°～+90°。目标视线在水平面以上称为仰角，角值为正，取值范围为 0°～+90°；目标视线在水平面以下称为俯角，角值为负，取值范围为 0°～-90°。

目标与天顶方向（即铅垂线的反方向）所成的角，称为天顶距，通常用 Z 表示，其取值范围为 $0^\circ \sim +180^\circ$，没有负值。如图 5－1（b）所示，天文测量中常用这种方法表示。

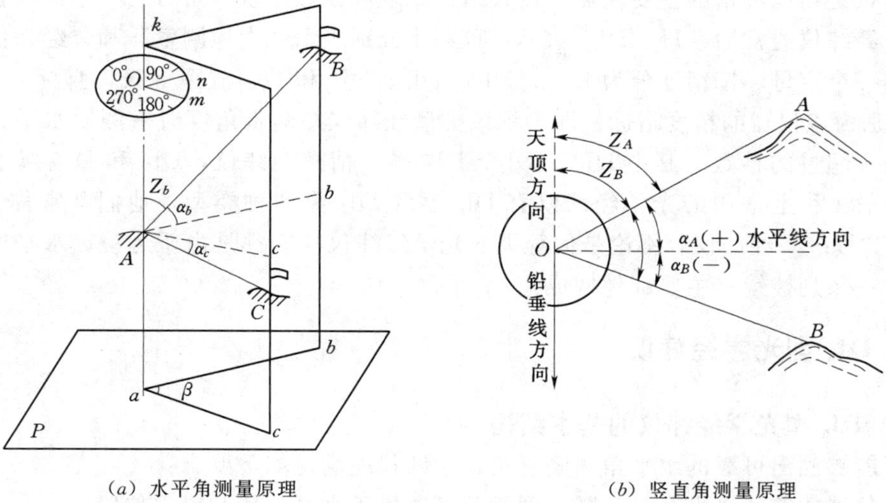

（a）水平角测量原理　　　　（b）竖直角测量原理

图 5－1　角度测量原理

竖直角与天顶距的关系为

$$\alpha = 90^\circ - Z \tag{5-2}$$

因此，在测量工作中，竖直角和天顶距只需测出一个即可。

如图 5－1（b）所示，为了测得竖直角或天顶距，需在 O 点上设置一个可以在竖直平面内随望远镜一起转动又带有刻划的竖直度盘（竖盘）；并且有一竖盘的读数指标线位于铅垂位置，不随竖盘的转动而转动。因此，竖直角就等于瞄准目标时倾斜视线的读数与水平视线读数的差值。

经纬仪就是根据上述水平角和竖直角的测量原理设计制造的。

知识链接：前面我们已经知道测量的基本任务是确定地面点的位置（包括平面位置与高程），测量的基本工作是角度测量、距离测量、高差测量，而角度测量又分为水平角测量和竖直角测量，那么测量水平角与竖直角各自的目的是什么呢？

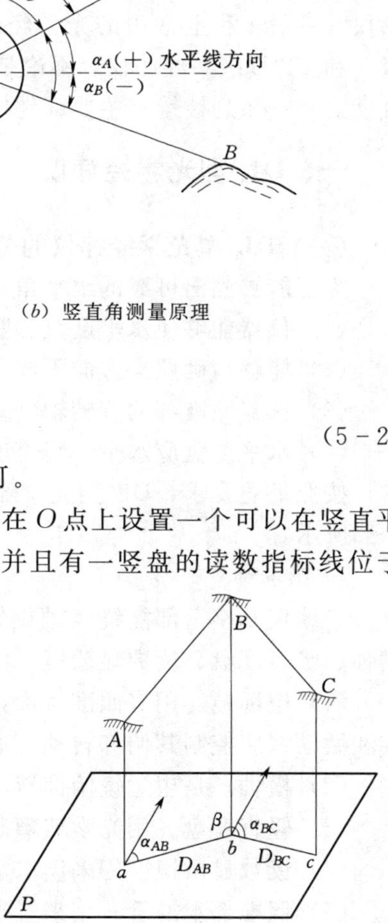

图 5－2　角度测量的目的

如图 5－2 所示，通过测量水平角 β 与水平距离 D_{BC}，在已知 A、B 两点平面位置 a、b 的情况下就能采用极坐标的形式确定 C 点的平面位置 c，当然也可以通过计算确定 C 点的平面直角坐标。

为确定 C 点的高程，需要通过测量 BC 方向的竖直角来计算 BC 两点间的高差，从而根据 B 点高程推算出 C 点的高程；同时根据 BC 方向的竖直角还能将斜距 BC 改正成水平距离 D_{BC}。

任务二　光学经纬仪和电子经纬仪

经纬仪是角度测量的主要仪器。按其结构原理和读数系统，可分为光学经纬仪和电子经纬仪。经纬仪通常用字母“DJ”表示，D和J分别表示“大地测量”和“经纬仪”汉语拼音的第一个字母。按精度分为DJ_{07}、DJ_1、DJ_2、DJ_6和DJ_{15}五个等级，脚标07、1、2、6、15分别为该仪器的精度指标。即表示该类型经纬仪在测量角度时一测回水平方向观测值中误差不超过的秒数。其中DJ_{07}、DJ_1、DJ_2属于精密经纬仪，DJ_6和DJ_{15}属于普通经纬仪。一般工程上常用的光学经纬仪有DJ_6型和DJ_2型两种类型，他们又常称为“6秒级”和“2秒级”经纬仪。不论是何等级的光学经纬仪，它都是由望远镜、水平度盘、竖直度盘和一系列棱镜等主要部件构成。

一、DJ_6型光学经纬仪

（一）DJ_6型光学经纬仪的基本结构

为了能够测出可靠的水平角和竖直角，经纬仪应满足如下要求：

（1）仪器能够使水平度盘和竖直度盘分别整置于水平位置和铅垂位置。

（2）能够精确照准方向不同、高度不同、远近不同的目标。

（3）仪器照准部的旋转轴（垂直轴）应与过测站点的铅垂线一致。

（4）水平度盘应水平，竖直度盘应铅垂，并能测出目标的水平方向值和竖直角。

按照上述要求，DJ_6型光学经纬仪主要由照准部、水平度盘和基座三部分组成，如图5－3所示。

1. 照准部

经纬仪基座上部能绕竖轴旋转的整体，称为照准部，如图5－3所示，包括望远镜、横轴、竖直度盘、读数显微镜、照准部水准管及竖轴等。

（1）望远镜。用来照准目标，它固定在横轴上，绕横轴而俯仰，可利用望远镜制动螺旋和微动螺旋控制其俯仰转动。通过望远镜的调焦可以照准远近不同的目标。

（2）横轴。是望远镜俯仰转动的旋转轴，由左右两支架支承。

（3）竖直度盘。用光学玻璃制成，用来测量竖直角。

（4）读数显微镜。用来读取水平度盘读数与竖直度盘的读数。

（5）照准部水准管。用来置平仪器，使水平度盘处于水平位置。

（6）竖轴。又称“纵轴”。竖轴插入水平度盘的轴套中，可使照准部在水平方向转动，使望远镜照准不同水平方向的目标。观测作业时要求竖轴应与过测站点的铅垂线一致，照准部的旋转保持圆滑平稳。

2. 水平度盘及其控制装置

（1）水平度盘。它是用光学玻璃制成的圆环。在度盘上按顺时针方向刻有0°～360°的分划，用来测量水平角。在度盘的外壳附有照准部水平制动螺旋和水平微动螺旋，它可使照准部绕竖轴作水平转动、制动和微动，主要用于瞄准目标。

（2）水平度盘转动的控制装置。测角时水平度盘应固定不动，这样照准部转至不同的

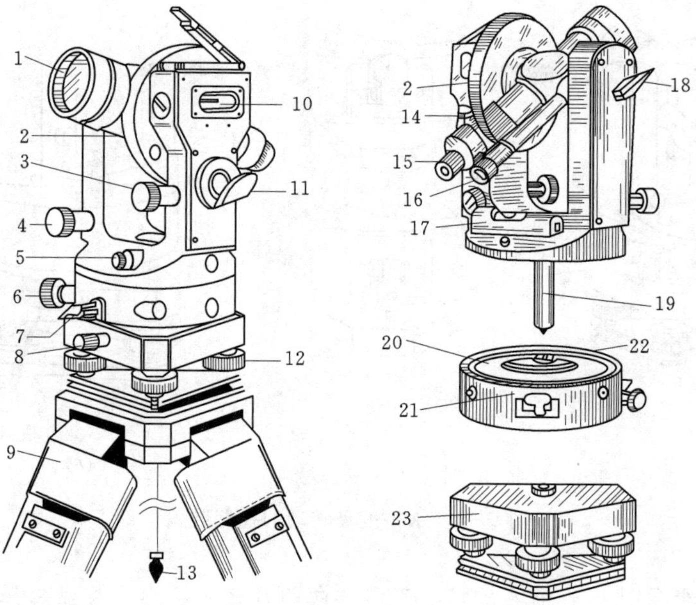

(*a*)　　(*b*)

图 5-3　DJ_6 型光学经纬仪的构造

1—物镜；2—竖直度盘；3—竖盘指标水准管微动螺旋；4—望远镜微动螺旋；5—光学对中器；6—水平微动螺旋；7—水平制动扳手；8—轴座连接螺旋；9—三脚架；10—竖盘指标水准管；11—反光镜；12—脚螺旋；13—垂球；14—目镜调焦螺旋；15—目镜；16—读数显微镜；17—照准部水准管；18—望远镜制动扳手；19—竖轴；20—水平度盘；21—复测器扳手；22—度盘轴套；23—基座

位置，就可以在水平度盘上得到不同的读数，从而求得角值。但有时需要水平度盘和照准部一起旋转，以便设定水平度盘在某一读数上。控制水平度盘与照准部相对转动的装置有两种：

1）位置变换手轮。它又有两种形式：一种是使用时拨下保险手柄，将手轮压进去并转动，水平度盘亦随之转动；待转至需要位置后，将手松开，手轮推出；再拨上保险手柄，手轮就压不进去了。另一种形式如图 5-4（*b*）所示，使用时拨开护盖，转动手轮，待水平度盘转至需要位置后，停止转动，再盖上护盖。具有以上装置的经纬仪叫方向经纬仪。

2）复测装置。如图 5-4（*a*）所示，当扳手拨下时，度盘与照准部扣在一起同时转动，度盘读数不变；若将扳手向上，则两者分离，照准部转动时水平度盘不动，读数随之改变。具有复测装置的经纬仪，称为复测经纬仪。

3. 基座

照准部下面是基座，如图 5-3 所示。基座起着支承仪器上部并使仪器与三脚架连接的作用，它主要由轴座、脚螺旋和底板组成。仪器放在三脚架头上，通过中心连接螺旋，使仪器固紧在三脚架头上。其中心连接螺旋是空心的，下端一般都挂有挂钩或细绳，便于悬挂垂球进行对中。基座上备有三个脚螺旋，转动脚螺旋，可使照准部水准管气泡居中，从而使水平度盘处于水平位置。照准部旋转时，基座不会转动。

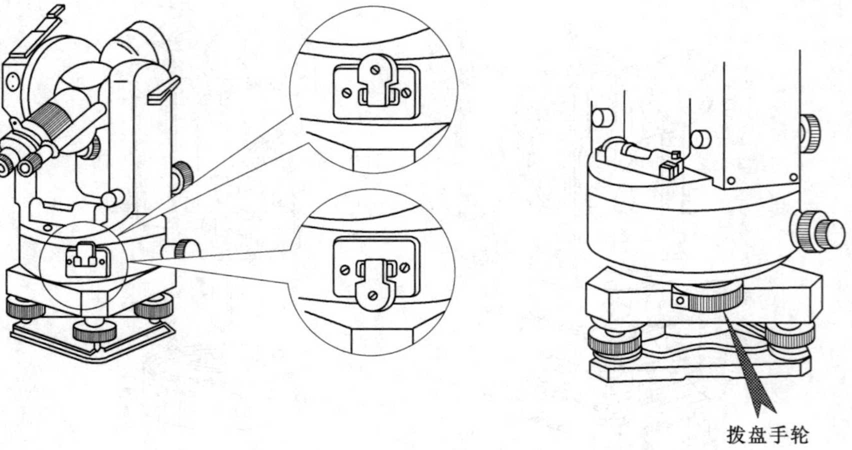

(*a*) (*b*)

图 5-4 水平度盘转动的控制装置

特别提示：

(1) 测量水平角时，当望远镜瞄准不同方向的目标时，水平度盘应保持水平并且固定不动，而读数指标则随着望远镜一起转动。

(2) 在使用经纬仪时，应拧紧轴座连接螺旋，切勿松动，以免照准部与基座分离而坠落。

(二) DJ_6 型光学经纬仪的读数方法

DJ_6 型光学经纬仪的读数装置可分为分微尺测微器和单平行玻璃测微器两种。目前我国生产的绝大部分 DJ_6 型光学经纬仪都是采用分微尺测微装置进行读数的。

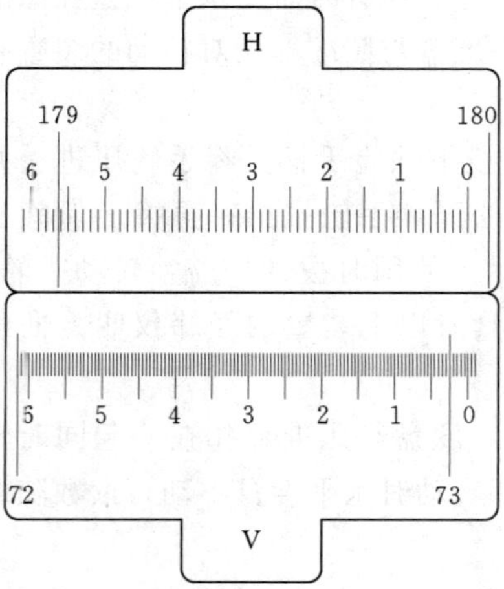

图 5-5 分微尺读数

1. 分微尺测微器及其读数方法

图 5-5 为 DJ_6 经纬仪读数窗内所见，上面为水平度盘及分微尺影像，下面为竖直度盘及分微尺影像。

度盘分划线的间隔为 1°，分微尺全长正好与度盘分划影像 1°的间隔相等，并分为 60 小格，每一小格之值为 1′，可估读到一小格的 1/10（即 0.1′或 6″）。读数时，以分微尺的 0 分划线为指标线，先读取度盘分划的度数值（落在分微尺内的那个读数），再读取指标线到度盘分划线之间的数值，即分、秒值，两数之和即为度盘读数。

例如图 5-5 中水平度盘，其中落在分微尺内的度盘分划为 179°；分微尺的 0 分划线到度盘分划线的间隔为 56 整格，即 56′；不足整数部分约为 0.3 格，可估读为 18″。所以完整的水平度盘读数为 179°56′18″。

同样道理，竖直度盘读数为 73°02′30″（其中 30″为估读 0.5 小格的值）。

2. 单平行玻璃测微器及其读数方法

如图 5-6 所示，该种仪器水平度盘刻划从 0°～360°共 720 格，每格 30′；测微器刻划

0′～30′共 90 格，每格 20″，可估读到 1/4 格（即 5″）。读数时，转动测微手轮，光路中的平行玻璃随着移动，度盘和测微器的影像也跟着移动，直至度盘分划线精确地平分双指标线。按双指标线所夹的度盘分划线读取度数和 30′的整分数，不足 30′的读数从测微器中读出。如图 5-6 所示，读数结果为 92°17′35″。

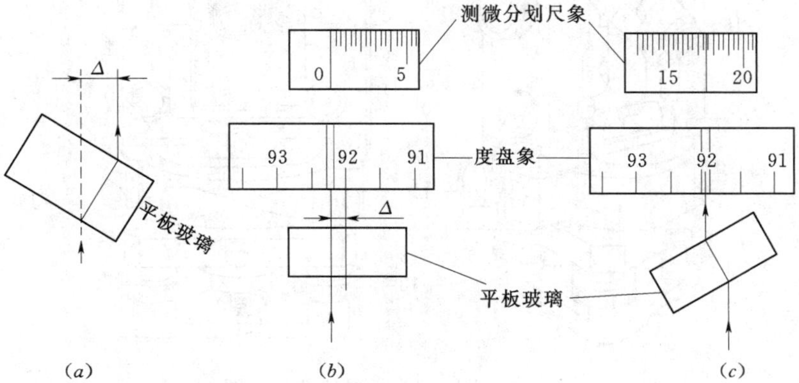

图 5-6　单平行玻璃测微器读数原理

如图 5-7 所示，从读数显微镜中可同时看到水平度盘、竖直度盘及测微器的像，最上框为测微器，中间与下面的两框分别为竖直度盘与水平度盘。图 5-7（*a*）、（*b*）分别是水平度盘读数与竖直度盘读数，读数分别为 50°47′30″与 89°12′30″。

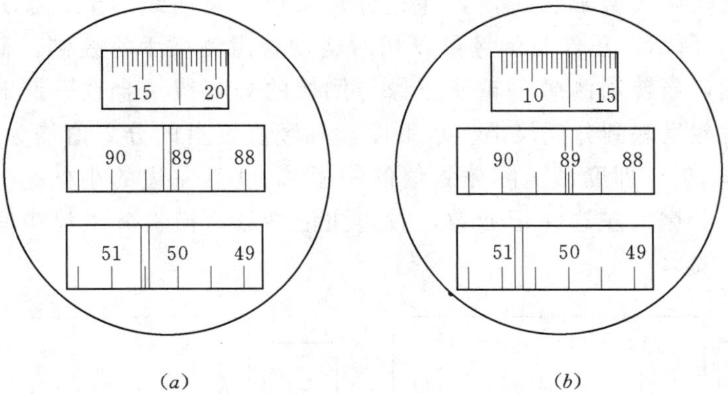

图 5-7　单平行玻璃测微器读数窗

二、DJ_2 型光学经纬仪的结构与读数方法

DJ_2 型光学经纬仪也是工程中比较常用且精度高于 DJ_6 型的光学经纬仪，它的基本组成、构造与 DJ_6 型基本相同，所不同的主要是读数装置与读数方法。下面就以我国苏州第一光学仪器厂生产的 DJ_2 型光学经纬仪（图 5-8）为例，来说明它的读数装置与读数方法。

1. 读数装置

DJ_2 型光学经纬仪一般采用对径分划线符合读数装置，即外部光线经反光镜进入仪

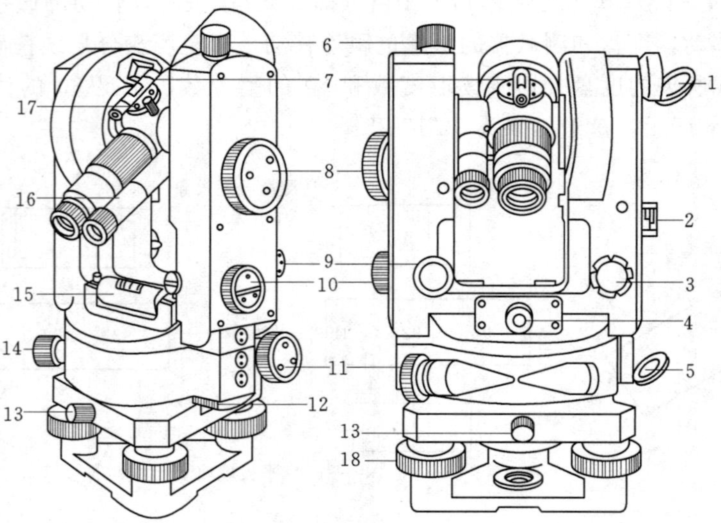

图 5-8 DJ$_2$ 型光学经纬仪外形图

1—竖盘反光镜；2—竖盘指标水准管观察镜；3—竖盘指标水准管微动螺旋；4—光学对中器目镜；5—水平度盘反光镜；6—望远镜制动螺旋；7—光学瞄准器；8—测微手轮；9—望远镜微动螺旋；10—换像手轮；11—水平微动螺旋；12—水平度盘变换手轮；13—中心锁紧螺旋；14—水平制动螺旋；15—照准部水准管；16—读数显微镜；17—望远镜反光扳手轮；18—脚螺旋

器后，经一系列的棱镜、透镜反射、折射后，将水平或竖直度盘直径两端相差 180°的分划线，同时反映到读数显微镜内，并且分别位于一条横线的上、下方，成为正像与倒像，如图 5-9 所示。正像与倒像可以相对运动，由测微手轮控制，而测微手轮与分微尺连接在一起，当转动测微手轮使正像与倒像的分划线重合在一起时，两分划线相对移动的角值就能反映到分微尺上。水平度盘和竖直度盘的分划值均为 20′，但按符合法读数只能记作 10′（即度盘实际分划值的一半）。度盘左边的小框是分微尺，尺上每一小格代表 1″；分微尺左边注记分数，右边注记秒数。横贯分微尺中间的一根直线是读取分秒的指标线。

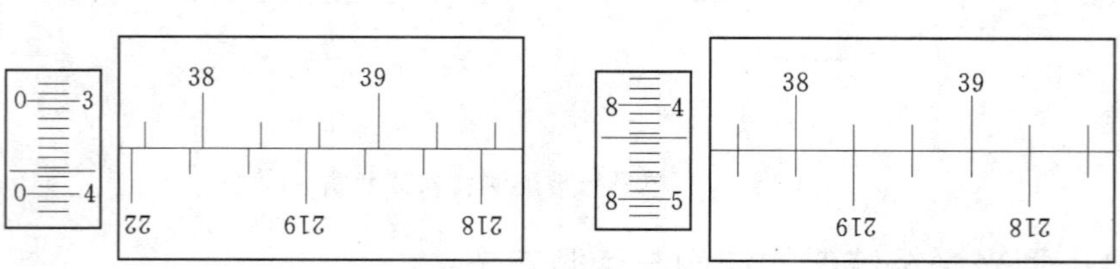

(a) (b)

图 5-9 符合法读数窗

在读数显微窗内不能同时显示出水平度盘与竖直度盘的影像，当需要显示水平度盘时，就转动 U 形支架右侧的换像手轮，当手轮上的直线转至水平位置时，打开水平度盘的反光镜，就可以看到水平度盘了；当需要显示竖直度盘时，则将换像手轮的直线转至竖直位置，且打开竖直度盘的反光镜即可。

2. 读数方法

读数前应转动测微手轮，使正、倒像的分划线对齐，如图 5-9（*b*）所示。读数时先读出正像左边的完整读数，如图 5-9（*b*）中的 38°；再找到与所读度数相差 180°的倒像分划线，如图 5-9（*b*）中的 218°，数出此两条对径分划线间所夹的格数，如图 5-9（*b*）中为 4 格，乘以按符合法计算的分划值即得整分数，如图 5-9（*b*）中为 40′；然后在分微尺上读取小于 10′的分秒值，如图 5-9（*b*）中的分秒值为 8′43.3″；三者加起来即得应有的读数 38°48′43.3″。

为了便于读数并不易出错，一些厂家生产的 DJ_2 型光学经纬仪采用了数字化读数装置。如图 5-10（*a*）、（*b*）所示，上部是水平或竖直度盘的度数显示窗，显示窗中间向下突出的小方框显示整 10′的数字；中间是度盘上相差 180°的对径分划线影像，左下方是测微尺读数窗。测微尺的影像中，左侧是 0′～10′的分数值，右侧是整 10″的注记数，每小格为 1″，可估读到 0.1″。

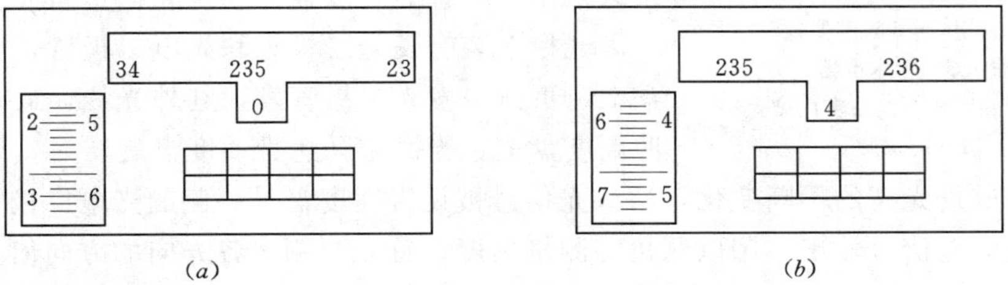

图 5-10　数字化读数示意图

转动测微手轮，测微尺转动 10′时，度盘正、倒像刻划线各移动半格。读数时，先转动测微手轮，使右下方的对径刻划线重合，然后在度盘读数窗中读取左边的度数，如图 5-10（*b*）中的 235°，如果出现三个读数时，读中间一个，如图 5-10（*a*）中的 235°。在向下突出的小方格内读出整 10′数，如图 5-10（*a*）中的 0×10′=0′，图 5-10（*b*）中的 4×10′=40′；再在测微尺读数窗内读取小于 10′的分、秒值，如图 5-10（*a*）中的 2′57.0″和图 5-10（*b*）中的 6′47.0″，最后取三者之和得最后的读数。图 5-10（*a*）为 235°02′57.0″，图 5-10（*b*）为 235°46′47.0″。

三、电子经纬仪

随着微电子技术及计算机技术的发展和综合运用，新一代的具有数字显示、自动记录、自动传输数据功能的电子经纬仪已经大量生产和使用。由于电子经纬仪能自动显示并记录角度值，因而大大减轻了测量工作者的劳动强度，提高了工作效率。目前，电子经纬仪已基本取代光学经纬仪。

电子经纬仪与光学经纬仪的结构相似，测角的方法步骤与光学经纬仪也基本相似，最主要的不同是读数系统。电子经纬仪采用了光电测角，实现了读数记录的数字化和自动化。电子经纬仪的测角系统主要有编码度盘测角系统、光栅度盘测角系统和动态测角系统三种。目前的电子经纬仪大部分采用光栅度盘测角系统或动态测角系统。现以 Wild T2000 电子经纬仪为例，介绍动态测角原理。

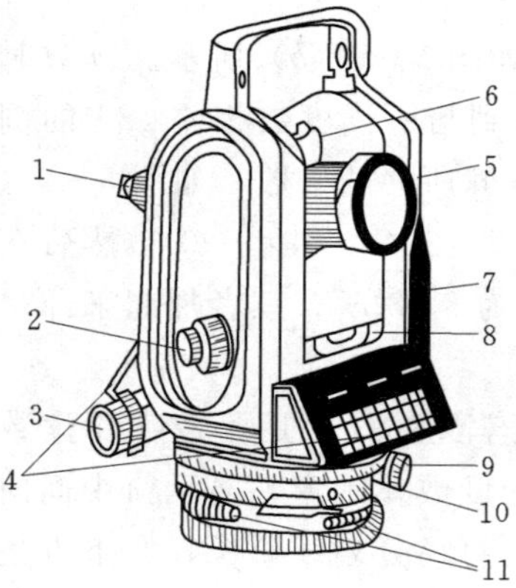

图 5-11　Wild T2000 电子经纬仪
1—目镜；2—望远镜制动、微动螺旋；3—水平制动、微动螺旋；4—操纵面板；5—望远镜；6—瞄准器；7—内嵌式电池盒；8—管水准器；9—轴座连接螺旋；10—概略定向度盘；11—脚螺旋

图 5-11 是 Wild T2000 电子经纬仪的外形，图 5-12 为其测角原理示意图。该仪器的度盘仍为玻璃圆环，测角时，由微型马达带动而旋转。度盘分成 1024 个分划，每一分划由一对黑白条纹组成，白的透光，黑的不透光，相当于栅线和缝隙，其栅距设为 ϕ_0，如图 5-12 所示。光栏 L_S 固定在基座上，称固定光栏（也称光闸），相当于光学度盘的零分划；光栏 L_R 在度盘内侧，随照准部转动，称活动光栏，相当于光学度盘的指标线，它们之间的夹角即为要测的角度值。这种方法称为绝对式测角系统。两种光栏距度盘中心远近不同，照准部旋转瞄准不同目标时，彼此互不影响。为消除度盘偏心差，同名光栏按对径位置设置，共 4 个（两对），图中只绘出 2 个。竖直度盘的固定光栏指向天顶方向。

光栏上装有发光二极管和光电二极管，分别处于度盘上、下侧。发光二极管发射红外光线，通过光栏孔隙照到度盘上。当微型马达带动度盘旋转时，因度盘上明暗条纹而形成透光亮的不断变化，这些光信号被设置在度盘另一侧的光电二极管接收，转换成正弦波的电信号输出，用以测角。测量角度，首先要测出各方向的方向值，有了方向值，角度就可以得到了。方向值表现为 L_R 与 L_S 间的夹角 ϕ，如图 5-12 所示。由图可知，角度 ϕ 为 n 个整周期的 ϕ_0 值和不足整周数的 $\Delta\phi$ 分划值之和，即 $\phi=n\phi_0+\Delta\phi$。它们分别由粗测和精测求得。

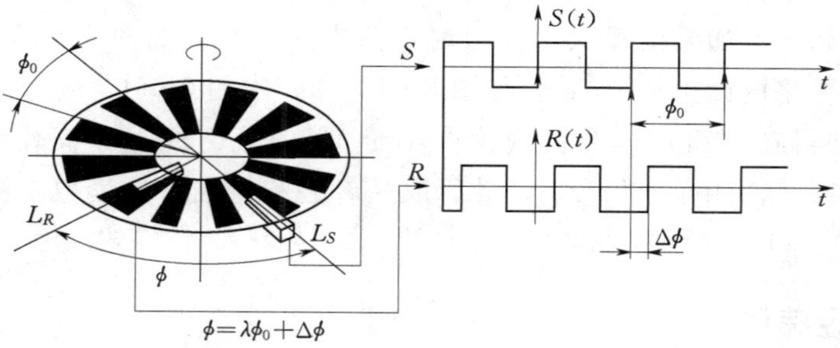

图 5-12　动态测角原理

（1）粗测。测定通过 L_S 和 L_R 给出的脉冲计数（nT_0）求得 ϕ_0 的个数 n。在度盘径向的外、内缘上设有两个标记 a 和 b。度盘旋转时，从标记 a 通过 L_S 时，计数器开始计取整分划间隔 ϕ_0 的个数，当 b 标记通过 L_R 时计数器停止计数，此时计数器所得到数值即为 n。

（2）精测。即测量 $\Delta\phi$。由通过光栅 L_S 和 L_R 产生的两个脉冲信号 S 和 R 的相位差（ΔT）求得。精测开始后，当某一分划通过 L_S 时精测计数开始，计取通过的计数脉冲个数，一个脉冲代表一定的角值（例如 $2''$），而另一分划继而通过 L_R 时停止计数，通过计数器中所计的数值即可求得 $\Delta\phi$。度盘一周有 1024 个分划间隔，每一间隔计数一次，则度盘转一周可测得 1024 个 $\Delta\phi$，然后取平均值，可求得最后的 $\Delta\phi$ 值。

粗测、精测数据由微处理器进行衔接处理后即得角值。

动态测角的过程是：从操作键盘上输入的指令，由中央处理器传给角处理器，于是相应的度盘开始转动，达到规定转速就开始进行粗测和精测并作出处理，若满足所有要求，粗、精测结果就会被合并成完整的观测结果，并送到中央处理器，由液晶显示器显示或按要求储存于数据终端。

任务三　水平角测量

一、经纬仪的基本使用方法

角度测量的首要工作就是熟练掌握经纬仪的使用。经纬仪的使用包括仪器安置、照准目标和配置度盘等工作。

（一）经纬仪的安置

为了测量水平角，首先要将经纬仪安置于测站上。安置工作包括对中和整平，现分述如下。

1. 对中

对中的目的是通过对中使仪器的水平度盘中心与测站点位于同一条铅垂线上。对中有两种方法，即垂球对中和光学对中器对中。

（1）垂球对中。在测站上，首先张开三脚架，目估对中且使架头大致水平，脚架的高度适于观测；将中心连接螺旋置于架头中心并悬挂垂球，调整垂球线长度，平移并踩紧脚架使垂球尖大致对准测站点。然后将经纬仪用中心连接螺旋连接在架头上，略松中心螺旋，在架头上稍许移动仪器，使垂球尖对准测站点位中心。最后，再将连接螺旋拧紧即可。一般规定垂球对中误差应小于 3mm。如果偏移量过大，而且仪器在架头上平移仍无法达到限差要求，应移动三脚架，并按上述方法重新整置三脚架，直至符合要求为止。对中时应注意，架头应大致水平，架腿应牢固插入土中，否则将导致整平发生困难以及仪器的不稳定，这样的对中将失去意义。

（2）光学对中。张开三脚架，目估对中且使三脚架架头大致水平，三脚架高度适中。将经纬仪固定在三脚架上，调整对中器目镜以及物镜焦距，使对中器的圆圈标志和测站点影像清晰。踩实一架腿，两手掂起另两条架腿，用自己的脚尖对准测站点标志，眼睛通过对点器的目镜来寻找自己的脚尖，找到脚尖便找到了测站点标志。然后使测站点的点子落在对中器的圆圈中央，即对中了测站点标志，这时放下两架腿踩实即可。最后再通过对点器目镜观测测站点，检查是否严格对中，若没有严格对中，可调节三个脚螺旋，使之严格对中。一般光学对中误差应小于 1mm。

2. 整平

整平的目的是使竖轴处于铅垂位置，使水平度盘处于水平位置。整平也分两种情况。

若是垂球对中，应按下述方法进行精确整平。如图 5－13 所示，旋转仪器使照准部水准管与任意两个脚螺旋的连线平行，用两手同时相对或相反方向转动这两个脚螺旋，使气泡居中（气泡移动方向与左手大拇指的运动方向一致）。然后将照准部旋转 90°，使水准管与前两个脚螺旋连线垂直，转动第三个脚螺旋，使气泡居中。如果水准管轴与竖轴满足垂直关系，如此反复数次即可达到精确整平的目的。即水准管转到任何位置，水准管气泡都居中，或偏移不超过 1 格。

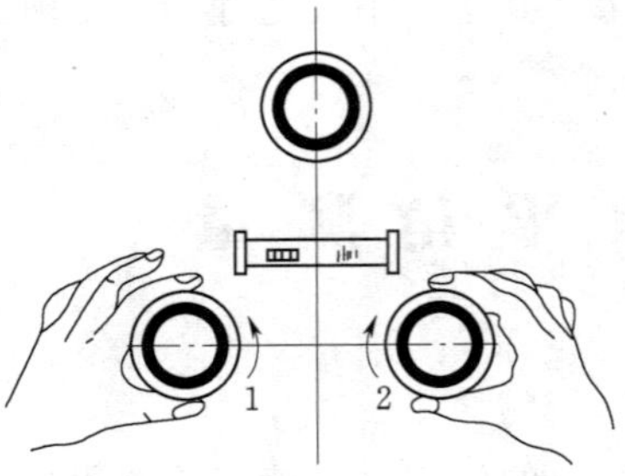

(a)

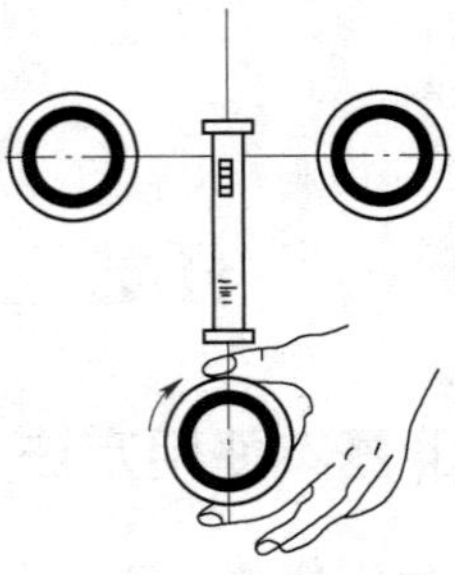

(b)

图 5-13　经纬仪的精确整平

若是光学对中器对中，应按下述方法进行整平：首先松开三脚架的连接螺旋，通过伸缩脚架使圆水准气泡居中，使仪器粗平；然后按照图 5-13 的方法，转动脚螺旋使水准管气泡居中。观察光学对中器圆圈中心与测站点标志是否重合，一般会有微小偏移，这时松开（但不是完全松开）中心连接螺旋，在架头上平行移动（不能转动）仪器使光学对中器与测站标志点重合。由于平行移动仪器的过程对整平会有一定影响，所以需要重新转动脚螺旋使水准管气泡居中，如此反复几次，直到对中、整平都满足要求为止。

特别提示：圆水准器用于概略整平仪器，而管水准器用于精确整平仪器，只有粗略整平以后才能精确整平，顺序不能颠倒。

3. 仪器安置过程中的注意事项

对中时应注意以下方面：

(1) 对中后应及时固紧连接螺旋与三脚架腿固定螺丝。

(2) 检查对中偏差应在规定限差之内。

(3) 在坚滑地面上设站时，应将脚架固定好（腿用绳子串牢或用砖、石顶住），以防架腿滑动。

(4) 在山坡上设站时，应使脚架的两条腿在下坡，一条腿在上坡，以保障仪器稳定、安全。

整平时应注意以下方面：

(1) 转动脚螺旋精平时不可过猛，否则气泡不易稳定。

(2) 应掌握气泡移动规律，即左手拇指的运动方向就是气泡的移动方向，右手则相反。

(3) 当三个脚螺旋高低相差过大，出现转动不灵活时，应重新调整仪器架头水平，不可强行旋转。

(4) 当旋转第三个脚螺旋时，不可再转动前两个脚螺旋，反之亦然。

（二）照准目标

测角时的照准标志（图 5-14），一般是竖立于测点的标杆、测钎，用三根竹杆悬吊垂球的线或觇牌。

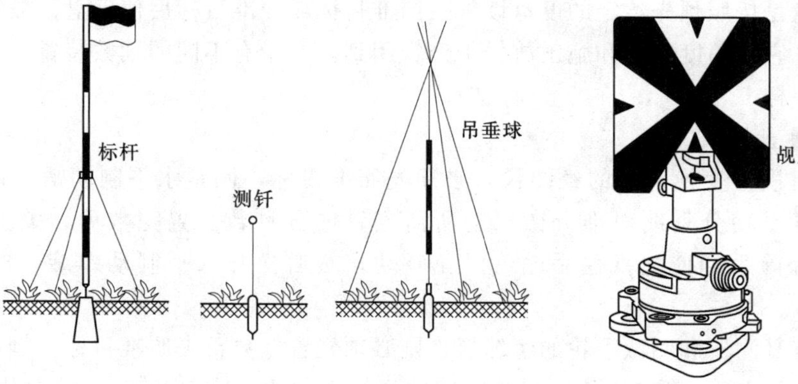

图 5-14　照准标志

照准的目的是使照准目标点的影像与十字丝交点重合。有些经纬仪没有十字丝交点，如图 5-15（*a*）所示，这时就用十字丝的中心部位照准目标。不同的角度测量（如水平角与竖直角）所用的十字丝是不同的，但都是用接近十字丝中心的位置照准目标。

在水平角测量中，应用十字丝的纵丝（竖丝）照准目标。当所照准的目标较小时，常用单丝重合［图 5-15（*a*）］；当目标倾斜时，应照准目标的根部以减弱照准误差的影响［图 5-15（*b*）］；若照准的目标较粗，则常用双丝对称夹住目标［图 5-15（*c*）］。进行竖直角测量时，应用十字丝的横丝（中丝）切准目标的顶部或特殊部位［图 5-15（*d*）］，在记录时一定要注记照准位置。

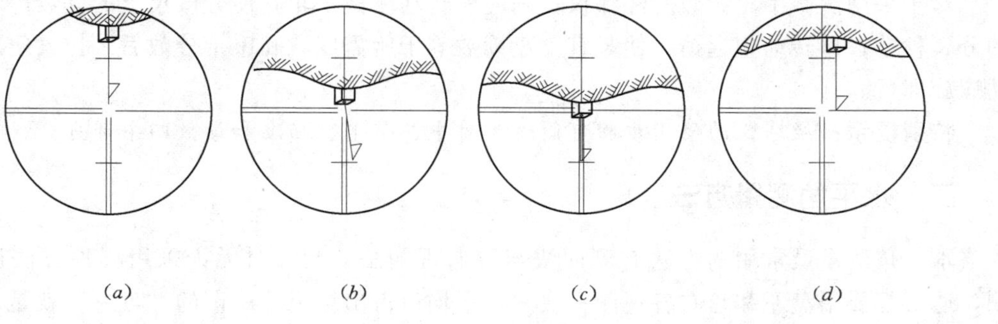

图 5-15　望远镜照准目标

照准时将望远镜对向明亮背景，转动目镜调焦螺旋，使十字丝清晰。松开照准部与望远镜的制动螺旋，转动照准部与望远镜，利用望远镜上的照门和准星对准目标，然后旋紧照准部与望远镜的制动螺旋。旋转物镜对光螺旋，进行物镜对光，使目标成像清晰，并消除视差（同时调节目镜对光螺旋与物镜对光螺旋）。最后转动照准部与望远镜微动螺旋，使十字丝精确照准目标。

为了减少仪器的隙动误差，使用微动螺旋精确照准目标时，一定要用旋进方向。测水平角时，照准部的旋转一定要按规定的方向旋转，以减少仪器的度盘带动误差与脚螺旋隙动差。

（三）配置度盘（置数）

配置度盘是按照预先给定的度盘读数去照准目标或照准目标后使度盘读数等于所需要安置的数值。它在角度测量和施工放样中经常用到。由于有不同的读数装置，所以置数的方法也不太一样。

1. 水平度盘置数

对于装有度盘变换手轮的经纬仪，必须先照准目标，固紧水平制动螺旋；然后转动度盘变换手轮，使分划线对准分微尺上所需安置的分秒数。置完数后，关上变换手轮护盖或扳起保险手柄使之抵住手轮，以免碰动。然后松开水平制动螺旋，即可观测其他目标。

对于装有复测器和测微手轮的经纬仪，则必须先置好数再去照准目标。例如：北京光学仪器厂生产的DJ_{6-1}型经纬仪，当被照准的目标读数为96°45′20″时，应先转动测微轮，使单线指标对准分微尺上的15′20″；再松开离合器和水平制动螺旋，一边转动照准部，一边观测水平度盘读数，当96°30′的分划线转至双线指标附近时，固紧水平制动螺旋，转动微动螺旋使这条分划线准确地落在双指标正中央，然后扣紧离合器，松开水平制动螺旋，照准目标，再松开离合器。当转动仪器观测其他目标时，离合器应处于松开位置，不能再去扳动。

2. 竖盘度盘置数

在安置竖盘读数时，应先转动竖盘指标水准管微动螺旋，使竖盘指标水准管气泡居中。

对于分微尺读数的经纬仪，只需转动望远镜，使度盘读数接近所需读数时，拧紧望远镜的制动螺旋，再调节微动螺旋使度盘读数等于所需读数即可。

对于采用测微手轮读数的经纬仪，则应先转动测微手轮，使分微尺上的读数等于所需的分、秒数；再转动望远镜，使竖直度盘读数等于所需度数和整十分数后，拧紧望远镜制动螺旋即可。

特别提示：经纬仪的使用步骤可简述为对中、整平、瞄准和读数四个部分。

二、水平角测量方法

水平角测量最常用的方法有测回法与方向观测法，测量时无论采用哪种方法进行观测，通常都要用盘左和盘右各观测一次，取平均值得出结果。所谓的“盘左”就是用望远镜照准目标时，竖直度盘在望远镜的左边，又称为正镜；“盘右”就是用望远镜照准目标时，竖直度盘在望远镜的右边，又称为倒镜。如果只用盘左或盘右对角度观测一次，称为半测回；如果用盘左和盘右对一个角度各观测一次，称为一个测回，这样用“盘左”（正镜）、“盘右”（倒镜）观测的结果取平均值的方法，可以自动抵消仪器本身的一些误差，从而提高了观测质量。下面分别介绍测回法和方向观测法的观测步骤、记录、计算与有关的限差规定。

（一）测回法

适用于观测两个方向之间的夹角。

如图5－16所示，表示水平度盘和观测目标的水平投影。用测回法测量水平角AOB的操作步骤如下（表5－1）：

（1）安置经纬仪于测站点O上，进行对中、整平。

（2）盘左位置，先照准左方目标A，尽可能瞄准目标底部，配置度盘读数，使之略大于0°，并记下该读数$a_{左}$（如0°02′06″）；再顺时针旋转望远镜，瞄准右方目标B，读数$b_{左}$，并记录（如68°49′18″）。水平角$\beta_{左}=b_{左}-a_{左}$（如68°47′12″），以上称为上半测回或盘左半测回。

（3）盘右位置，先照准右方目标B，读数$b_{右}$；再逆时针旋转望远镜，瞄准左方目标A，读数$a_{右}$。水平角$\beta_{右}=b_{右}-a_{右}$，以上称为下半测回或盘右半测回。

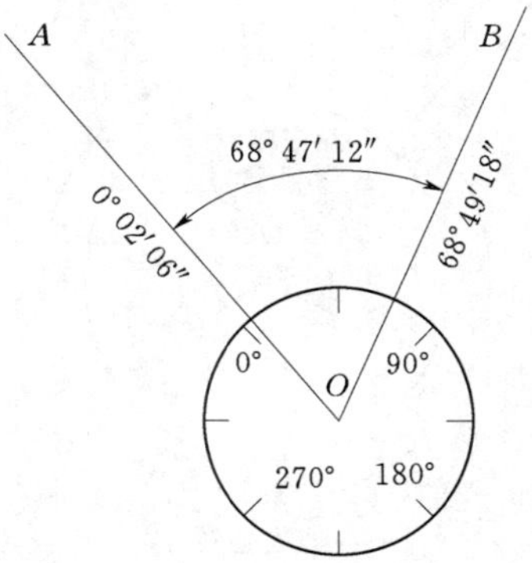

图5－16　测回法测量水平角

（4）上、下半测回合称一测回。若两个半测回角值之差小于等于40″，取平均值

$$\beta=\frac{1}{2}(\beta_{左}+\beta_{右}) \tag{5-3}$$

作为一测回的观测值。若两个半测回角值之差大于40″，应找出原因并重新观测。

表5－1　　水平角观测记录（测回法）

测站	目标	竖盘位置	水平度盘读数/（°　′　″）	半测回角值/（°　′　″）	一测回角值/（°　′　″）	各测回平均角值/（°　′　″）
O	A	左	0　02　06	68　47　12	68　47　09	68　47　06
	B		68　49　18			
	B	右	248　49　30	68　47　06		
	A		180　02　24			
O	A	左	90　01　36	68　47　06	68　47　03	
	B		158　48　42			
	B	右	338　48　48	68　47　00		
	A		270　01　48			

当测角精度要求较高时，需要在一个测站上观测若干测回，各测回观测角值之差称为测回差，一般应不大于24″。为了减少度盘刻划不均匀误差的影响，各测回零方向的起始数值应变换180°/n（n是测回数）。如观测三个测回，则各测回的起始度盘读数应按60°递增，即分别设置成略大于0°、60°和120°，如果测回差不超过24″，则取多个测回的平均值作为最后结果。

（二）方向观测法

当一个测站上需观测的方向数多于两个时，应采用方向观测法。这种观测方法因仪器转动一周，两次照准零方向，故又称为全圆方向法。

如图5－17所示，O为测站点，A、B、C、D为四个目标点，现欲测出OA、OB、OC、OD的方向值，然后计算他们之间的水平角，其观测、记录步骤如下：

（1）安置经纬仪于测站点O上。

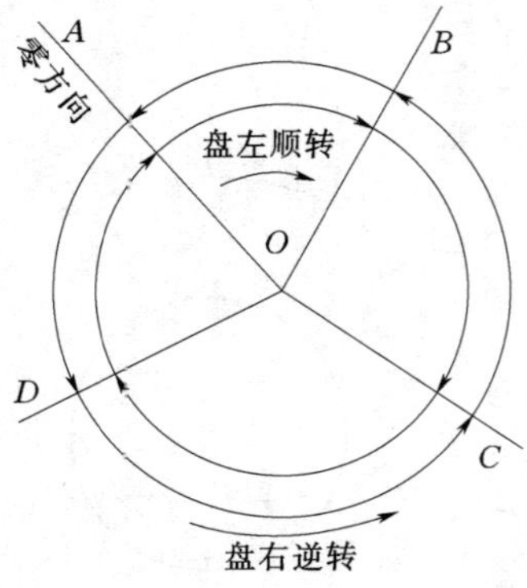

图 5-17 方向法观测水平角

（2）上半测回（盘左半测回）。盘左位置，对准起始方向 A 点，令度盘起始读数略大于 0°（如表 5-2 中起始度盘读数为 0°02′12″）。然后顺时针旋转照准部，依次瞄准 B、C、D 点，最后又瞄准 A 点，称为归零。每次观测读数分别记入表 5-2 第 3 栏内。归零差要求不得大于 18″。归零的目的是为了检查水平度盘的位置在观测过程中是否发生了变动。

（3）下半测回（盘右半测回）。盘右位置瞄准 A 点，逆时针旋转，依次瞄准 D、C、B 点，最后又瞄准 A 点，将各点的读数分别记入表 5-2 第 4 栏内。上、下两个半测回组成一测回。为了提高精度，通常测若干个测回，每测回的起始读数应变换 180°/n。

（4）每测完一测回后应进行下列计算：

1）计算同一方向盘左、盘右读数的平均值，并记在第 6 栏内。平均读数 $=\frac{1}{2}$[左＋(右±180°)]。

表 5-2 水平角观测记录（全圆方向法）

测站	目标	读数 盘左/(° ′ ″)	读数 盘右/(° ′ ″)	2C＝左－(右±180°)/(″)	平均读数 $=\frac{1}{2}$[左＋(右±180°)]/(° ′ ″)	归零后的方向值/(° ′ ″)	各测回归零方向值的平均值/(° ′ ″)	水平角值/(° ′ ″)
1	2	3	4	5	6	7	8	9
O					(0 02 09)			
	A	0 02 12	180 02 00	＋12	0 02 06	0 00 00	0 00 00	37 42 15
	B	37 44 18	217 44 12	＋6	37 44 15	37 42 06	37 42 15	72 44 43
	C	110 29 06	290 28 54	＋12	110 29 00	110 26 51	110 26 58	39 45 40
	D	150 14 54	330 14 36	＋18	150 14 45	150 12 36	150 12 38	209 47 22
	A	0 02 18	180 02 06	＋12	0 02 12			
					(90 03 12)			
	A	90 03 12	270 03 06	＋6	90 03 09	0 00 00		
	B	127 45 36	307 45 36	＋0	127 45 36	37 42 24		
	C	200 30 24	20 30 12	＋12	200 30 18	110 27 06		
	D	240 15 54	60 15 48	＋6	240 15 51	150 12 39		
	A	90 03 24	270 03 06	＋18	90 03 15			

2）计算归零方向值，即以 0°00′00″为起始方向的方向值，记入第 7 栏内。首先计算起始方向平均值，即$\frac{1}{2}$×（0°02′06″＋0°02′12″）＝0°02′09″，并将结果写在第 6 栏该测回起始方向 A 的平均值上方，作为 A 方向的方向值，用括号括起。然后计算 A、B、C、D 的归零方向值，分别为 0°00′00″（＝0°02′09″－0°02′09″）、37°44′06″（＝37°44′15″－

0°02′09″)、110°26′51″（=110°29′00″−0°02′09″）和150°12′36″（=150°14′45″−0°02′09″）。

（5）计算各测回归零方向平均值和水平角值。由于观测含有误差，各测回同一方向的归零方向值一般不相等，其差值不得超过24″，如符合要求取其平均值即得各测回归零方向平均值，记入第8栏。如第7栏中 C 方向的归零方向平均值为 $\frac{1}{2}\times$（110°26′51″+110°27′06″）=110°26′58″。

特别提示：此处计算结果本来为110°26′58.5″，采用“奇进偶不进”的舍位原则后结果即为110°26′58″。

将后一方向的归零方向平均值减去前一方向的归零方向平均值，得水平角，记入第9栏。其中 $\angle DOA$=360°00′00″−150°12′38″=209°47′22″。

注意：表5-2第5栏的2C值对6″经纬仪来说可以不予计算，但对2″经纬仪来说，这一栏必须计算。全圆方向法技术规定见表5-3。

表5-3　全圆方向法观测水平角限差

仪器级别	半测回归零差	一测回2C互差	同一方向各测回互差
DJ_2	12″	18″	12″
DJ_6	18″		24″

任务四　竖直角测量

在本项目的任务一讲述了竖直角与天顶距的概念。由前述可知，竖直角是同一竖直内倾斜视线与水平视线的夹角，即竖直角就等于瞄准目标时倾斜视线的读数与水平视线读数的差值，如图5-18所示。由于水平视线在竖直度盘上的读数是个定值，一般为0°、90°、180°或270°，所以，竖直角就等于瞄准目标时倾斜视线的读数与固定值的差值。

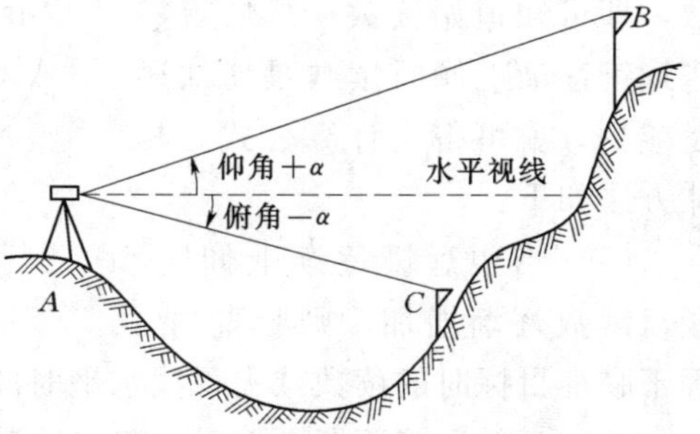

图5-18　竖直角

一、竖直度盘和读数系统

图5-19是 DJ_6 光学经纬仪的竖盘构造示意图。简单地说，竖直装置包括竖直度盘、竖盘指标水准管和竖盘指标水准管微动螺旋。竖直度盘固定在望远镜横轴的一端，随望远镜在竖直面内一起俯仰转动，为此必须有一固定的指标读取望远镜视线倾斜和水平时的读数。竖盘指标水准管与一系列棱镜物镜组成的光具组为一整体，它固定在竖盘指标水准管微动架上，即竖盘指标水准管微动螺旋可使竖盘指标水准管作微小的俯仰运动。当水准管气泡居中时，水准管轴水平，光具组的光轴，即竖盘读数指标处于铅垂位置，用以指示竖盘读数。测角时，度盘随望远镜的旋转而旋转，指标固定不动。

竖盘的注记形式很多，常见的多为全圆式顺时针或逆时针注记。如图5-20（a）所示

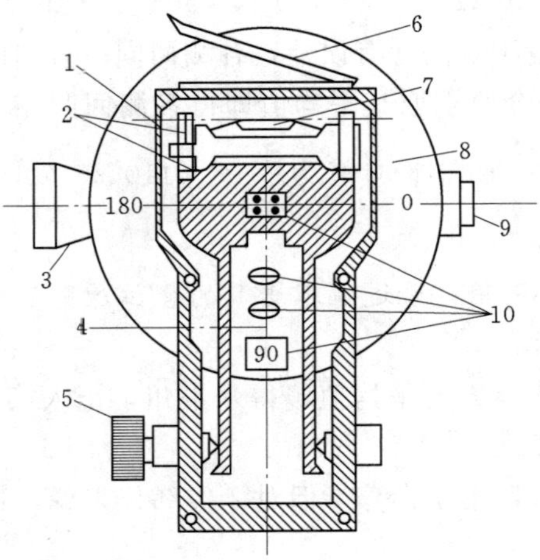

图 5-19 竖盘构造图

1—指标水准管轴；2—水准管校正螺丝；3—望远镜；4—光具组光轴；5—指标水准管微动螺旋；6—指标水准管反光镜；7—指标水准管；8—竖盘；9—目镜；10—光具组（透镜和棱镜）

为 DJ_6、T_1、T_2 等经纬仪竖盘的注记形式；如图 5-20（*b*）所示为 DJ_{6-1} 型经纬仪竖盘注记形式。

二、竖直角计算公式

如图 5-20 所示，当望远镜视线水平、竖盘指标水准管气泡居中时，指标线所指的读数应为 90°（盘左）或 270°（盘右），此读数是视线水平时的读数，称为始读数。因此测量竖直角时，只要测得瞄准目标时（即倾斜视线）的读数，即可求得竖直角。但一定要在竖盘指标水准管气泡居中时才能读数。

另外，还有一种竖盘指标自动补偿装置的经纬仪，它没有竖盘指标水准管，而安置一个自动补偿装置。当仪器稍有微量倾斜时，它自动调整光路，使读数相当于水准管气泡居中时的读数。其原理与自动安平水准仪相似。故使用这种仪器观测竖直角，只要将照准部水准管整平，即可瞄准目标读取读数，省去了调整竖盘水准管的步骤，从而提高了工效。

竖直角的角值是倾斜视线读数与水平视线读数（始读数）的差值，问题是应该哪个读数减哪个读数以及始读数是多少呢？以仰角为例，先将望远镜放在大致水平位置观测一下大致读数，即可知道始读数；然后观察望远镜逐渐上倾时读数是增加还是减少，就可得出计算公式。具体方法如下：

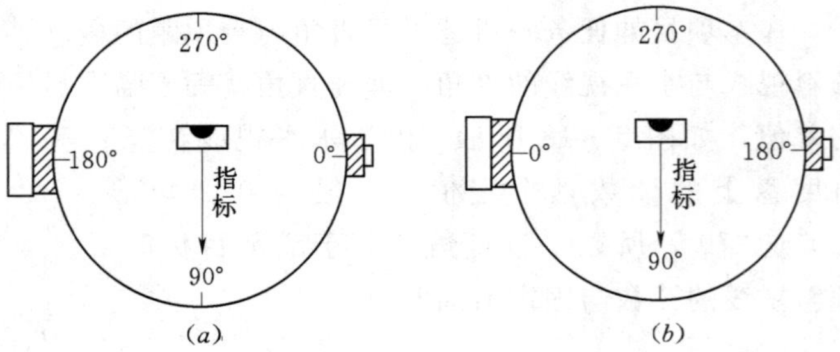

图 5-20 经纬仪竖盘注记形式

（1）当望远镜逐渐上仰时，竖盘读数逐渐增加，则竖直角 α 等于瞄准目标时的读数减去视线水平时的读数。

（2）当望远镜逐渐上仰时，竖盘读数逐渐减少，则竖直角 α 等于视线水平时的读数减去瞄准目标时的读数。

图 5-21 是常用的 DJ_6 经纬仪（顺时针注记）在盘左时的三种情况，如果指标位置正确，则当视准轴水平，且指标水准管气泡居中时，指标所指的竖直度盘读数 $L_{始}=90°$；当视准轴仰起，测得仰角时，读数比 $L_{始}$ 小；当视准轴俯下时，读数比 $L_{始}$ 大。

因此盘左竖直角的计算公式为

$$\alpha_{左}=L_{始}-L \tag{5-4}$$

即

$$\alpha_{左}=90°-L \tag{5-5}$$

$\alpha_{左}>0°$ 为仰角，$\alpha_{左}<0°$ 为俯角。

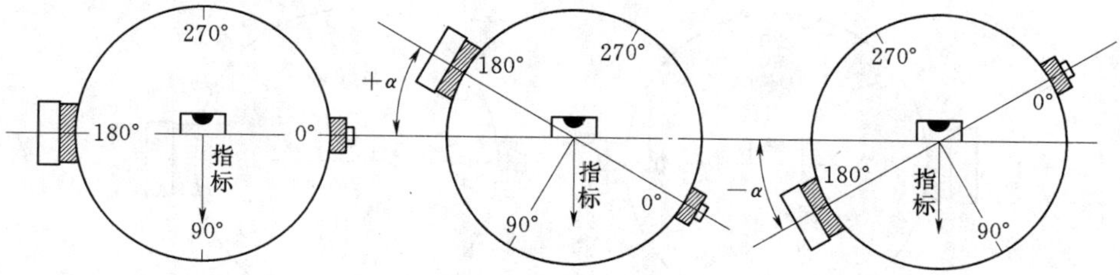

图 5-21　竖直角计算示意图（盘左）

图 5-22 是常用的 DJ_6 经纬仪（顺时针注记）在盘右时的三种情况，$R_{始}=270°$，与盘左相反，仰角时读数比 $R_{始}$ 大，俯角时比 $R_{始}$ 小。因此盘右时竖直角计算公式为

$$\alpha_{右}=R-R_{始} \tag{5-6}$$

即

$$\alpha_{右}=R-270° \tag{5-7}$$

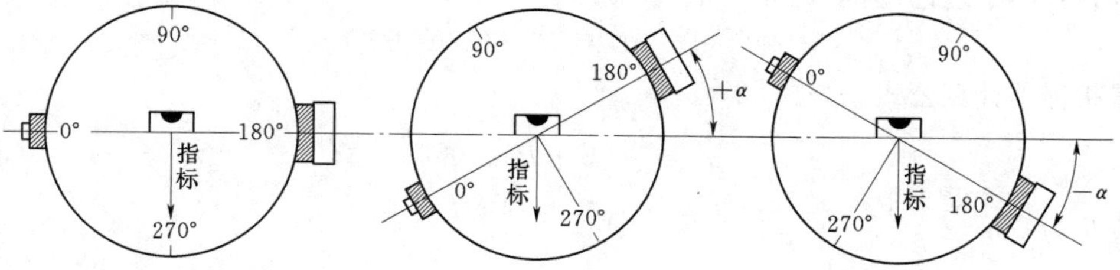

图 5-22　竖直角计算示意图（盘右）

由于盘左、盘右一般都含有误差，$\alpha_{左}$、$\alpha_{右}$ 不相等。我们取两者的平均值作为竖直角 α 的最后结果，则

$$\alpha=\frac{1}{2}(\alpha_{左}+\alpha_{右})=\frac{1}{2}[(R-L)-180°] \tag{5-8}$$

以上为竖盘顺时针注记的竖直角计算公式，当竖盘为逆时针注记，同理很容易得出竖直角的计算公式

$$\alpha_{左}=L-90° \tag{5-9}$$

$$\alpha_{右}=270°-R \tag{5-10}$$

三、竖盘指标差

通常，仪器正确时竖盘指标水准管轴与光具组的光轴（指标）是相互垂直的，即望远镜视线水平，竖盘指标水准管气泡居中时，竖盘读数为 90°或 270°。但由于支撑竖盘指标水准管的支架高低不一，致使竖盘指标水准管气泡居中时，指标偏离正确位置，竖盘读数不是应有的始读数，其差值 x 称为竖盘指标差，如图 5-23 所示。指标差可正可负，当指标偏移方向与竖盘注记方向一致时，则使读数中增大了一个 x 值，令 x 为正；反之，指标偏移方向与竖盘注记方向相反时，则使读数中减少了一个 x 值，令 x 为负；图 5-23 中 x 为正。

如图 5-23 所示，盘左始读数为 $90°+x$，盘右始读数为 $270°+x$。则当存在指标差时，竖直角的计算公式为

$$\alpha_{左}=90°+x-L \tag{5-11}$$

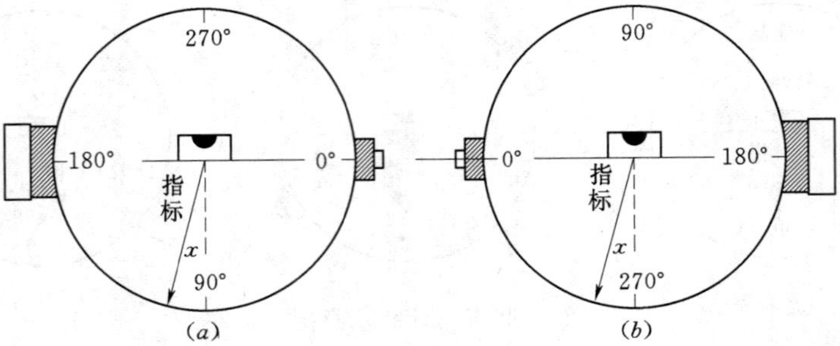

图 5-23　竖盘指标差
(a) 盘左；(b) 盘右

$$\alpha_{右} = R - (270° + x) \tag{5-12}$$

如果观测没有误差，从理论上来讲，盘左测得的竖直角 $\alpha_{左}$ 与盘右测得的竖直角 $\alpha_{右}$ 应该相等，且等于理论值 α，即 $\alpha = \alpha_{左} = \alpha_{右}$。

$$90° + x - L = R - (270° + x)$$

由此得指标差计算公式

$$x = \frac{1}{2}(L + R - 360°) \tag{5-13}$$

得竖直角为

$$\alpha = \frac{1}{2}(\alpha_{左} + \alpha_{右}) = \frac{1}{2}[(90° + x) - L + R - (270° + x)] = \frac{1}{2}[(R - L) - 180°]$$
$$= -(L - 90°) + x = (R - 270°) - x \tag{5-14}$$

由式（5-14）的第三个等式可以看出，利用盘左、盘右观测竖直角并取平均值，可以消除竖盘指标差的影响，即 α 与 x 的大小无关。

四、竖直角的观测及手簿的记录与计算

竖直角的观测方法有两种：一种是中丝法；另一种是三丝法。现在工程中常用的是中丝法。故这里只介绍中丝法的观测方法。

中丝法指用十字丝的中丝切准目标进行竖直角观测的方法。其操作步骤为：

(1) 将经纬仪安置于测站（对中、整平）。

(2) 如果仪器是初次使用，应根据竖盘注记形式，确定竖直角计算公式。

(3) 盘左位置照准目标，固定照准部和望远镜，转动水平微动螺旋与望远镜微动螺旋，使十字丝的中丝精确切准目标的特定位置，如图 5-15（d）为目标顶部。

(4) 如果仪器竖盘指标为自动归零装置，则直接读取读数 L；如果采用的是竖盘指标水准管，先调整竖盘指标水准管微动螺旋，使指标水准管气泡居中，再读取竖盘读数 L，计入记录手簿。

(5) 盘右精确照准同一目标的同一特定部位。重复步骤（3）的操作并读数与记录。

(6) 根据计算公式，计算竖直角和指标差。

竖直角可采用式（5-14）的任意一项（共 5 项）来计算。表 5-4 为竖直角观测记录的一种形式，先计算半测回角值，两个半测回取平均得一测回角值；再根据式（5-13）

计算指标差。表 5－5 为竖直角观测记录的另一种形式，先计算指标差，再根据式（5－14）的最后两项直接计算一测回角值（当竖直角为俯角时，采用第 4 项计算比较方便，为仰角时采用第 5 项）。

竖盘指标差属于仪器误差。各个方向的指标差在理论上应该相等。若不相等则是由于照准、整平和读数等误差所致。其中最大指标差与最小指标差之差称为指标差变动范围，对 DJ_6 而言一般应不超过±25″。为提高竖直角观测结果的精度，对同一目标，往往要观测几个测回，各测回的角值之差亦不应超过±25″，满足条件的情况下，各测回取平均值作为最后结果。若各测回的角值之差超过±25″，则应重新观测。

特别提示： 指标差互差不超过 25″是指不同方向的指标差之间的差值不超过 25″，而不是指标差本身。指标差本身的大小属于仪器问题，而指标差互差的大小则可以衡量观测者的观测水平。

表 5－4　　**竖直角观测记录表**

测站	目标	竖盘位置	竖盘读数/(° ′ ″)	半测回竖直角/(° ′ ″)	指标差/(″)	一测回竖直角/(° ′ ″)	各测回的平均值/(° ′ ″)
O	A	左	82 37 12	+7 22 48	+3	+7 22 51	+7 22 51
		右	277 22 54	+7 22 54			
	B	左	99 42 12	−9 42 12	+6	−9 42 06	−9 42 03
		右	260 18 00	−9 42 00			
O	A	左	82 37 18	+7 22 42	+9	+7 22 51	
		右	277 23 00	+7 23 00			
	B	左	99 42 06	−9 42 06	+6	−9 42 00	
		右	260 18 06	−9 41 54			

表 5－5　　**竖直角观测记录表（两个测回）**

测站	目标	读数 盘左/(° ′ ″)	读数 盘右/(° ′ ″)	指标差/(″)	一测回竖直角/(° ′ ″)	各测回的平均值/(° ′ ″)
1	2	3	4	5	6	7
O	A	82 37 12	277 22 54	+3	7 22 51	7 22 51
	B	99 42 12	260 18 00	+6	−9 42 06	−9 42 03
O	A	82 37 18	277 23 00	+9	7 22 51	
	B	99 42 06	260 18 06	+6	−9 42 00	

任务五　经纬仪的检验和校正

为了测得正确可靠的水平角和竖直角，使之达到规定的精度标准，作业开始之前必须对经纬仪进行检验和校正。

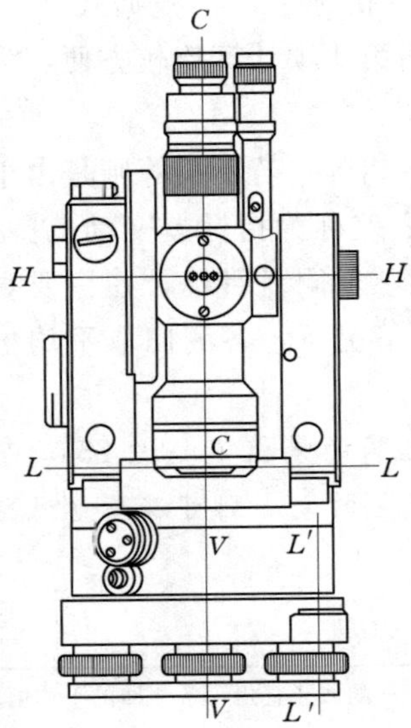

图 5-24 经纬仪的几何轴线

如图 5-24 所示，经纬仪的几何轴线有：望远镜视准轴 CC、横轴 HH、照准部水准管轴 LL 和仪器竖轴 VV。

经纬仪测量水平角时各轴线应满足下列条件：①照准部水准管轴垂直于竖轴（$LL \perp VV$）；②十字丝竖丝垂直于横轴（竖丝 $\perp HH$）；③视准轴垂直于横轴（$CC \perp HH$）；④横轴垂直于竖轴（$HH \perp VV$）。

进行竖直角测量时，竖盘指标水准管轴应垂直于竖盘读数指标线。

检验校正的方法步骤如下。

一、照准部水准管轴垂直于竖轴的检验校正

（1）检校目的。照准部水准管气泡居中后，保证竖轴与铅垂线方向一致，从而使水平度盘处于水平位置。

（2）检验方法。转动照准部使水准管平行于一对脚螺旋的连线，并转动该对脚螺旋使气泡居中。然后，将照准部旋转 180°，若气泡仍然居中，说明条件满足。如果偏离量超过 1 格应进行校正。

它的原理如图 5-25 所示，当气泡居中时，表明水准管轴已水平，此时，如果水准管轴与竖轴是正交的，则竖轴应处于铅垂线方向，水平度盘应处于水平位置；若水准管轴与竖轴不正交，如图 5-25（a）所示，竖轴与铅垂线将有夹角 α，则水平度盘与水准管轴的夹角也为 α。当照准部旋转 180°时，气泡偏离，如图 5-25（b）所示，因竖轴倾斜方向没变，则水准管轴与水平线的夹角为 2α，气泡偏移零点的格值 e 就显示为 2α 角。

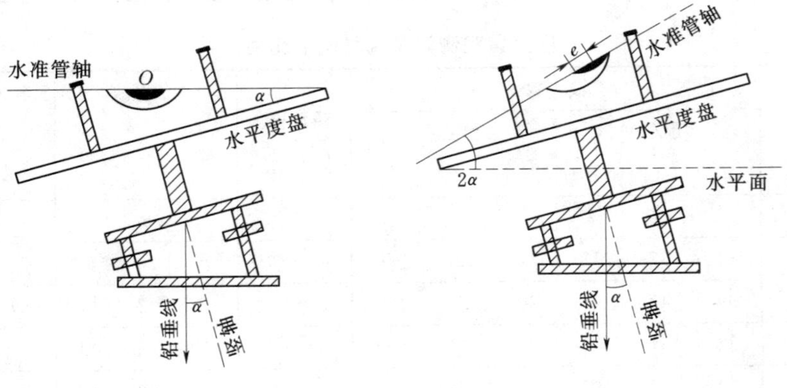

图 5-25 照准部水准管轴垂直于竖轴的检验原理

（3）校正方法。用校正针拨动水准管的校正螺丝，使气泡退回偏离量的一半，使水准管轴与水平线的夹角为 α，如图 5-26（a）所示，再转动脚螺旋，使气泡居中，竖轴处于铅垂方向，如图 5-26（b）所示。此项检验校正必须反复进行，直到照准部转到任何位置气泡偏离值不大于 1 格时为止。

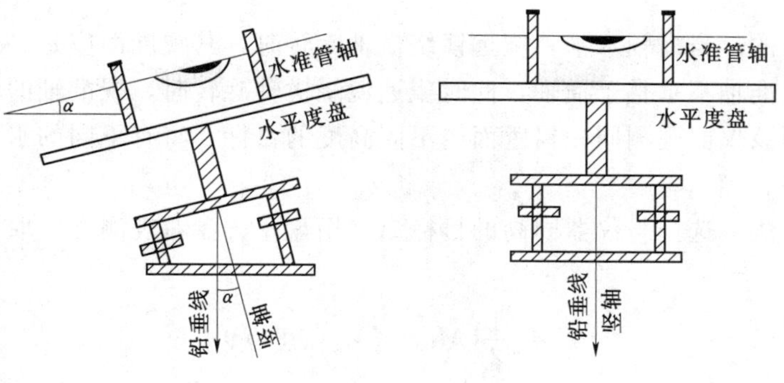

(a)　　(b)

图 5－26　照准部水准管轴垂直于竖轴的校正原理

二、十字丝竖丝垂直于横轴的检验校正

(1) 检校目的。在水平角测量时，保证十字丝竖丝铅直，以便精确瞄准目标。

(2) 检验方法。整平仪器后，用十字丝竖丝一端瞄准一清晰小点 A，固定照准部制动螺旋和望远镜制动螺旋，转动望远镜微动螺旋，从目镜中可以看到，目标点 A 沿竖丝慢慢移动。若 A 点不离开竖丝，始终在竖丝上移动，表明条件满足，否则应进行校正。如图 5－27 所示，点 A 移动到竖丝另一端时偏到了 A'处。

(3) 校正方法。卸下目镜处分划板护盖，可见图 5－28 所示的校正装置，用螺丝刀松开四个校正螺丝 E，轻轻转动十字丝环，直到望远镜上下微动时，A 点始终在竖丝上移动为止。

此项检校须反复进行。校正结束应及时拧紧四个校正螺丝 E，并旋上护盖。

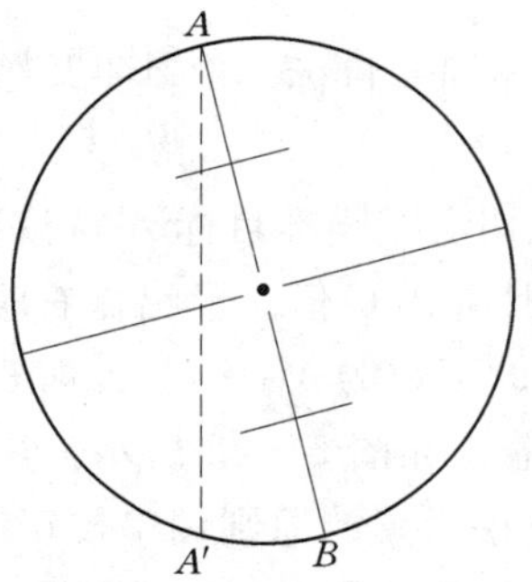

图 5－27　十字丝竖丝的检验

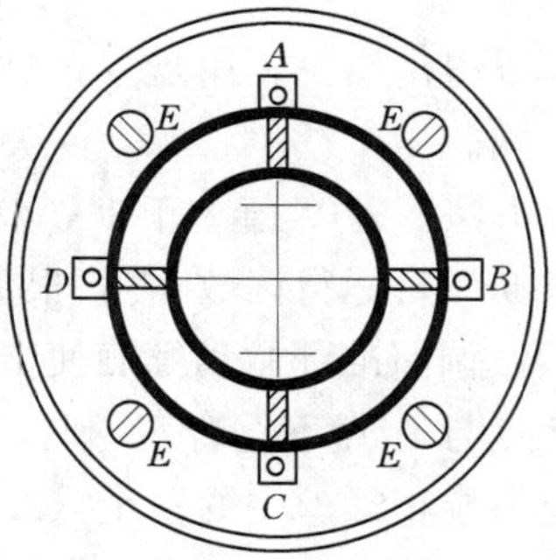

图 5－28　十字丝校正螺丝

此检校亦可用悬挂垂球的方法进行。即在距离仪器十多米处悬挂一垂球，用望远镜照准之，若十字丝竖丝与垂球线重合，表明条件满足；否则转动十字丝环，使竖丝与垂球线重合或平行即可。

三、视准轴垂直于横轴的检验校正

视准轴不垂直于横轴所偏离的角度 C，称为视准轴误差，它是由于十字丝交点的位置不正确造成的。

(1) 检校目的。当横轴水平，望远镜绕横轴旋转时，其视准面应是一个与横轴正交的铅垂面。如果视准轴不垂直于横轴，此时望远镜绕横轴旋转时，视准轴的轨迹则是一个锥面。这时如果用该仪器观测同一铅垂面内不同高度的目标，将有不同的水平度盘读数，从而产生测角误差。

(2) 检验方法。选择与仪器同高的目标 A，用盘左、盘右观测之，取他们的读数差得两倍的 C 值，即

$$C=\frac{1}{2}[M_1-(M_2\pm180^\circ)] \tag{5-15}$$

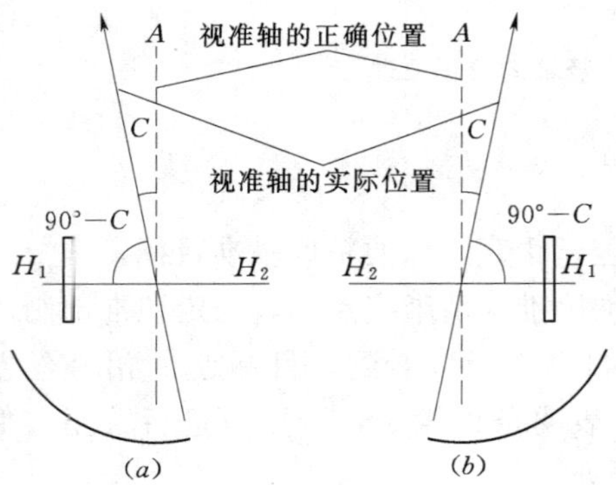

图 5-29 视准轴垂直于横轴的检验校正

原理：望远镜在盘左位置瞄准与仪器同高的目标 A 时，十字丝在正确位置时的度盘读数为 M。假设交点向右偏离［图 5-29 (a)］，视准轴相对正确位置左偏一个角度 C，同样要瞄准 A 目标，需再顺时针转动照准部一个 C 角度，故读数为 $M_1=M+C$。在盘右位置时，交点向左偏离［图 5-29 (b)］，视准轴相对正确位置右偏一个角度 C，同样要瞄准 A 目标，需再逆时针转动照准部一个 C 角度。故读数为 $M_2=M\pm180-C$。

将两式相加取平均，得

$$M=\frac{1}{2}(M_1+M_2\pm180^\circ) \tag{5-16}$$

将两式相减，得

$$C=\frac{1}{2}[M_1-(M_2\pm180^\circ)]$$

因此，可以得出结论，用盘左、盘右两个位置观测同一目标，取其平均值，可以消除视准误差的影响。

(3) 校正方法。若 C 值大于 $1'$，仪器应校正。先用盘左瞄准目标 A 得读数 M_1，转到盘右位置瞄准同一目标得读数 M_2，根据式 (5-15) 计算出 C 值。求出盘右时的正确读数为 M_2+C，然后调照准部微动螺旋使望远镜读数窗里的读数为 M_2+C。此时视准轴偏离 A 点（十字丝交点与 A 点不重合），则打开十字丝环护盖，如图 5-28 所示，用拨针先松开十字丝环的上下校正螺丝中的一个 (A 或 C)，再按先松后紧的原则调整校正螺丝 B 和 D，移动十字丝环，直至十字丝的交点对准 A 点为止。该步骤反复进行，直到 C 小于 $1'$ 为止。校完后，及时拧紧松开过的螺丝 (A 或 C)。

四、横轴垂直于竖轴的检验校正

(1) 检校目的。当仪器整平后，使横轴处于水平位置，则在满足上述几个条件的情况下，望远镜上下转动将形成一个铅垂面。如果横轴不垂直于竖轴，则仪器整平后，即竖轴处于铅垂位置时，横轴不水平，而与水平线有一夹角 i，此时即使上述几个条件满足，望远镜照准面将为一斜面，其倾角也为 i (图 5-29)，此角称为横轴误差（也称为 i 误差）。

横轴误差产生的原因是横轴两端高度不等。

（2）检验方法。如图 5－30 所示，距离墙面 20～30m 处整平仪器，在盘左位置瞄准墙上一高处目标 m 点，固定照准部，令望远镜俯至与仪器同高的水平位置，根据十字丝交点在墙上标出一点 m_1；然后倒转望远镜，在盘右位置仍瞄准同一点 m，再将望远镜俯至水平位置，同法标出一点 m_2，若 m_1 与 m_2 两点重合，表明条件满足，否则需计算 i 角值。

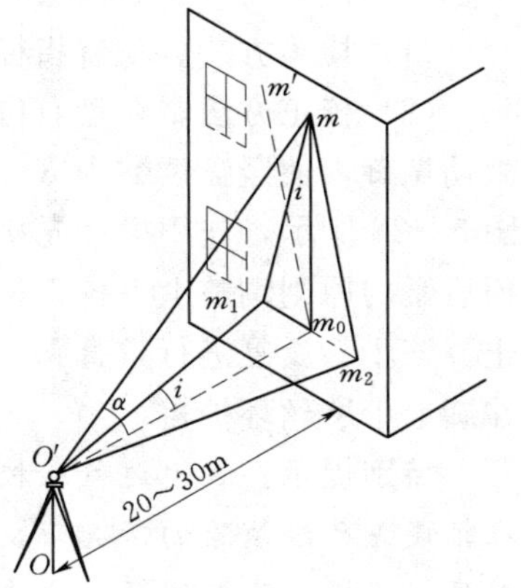

图 5－30　横轴垂直于竖轴的检验

量取 m_1、m_2 两点间的距离，取其中点 m_0，从图 5－30可以看出

$$\tan i=\frac{m_1m_0}{mm_0}$$

而 $mm_0=s\tan\alpha$（s 为仪器至 m 点的水平距离），又因角 i 很小，所以

$$i\approx\tan i=\frac{m_1m_0}{s\tan\alpha}\rho''$$

对 DJ_6 经纬仪来说，当算得的 i 值大于 20″时，需校正。

（3）校正方法。旋转照准部微动螺旋令十字丝交点对准 m_0 点，仰起望远镜，此时十字丝交点必然不再与原来的 m 点重合而照准另一点 m'；然后，调整望远镜右支架的偏心环，将横轴右端升高或降低，使十字丝交点对准 m 点。反复进行，直至满足条件为止。

因光学经纬仪的横轴被密封在仪器壳内，故 i 角的校正应由维修部门或厂商进行，自己一般不作校正。

五、竖盘水准管轴垂直于竖盘读数指标线的检验校正

由式（5－14）可知，在竖直角测量中，如果采用盘左盘右测量取平均，算得的竖直角与指标差大小无关。但如果仅用盘左或盘右观测，利用公式 $\alpha_{左}=90^\circ-L$ 或 $\alpha_{右}=R-270^\circ$ 计算的竖直角将包含一个指标差 x 误差，给测量工作带来不便。

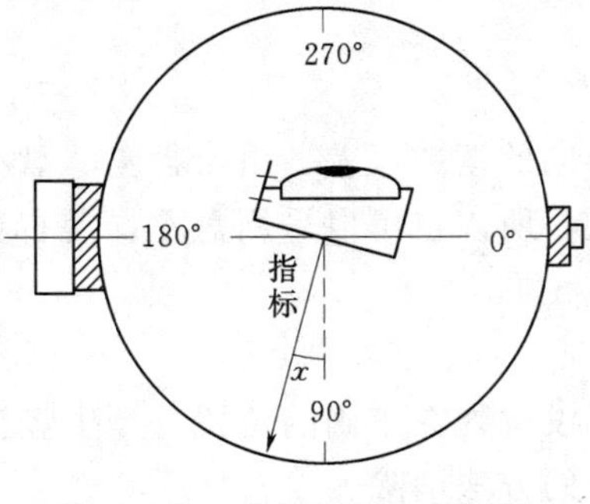

图 5－31　指标差产生的原因

（1）检校目的。当竖盘指标水准管气泡居中时，竖盘起始读数为固定整数值（90°或 270°）。

（2）检验方法。由于支撑竖盘指标水准管的支架高低不一，致使竖盘指标水准管气泡居中时，指标偏离正确位置（图 5－31），竖盘读数不是应有的始读数。

盘左、盘右观测同一高处的目标 P，分别读得竖盘读数 L 和 R。若 L 与 R 之和恰为 360°，则条件满足，否则利用式（5－13）求得 x 值，若 x 大于 1′，需要校正。

（3）校正方法。在盘右位置，先算出盘右位置时的正确读数 $R_0=R-x$，然后转动竖盘指标水准管的微动螺旋，使竖盘读数恰为正确读数 R_0。此时，竖盘指标水准管的气泡不居中。于是，打开水准管校正螺丝的盖板，调整上、

下两个校正螺丝，用先松后紧的方法，把水准管的一端升高或降低，直至气泡居中。此项检验校正也应反复进行，直至竖盘指标差 x 的绝对值小于 $1'$为止。

六、有自动安平补偿器的经纬仪的指标差检验校正

（1）检验方法。与有指标水准器的经纬仪的检验方法一致。

（2）校正方法。在盘右位置，先算出盘右位置时的正确读数 $R_0=R-X$，转动望远镜微动螺旋，使竖盘读数为 R_0，此时十字丝的中丝必不切准目标。打开十字丝环护盖，如图 5-28 所示，先用拨针先松开十字丝环的左、右校正螺丝中的一个（B 或 D），再按先松后紧的原则调整上下校正螺丝 A 和 C，移动十字丝环，直至十字丝的中丝切准目标为止。该步骤反复进行，直到 C 小于 $1'$为止。校完后，及时拧紧松开过的螺丝（B 或 D），并旋上十字丝环护盖。

特别提示： *在上述检验校正中，第三项与第四项的顺序不能颠倒，即只有在第三项视准轴误差已经消除的情况下，做横轴的检验校正才有意义。另外在做视准轴误差检校时要求目标点要与仪器同高，主要是考虑横轴误差的存在对两水平视线的夹角影响可以忽略。*

任务六　角度测量的误差及削减方法

角度测量误差来源于仪器误差、观测误差和外界环境的影响三个方面。这些误差来源对角度观测精度的影响又各不相同。现将其中几种主要误差来源介绍如下。

一、仪器误差

（一）由于仪器检校不完善而引起的误差

测量前虽对经纬仪进行了检验和校正，但仍会有校正不完善而残余的误差。主要有以下几种。

1. 视准轴误差

视准轴误差是由于望远镜视准轴不严格垂直于横轴引起的水平方向读数误差。由于盘左、盘右观测时该误差的大小相等、符号相反，因此可以采用盘左、盘右观测取平均的方法消除。

2. 横轴误差

横轴误差是由于横轴与竖轴不严格垂直而引起水平方向的读数误差。由于盘左、盘右观测同一目标时的水平方向读数误差大小相等、符号相反，所以也可以采用盘左、盘右观测取平均的方法消除。

3. 竖盘指标差

由于竖盘指标水准管工作状态不正确，导致竖盘指标没有处在正确的位置，产生竖盘读数误差。这种误差同样可以采用盘左、盘右观测取平均的方法消除。

4. 竖轴误差

竖轴误差是由于水准管轴不垂直于竖轴所引起的误差。这种误差不能通过盘左、盘右取平均的方法来消除。

因为水准管轴不垂直于竖轴，当水准管气泡居中时，水准管轴虽水平，但竖轴与铅垂线间有一夹角 α [图 5-25 (a)]，因而造成横轴也偏离水平面 α 角。因为照准部是绕倾斜了的竖轴旋转，无论盘左或盘右观测，竖轴的倾斜方向都一样，致使横轴的倾斜方向也相同，所以竖轴误差不能用盘左、盘右取平均的方法消除。为此，观测前应严格校正仪器，观测时保持照准部水准管气泡居中，如果观测过程中气泡偏离，其偏离量不得超过一格，否则应重新进行对中整平。

(二) 由于仪器自身制造、加工不完善而引起的误差

仪器除了存在校正不完善而残余的误差，还存在仪器制造方面的误差。例如：水平度盘和竖直度盘的分划误差，照准部偏心差（照准部的旋转中心与水平度盘中心不重合产生的误差），竖盘偏心差（竖盘旋转中心与分划中心不重合而引起的读数误差）等。

水平度盘和竖直度盘的分划误差一般很小。水平度盘的分划误差可采用各测回间变换水平度盘起始读数的方法来减弱这项误差。竖盘分划误差虽无法减弱和消除，但本身很小，可以忽略。照准部偏心差随着度盘读数的变化而变化，但它可以通过盘左、盘右观测取平均的方法予以消除。而竖盘偏心差则不能通过盘左、盘右观测取平均的方法予以消除。它可以采用对向观测的方法予以消除，即竖直角往返各测一个测回，并使目标高（即中丝读数）等于仪器高，使得竖直角的大小为往返绝对值的平均值，符号与往测符号一致。

特别提示：在角度测量中，常采用盘左、盘右观测取平均值的办法来减小误差。

二、观测误差

(一) 仪器安置误差

1. 对中误差

对中误差，即仪器在安置时，仪器中心与测站点不在同一条铅垂线上。如图 5-32 所示。设 O 点为测站点，A、B 为目标点，由于仪器安置时存在对中误差，仪器中心偏至 O' 点，OO' 的距离称为测站偏心距，通常用 e 表示。由图 5-32 可知，实测角度 β' 与正确角度值 β 之间的关系应为：$\beta=\beta'+(\varepsilon_1+\varepsilon_2)$。由于 ε_1、ε_2 很小，所以其正弦值可用弧度来代替，即

$$\varepsilon_1=\frac{e\sin\theta}{D_1}\rho'',\varepsilon_2=\frac{e\sin(\beta'-\theta)}{D_2}\rho''(\rho''=206265)$$

因此，仪器对中误差对水平角的影响值为

$$\Delta\beta=\beta-\beta'=\varepsilon_1+\varepsilon_2=e\rho''\left[\frac{\sin\theta}{D_1}+\frac{\sin(\beta'-\theta)}{D_2}\right] \tag{5-17}$$

由上式可知：

(1) $\Delta\beta$ 与偏心距 e 成正比，即 e 愈大，$\Delta\beta$ 愈大。

(2) $\Delta\beta$ 与测站到目标的距离成反比，即距离愈短，$\Delta\beta$ 愈大。

(3) $\Delta\beta$ 与 β' 及 θ 的大小有关，当 $\beta'=180°$，$\theta=90°$时，$\Delta\beta$ 最大。

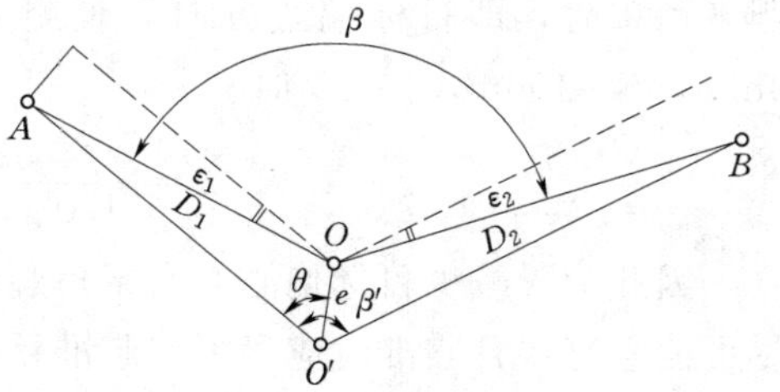

图 5-32　对中误差

例如：当 $D_1=D_2=100\text{m}$，$e=3\text{mm}$，$\beta'=180°$，$\theta=90°$时

$$\Delta\beta=\frac{2\times3\times206265''}{100\times10^3}=12.4''$$

因此，减弱对中误差的方法是尽可能在各测站上精确对中（使 e 小于 3mm），并且对边长较短或角度接近 180°时，更要注意仪器对中。

2. 整平误差

观测时仪器未严格整平，如图 5-33 所示气泡偏离中心位置，竖轴将处于倾斜位置，这种误差与上面分析的水准管轴不垂直于竖轴的误差性质相同。这项误差对观测角的影响是随目标点高差的增大而增大的，并且不能用观测和计算的方法予以消除。因此，当观测目标较高或在山区观测水平角时，应特别认真整平仪器。当发现水准管气泡偏离超过一格时，应重新整平，重新观测。当有太阳时，必须打伞，避免阳光照射水准管，影响仪器整平。

（二）目标偏心误差

测量水平角时，望远镜所瞄准的目标标志应处于铅垂位置。如图 5-34 所示，如果标志发生倾斜，瞄准目标标志的上部时，其投影 A'与地面目标点 A 不重合，而产生目标偏心误差。由该图中可知，在测站 O 点上观测$\angle AOB$ 的大小应该是β，但由于观测者瞄准了 A 目标的上部，由此而测得的水平角将不是β，而是β'，两者的差值，即为目标偏心差

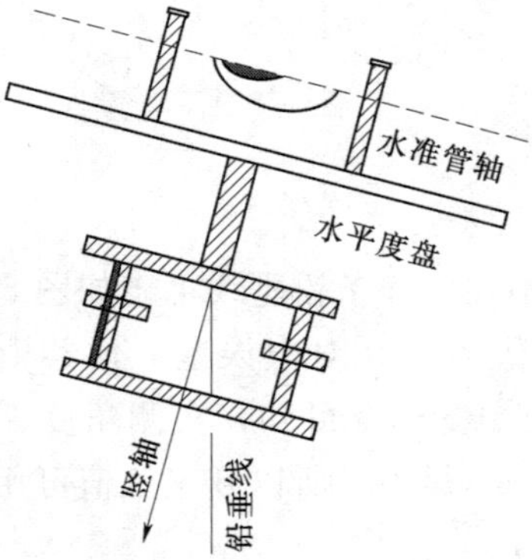

图 5-33 整平误差的影响

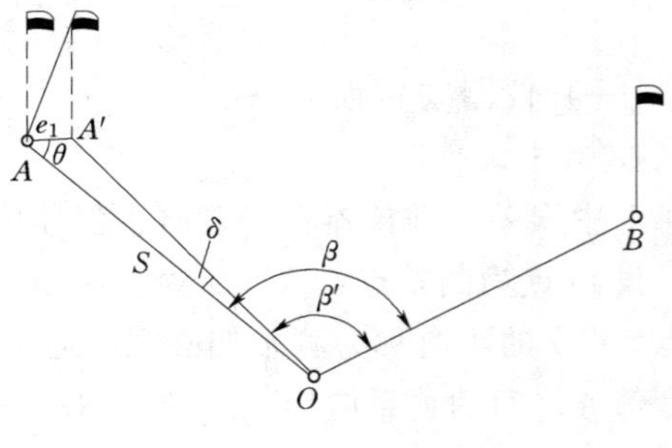

图 5-34 目标偏心误差

$$\Delta\beta=\beta-\beta'=\delta=e_1\frac{\sin\theta}{S}\rho'' \qquad (5-18)$$

由式（5-18）可知，δ 与目标偏心距 e_1 成正比，与仪器至目标点的距离 S 成反比，当$\theta=90°$时，即目标偏心方向与观测方向垂直时，目标偏心影响最大。例如：当 $e_1=3\text{mm}$，$S=100\text{m}$，$\theta=90°$时

$$\delta=\frac{3\times\sin90°}{100\times10^3}\times206265''=6.2''$$

因此为了减少目标偏心对水平角观测的影响，提高测角精度，立在目标点上的标志应尽可能竖直，且瞄准时应尽可能瞄准目标点标志的底部。如遇边长短且看不到底部时，可以在目标点上悬挂垂球，瞄准垂球线进行读数。

(三) 照准误差

照准误差主要与望远镜的放大倍率 V 以及人眼的分辨能力有关，也受到观测目标的视差以及大气温度、透明度等外界因素的影响。人眼的分辨力一般为 60″，即当两点对人眼构成的视角小于 60″时，就只能看成为一点。照准误差一般用式（5-19）计算

$$m_V=\pm\frac{60''}{V} \tag{5-19}$$

DJ_6 型光学经纬仪望远镜的放大倍率一般为 26～30 倍，故照准误差约为 2.0″～2.3″。但观测时应注意消除视差，否则照准误差将增大。

(四) 读数误差

读数误差主要与经纬仪所采用的读数设备有关，由于 DJ_6 型光学经纬仪一般只能估读到 6″，可能多估也可能少估，加上其他因素的影响，估读误差一般可达 12″。

三、外界环境的影响

外界环境对角度观测的影响比较复杂。如大气中存在温度梯度，视线通过大气中不同的密度层，传播的方向将不是一条直线而是一条曲线（图 5-35）。这时测水平角，在 A 点的望远镜视准轴处于曲线的切线位置就已照准 B 点，切线与曲线的夹角 δ 即为大气折光在水平方向所产生的误差，称为旁折光差。旁折光差 δ 的大小除与大气温度梯度有关外，还与距离 d 的平方成正比。故观测时对于长边应特别注意选择有利的观测时间（如阴天或早晚）。此外，视线离障碍物应在 1m 以外，否则旁折光会迅速增大。大气折光的影响在竖直角测量中产生的是垂直折光。在一般情况下，垂直折光远大于旁折光，故在布点时应尽可能避免长边，视线应尽可能离地面高一点（应大于 1m），并避免从水面通过，尽可能选择有利的时间观测（如从上午 10 时到下午 15 时），并采用对向观测方法以削弱其影响。

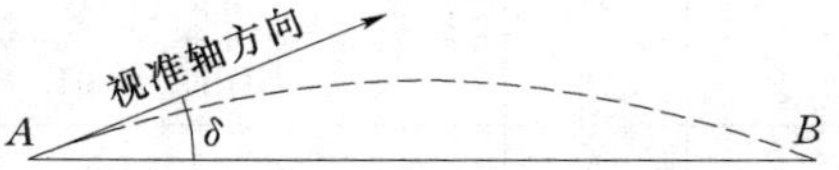

图 5-35　大气折光

其次，在晴天由于受到地面辐射的影响，瞄准目标的像会产生跳动；大气温度的变化导致仪器轴系关系的改变；土质松软或风力的影响，使仪器的稳定性较差等都会影响测角的精度。

因此，观测时必须打伞保护仪器；仪器从箱子里拿出来后，应放置一段时间，令仪器适应外界温度再开始观测；安置仪器时应将脚架踩牢；选择有利的观测时间等。总之，要设法避免或减少外界环境的影响，才能保证测角精度。

习题

1. 什么叫水平角？瞄准同一竖直面上高度不同的点，其水平度盘的读数是否相同？为什么？

2. 什么叫竖直角？竖直角的正负是如何规定的？为什么只瞄准一个方向即可测得竖直角？

3. 观测水平角时，对中的目的是什么？整平的目的是什么？

4. 经纬仪观测水平角，同一测回中，照准部水准管气泡偏离不得超过几格，若超过应怎么办？

5. 试述用测回法和全圆方向法测量水平角的操作步骤及各项限差要求。

6. 测回法观测水平角时，各测回间为何要变换始读数？如何变换？

7. 用经纬仪观测水平角时，为什么要用盘左和盘右观测，且取平均值？

8. 测水平角时，仪器对中精度是目标近要求高，还是目标远要求高？为什么？

9. DJ_6 级光学经纬仪的归零差和测回互差应不大于多少？

10. 试整理测回法观测水平角的观测记录，列于表 5－6。

表 5－6　　测回法观测水平角的观测记录

测站	目标	竖盘位置	水平度盘读数/(°　′　″)	半测回角值/(°　′　″)	一测回角值/(°　′　″)	各测回平均角值/(°　′　″)
O(1)	A	左	0　01　24			
	B		78　18　30			
	B	右	258　19　06			
	A		180　01　36			
O(2)	A	左	90　01　18			
	B		168　18　36			
	B	右	348　18　36			
	A		270　01　12			

11. 试整理用方向观测法观测水平角的记录，列于表 5－7。

表 5－7　　方向观测法观测水平角记录

测站	目标	读数 盘左/(°　′　″)	读数 盘右/(°　′　″)	2C/(″)	平均读数/(°　′　″)	归零方向值/(°　′　″)	各测回归零方向值平均值/(°　′　″)	水平角/(°　′　″)
O	A	0　01　06	180　01　12					
	B	91　54　06	271　54　00					
	C	153　32　48	333　32　42					
	D	214　06　12	34　06　06					
	A	0　01　24	180　01　36					
O	A	90　01　24	270　01　18					
	B	181　54　06	1　54　18					
	C	243　32　54	63　33　06					
	D	304　06　24	124　06　18					
	A	90　01　36	270　01　36					

12. 什么叫指标差？指标差对竖直角有何影响？竖直角观测读数时应注意什么？

13. 经纬仪是否也能像水准仪那样提供一条水平视线？如何提供？若 DJ_6 经纬仪竖盘的指标差为+48″，则竖盘读数为多少时才是一条水平视线？

14. 试整理竖直角观测记录，列于表 5-8。

表 5-8 竖直角观测记录

测站	目标	竖盘位置	竖盘读数/(° ′ ″)	半测回竖直角/(° ′ ″)	指标差/(″)	一测回竖直角/(° ′ ″)	备注
O	A	左	75 30 06				竖盘为顺时针注记
		右	284 30 06				
	B	左	82 00 24				
		右	277 59 30				

项目六　距离测量和直线定向

内容提要　本项目共分四个任务，主要介绍了钢尺量距、视距法测距和电磁波测距三种距离测量的方法，直线定向中的真北、磁北、坐标北三个标准方向，以及方位角和象限角。本项目的重点内容是：钢尺的一般丈量与精度计算，电磁波测距，三北方向、坐标方位角、象限角。本项目的难点是：坐标方位角与象限角之间的换算。

距离测量是测量基本工作之一。距离测量是测定地面上两点间的水平距离。距离测量常用的方法有钢尺量距、视距法测距、电磁波测距。

任务一　钢　尺　量　距

钢尺量距是距离测量的最基本方法，采用宽度10～20mm，厚度0.1～0.4mm的薄钢制成的带状尺测量距离。

一、钢尺量距的工具

（一）钢尺

钢尺的长度有20m、30m及50m等数种，其基本分划为cm，最小分划为mm。在每分米和每米的分划线处，有相应的注记，因而可根据注记数字及分划线读出m、dm、cm及mm值。钢尺根据零点的位置不同分为端点尺和刻线尺两种。端点尺是以尺的最外端作为尺的零点，如图6-1（*a*）所示；刻线尺是以尺前端的一刻划线作为尺长的零点，如图6-1（*b*）所示；在距离测量时应以方便为原则，选择不同的钢尺，如从建筑物竖直面开始丈量时，使用端点尺较为方便。

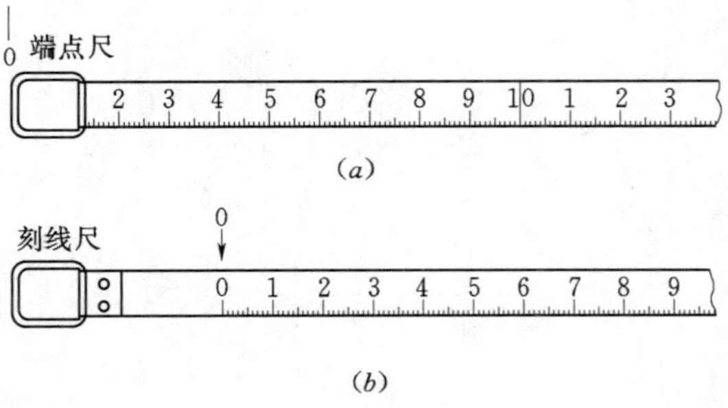

图6-1　钢尺

（*a*）端点尺；（*b*）刻线尺

（二）辅助工具

钢尺量距中使用的辅助工具主要有测钎、标杆、垂球等。标杆是红白色相间（每段20cm）的木制、铝合金或玻璃钢圆杆，全长1～3m，如图6-2（*a*）所示，主要用于标志点位与直线定线。测钎是用粗钢丝制成，形状如图6-2（*b*）所示，上端成环状，下端磨尖，用时插入地面，主要用来标志尺段端点位置和计算整尺段数。垂球也称线垂，如图

6－2（c）所示，是在倾斜地面量距的投点工具。

在精密量距时，还需温度计、弹簧秤等工具。

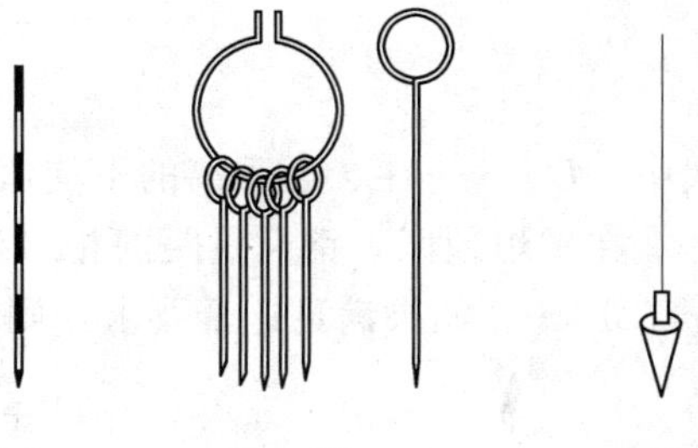

图 6－2　量距辅助工具

（a）标杆；（b）测钎；（c）垂球

二、直线定线

当地面上两点间的距离超过尺全长时，在通过两点的竖直面内定出若干中间点以便分段丈量，这种工作称为直线定线。直线定线的方法有目估定线和经纬仪定线两种。

（一）目估定线

如图 6－3 所示，要在通视良好的 A、B 两点间定出 C、D 两点。可由两人进行。先在 A、B 两点竖立标杆，甲站在 A 点标杆后约 1m 处，乙持另一标杆沿 BA 方向走到离 B 点约一尺段长的 C 点附近，甲用手势指挥乙沿与 AB 垂直的方向移动标杆，直到标杆移到位于 AB 直线上为止，然后在 C 点处插上标杆或测钎，定出 C 点。乙再带着标杆走到 D 点附近，同法定出 D 点。

（二）经纬仪定线

经纬仪定线比目估定线精度高。

如图 6－4 所示，在 A 点安置经纬仪，对中整平后照准 B 点，制动照准部，使望远镜向下俯视，用手势指挥另一人移动标杆直到与十字丝纵丝重合时，在标杆的位置插入测钎准确定出 1 点的位置。根据需要可按此方法依次定出 2 点、3 点、4 点等。

特别提示： 定线时中间各点没有严格定在所量直线的方向上，所量距离不是直线而是折线，折线总是比直线长。当距离较长或量距精度较高时，可利用仪器定线。

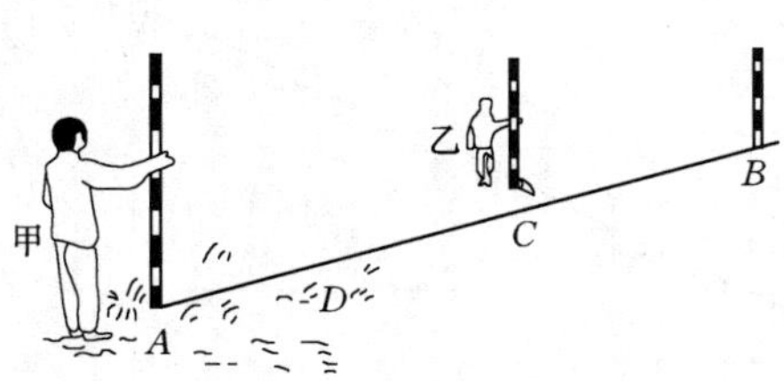

图 6－3　目估定线

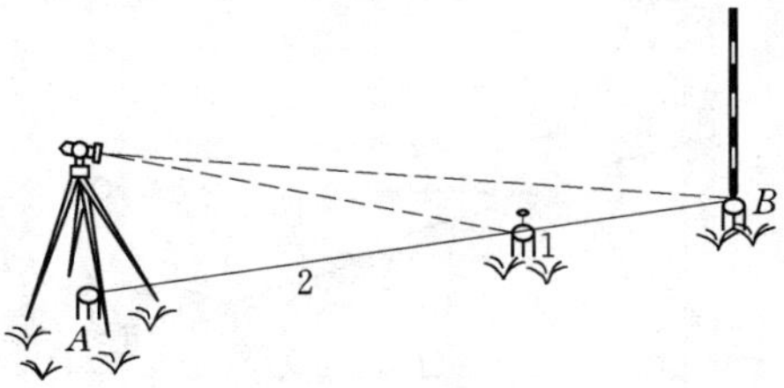

图 6－4　经纬仪定线

三、钢尺量距的一般方法

（一）平坦地面的量距

一般方法量距至少由两人进行，通常是边定线边量距。如图 6－4 所示，从 A 至 B 依次量出 n 个整尺段长度 l，再量至 B 点，量出不足整尺段的长度 l'，则 AB 之间的水平距离 D 可按式（6－1）计算

$$D = nl + l' \tag{6-1}$$

为防止出错并提高精度，一般要往、返各量一次，返测时要重新定线和测量。钢尺量距的精度常用相对误差 K 来衡量，即

$$K=\frac{|D_{往}-D_{返}|}{D_{平}}=\frac{1}{\dfrac{D_{平}}{|D_{往}-D_{返}|}} \tag{6-2}$$

式中 $D_{平}$——往、返距离的平均值。

在平坦地区，钢尺量距的相对误差不应大于 1/3000；量距困难地区相对误差不应大于 1/1000。如果满足这个要求，则取往测和返测的平均值作为该两点间的水平距离，即

$$D=D_{平均}=\frac{1}{2}(D_{往}+D_{返}) \tag{6-3}$$

（二）倾斜地面的量距

1. 平量法

如图 6－5 所示，仍然是边定线边测量，依次用垂球在地面上定出各中间点，放平钢尺丈量各段长度，则

$$D=\sum_{i=1}^{n} l_i \tag{6-4}$$

注意：为了得到校核，需要进行两次同方向丈量，不采用往返丈量。计算方法同平坦地面，即式（6－2）和式（6－3）。

2. 斜量法

如图 6－6 所示，如果地面上两点 A、B 间的坡度较均匀，可先用钢尺量出 AB 间的倾斜距离 L，再测量出 AB 高差 h，则 AB 两点间的水平距离 D 可由式（6－5）计算，即

$$D=\sqrt{L^2-h^2} \tag{6-5}$$

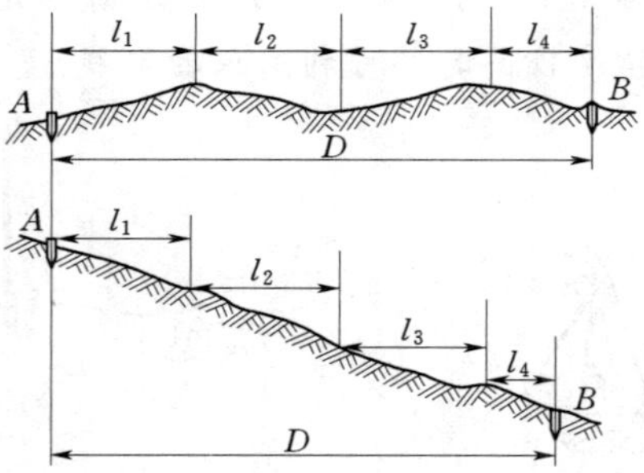

图 6－5 平量法

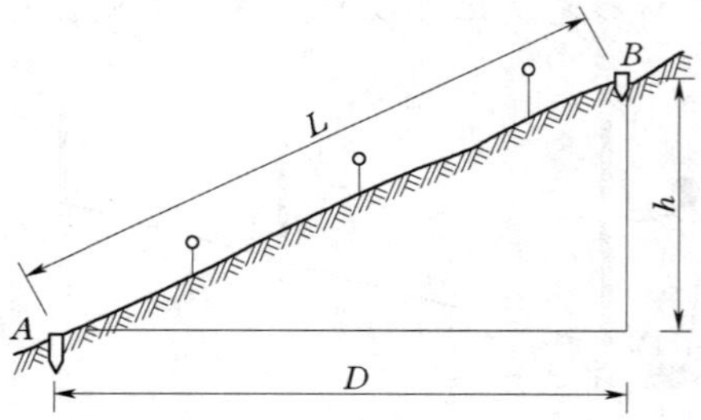

图 6－6 斜量法

四、钢尺量距的误差及注意事项

1. 主要误差

（1）尺长误差。用未经检定的钢尺量距，则丈量结果含有尺长误差，这种误差具有系统积累性。即使钢尺经过检定，并在成果中进行了尺长改正，但是还会存在尺长的残余误差，因为一般尺长检定方法只能达到±0.5mm 的精度。一般量距可不作尺长改正，当尺长改正数大于尺长 1/10000 时，应考虑尺长改正。

（2）温度变化的误差。尽管在丈量结果中进行了温度改正，但距离中仍存在因温度影响而产生的误差，这是因为温度计通常测定的是空气的温度，而不是钢尺本身的温度。夏

季白天日晒致使钢尺的温度远远高于空气温度，相差可达10℃以上。

（3）拉力误差。钢尺在丈量时的拉力不同而产生误差，根据胡克定律，若拉力误差为50N，对于30m钢尺将会产生1.7mm的误差。

（4）钢尺倾斜和垂曲误差。直接丈量水平距离时，如果钢尺不水平或中间下垂成曲线，则会使所量的距离增长。因此丈量时必须保持尺子水平，整尺段悬空时，中间应有人托住钢尺，精密量距时须测定两端点高差，以便进行高差改正。

（5）定线误差。定线时中间各点没有严格定在所量直线的方向上，所量距离不是直线而是折线，折线总是比直线长。对于30m长的钢尺，若两端各向相对方向偏离直线0.15m，则将使所量距离增长1.5mm。

（6）丈量误差。包括钢尺刻划对点误差、测钎安置误差和读数误差等。所有这些误差都是偶然误差，其值可大可小，可正可负。在丈量结果中会抵消一部分，但不能全部抵消，故仍然是丈量工作的一项主要误差来源。因此，在操作时应认真仔细，配合默契。

2. 钢尺量距注意事项

为了保证丈量成果达到预期的精度要求，必须针对上述误差来源，注意以下事项：

（1）钢尺应送检定机构进行检定，以便进行尺长改正和温度改正。

（2）使用钢尺前应认清钢尺分划注记及零点的位置。

（3）丈量时应将尺子拉紧拉直，拉力要均匀，前后尺手要配合好。

（4）钢尺前后端要同时对点、插测钎和读数。

（5）需加温度改正时，最好使用点温度计测定钢尺的温度。

（6）读数应准确无误，记录应工整清晰，记录者应回报所记数据，以便当场校核。

（7）钢尺性脆易断，丈量时要严防钢尺扭曲打结，不得在地面和水中拖拉钢尺，以防磨损和锈蚀。使用完毕后，应将钢尺擦净上油保存，以防生锈。

任务二 视 距 测 量

视距测量是用测量仪器望远镜内视距丝装置，根据几何光学原理同时测定地面点间的距离和高差的一种方法。这种方法操作方便，虽精度较低，一般相对误差仅能达到1/200～1/300，但能满足碎部测量的精度要求。

一、视距测量的原理

（一）视线水平时的水平距离和高差公式

如图6-7所示，在A点安置经纬仪，在B点竖立视距尺，用望远镜照准视距尺，当望远镜视线水平时，视线与尺子垂直。上、下视距丝读数之差称为视距间隔或尺间隔，用l表示。

根据透镜成像原理，可得A、B两点间的水平距离公式

$$D_{AB}=Kl+C \tag{6-6}$$

式中 K——视距乘常数，通常$K=100$；

C——视距加常数。

对于内对光望远镜，其视距加常数C接近零，可以忽略不计，故水平距离公式变为

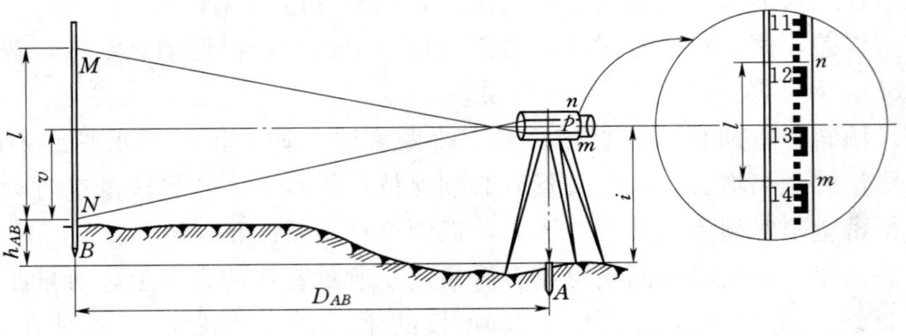

图 6-7　视线水平时的视距测量

$$D_{AB}=Kl=100l \tag{6-7}$$

相应的 A、B 两点间的高差公式为

$$h_{AB}=i-v \tag{6-8}$$

式中　i——仪器高，m；

　　v——中丝读数，m。

（二）视线倾斜时的水平距离和高差公式

在地面起伏较大时，必须使望远镜处于倾斜位置才能瞄准视距尺，视线与视距尺尺面不垂直，因此式（6-7）和式（6-8）不再适用。

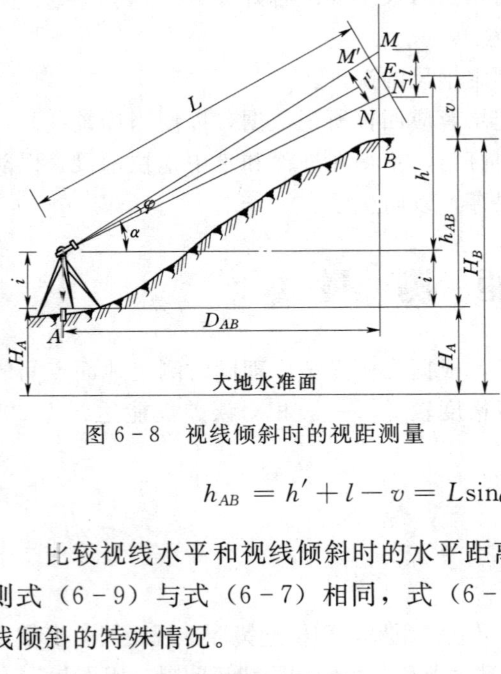

图 6-8　视线倾斜时的视距测量

如图 6-8 所示，在 A 点安置经纬仪，在 B 点竖立视距尺，用望远镜照准视距尺，测得尺间隔 l 和竖直角 α。

由于 φ 角很小，则 $\angle MM'E\approx 90^\circ$，并有 $l'=l\cos\alpha$，根据式（6-7）可得

$$L=kl'=kl\cos\alpha$$

由此可得 A、B 两点间的水平距离公式

$$D_{AB}=L\cos\alpha=Kl\cos^2\alpha \tag{6-9}$$

式中　L——视线长，m。

相应的 A、B 两点间的高差公式为

$$h_{AB}=h'+l-v=L\sin\alpha+i-v=\frac{1}{2}Kl\sin 2\alpha+i-v \tag{6-10}$$

比较视线水平和视线倾斜时的水平距离和高差公式可知，视线水平时，竖直角为零，则式（6-9）与式（6-7）相同，式（6-10）与式（6-8）也相同，所以视线水平是视线倾斜的特殊情况。

二、视距测量的施测方法

（1）如图 6-8 所示，在 A 点安置经纬仪，量取仪器高 i，在 B 点竖立视距尺。

（2）用经纬仪的盘左（或盘右）位置，转动照准部瞄准 B 点视距尺，分别读取尺间隔 l 和中丝读数 v。

（3）转动竖盘指标水准管微动螺旋，使竖盘指标水准管气泡居中，读取竖盘读数，并

计算竖直角 α。

（4）根据尺间隔 l、竖直角 α、仪器高 i 及中丝读数 v，按式（6-9）和式（6-10）计算水平距离 D 和高差 h。

【例 6-1】 如图 6-8 所示，经纬仪安置在 A 点，量得仪器高 $i=1.52\text{m}$，在 B 点竖立视距尺，在经纬仪的盘左位置，转动照准部瞄准 B 点视距尺，读得尺间隔 $l=0.66\text{m}$ 和中丝读数 $v=1.25\text{m}$；读取竖盘读数 $L=80°44'00''$。已知 A 点高程 $H_A=102.15\text{m}$，求 A、B 两点的水平距离和 B 点的高程 H_B。

解： 竖直角 $\alpha = 90° - L = 9°16'00''$

A、B 两点的水平距离为

$$D_{AB} = Kl\cos^2\alpha = 100 \times 0.66 \times (\cos 9°16'00'')^2 = 64.29(\text{m})$$

A、B 两点的高差为

$$\begin{aligned} h_{AB} &= \frac{1}{2}Kl\sin 2\alpha + i - v \\ &= \frac{1}{2} \times 100 \times 0.66 \times \sin(2 \times 9°16'00'') + 1.52 - 1.25 \\ &= 10.76(\text{m}) \end{aligned}$$

B 点的高程为

$$H_B = H_A + h_{AB} = 102.15 + 10.76 = 112.91(\text{m})$$

三、视距测量的误差及使用注意事项

1. 视距测量的主要误差来源

（1）视距乘常数 K 的误差。仪器出厂时视距乘常数 $K=100$，但由于视距丝间隔有误差，视距尺有系统性刻划误差以及仪器检定的各种因素影响，都会使 K 值不一定恰好等于 100。K 值的误差对视距测量的影响较大，不能用相应的观测方法予以消除。

（2）用视距丝读取尺间隔的误差。视距丝的读数是影响视距测量精度的重要因素，视距丝的读数误差与尺子最小分划的宽度、距离的远近、成像清晰情况有关。

（3）标尺倾斜误差。视距计算的公式是在视距尺严格垂直的条件下得到的。若视距尺发生倾斜，将给测量带来不可忽视的误差影响，因此，测量时立尺要尽量竖直。在山区作业时，由于地表有坡度而给人以一种错觉，使视距尺不易竖直，因此，应采用带有水准器装置的视距尺。

（4）大气折光的影响。大气密度分布是不均匀的，特别在晴天接近地面部分密度变化更大，使视线弯曲，给视距测量带来误差。

（5）空气对流使视距尺的成像不稳定。空气对流的现象在晴天、视线通过水面上空和视线离地表太近时较为突出，成像不稳定造成读数误差增大，对视距精度影响很大。

2. 视距测量的注意事项

（1）视距测量前应严格检验视距乘常数 K。

（2）读数时注意消除视差，认真读取视距尺间隔，并应尽可能缩短视线长度。

(3) 竖直角误差对于水平距离影响不显著，而对高差影响较大，故用视距测量方法测定高差时应注意准确测定竖直角。

(4) 视距尺上应有水准器，立尺时必须保证严格竖直，特别是在地形起伏较大时更应注意。

(5) 应选择合适的观测时间，在观测时视线越接近地面大气折光的影响也越大，因此观测时应使视线离开地面至少 1m 以上。

任务三 电磁波测距

电磁波测距是用电磁波（光波或微波）作为载波，传输测距信号来测量距离。与传统测距方法相比，它具有精度高、测程远、作业快、几乎不受地形条件限制等优点。电磁波测距仪按其所用的载波可分为：①用微波作为载波的微波测距仪；②用激光作为载波的激光测距仪；③用红外光作为载波的红外测距仪。后两者统称光电测距仪。微波测距仪与激光测距多用于长距离测距，测程可达数十公里，一般用于大地测量。光电测距仪属于中、短程测距仪，一般用于小地区控制测量、地形测量、房产测量等。本节主要介绍光电测距仪。

光电测距仪按测程远近可分为短程光电测距仪（3km 以内）、中程光电测距仪（3～15km）和远程光电测距仪（大于 15km）。按精度划分为Ⅰ级（$|m_D|\leqslant 5$mm）、Ⅱ级（5mm$<|m_D|\leqslant 10$mm）和Ⅲ级（10mm$<|m_D|\leqslant 20$mm）测距仪，其中 $|m_D|$ 为 1km 的测距中误差。

光电测距仪的精度是仪器的重要技术指标之一。光电测距仪的标称精度公式为

$$m_D=\pm(a+bD) \tag{6-11}$$

式中 a——固定误差，mm；

b——比例误差（与距离 D 成正比），mm/km（mm/km 又写为 ppm，即 1ppm=1mm/km，也即测量 1km 的距离有 1mm 的比例误差）；

D——距离，km。

故上式可写成

$$m_D=\pm(a+b\text{ppm}\cdot D) \tag{6-12}$$

一、光电测距原理

光电测距是通过测量光波在待测距离上往、返一次所经过的时间 t，间接地确定两点间距离。如图 6-9 所示，欲测量 A、B 两点间的距离 D，在 A 点安置光电测距仪，在 B 点安置反光镜，测距仪发出的光波传播到反光镜后被反射，又被光电测距仪接收，如果测出从光波发射到接收经历的时间为 t，则距离 D 为

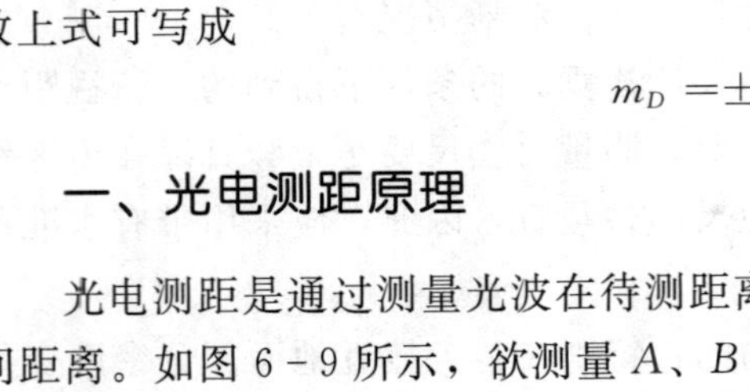

图 6-9 光电测距原理

$$D=\frac{1}{2}ct \tag{6-13}$$

从上式可知，由于光速 c 恒定，所以测距仪

测量距离的精度取决于仪器测定时间的精度。根据时间测定方法的不同，测距仪可分为脉冲法（直接测定时间）和相位法（间接测定时间）两种。由于脉冲宽度和测距仪计时分辨率的限制，脉冲法测距的精度较低，因此，一般精密测距仪都采用相位法间接测定时间。

相位法测距是通过测量调制光波在待测距离上往返传播所产生的相位差 φ 代替测定时间 t，来解算距离 D。将调制光的往程和返程展开，得到如图 6－10 所示的波形。设光波的波长为 λ，如果整个过程光传播的整波长数为 N，最后一段不足整波长，其相位差为 $\Delta\varphi$（数值小于 2π），对应的整波长数为 $\Delta\varphi/2\pi$，可见图中 AB 间的距离为全程的一半，即

$$D=\frac{1}{2}\lambda\left(N+\frac{\Delta\varphi}{2\pi}\right) \tag{6-14}$$

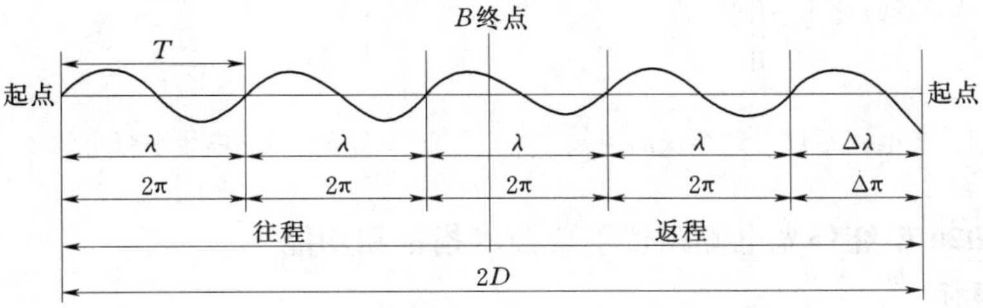

图 6－10　相位法测距原理

相位式光电测距仪只能测出不足 2π 的相位差 $\Delta\varphi$，测不出整波长数 N，因此只能测量小于波长的距离。当 $N=0$ 时，式（6－14）为

$$D=\frac{\lambda}{2}\frac{\Delta\varphi}{2\pi} \tag{6-15}$$

为了扩大测程，应选择波长 λ 比较大的光尺，但光电测距仪的测相误差约为 1/1000，光尺越长，误差越大。为了解决扩大测程和提高精度的矛盾，短程光电测距仪通常采用两个调制频率，即两种光尺。通常长光尺（称为粗尺）的调制频率为 150kHz，波长 2000m，用于测定百米、十米和米；短光尺（称为精尺）的调制频率为 15MHz 波长为 20m，用于测定米、分米、厘米和毫米。

二、光电测距仪及其使用方法

光电测距仪包括主机、反射棱镜和电池三部分。以常州大地测距仪厂生产的 D2000 系列之一——D2020 型红外光电测距仪为例，主要介绍光电测距仪的使用方法。

（一）D2020 型红外光电测距仪的结构

D2020 红外光电测距仪的结构如图 6－11 所示，该测距仪主机可通过连接器安置在普通光学经纬仪或电子经纬仪上，连接后如图 6－12 所示。利用光轴

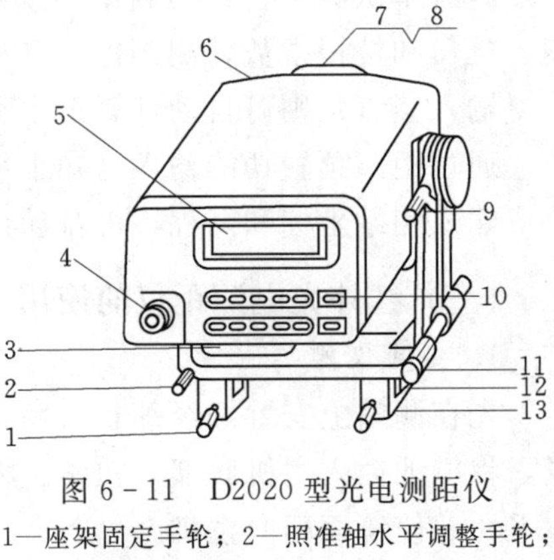

图 6－11　D2020 型光电测距仪

1—座架固定手轮；2—照准轴水平调整手轮；3—电池；4—望远镜目镜；5—显示器；6—RS－232 接口；7—物镜；8—物镜罩；9—俯仰固定手轮；10—键盘；11—俯仰调整手轮；12—间距调整螺旋；13—座架

调节螺旋，可使测距仪主机的光轴与经纬仪视准轴位于同一竖直面内。如图 6－13 所示，测距仪水平轴到经纬仪水平轴的高度与觇牌中心到反射棱镜的高度相同，因而经纬仪瞄准觇牌中心的视线与测距仪瞄准反射棱镜中心的视线能保持平行。

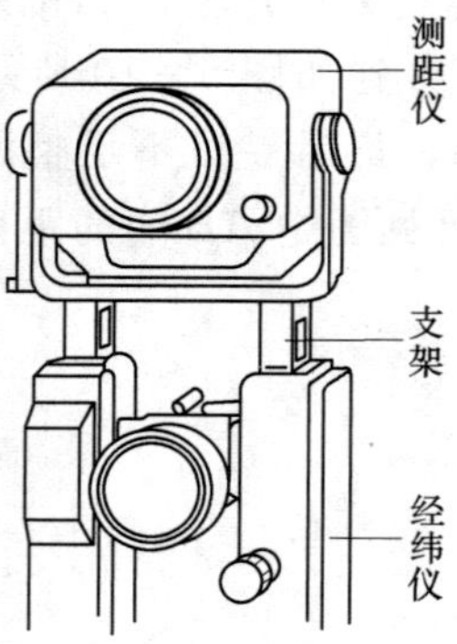

图 6－12 光电测距仪与经纬仪的连接

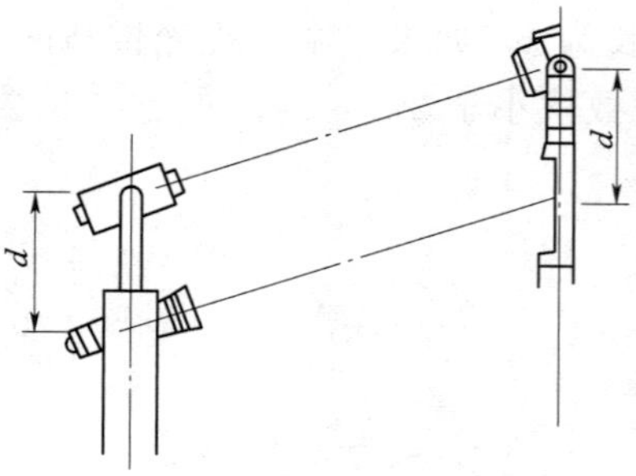

图 6－13 视线平行示意图

（二）D2020 型红外光电测距仪主要技术指标和功能

1. 技术指标

最大测程：单棱镜 1.8km，三棱镜 2.5km；

测距精度：±（5mm＋3ppm・D）；

最大显示距离：9999.999m；

工作温度：－20～＋50℃；

测量时间：跟踪测量 0.8s，连续测量 3s；

功耗：3.6W。

2. 主要功能

具有单次测量、连续测量、跟踪测量、预置测量和平均测量 5 种测量方法；输入温度、气压和棱镜常数，测距仪可自动对结果进行改正。

输入竖直角则可自动计算出水平距离和高差。

通过距离预置功能输入已知水平距离进行定线放样。

输入测站坐标和高程，可自动计算观测点的坐标和高程。

（三）红外光电测距仪的使用

1. 安置仪器

先在测站上安置好经纬仪，将测距仪主机安装在经纬仪支架上，连接器固定螺丝锁紧，将电池插入主机底部，扣紧。将经纬仪对中，整平，在目标点安置反射棱镜，对中，整平，并使镜面朝向主机。

2. 观测垂直角、气温和气压

目的是对测距仪测量出的斜距进行倾斜改正、温度改正和气压改正，以得到正确的水平距离。用经纬仪十字丝的水平丝照准觇牌中心，测出竖直角 α。同时，观测并记录温度和气压计上的气压值。

3. 测距准备

按电源开关键“PWR”开机，主机自检并显示原设定的温度、气压和棱镜常数值，自检通过后将显示“Good”。若修正原设定值，可按“TPC”键后输入温度、气压值或棱镜常数。一般情况下，尽量使用同一类反光镜，棱镜常数不变，而温度、气压每次观测均可能不同，需要重新设定。

4. 距离测量

调节测距仪主机水平调整手轮（或经纬仪水平微动螺旋）和主机俯仰微动螺旋，使测距仪望远镜精确瞄准棱镜中心。在显示“Good”的状态下，可根据蜂鸣器声音来判断瞄准的程度，信号越强声音越大，上下左右微动测距仪，使蜂鸣器的声音达到最大，便完成了精确瞄准，测距仪显示器上显示“ * ”号。

精确瞄准完成后，按“MSR”键，主机将测定并显示经温度、气压和棱镜常数改正后的斜距。利用测距仪可直接将斜距换算为水平距离，按“V/H”键后输入竖直角数值，再按“SHV”键显示水平距离。连续按“SHV”键可依次显示斜距、水平距离和高差的数值。

（四）光电测距仪使用注意事项

（1）严禁将照准头对准太阳或其他强光源，以免损坏仪器光电器件，阳光下作业应打伞。

（2）仪器应在通视良好、大气较稳定的条件下使用，测线应离地面障碍物 1.3m 以上，避免通过发热体和较宽水面的上空。

（3）仪器视线两侧及反光镜后面不能有其他强光源或反光镜等背景干扰，并尽量避免逆光观测。

（4）注意电源接线，观测时要经常检查电源电压是否稳定，电压不足应及时充电，观测完毕要注意关机，不可带电迁站。

（5）要经常保持仪器清洁和干燥，使用和运输过程中要注意防潮防震。

任务四　直　线　定　向

要确定地面点间的相对位置，除需测量两点间的水平距离外，还需确定两点间的方位关系，即确定两点连线与标准方向的关系，称为直线定向。

一、标准方向

1. 真子午线方向

通过地面上一点，指向地球南北极的方向线，即真子午线方向。真子午线方向需用天文观测的方法确定。

2. 磁子午线方向

磁针在地面点上自由静止时所指的方向，即为该点的磁子午线方向。磁子午线方向可以用罗盘仪测定。

由于地球的两磁极与地球的南北极不重合，所以磁子午线方向与真子午线方向之间存在一个 δ 角，称为磁偏角。磁子午线北端在真子午线以东为东偏，δ 为“+”；以西为西偏，δ 为“－”，如图 6－14 所示。

3. 坐标纵轴方向

测区内通过任一点与坐标纵轴平行的方向称为该点的坐标纵轴方向，是水利工程测量中最常用的一条标准方向。

由于经过地球表面上各点的子午线收敛于地球两极，所以真子午线方向除了在赤道上的各点外，与过同一点的坐标纵轴方向互不平行，他们之间的夹角称为子午线收敛角，用 γ 表示，同一子午线上，纬度越高，γ 越大；而同一纬圈上偏离中央子午线越远，γ 越大。如图 6－15 所示。坐标纵轴方向位于真子午线方向以东时，γ 值为正；坐标纵轴方向位于真子午线方向以西时，γ 值为负。

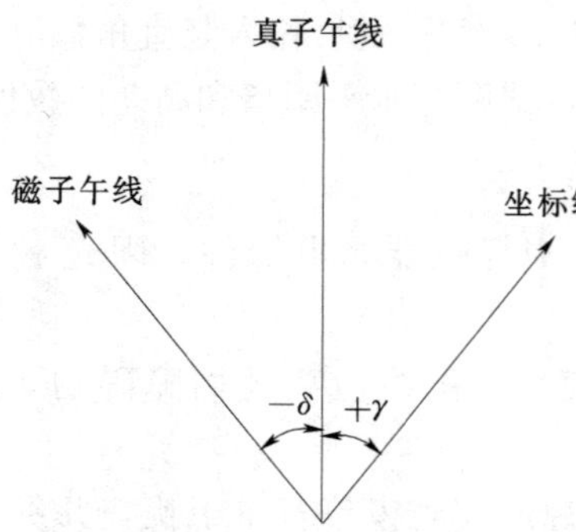

图 6－14 磁偏角和收敛角

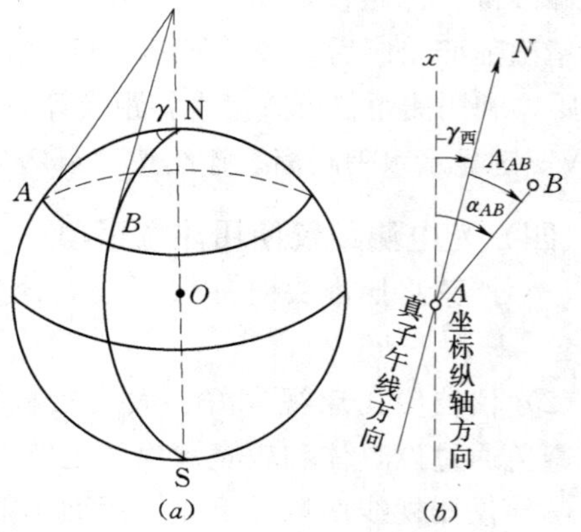

图 6－15 子午线收敛角

二、直线方向的表示方法

确定直线与标准方向之间的关系，以方位角或象限角来表示。

（一）方位角

由标准方向的北端起，顺时针方向量到某直线的夹角，称为该直线的方位角，角值为 $0° \leqslant \alpha < 360°$。既然标准方向有真子午线方向、磁子午线方向和坐标纵轴方向，其方位角相应地也有真方位角、磁方位角和坐标方位角之分。其中真方位角用 $A_{真}$ 表示，磁方位角用 $A_{磁}$ 表示，坐标方位角通常用 α 表示。

直线 AB 的坐标方位角用 α_{AB} 表示，直线 BA 的坐标方位角用 α_{BA} 表示，又称为直线 AB 的反坐标方位角。从图 6－16 中可以看出，正反坐标方位角有如下关系：

$$\alpha_{AB} = \alpha_{BA} \pm 180° \tag{6-16}$$

注意：当 α_{BA} 小于 180°时取“＋”，而当 α_{BA} 大于 180°时取“－”。

（二）真方位角、磁方位角、坐标方位角之间的关系

由图 6－17 可知

$$A_{真} = A_{磁} + \delta \tag{6-17}$$

由图 6－15（b）可知

$$A_{真} = \alpha_{AB} + \gamma \tag{6-18}$$

特别提示：式（6－18）中γ本身就包含了正负号，即东偏为正，西偏为负。

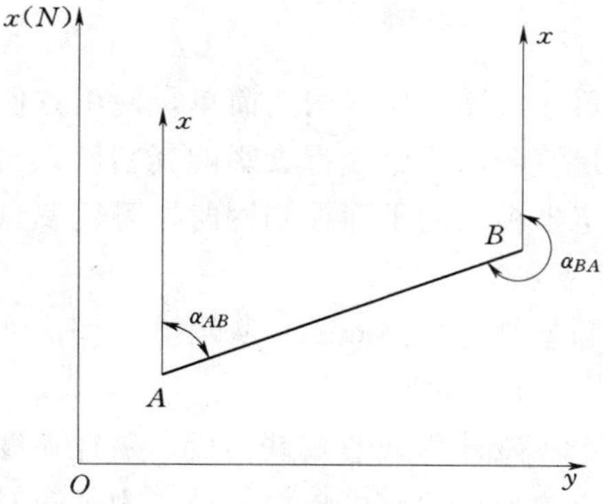

图 6－16　正、反坐标方位角

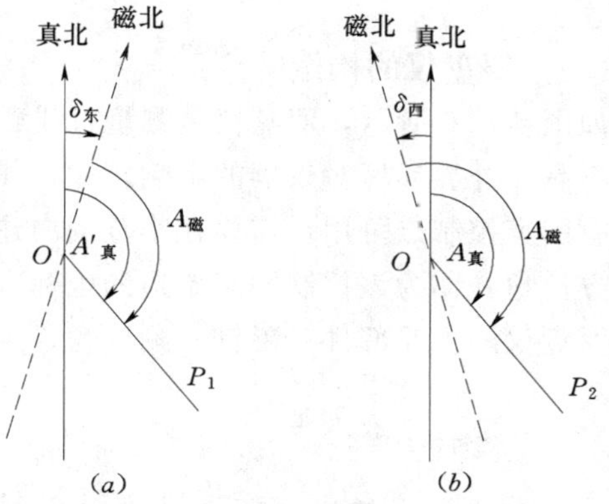

图 6－17　真方位角与磁方位角的关系

（三）象限角

在实际工作中，有时用锐角计算直线的方位较方便，因此引进象限角。由坐标纵轴的北端或南端起，顺时针或逆时针转至某直线所成的锐角称为象限角，通常用R表示，角值$0^\circ \leqslant R \leqslant 90^\circ$。

表示象限角时必须注意前面应加上方向。如图6－18所示，直线$A1$、$B2$、$C3$、$D4$的象限角分别为：北东R_{A1}、南东R_{B2}、南西R_{C3}、北西R_{D4}。

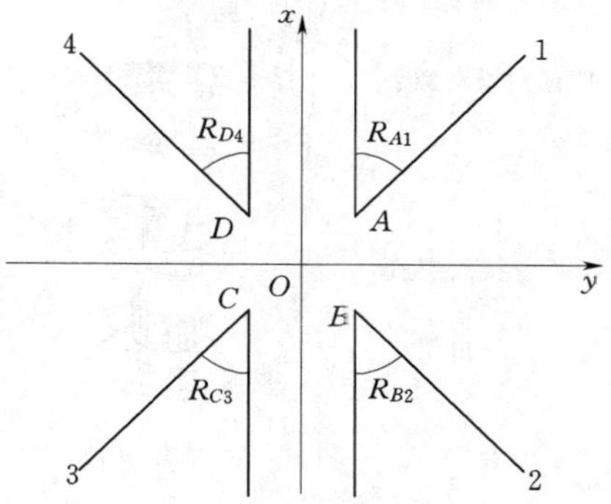

图 6－18　象限角

（四）坐标方位角与象限角的换算

坐标方位角和象限角都能描述直线的方向，两者有一一对应的关系。图6－19和表6－1说明了坐标方位角和象限角的换算关系。

表 6－1　　**坐标方位角和象限角换算表**

直线所在象限	坐标方位角换算象限角	象限角换算坐标方位角
Ⅰ（北东）	$R=\alpha$	$\alpha=R$
Ⅱ（南东）	$R=180^\circ-\alpha$	$\alpha=180^\circ-R$
Ⅲ（南西）	$R=\alpha-180^\circ$	$\alpha=R+180^\circ$
Ⅳ（北西）	$R=360^\circ-\alpha$	$\alpha=360-R$

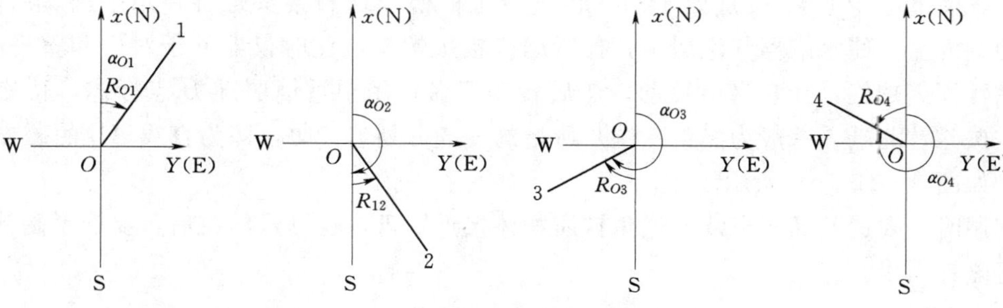

图 6－19　坐标方位角和象限角的关系

三、罗盘仪的构造和使用

（一）罗盘仪的构造

如图 6-20 所示，罗盘仪是测量直线磁方位角的仪器。仪器构造简单，使用方便，但精度不高，外界环境对仪器的影响较大，如钢铁建筑和高压电线都会影响其精度。当测区内没有国家控制点可用，需要在小范围内建立假定坐标系的平面控制网时，可用罗盘仪测量磁方位角，作为该控制网起始边的坐标方位角。

罗盘仪的主要部件有磁针、刻度盘、望远镜和基座，如图 6-20 所示。

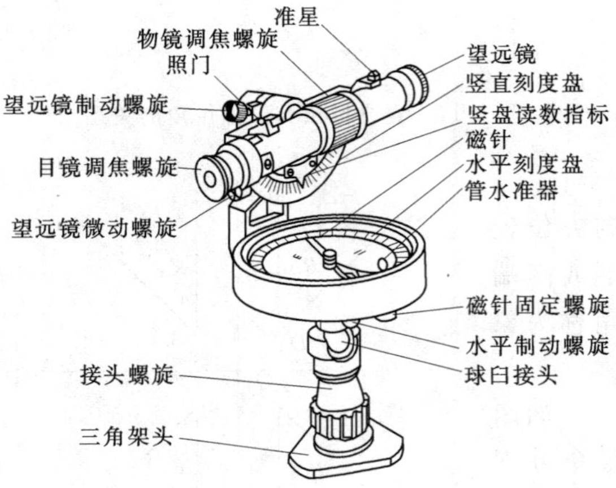

图 6-20 罗盘仪

1. 磁针

磁针用人造磁铁制成，磁针在度盘中心的顶针尖上可自由转动。为了减轻顶针尖的磨损，在不用时，可用位于底部的固定螺旋升高杠杆，将磁针固定在玻璃盖上。

2. 刻度盘

用钢或铝制成的圆环，随望远镜一起转动，每隔 10°有一注记，按逆时针方向从 0°注记到 360°，最小分划为 1°或 30′。刻度盘内装有一个圆水准器或者两个相互垂直的管水准器，用手控制气泡居中，使罗盘仪水平。

3. 望远镜

与经纬仪望远镜结构基本相似，也有物镜对光、目镜对光螺旋和十字丝分划板等，其望远镜的视准轴与刻度盘的 0°分划线共面。

4. 基座

采用球臼结构，松开球臼接头螺旋，可摆动刻度盘，使水准气泡居中，表盘处于水平位置，然后拧紧接头螺旋。

（二）用罗盘仪测定直线磁方位角的方法

如图 6-21（*a*）所示，欲测直线 *AB* 的磁方位角，将罗盘仪安置在直线起点 *A*，用垂球对中，使度盘中心与 *A* 点处于同一铅垂线上；松开球臼接头螺旋，用手前、后、左、右转动刻度盘，使水准器气泡居中，拧紧球臼接头螺旋，此时仪器处于对中和整平状态。松开磁针固定螺旋，让它自由转动，然后转动罗盘，用望远镜照准 *B* 点标志，待磁针静止后，按磁针北端（一般为黑色一端）所指的度盘分划值读数，即为直线 *AB* 的磁方位角角值，如图 6-21（*b*）所示。

使用时，要避开高压电线并避免铁质物体接近罗盘，在测量结束后，要旋紧磁针固定螺旋将磁针固定。

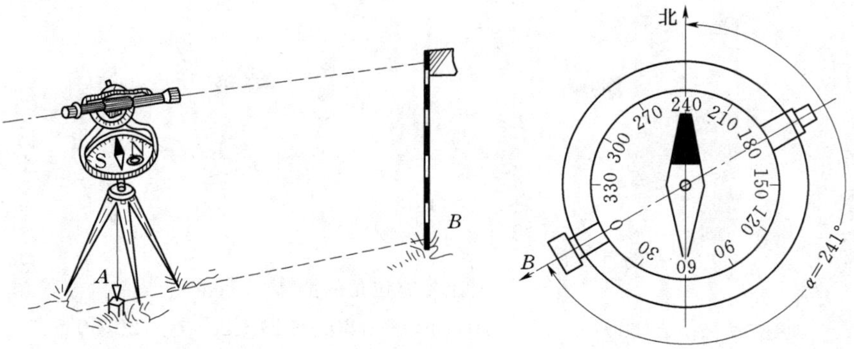

(a)　　(b)

图 6-21　罗盘仪测定直线方向

四、坐标方位角的推算

实际工作中，直线坐标方位角通常是间接计算的，是由与该直线相连接直线的已知坐标方位角和两直线的水平角进行推算。在推算线路左侧的夹角称为左角，可用 $\beta_{左}$ 表示；在推算线路右侧的夹角称为右角，可用 $\beta_{右}$ 表示，如图 6-22 所示。

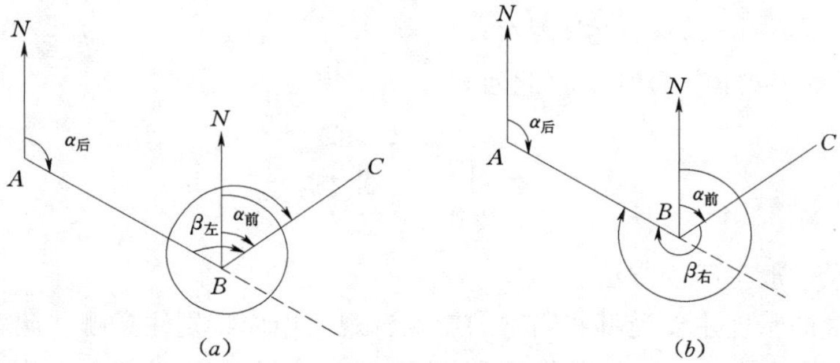

(a)　　(b)

图 6-22　坐标方位角的推算

(a) 用左角推算；(b) 用右角推算

由图 6-22 所示，相邻的前后直线有如下关系

$$\alpha_{前} = \alpha_{后} \pm 180° + \beta_{左} \tag{6-19}$$

或

$$\alpha_{前} = \alpha_{后} \pm 180° - \beta_{右} \tag{6-20}$$

注意：在运用式（6-19）或式（6-20）时，前后方位角的方向必须一致；180°前的"±"同式（6-16）；且当计算出的方位角大于 360°时，应减去 360°，如果计算出的方位角小于 0°，应加上 360°，即为该直线的方位角。

【例 6-2】　如图 6-23 所示，已知 12 边的方位角 $\alpha_{12} = 101°30'$，在 2 点测得夹角 $\beta_2 = 142°20'$，在 3 点测得夹角 $\beta_3 = 145°10'$，(1) 求 α_{23}，α_{34} 和 α_{43}；(2) 将所求得的方位角换算成象限角。

解： 由题意可知，α_{12}、α_{23} 和 α_{34} 是同一方向的方位角，所以可以直接运用推算公式计算；而 α_{43} 是 α_{34} 的反方位角，所以可用正反方位角的关系来计算；再由图 6-23 知，按 1、2、3、4 的推算方向，β_2 为左角，而 β_3 为右角。

(1) 根据式（6-19），23 边方位角为

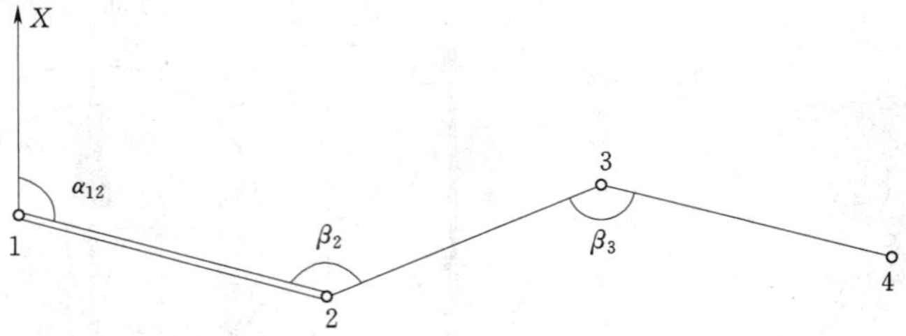

图 6-23 坐标方位角的推算

$$\alpha_{23}=\alpha_{12}\pm180°+\beta_2=101°30'+180°+142°20'=423°50'$$

此时方位角大于 360°，应减去 360°。

所以 $\alpha_{23}=423°50'-360°=63°50'$

根据式（6-20），34 边方位角为

$$\alpha_{34}=\alpha_{23}\pm180°-\beta_3=63°50'+180°-145°10'=98°40'$$

再根据正反坐标方位角的关系，则 $\alpha_{43}=\alpha_{34}\pm180°=98°40'+180°=278°40'$

（2）相应的象限角为

$R_{23}=\alpha_{23}=63°50'$（北东）

$R_{34}=180°-98°40'=81°20'$（南东）

$R_{43}=360°-278°40'=81°20'$（北西）

习　题

1. 简述钢尺一般量距的方法。

2. 视距测量的精度主要受哪些因素的影响？观测中应特别注意哪些问题？

3. 表 6-2 为测站点 O 上进行视距测量时，所得的观测值，O 点处的仪器高为 1.300m，将计算所得测站点至各观测点的水平距离和高差填入表 6-2 中。

表 6-2　　测站点至各观测点的水平距离和高差

测站点	观测点	上丝读数 /m	下丝读数 /m	中丝读数 /m	竖直角/ (°	′	″)	水平距离 /m	高差 /m
O	A	1.865	0.889	1.377	23	20	36		
	B	2.305	0.977	1.641	−8	32	30		

4. 相位法光电测距的原理是什么？光电测距时应注意哪些问题？

5. 某光电测距仪的标称精度为±（5mm+3ppm·D），如果用该测距仪测得的某距离 D=1050.225m，那么测得的这个距离值的绝对中误差是多少？

6. 何谓真方位角、磁方位角、坐标方位角？正反坐标方位角关系如何？绘图说明。

7. 如果一条直线 AB 的坐标方位角 $\alpha_{AB}=250°30'45''$，求 α_{BA}、R_{AB} 和 R_{BA}。

8. 已知四边形 1234，按逆时针编号，其内角分别为 $\beta_1=94°$，$\beta_2=89°$，$\beta_3=91°$，$\beta_4=86°$，现已知 $\alpha_{12}=296°20'25''$，求其他各边的方位角，并化为象限角。

项目七　全站仪及其使用

内容提要　本项目共分五个任务，主要介绍了全站仪的结构与功能；全站仪的基本使用方法；全站仪的程序测量；全站仪的存储管理与数据通信；几种新型全站仪。本项目的难点是：全站仪的数据采集，坐标放样，数据通信。

任务一　全站仪的结构与功能

随着光电测距和电子计算机技术的发展，20 世纪 60 年代末出现了把电子测距、电子测角和微处理机结合成一个整体，能自动记录、存储并具备某些固定计算程序的电子速测仪。因该仪器在一个测站点能快速进行三维坐标测量、定位和自动数据采集、处理和存储等工作，较完善地实现了测量和数据处理过程的电子化和一体化，所以称为"全站型电子速测仪（Electronic Total Station）"，通常又称为"电子全站仪"或简称"全站仪"。

一、全站仪的结构

全站仪主要由电子测角、光电测距和数据微处理系统组成，各部分的组成框图如图7－1所示。

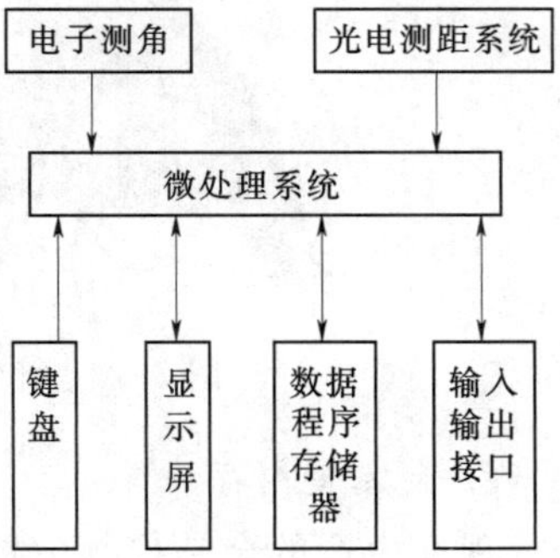

图 7－1　全站仪的组成

按结构形式，全站仪可分为："组合式"和"整体式"两种类型。组合式全站仪是将电子经纬仪、红外测距仪和微处理器通过一定的连接器构成一个组合体，如图 7－2 所示。这种仪器的优点是能由系统的现有构件组成，还可通过不同的构件进行灵活多样的组合。当个别构件损坏时，可以用其他构件代替，具有很强的灵活性。这种组合式的速测仪在我国 20 世纪 80 年代末和 90 年代在一些测绘单位使用比较普遍，现在已经被淘汰。

如图 7－3 所示，整体式全站仪是在一个仪器外壳内包含有电子经纬仪、红外测距仪和电子微处理器。这种仪器的优点是电子经纬仪和红外测距仪使用共同的光学望远镜，角度测量和距离测量只需瞄准一次，测量结果能自动显示并能与外围设备双向通信，其优点是体积小、结构紧凑、操作方便、精度高。

二、全站仪的功能和特性

目前使用的全站仪一般都具备如下功能和特性。

1. 自检与改正功能

仪器误差对测角精度的影响，主要是由仪器的三轴之间关系不正确造成的。在光学经纬仪中主要是通过对三轴之间关系的检验校正，减少仪器误差对测角精度的影响。在全站仪中则主要是通过所谓“自动补偿”实现的。最新的全站仪已实现了“三轴”补偿功能（补偿器的有效工作范围一般为±3′），即全站仪中安装的补偿器，能自动检测或改正由于仪器垂直轴倾斜而引起的测角误差，通过仪器视准轴误差和横轴误差的检测结果计算出误差值，必要时由仪器内置程序对所观测的角度加以改正，从而使观测得到的结果是在正确的轴系关系条件下的观测结果。因此，仅就这点来说，全站仪工作的稳定性和精度可靠性要高于光学经纬仪。

图 7-2　组合式全站仪

图 7-3　整体式全站仪

2. 大容量内存

现在生产的全站仪都配置了内部存储器，而且容量越来越大，从以前只存储几百个点的坐标数据或测量数据，发展到现在储存上万个点的坐标数据或观测数据，有的全站仪内存已经达到了数十兆。

3. 双向传输功能

全站仪与计算机之间的通信，不仅可以将全站仪的内存中的数据文件传送到计算机，还可以将计算机中的坐标数据文件和编码库数据或程序传送到全站仪的内存中，或由计算机实时控制全站仪的工作状态，也可以对全站仪内的软件进行升级，拓展其功能。

4. 程序化

程序化是指在全站仪的内存中存储了一些常用的测量作业程序，更好地满足了专业测量的要求。全站仪除了具有基本的测量功能，如角度测量、距离测量、坐标测量外，还具有特殊的测量程序，如放样测量、对边测量、悬高测量、后方交会、面积测量、偏心测量等。内置程序能够实时提供观测过程并计算出最终结果。观测者只要能够按仪器中的设定进行观测，即可以现场给出结果，通过程序将内业计算工作直接在外业完成。

5. 操作方便

全站仪的发展使得它操作更加方便。现在大多数全站仪都采用了汉化的中文界面，显示屏更大，字体更清晰、美观；操作键采用软键和数字键盘相结合的方式，按键方便，易学易用。

6. 智能化

现今推出了许多智能型全站仪，如 Leica 公司的带目标自动识别、伺服马达驱动与镜站遥控功能的 TPS 系列和 TCA 系列；南方公司推出的 WindowsCE 操作系统、带图形显示、下拉菜单的全中文智能型全站仪。这些仪器的应用，极大地提高了测量自动化的程度，提高了作业效率。

任务二　全站仪的基本使用方法

下面以国产南方 NTS－352 全站仪为例，介绍全站仪的使用方法。

一、南方 NTS－352 全站仪简介

图 7－4 为南方 NTS－352 全站仪外形，有两面操作按键及显示窗。

仪器的主要性能指标：

测角精度：$\pm 2''$；测距精度：$\pm$（3mm＋2ppm・D）

测程：1.8km/一块棱镜，2.6km/三棱镜组

仪器具有充足的内存空间，能存储坐标数据 8000 点，可同时存储测量数据（原始数据）和坐标数据各 3000 个点。

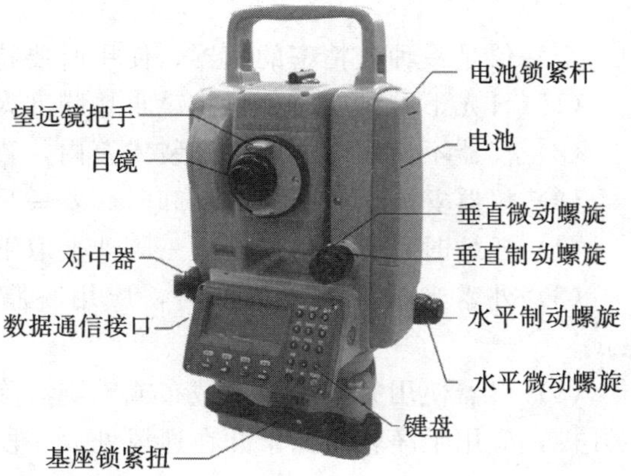

图 7－4　南方 NTS－352 全站仪

为了便于观测，仪器双面都有显示窗，如图 7－5 所示。

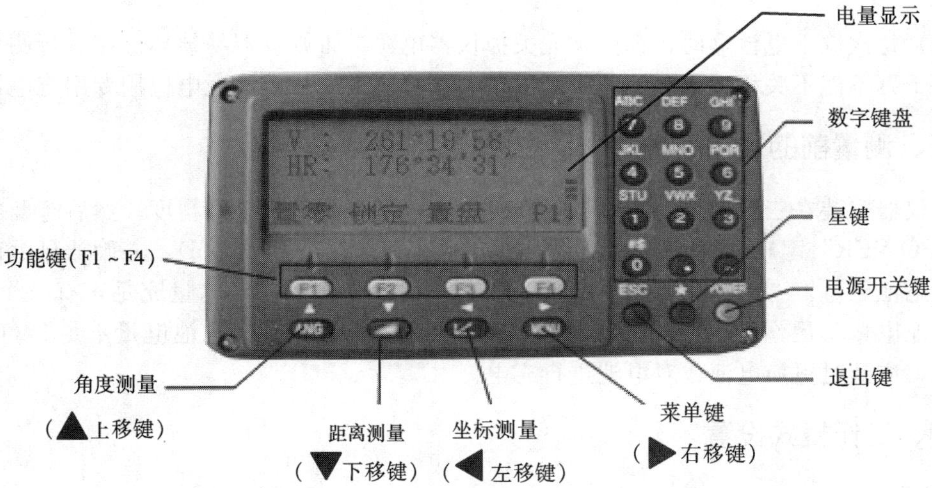

图 7－5　全站仪显示窗

显示窗采用点阵式液晶显示，可显示 4 行，每行 20 个字符。通常前三行显示测量数据，最后一行是测量模式功能键，其他键见图示说明，显示符号的意义见表 7-1。

表 7-1　　南方 NTS-352 全站仪显示符号的意义

显示符号	内　容	显示符号	内　容
V%	垂直角（坡度显示）	E	东向坐标
HR	水平角（右角）	Z	高程
HL	水平角（左角）	*	EDM（电子测距）正在进行
HD	水平距离	m	以米为单位
VD	高差	ft	以英尺为单位
SD	倾斜	fi	以英尺与英寸为单位
N	北向坐标		

二、全站仪使用的注意事项

全站仪是一种较精密的仪器，使用时要特别注意以下事项：

（1）日光下测量应避免将物镜直接瞄准太阳。若在太阳下作业应给仪器打伞。

（2）仪器不使用时，应将其装入箱内，置于干燥处，注意防震、防尘和防潮。

（3）仪器安装至三脚架或拆卸时，要一只手先握住仪器，以防仪器跌落。

（4）迁站时，务必将仪器从三脚架上取下。

（5）外露光学件需要清洁时，应用脱脂棉或镜头纸轻轻擦净，切不可用其他物品擦拭。

（6）仪器使用完毕后，用绒布或毛刷清除仪器表面灰尘。仪器被雨水淋湿后，切勿通电开机，应用干净软布擦干并在通风处放一段时间。

（7）作业前应仔细全面检查仪器，确信仪器各项指标、功能、电源、初始设置和改正参数均符合要求时再进行作业。

（8）即使发现仪器功能异常，非专业维修人员不可擅自拆开仪器，以免发生不必要的损坏。

（9）每次取下电池盒时，都必须先关掉仪器电源，否则仪器易损坏。在进行测量的过程中，千万不能不关机拔下电池，否则测量数据将会丢失！电池充电应用专用充电器。

三、测量前的准备

将仪器安装在三脚架上，精确整平和对中，以保证测量成果的精度。然后打开电源开关（“POWER”键），确认棱镜常数值（psm）和大气改正值（ppm），并确认显示窗中有足够的电池电量。“━”表示电池电量，有三个“━”表示电池电量充足，有一个“━”表示电池电量不足，但还可以测量。当“━”出现闪烁或显示“电池电量不足”（电池用完）时，应及时更换电池或对电池进行充电。

四、工作模式设置

按 F4 键的同时，打开电源，仪器进入作业模式状态，可进行单位设置、模式设置和其他设置。具体内容见表 7-2。

表 7-2 工作模式设置表

菜单	项 目	选 择 项	内 容
单位设置	英尺	F1：美国英尺 F2：国际英尺	选择 m/f 转换系数 美国英尺：1m=3.2803333333333ft 国际英尺：1m=3.280839895013123ft
	角度	度（360°） 哥恩（400G） 密位（6400M）	选择测角单位 DEG/GON/MIL（度/哥恩/密位）
	距离	m/ft/ft.in	选择测距单位：m/ft/ft.in （米/英尺/英尺．英寸）
	温度气压	温度：℃/℉ 气压：hPa/mmHg/inHg	选择温度单位：℃/℉ 选择气压单位：hPa/mmHg/inHg
模式设置	开机模式	测角/测距	选择开机后进入测角模式或测距模式
	精测/跟踪	精测/跟踪	选择开机后的测距模式，精测/跟踪
	HD&VD/SD	平距和高差/斜距	说明开机后的数据项显示顺序，平距和高差或斜距
	垂直零/水平零	垂直零/水平零	选择垂直角读数从天顶方向为零基准或水平方向为零基准计数
	N次测量/复测	N次测量/复测	选择开机后测距模式，N次/重复测量
	测量次数	0～99	设置测距次数，若设置为1次，即为单次测量
	关测距时间	1～99	设置测距完成后到测距功能中断的时间可以以此功能
	格网因子	使用/不使用	使用或不使用格网因子
	NEZ/ENZ	ENZ/NEZ	坐标显示顺序为 E/N/Z 或 N/E/Z
其他设置	水平角蜂鸣声	开/关	说明每当水平角过90°时是否要发出蜂鸣声
	测距蜂鸣	开/关	当有回光信号时是否蜂鸣
	两差改正	0.14/0.20/关	大气折光和曲率改正的设置

五、角度测量

全站仪的测角是由仪器内集成的电子经纬仪完成的。电子经纬仪的测角与光学经纬仪类似，主要区别在于电子经纬仪采用光电扫描度盘自动计数，自动处理数据，自动显示、储存及输出数据，并且角度测量的三轴误差（视准轴、水平轴和垂直轴）由仪器自动进行改正。

目前，电子经纬仪的测角系统主要有三类，即绝对式编码度盘测角、增量式光栅度盘测角以及动态式测角。NTS-352全站仪采用的是增量式光栅度盘。

全站仪开机后，就进入角度测量模式，或者按 ANG 键进入角度模式。

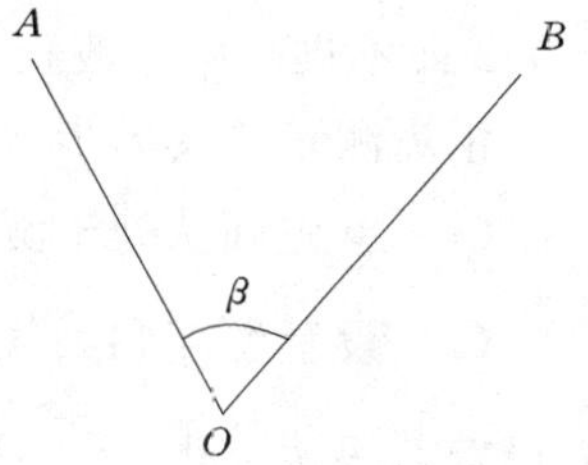

图 7-6 水平角测量

1. 水平角（右角）和垂直角测量

如图 7-6 所示，欲测定 A、B 方向的水平夹角 β，将全站

仪安置在 O 点上，先照准第一个目标 A，按 F1（置零）键和 F3（是）键设置目标 A 的水平角为 0°00′00″，然后照准第二个目标 B，屏幕直接显示目标 B 的水平角 HR 和垂直角 V。

2. 水平角（右角/左角）测量模式的转换

确认处于角度测量模式，按 F4（↓）键两次转到第 3 页功能，按 F2（R/L）键，则右角模式（HR）切换到左角模式（HL）。每次按 F2（R/L）键，HR/HL 两种模式交替切换。通常使用右角模式观测。

3. 水平角读数的设置

水平角读数设置有两种方法：

（1）通过锁定角度值进行设置。确认处于角度测量模式，用水平微动螺旋转到所需的水平角，按 F2（锁定）键，这时转动照准部，水平读数不变；照准目标，按 F3（是）键，则完成水平角设置。

（2）通过键盘输入进行设置。确认处于角度测量模式，照准目标后按 F3（置盘）键，通过键盘输入所要求的水平角读数。

六、距离测量

目前，全站仪内置的测距仪大都采用相位式红外测距仪。距离测量可设为单次测量和 N 次测量。一般设为单次测量，以节约用电。距离测量有三种测量模式，即精测模式、粗测模式、跟踪模式。一般情况下用精测模式观测，最小显示单位为 1mm，测量时间约 2.5s。粗测模式最小显示单位为 10mm，测量时间约 0.7s。跟踪模式用于观测移动目标，最小显示单位为 10mm，测量时间约 0.3s。

在距离测量前应进行大气改正的设置和棱镜常数的设置，然后才能进行距离测量。由于仪器是利用红外光测距，光速会随着大气的温度和压力而改变，因此必须进行大气改正。仪器一旦设置了大气改正值，即可自动对测距结果实施大气改正。仪器设计是在温度 20℃，标准大气压 1013hPa 时气象改正值为 0ppm，其他情况下，可以输入温度、气压值由仪器自动计算，也可以根据公式直接计算出大气改正值（ppm）进行设置。

测距时，应根据使用的棱镜型号进行棱镜常数设置。仪器还可以对大气折光和地球曲率的影响进行自动改正。南方全站仪大气折光系数 K 有三种可供选择，即 $K=0.14$，$K=0.2$ 或不进行两差改正，相关设置在“工作模式设置”中进行。

距离测量的具体步骤：

（1）首先确认处于测角模式，按◢键进入距离测量模式。

（2）设置温度和大气压。预先测得测站周围的温度和大气压，按 F3（S/A）键，进入设置，再按 F3（T－P）键，输入温度和大气压；也可以按 F2（ppm）键，直接输入大气改正值。

（3）设置棱镜常数。南方全站仪的棱镜常数值为－30mm。在距离测量或坐标测量模式下按 F3 （S/A）键进入设置，按 F1 （棱镜）键输入棱镜常数值。

（4）照准棱镜中心后按键，距离测量开始，显示测量的水平距离（HD）；再次按键，显示变为水平角（HR）、垂直角（V）和斜距（SD）。

特别提示：在利用全站仪进行距离测量时，应进行温度改正、气压改正和棱镜常数改正。

任务三 全站仪的程序测量

全站仪的测量功能可分为基本测量功能和程序测量功能。基本测量功能的电子测角、电子测距已经在上一任务进行了介绍。程序测量功能包括坐标测量、放样测量、悬高测量、对边测量、偏心测量、后方交会测量、面积测量等。在这里，只着重介绍坐标测量、放样测量和数据采集。应特别需要注意的是，只要开机，电子测角系统即开始工作，并随仪器望远镜标准目标的变化实时显示观测数据。

一、坐标测量

坐标测量是根据已知点的坐标、已知边的坐标方位角，计算未知点坐标的一种方法。全站仪坐标测量原理是用极坐标法直接测定待定点坐标的，其实质就是在已知测站点，同时采集角度和距离，经微处理器实时进行数据处理，由显示器输出测量结果。实际测量时，需要输入仪器高和棱镜高，以及测站点的坐标，并进行定向后，全站仪可直接测定未知点的坐标。

具体操作步骤如下：

（1）在坐标测量模式下，按 F4 （↓）键，转到第二页功能，按 F3 （测站）键输入测站点点号和坐标。

（2）按 F2 （仪高）键，输入仪器高，按 F1 （镜高）键，输入棱镜高。

（3）在角度测量模式下，照准定向点（后视点），设定测站点到定向点的水平度盘读数，完成全站仪的定向。

（4）照准立于碎部点的棱镜，按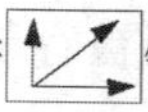键，开始测量，显示碎部点坐标。

注意：要先设置测站点坐标、仪器高、棱镜高及后视方位角后，才能测定坐标。

二、数据采集

NTS－352 全站仪可将测量数据存储在内存中，内存划分为测量数据文件和坐标数据文件。被采集的数据存储在测量数据文件中。在未使用内存于放样模式的情况下，最多可存储 3440 个点。

（一）数据采集操作步骤

（1）选择数据采集文件，使其所采集数据存储在该文件中。

(2) 选择坐标数据文件。可进行测站坐标数据及后视坐标数据的调用（当无需调用已知点坐标数据时，可省略此步骤）。

(3) 置测站点。包括仪器高和测站点点号及坐标。

(4) 置后视点，通过测量后视点进行定向，确定方位角。

(5) 置待测点的棱镜高，开始采集，存储数据。

(二) 数据采集操作过程

1. 数据采集文件的选择

首先必须选定一个数据采集文件，在启动数据采集模式之后即可出现文件选择显示屏，如图 7-7 所示，由此可选定一个文件。

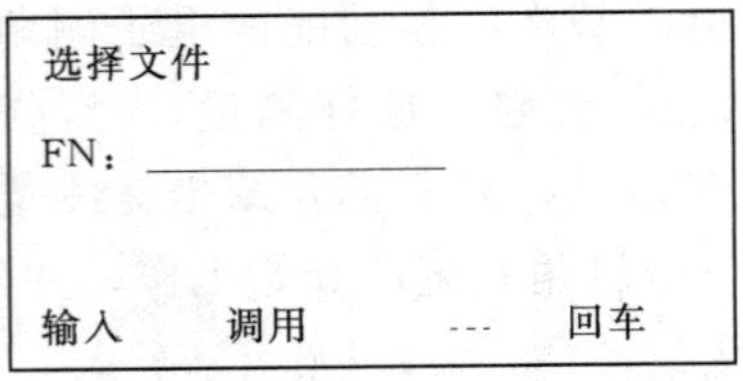

图 7-7 选择文件

2. 坐标文件的选择（供数据采集时调用）

若需调用坐标数据文件中的坐标作为测站点或后视点坐标，则预先应由数据采集菜单的第 2 页选择一个坐标文件。

3. 输入测站点和后视点（定向点）数据

在数据采集模式下输入或改变测站点和定向角数值。

测站点坐标可按如下两种方法设定：

(1) 利用内存中的坐标数据来设定。

(2) 直接由键盘输入。

后视点定向角可按如下三种方法设定：①利用内存中的坐标数据来设定；②直接键入后视点坐标；③直接键入设置的定向角。

注意：方位角的设置需要通过测量来确定。

4. 进行待测点的测量，并存储数据

(1) 由数据采集菜单第 1 页，按 F3（测量）键，进入待测点测量。

(2) 按 F1（输入）键，输入待测点点号后，按 F4 确认。

(3) 按同样方法输入棱镜高，按 F3（测量）键。

(4) 照准目标点，按 F1 到 F3 中的一个键，例如按 F2（斜距）键，开始测量，或者按 F3（坐标）键，开始测量。测量结束，数据被存储，显示屏变换到下一个镜点；输入下一个镜点数据，如棱镜高，并照准该点，按 F4（同前）键，仪器将按照上一个镜点的测量方式进行测量，测量数据被存储。

按同样方式继续测量，按 ESC 键即可结束数据采集模式。

三、放样测量

放样测量就是根据已有的控制点或地物点，按工程设计要求，将建（构）筑物的特征点在实地标定出来。因此，首先要确定特征点或原有建筑物之间的角度、距离和高程关系，这些位置关系称为放样数据，然后利用测量仪器，根据放样数据将特征点测设到实地。放样的基本工作包括角度和距离（斜距、平距）放样、平面位置和高程放样等多种形式。在放样过程中，通过对照准目标点的角度、距离、坐标测量，仪器将显示输入放样值与实测值的差值以指导放样。显示的差值由如下公式计算：

斜距差值 = 斜距实测值 − 斜距放样值
平距差值 = 平距实测值 − 平距放样值
高程差值 = 高程实测值 − 高程放样值
角度差值 = 角度实测值 − 角度放样值

南方全站仪的放样功能包括距离放样和坐标放样。

（一）距离放样

该功能可显示出测量的距离与输入的放样距离之差，即测量距离－放样距离＝显示值。放样时可选择平距（HD），高差（VD）和斜距（SD）中的任意一种放样模式。

在距离测量模式下按[F4]（↓）键，进入第 2 页功能，按[F2]（放样）键，显示出上次设置的数据。通过按[F1]～[F3]键选择测量模式：[F1]，平距；[F2]，高差；[F3]，斜距。然后输入放样距离，照准目标（棱镜）测量开始，屏幕即显示出测量距离与放样距离之差。移动目标棱镜，直至距离差等于 0m 为止。

（二）坐标放样

1. 放样过程

在放样的过程中，有以下几步：

（1）选择放样数据文件，使其放样数据存储在该文件中。

（2）选择坐标数据文件。可进行测站坐标数据及后视坐标数据的调用。

设置测站点，输入测站点的点号、坐标和仪器高。设置测站点的方法有数据采集中所述的两种方法。

（3）设置后视点，确定方位角。

后视点设置有数据采集中所述的三种方法可供选用。

（4）输入所需的放样坐标，开始放样。

2. 实施放样的方法

实施放样有两种方法可供选择：

（1）通过点号调用内存中的坐标值。

（2）直接键入坐标值。

3. 具体坐标放样过程

（1）由放样菜单第 1 页按[F3]（放样）键，选择放样功能，然后按[F1]（输入）键，输入测站点点号，按[F4]（“ENT”）键。按同样方法输入棱镜高，当放样点设定后，仪器就进行放样元素的计算：HR——放样点的水平角计算值；HD——仪器到放样点的水平距离计算值。

（2）照准棱镜，按[F1]角度键，这时屏幕显示：点号——放样点；HR——实际测量的水平角；dHR——对准放样点仪器应转动的水平角；dHR＝实际水平角－计算的水平角。

根据显示的 dHR 值，转动仪器，当 dHR=0°00′00″时，即表明放样方向正确。

（3）按[F1]（距离）键，屏幕显示：HD——实测的水平距离；dHD——对准放样点尚差的水平距离，dHD=实测水平距离—计算水平距离。

保持方向不变，前后移动棱镜，按[F1]（模式）键进行精测，当显示值 dHD 为 0 时，则放样点的距离测设已经完成。

当十字丝对准棱镜中心，并且 dHR 和 dHD 均为 0 时，则放样点的平面位置测设完成。

（4）按[F3]（坐标）键，即显示坐标值，按[F4]（继续）键，进入下一个放样点的测设。

任务四　全站仪的存储管理模式与数据通信

一、全站仪的存储管理模式

南方 NTS-352 全站仪除了可以进行上述测量工作外，还可以进行数据的存储与管理，以及数据通信等工作。在存储管理模式下可使用下列内存项目：

（1）文件状态。显示已存储的测量数据文件和坐标数据文件总数和数据个数，显示剩余内存空间。

（2）查找。查阅记录数据，即可查阅测量数据、坐标数据和编码库。共有三种查阅方式：查阅第一个数据，查阅最后一个数据，按点号或登记号查找数据。在查阅模式下，点名、标识符、编码、仪高和镜高可以被修改，但观测值不可以修改。

（3）文件维护。在此模式下，可以删除文件、编辑文件名和查找文件中的数据。

（4）输入坐标。将控制点或放样点的坐标数据输入并存入坐标数据文件。

（5）删除坐标。删除坐标数据文件中的坐标数据。

（6）输入编码。将编码数据输入并存入编码库文件。

（7）数据传送。可以直接将内存中的测量数据或坐标数据或编码库数据发送到计算机，也可以从计算机将坐标数据或编码库数据直接装入仪器内存，还可进行通信参数的设置。

（8）初始化。用于内存初始化，可以对所有测量数据和坐标数据文件初始化，对编码库数据初始化及对文件数据和编码数据初始化，但测站点坐标、仪器高和棱镜高不会被初始化。

二、数据通信

所谓数据通信，是指计算机与计算机之间，或计算机与数据终端（如全站仪）之间经通信线路而进行的信息交流与传送的通信方式。下面介绍几个数据通信的基本概念。

（一）数据通信方式

数据通信有三种基本方式：单工、半双工和全双工。

1. 单工方式

在单工方式下，只允许在规定的方向上传输数据，而不允许向相反方向传输数据。换句话说，数据通信是单方向的通信。在通信双方中，根据数据流向，一方总是发送单元，另一方总是接收单元，绝不允许接收单元发送数据。单工方式好比是只允许车辆单向行驶的单行线路。其通信方式如图 7-8 所示。

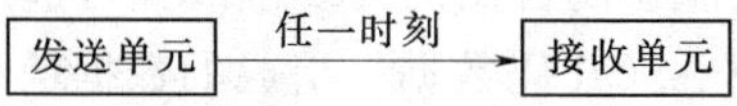

图 7-8　单工通信示意图

2. 半双工方式

在半双工方式下，通信双方中，每一方都具备发送和接收功能，但当一方是发送单元时，另一方必须是接收单元。同理，当一方由接收单元变为发送单元时，另一方必须从发送单元变为接收单元。即数据通信虽然是双向的，但并非是同时进行的，在任意时刻，只能在一个方向上传输数据。其通信方式如图 7-9 所示。

3. 全双工方式

在全双工方式下，任何时刻都允许在两个方向上传输数据。即发送数据单元在发送数据的同时也可以接收，而接收单元在接收的同时也可以发送数据。而且两个同时发送的信息可以有关也可以彼此无关，如图 7-10 所示。

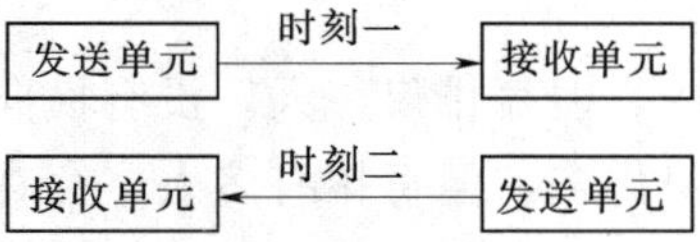

图 7-9　半双工通信示意图

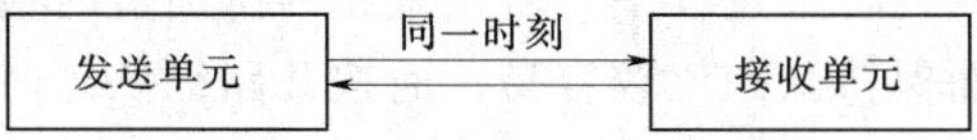

图 7-10　全双工通信示意图

为了便于理解，可以想象两个人打电话时的情景，每一边都可以听到对方的谈话；或者可设想有一条双向多车道高速公路，两个方向都有车流。

（二）数据信息的表示

数据通信所要传输的信息是由一系列字母和数字组成的，而沿着传输线传送时，信息是以电信号形式传送。因此，实际上先要把传送的字符信息转换为二进制形式，再把二进制信息转换为一系列离散的电子脉冲信号，用于表示二进制信息。

用二进制来表示字母、数字和一些特殊符号，国际上通常使用美国标准信息交换码，即 ASCII 码。数据通信时所传输的数据信息的二进制位数叫做数据位。它通常用 7 位二进制数表示，但有时也用 8 位二进制数表示。

例如：字母 A ASCII 为 41H（或 065）二进制信息为 1000001

数字 4 ASCII 为 34H（或 052）二进制信息为 0110100

（三）数据信息的校验

数据通信中，数据信号难免会遇到各种干扰。因此，发送单元发出的信息到了接收单元可能就会出现差错，尽管其出现差错的可能性很小，但一旦出现差错，所产生的影响则可能是巨大的。既然无法避免传输的差错，就得设法检测出这种差错，从而克服它们。

校验位，又称奇偶校验位，是指数据传输时接在每个 7 位二进制数据信息后面发送的第八位，它是一种检查传输数据正确与否的方法。即将 1 个二进制数（校验位）加到发送的二进制信息串后，让所有二进制数（包含校验位）的总和总保持是奇数或是偶数，以便在接收单元检核传输的数据是否有误。在全站仪数据通信中，校验位通常有三种方式：

（1）无校验（NONE）。这种方式规定发送数据信息时，不使用校验位。这样就使原来校验位所占用的第 8 位成为可选用的位，这种方法通常用来传送由 8 位二进制数（而不是 7 位 ASCII 码数据）组成的数据信息。这时，数据信息就占用了原来由校验位使用的位置。

（2）偶校验（EVEN）。这是一种最常用的方法，它规定校验位的值与前面所传输的二进制数据信息有关，并且应使校验位和 7 位二进制数据信息中“1”的总和总为偶数。换而言之，如果二进制数据信息中“1”的总数是偶数，则校验位为“0”，如果二进制数据信息中“1”的总数是奇数，则校验位是“1”。

（3）奇校验（ODD）。这种方法规定校验位的值与它所伴随的二进制数据信息有关，并且应使校验位和 7 位二进制数据信息中“1”的总和总为奇数。也就是说，如果数据信息中所有二进制数“1”的总数是偶数，则校验位为“1”，如果所有二进制数“1”的总数是奇数，则校验位是“0”。

（四）数据信息的传输方式

数据传输有串行传输和并行传输两种方式，他们的概念与队列行进的一路纵队和几路纵队是类似的。

在队列行进过程中，若按一路纵队前进时会慢一些，但每排仅一人，没有横向对齐问题，因而保持队列比较容易；而按几路纵队走时，会快得多，但每排有多人，存在横向对齐问题，因而保持队列比较困难。

1. 串行传输

当采用串行方式通信时，数据信息是按二进制位的顺序由低到高一位一位地在一条信号线上传送。例如对于上例来说，串行传输形式如图 7－11 所示。

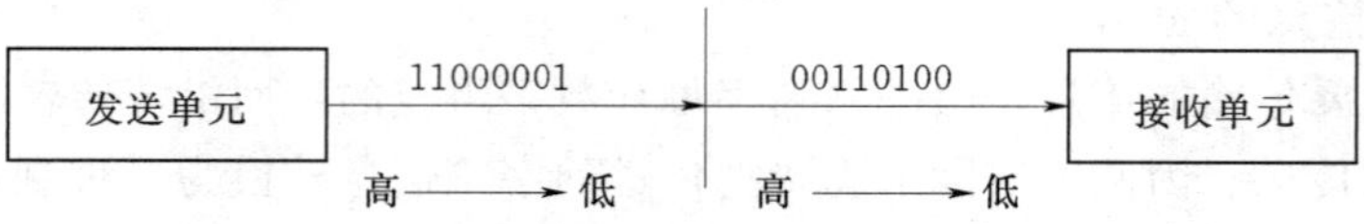

图 7－11 串行传输

这种方式传输速度慢，但设备要求简单，价格低廉，同时由于是在一条线上传输，每一个二进制数无论传输快慢，但最终均能组成完整而准确的信息，信号质量高，因此是常用的信息交换方法。

与串行传输相对应，在各种输入、输出设备和计算机系统上常装有串行通信接口。所谓接口是指输入输出设备与计算机主机的连接设备。计算机系统最常用的串行接口是美国电子工业协会 EIA 规定的 RS－232C 标准接口，如计算机主机上的 COM1 和 COM2 两个标准接口。串行接口用于对通信速度要求不是很高的设备，如数字化仪、全站仪、鼠标等。在这些常用的输入输出设备上都有串行接口，可以很方便地用电缆直接与主机连接。

2. 并行传输

所谓并行传输，是指通过多条数据线将数据信息的各位二进制数同时并行传送，每位数要各占用一条数据线，如图 7－12 所示。

这种方式通信速度快，但各位数据必须要求同时发送，并按同一速度传送，接收单元才能收到完整而准确的信息，若各位数据发送速度快慢不一时，就可能收到错误信息。因而，必须使用专门技术和专门设备进行接收，制作成本较大。这种方式常用于计算机内部指令和数据的传输。

与并行传输相对应，在计算机主机上都配有适用于多种打印机、绘图仪的并行接口，如LPT1、LPT2等。使用通行的并行打印机连接电缆，各种型号的打印机就能与计算机连接使用。

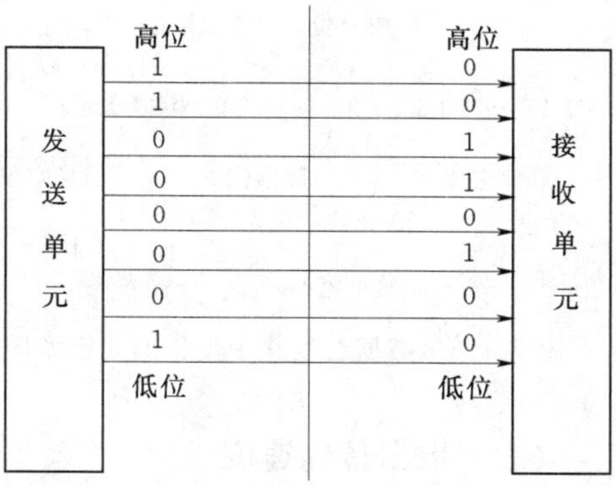

图7-12　并行传输

（五）同步传输与异步传输

1. 同步传输

同步传输是指每一个数据位都是用相同的时间间隔发送，而接收时也必须以发送时的相同时间间隔接收每一位信息。也就是说，在同步方式下，接收单元与发送单元都必须在每一个二进制位上保持同步，而不论是否传输数据。

同步传输类似自动扶梯。一部自动扶梯有若干台阶，每一个台阶站一个人或放一件行李（假如分别对应于“1”和“0”），工作时它总是平稳移动，不论是否载人或行李，每隔几秒钟总有一格台阶到达一端。同步传输时，接收单元的时间间隔判别是根据传过来的信息开头中的几个同步信号来判断的，后面的数据前就不再需要加同步信号。其通信方式如图7-13所示。

2. 异步传输

串行通信常采用异步传输方式。在这种方式下，由于接收单元不能准确预计什么时候要接收下一个数据串，因此发送单元在发送任意数据串之前首先发送一位二进制数进行报警，称为起始位，起始位之值为“0”。在发送起始位“0”后，马上就接着发送数据串。当发送数据信息完毕后，相应地在其后加上1位或2位二进制数，用来表示数据传送结束，叫做停止位，其值为“1”。

异步传输方式如图7-14所示。

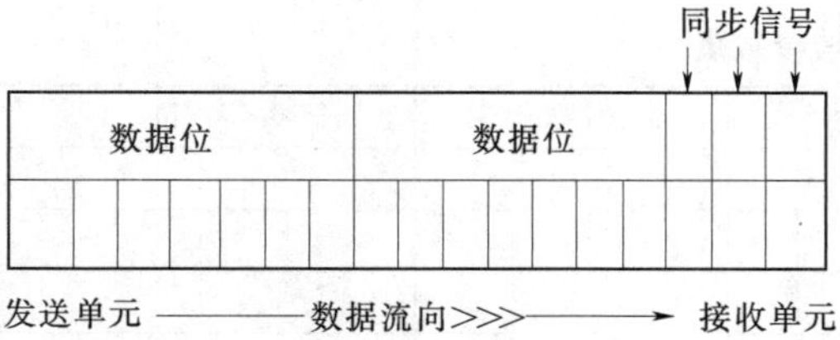

图7-13　同步传输方式

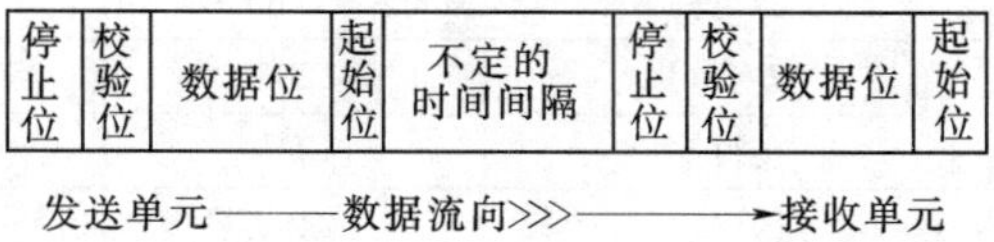

图7-14　异步传输方式

例如：发送一个字母A，其数据信息用7位ASCII码表示，为1000001，假定采用偶校验，再考虑数据的起始位和一位停止位，则数据信息应完整表示为1010000010。假设数据信息发送前后线路都是空闲的，则数据在线路中发送形式如图7-15所示。

（六）有无应答的数据传输

数据发送单元可以要求接收单元在接收到数据后发出回答信号，也可以不要求发出

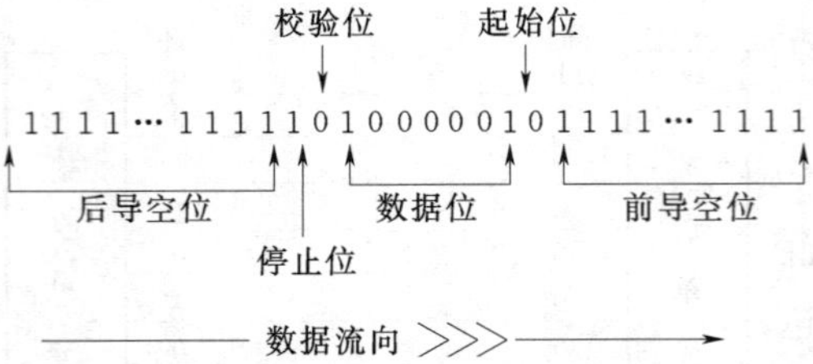

图 7-15 数据在线路中发送形式示意图

回答信号。如果是前者，发送单元在发送一组数据后，必须等待接收单元的回答信号，即承认信号（ACK）或不承认信号（NCK），当收到承认信号后，再传送下一组数据，如果收到不承认信号，发送单元将原数据再传送一次。如果是后者，发送单元将不考虑接收单元的反应，一个接一个地发送数据。

（七）数据传输速度

数据传输速度（也叫波特率）的快慢，用位/秒（bit/s）表示，即每秒钟传输数据的位数。

例如：如果数据传送的速率为 120 个字符/s，而每个字符又包含 10 位（起始位 1 位，数据位 7 位，校验位 1 位，停止位 1 位），则波特率为 1200（bit/s）。

常见的波特率有 75，150，300，600，1200，1800，2400，4800，9600 等。

（八）南方全站仪的数据通信

在进行数据通信时，首先要检查通信电缆连接是否正确；其次，要特别注意微机与全站仪的通信参数设置一定要一致，否则将无法进行数据传输。另外，每次野外工作之后要注意及时传送数据到电脑，可以保证仪器有足够内存，同时，也减少了数据丢失的可能性。

1. 通信参数的设置

由 menu 主菜单翻到第 3 页，按[F3]（存储管理）键；在存储管理模式下翻到第 2 页，按[F1]（数据传输）；在数据传输模式下，按[F3]（通信参数）。

在通信参数模式下，按[F1]（波特率）设置波特率；按[F2]（通信协议）设置通信协议；按[F3]（字符校验）设置字符校验。

表 7-3 是部分全站仪的通信参数。

表 7-3　　部分全站仪通信参数表

仪器名称	波特率/（$bit\cdot s^{-1}$）	奇偶性	字长	停止位
南方公司	1200	N	8	1
宾得	1200	N	8	1
徕卡	2400	E	8	1
索佳	1200	N	8	1
托普康	1200	E	8	1
尼康	4800	N	8	1

2. 数据传输

由 menu 主菜单翻到第 3 页，按[F3]（存储管理）键；在存储管理模式下翻到第 2 页，按[F1]（数据传输）；在数据传输模式下，按[F1]（发送数据），屏幕即显示如图 7-16 所示。

可按[F1]至[F3]中的一个键，如[F1]发送数据，屏幕即显示如图 7-17 所示。

选择发送数据类型，并输入待发送的文件名，即可发送数据。

数据传输
F1:发送数据
F2:接收数据
F3:通信参数

图 7-16　数据传输

发送数据
F1:测量数据
F2:坐标数据
F3:编码数据

图 7-17　发送数据

特别提示：在进行数据传输时，全站仪和电脑的通信参数设置必须一致，否则数据无法传输。

任务五　几种新型全站仪

一、WINCE 全站仪

Win 全站仪是指带有 WinCE 操作系统的全站仪，它使全站仪实现了电脑化、自动化、信息化和网络化。WinCE 是专为 PDA 产品设计的操作系统，最大的特色是桌上型 Windows 操作系统的缩小版本。与台式机上的 Windows 系统相比，WinCE 不仅具有与 Windows 相类似的图形用户界面 GUI，而且还具有相类似的应用程序接口 API，在资料的传输上拥有与现有 PC 绝对的兼容性，让使用者将在 PC 上的使用习惯顺利地延续到 WinCE 上来。

如图 7-18 所示为南方 NTS-960RWINCE 全站仪。主要特性如下：

(1) 拥有 WinCE 操作系统，彩色触摸屏，3.5 英寸超大液晶显示屏，界面友好，可通过底座的 MODEM 上因特网，下载网上资料。

(2) NTS-960 全站仪除拥有测角、测距、记录的基本功能外，还同时具有：标准测量程序、道路设计与放样程序、横断面设计与放样程序、边坡放样程序等，另外还可以预装南方精灵系列程序。装上精灵系列的 Win 全站仪兼具全站仪和南方精灵的功能，让用户彻底不再依赖 PDA、电缆。

(3) Win 全站仪可将测量的数据、地物信息实时显示在屏幕上，并现场成图。

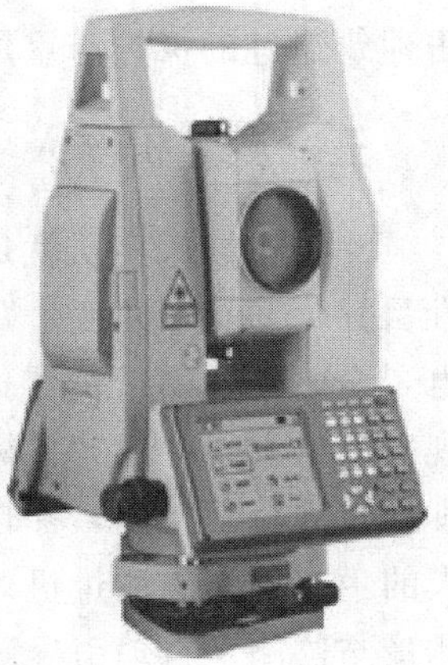

图 7-18　南方 NTS-960R 全站仪

(4) NTS-960 系列全站仪具备蓝牙、USB 接口，可通过这些接口传输文件、数据等。NTS-960 系列全站仪允许用户自由进行二次研发。

二、图像全站仪

图 7-19 为拓普康公司 2005 年推出的世界首创的 GPT-7000i 彩屏 WinCE 智能脉冲

图像全站仪。GPT-7000i全站仪采用WindowsCE操作系统，测距精度为2mm+2ppm（有棱镜）和±5mm（免棱镜），测程为3km（单棱镜）、250m（免棱镜）。主要特性如下：

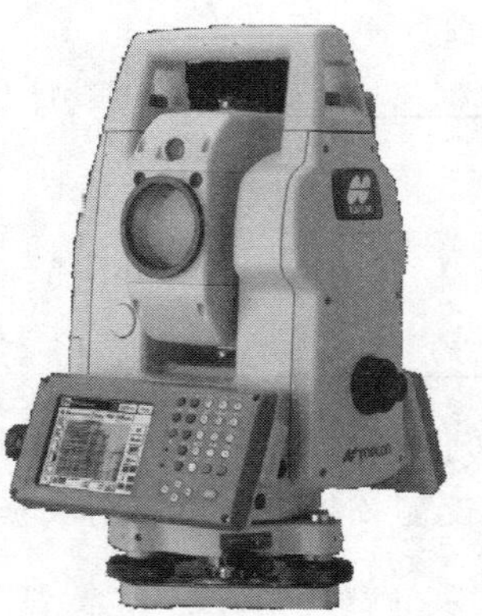
图7-19 拓普康7000i全站仪

（1）内置两个CCD数码相机（广角和长焦）。

（2）测量坐标与影像数据同步记录。在进行目标点测量、放样的同时，目标点区域周围的数字影像被同步记录下来，使用户方便地重新定位野外控制点，进行内业检查和处理。

（3）线特征自动提取。测量建筑物表面等具有大量明显特征的目标时，能通过影像处理技术，提供独特的自动边缘提取功能，大大提高了免棱镜测量边角点的精度。

（4）图形化操作界面，TFT触摸式彩色液晶显示屏，全面提升作业效率。

（5）高精度长距离无棱镜测距（250m）。

（6）内装功能强大的TopSURV机载软件。

（7）具有CF卡、USB、蓝牙和RC-232C多种数据通信接口。

拓普康GPT-7000i图像全站仪融合了最新的数字影像处理技术，将数字近景摄影测量和工程测量完美结合，它既能提高传统全站仪野外作业效率，也拓展了全站仪的应用领域。

GPT-7000i在测量单点信息的同时记录目标的数字影像，通过摄影测量方法实现了测量信息由点到面的转变，免棱镜测距功能便于测量像控点的坐标，实现无接触测量。GPT-7000i可广泛用于容积计算、数字化城市测量、意外事件现场勘察等，尤其适用于古建筑遗迹的保护与重建。

三、测量机器人

测量机器人实质就是自动电子全站仪，能代替人进行自动搜索、跟踪、辨识和精确照准目标，并获取角度、距离、三维坐标以及影像等信息的智能型电子全站仪。测量机器人通过CCD影像传感器和其他传感器对现实测量世界中的“目标”进行识别，迅速作出分析、判断与推理，实现自我控制，并自动完成照准、读数等操作，以完全代替人的手工操作。测量机器可广泛应用于自动变形监测、精密轨道测量与监测、自动引导测量、自动扫描测量、精密工程控制网测量等领域。

图7-20 徕卡TPS2003测量机器人

图7-20为徕卡TPS2003测量机器人，测角精度为0.5″，测距精度为1mm+1ppm，测程为5～2500m。主要特性如下：

（1）EGL电子导向光让持镜者迅速找到自己的位置。在望远镜筒的上方安置有两个闪烁的光源，使在目标点上的司镜员很容易地把棱镜移到望远镜的视线上。

（2）依靠高稳定、长寿命的马达驱动装置，特别适用于连续工作的场合，如长期连续变形监测、机械引导等。

（3）自动目标照准（ATR）功能可以使观测者粗略照准目标，并按测距键，全站仪将自动地驱动望远镜去照准棱镜的中心，然后测量距离，并测定望远镜停止位置和棱镜中心之间的偏离量来改正角度观测值。

（4）自动跟踪目标（LOCK 模式）可自动锁定棱镜，对移动目标自动跟踪。需要时，简单地按一下键，所有的测量值都记录下来，而不必中断跟踪。

（5）可以利用二次应用开发工具 GeoBasic，自主开发量身定做应用系统。

（6）全站仪配有许多实用的功能和应用程序：如放样、导线测量、隐蔽点测量、参考线放样、DTM 放样、定向与高程传递、面积计算、自由设站等，满足不同的需要。

四、超站仪

如图 7－21 所示，超站仪（Smart Station）是徕卡公司推出的地面测量仪器设备，它集成了现代全站仪、GPS 等技术发展的多种最新成果，代表了地面测量仪器设备的最先进水平。Smart Station 将全站仪与 GPS 完美结合，无需控制点，只需架设 SmartStation，并使用 GPS 确定该点的准确位置，然后就可以使用全站仪进行测量、放样。仅仅通过简单的安装调试，就可以简单、快速地进行测量作业。

图 7－21　超站仪

全站仪的技术指标：有棱镜测距精度，1mm＋1.5ppm；无棱镜测距精度，2mm＋2ppm；测程，1.5～3000m；无棱镜测距大于 1000m，彩色显示屏，触摸屏。

GPS 的技术指标：动态，水平精度 10mm＋1ppm；垂直精度 20mm＋1ppm；静态，水平精度 5mm＋0.5ppm，垂直精度 10mm＋0.5ppm。

主要特点：

（1）轻松点击获取 Smart Station 站点坐标。使用 Smart Station 无需考虑控制点，只需要架设好 Smart Station，按下 GPS 键并保持平稳，在基线 50km 的范围内只需很短时间即可得到厘米级精度的 RTK 位置信息，然后用全站仪进行测量作业。

（2）GPS 完全嵌入全站仪。借助于全站仪中完善的软件，所有的全站仪和 GPS 操作都可以通过全站仪的键盘进行。所有的数据存入在同一块 Compact Flash 卡中相同的一个数据库中。测量数据、系统状态信息以及其他任何信息都可在全站仪屏幕上显示出来。全站仪的内置电池也可为 GPS 的 Smart Antenna 天线和 RKT 通信设备供电。所有的组件完美整合在一起，每一个组件都可无缝连接，无需电缆、外部电源以及数据输出设备等。

（3）作为 Smart Station 使用，或者单独作为全站仪和 RTK 流动站。Smart Station 采用模块化设计，用户可根据需要以任意方式操作设备。在没有控制点的时候使用 Smart Station，一旦获得了准确的坐标位置，将 Smart Antenna 天线安装在对中杆上，配合 RX1210 控制器和 GTX1230 传感器，组合成一个完整的 RTK 流动站。使用 Smart Station 具备强大的灵活性。

习　题

1. 全站仪由哪几部分组成？一般具有哪些功能？
2. 南方 NTS－352 全站仪的工作模式设置包括哪些内容？
3. 南方 NTS－352 全站仪如何进行水平角的设置？
4. 南方 NTS－352 全站仪如何进行距离测量？
5. 南方 NTS－352 全站仪如何进行坐标测量？
6. 南方 NTS－352 全站仪如何进行数据采集？
7. 南方 NTS－352 全站仪如何进行坐标放样？
8. 数据通信的方式有哪些？
9. 什么是波特率？什么是校验位？
10. 全站仪在进行数据传输之前应进行哪些设置？

第二篇 地形图测绘

项目八 小地区控制测量

内容提要 本项目共分六个任务，主要介绍了导线测量、交会测量，三、四等水准测量和三角高程测量的方法以及GPS在控制测量中的应用。本项目的重点是：图根导线的布设形式及外业工作，坐标正算与坐标反算，闭合导线、附合导线的坐标计算，三等、四等水准测量和三角高程测量。本项目的难点是：坐标反算中的方位角计算，闭合导线和附合导线的坐标计算，三等、四等水准测量。

任务一 控制测量概述

知识链接： 大家知道，测量的三项基本工作是角度测量、距离测量和高程测量。这三项基本工作的目的就是要计算出地面点的三维坐标，即（X，Y，H）。地面点坐标如何求取？如何减少误差从而计算出高精度的地面点坐标？我们必须按照一定的原则、方式进行，这就是本项目主讲的控制测量。

通过前面的学习，大家了解到：任何测量过程均不可避免地存在着测量误差。随着测量范围（测区）的扩大，误差在测量数据的传递过程中形成累积，将越来越影响测量成果的准确性。那么，如何使测量误差的累积得到控制，以保证图纸上所测绘的内容精度均匀，使相邻图幅之间正确衔接，以及施工放样点位的精度满足施工的要求呢？要满足上述要求，使地形图有一定的准确性和可靠性，使放样点位精度满足施工需要，就必须在测绘地形图或施工放样之前先进行控制测量。

所谓“控制测量”，顾名思义就是使整个测区的测量误差不超出一定范围而进行的测量工作，即先在整个测区范围内以较高精度测定少量地面点的平面位置和高程。这些少量的地面点通常称为控制点，把相关的控制点联系起来，构成一定的几何形状，在测量上就称为控制网。控制测量分为平面控制测量和高程控制测量。

一、国家基本控制网的概念及等级

国家为了满足国防、科研及经济建设等各种不同的需要，必须在全国领土范围内建立精密的控制网，这就是国家大地控制网。用以控制平面位置的为基本平面控制网；用以控制高程的为基本高程控制网。

国家基本控制网按照精度不同，分为一等、二等、三等、四等，由高级到低级逐步建立。

国家一等平面控制网主要采用纵横三角锁的形式布设，如图 8-1 所示。三角形边长约 20～25km。在锁系交叉处精密测定起始边长，在起始边两端还用天文测量的方法测定天文方位角，用来控制误差传播和提供起算数据。一等三角锁的主要作用是统一全国坐标系统，控制以下各级控制测量和为研究地球形状及大小提供精确资料。

国家二等平面控制网主要采用三角网布设，一般称为二等全面网。它是以连续三角网的形式布设在一等锁环内的地区，如图 8-2 所示。我国二等网平均边长为 13km，网的中间通常选一条边，测定其边长并进行天文测量。二等全面网的作用是满足测图控制的需要。由于一等、二等锁网中要进行天文测量，所以常称之为国家天文大地网。

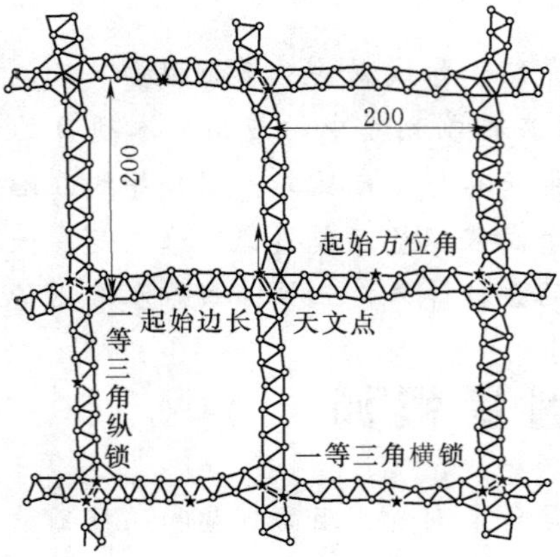

图 8-1 国家一等三角锁（单位：km）

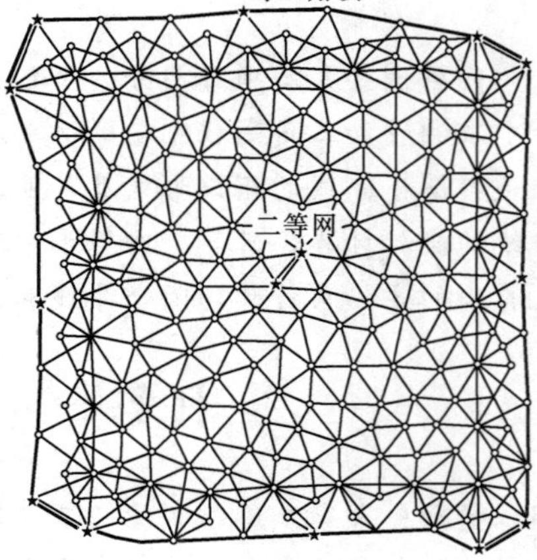

图 8-2 国家二等三角网

国家三等、四等平面控制网是在二等三角网基础上，根据需要，采用插网方法布设。当受地形限制时，也可采用插点法进行施测。三等三角网平均边长为 8km，四等网边长一般为 2～6km。三等、四等控制测量主要为地区测图提供首级控制。国家基本网布设规格及技术要求见表 8-1。

表 8-1　国家基本网规格及技术要求

等级	平均边长/km	测角中误差	三角形最大闭合差	起始边相对中误差
一等网	20～25	±0.7″	±2.5″	1∶350000
二等网	13	±1.0″	±3.5″	1∶250000
三等网	8	±1.8″	±7.0″	1∶150000
四等网	2～6	±2.5″	±9.0″	1∶100000

国家高程控制测量主要用水准测量方法进行。按照精度要求的不同，分为一等、二等、三等、四等水准测量，其布设原则同样也是遵循“由高级到低级，逐级控制”的原则来布设的。另外用三角高程测量作为高程控制的补充。各级国家控制测量经过严密的数据处理，可得到大地点的精确位置（平面坐标和高程），为地形测量、工程建设提供起算数据。各等级水准测量的技术指标见表 8-2。

表 8-2　　水准测量技术指标

等级	水准网环线周长/km	附合线路长度/km	每公里高差中数		线路闭合差/mm
			偶然中误差/mm	全中误差/mm	
一等	1000～2000		±0.5	±1.0	$\pm 2\sqrt{L}$
二等	500～750		±1.0	±2.0	$\pm 4\sqrt{L}$
三等	200	150	±3.0	±6.0	$\pm 12\sqrt{L}$
四等	100	80	±5.0	±10.0	$\pm 20\sqrt{L}$

二、城市与工程控制网

1. 城市控制网

国家等级控制网控制的范围大、密度小，不能满足相对较小范围的城市规划和建设的需要，为此需要建立城市控制网。城市控制网一般根据城市的规模可在不同等级的国家基本控制网的基础上分级布设。建立城市控制网的规定和要求均列于《城市测量规范》(CJJ/T8—2011)。

对于城市平面控制网，中小城市一般以国家三等、四等网作为首级控制网，面积较小的城市（小于 10km^2）可用四等及四等以下的小三角网或一级导线网作为首级控制。与国家等级网相似，城市平面控制网可布设成三角网、精密导线网、GPS 网，只是相应等级的平均边长较短。三角网、边角网和 GPS 网的精度等级依次为二等、三等、四等和一级、二级；导线网的精度等级依次为三等、四等和一级、二级、三级。

城市高程控制网主要是水准网，等级依次分为二等、三等、四等。城市首级高程控制网不应低于三等水准，光电测距三角高程测量可代替四等水准测量。城市高程控制网的首级网应布设成闭合环线，加密网可布设成附合路线、结点网和闭合环，一般不允许布设水准支线。

2. 工程控制网

工程控制网是为满足各类工程建设、施工放样、安全监测等而布设的控制网。按用途分为测图控制网和专用控制网两大类。测图控制网是在各项工程建设的规划设计阶段，为测绘大比例尺地形图而建立的控制网；专用控制网是为工程建筑物的施工放样或变形观测等专门用途而建立的控制网。工程控制网一般根据工程的规模大小、工程建设所处位置的地形、工程建筑的类别等布设成不同的形式，精度要求也不一样。例如为满足道路建设的需要，一般布设成导线网，精度要求相对较低，而为满足大型工业厂房的设备安装、水利水电工程等一般布设成三角网，而且精度相对较高。国家制定了相应的测量规范《工程测量规范》(GB 50026—2007)。

三、图根控制网

在面积小于 15km^2 范围内建立的控制网，称为小区域控制网。在小区域范围内，根据面积大小和精度要求，分级建立控制网。在测区范围内建立统一的精度最高的控制网，称为首级控制网。由于国家等级控制点和首级控制点的密度不能完全满足测图的需要，必须建立直接为测图服务的控制网，该控制网称为图根控制网。

组成图根控制网的点，满足了直接测图的需要，这些控制点称为图根控制点，简称图根点。图根点有两个作用：①直接作为测站点，进行碎部测量；②作为临时增设测站点的依据。

图根点的密度是由测图比例尺和地形条件的复杂程度决定的。平坦开阔地区的密度不应低于表 8-3 的规定。对于地形复杂以及城市建筑区，可适当加大图根点的密度。

表 8-3　　图根点的密度指标

比例尺	每平方公里的控制点数	每幅图的控制点数	比例尺	每平方公里的控制点数	每幅图的控制点数
1∶5000	4	20	1∶1000	40	10
1∶2000	15	15	1∶500	120	8

四、小区域控制网的建立方法

小区域控制网的建立是根据测区面积的大小，按精度要求分级建立控制网。小区域控制网的布设形式随科学技术的发展而变化，由传统而经典的三角测量，如三角锁、三角网、大地四边形等形式转化为以光电技术和空间信息为主导的全站仪导线测量和 GPS 控制测量方式。目前小区域控制网建立的方法主要有：导线测量和 GPS 测量等形式。

导线测量是将地面点和未知点构成一系列的折线，观测其相邻折线所夹的水平角和折线边的水平距离，由已知数据和观测数据推算未知点坐标。导线测量因选点灵活，工作效率高，在光电技术普及使用的今天，仍然是小区域控制测量的主要方法。

GPS 测量是一种现代的控制测量方法，在小区域控制测量中，特别是 RTKGPS 技术，比导线测量更灵活，更快捷，是目前正在推广使用的新方法。

小区域高程控制测量通常采用水准测量和三角高程测量。

本项目所讲述的平面控制测量以图根导线测量为对象，有关具体的测量方法和精度均按图根级的要求阐述。高程控制测量仅介绍三等、四等水准测量和三角高程测量。

特别提示：所有工程建设都要建立控制网，也就是我们通常所说的施工控制网（即小区域控制网）。如何建立控制网，如何施测、如何进行数据处理？必须依据测量作业规范。规范又分为国家标准和行业标准，因此不论从事何种行业的控制测量，首先要依据国标，其次选用行业标准，切忌眉毛胡子一把抓。

任务二　图根导线测量的外业工作

前面已经讲述，导线测量是建立小区域平面控制测量的一种常用方法，特别是在地物、地形复杂的山区和建筑区，多采用导线测量的方法。

图根导线测量就是利用导线测量的方法测定图根控制点平面位置的测量工作。用经纬仪和钢尺进行的导线测量称为经纬仪导线测量；用全站仪进行的导线测量称为全站仪导线测量或光电测距导线测量。导线测量的外业工作主要包括踏勘与设计、选点与埋设标志、角度测量和距离测量等工作。

一、图根导线的布设形式

根据测区的条件和需要，在实际测量生产中，通常有以下几种布设形式。

1. 闭合导线

闭合导线是起止于同一已知点的封闭导线，如图 8-3 所示。导线从已知控制点出发，经过若干导线点，最后回到原起始点，形成一个封闭多边形。导线中已知方向与导线边的夹角称为连接角（图 8-3 中，β 即为连接角），闭合导线的起点应有一个连接角，在角度观测中，除观测各转折角外，还应观测其连接角，否则无法进行方位角的推算。

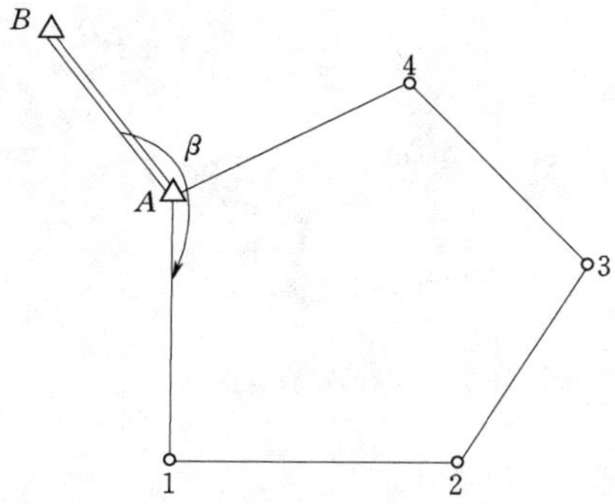

图 8-3　闭合导线示意图

2. 附合导线

附合导线是起止于两个已知点间的单一导线。如图 8-4 所示，导线从已知控制点出发，经过若干导线点，最后附合到另外一个已知点上。两端都有已知方向的称为双定向附合导线，简称附合导线（图 8-4 中 β_1、β_2 即为连接角）。若只有一端有已知方向，则成为单定向附合导线。若两端均无已知方向，则称为无定向附合导线。单定向附合导线和无定向附合导线在实际生产中应用较少。

3. 支导线

如图 8-5 所示。导线由一已知点和已知方向出发，既不附合到另外的已知点上，又不回到原有已知点上的导线，称为支导线（图 8-5 中 β 即为连接角）。由于支导线缺乏检核条件，不易发现错误，因此其点数不超过 2 个，它仅用于图根导线测量。

闭合导线、附合导线和支导线统称为单一导线。

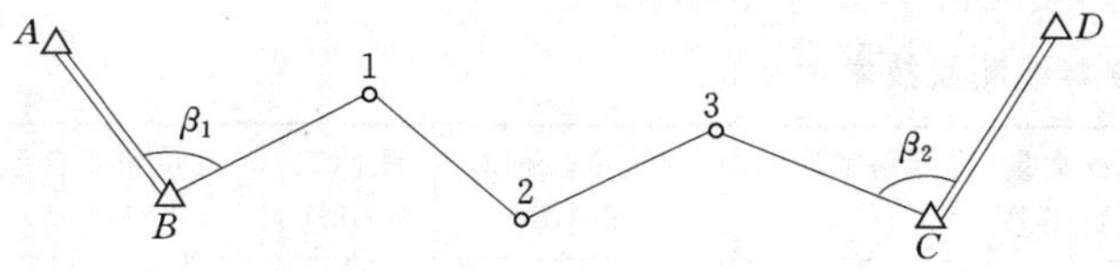

图 8-4　附合导线示意图

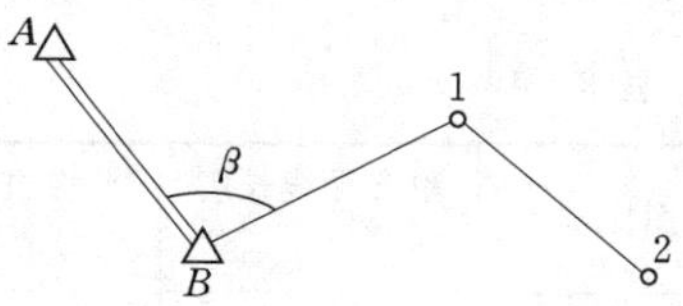

图 8-5　支导线示意图

4. 单结点导线

如图 8-6 所示，从 3 个或 3 个以上的已知点出发，布设 3 条或 3 条以上的导线，且这些导线汇合于一未知点上，该点称为节点。只有一个节点的导线称为单节点导线。节点导线的起始点一般应有已知方向。

5. 导线网

导线网是指由已知点和未知点连接成一系列折线并构成网状的平面控制图形。导线网至少包含一个节点或两个以上闭合环。单节点导线是最简单的导线网。导线网未知点多，控制范围大，计算复杂，具有较多的检核条件。如图 8-7 所示。

二、图根导线测量的外业工作

图根导线测量的外业工作主要包括：踏勘选点、建立标志、导线边长测量和角度测量等。

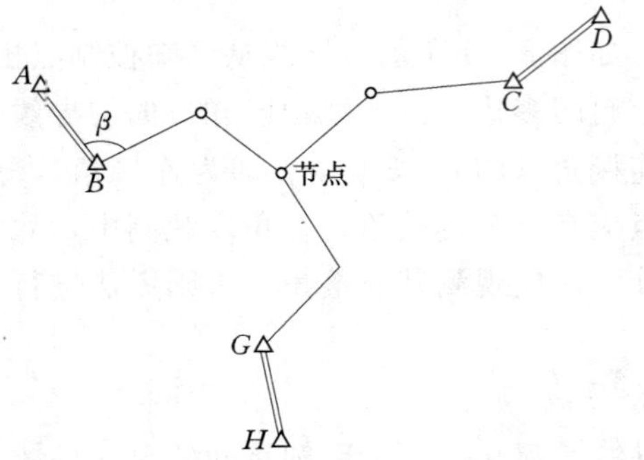

图 8-6 单节点导线示意图

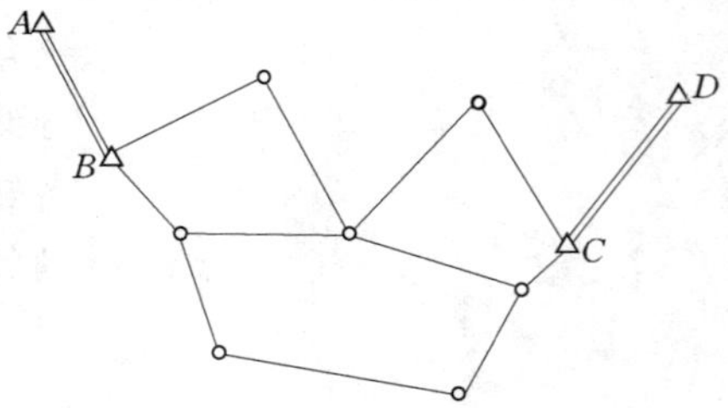

图 8-7 导线网示意图

1. 踏勘选点

在选点前，应先收集测区有关资料，如地形图、高一级控制点成果等资料。然后到现场踏勘，了解测区现状和寻找已知控制点，再拟订导线的布设方案。最后到野外踏勘选点。

所选择的控制点的点位应满足下列要求：

(1) 土质坚实，便于保存和安置仪器的地方。应避免在土质松软的地方选点。

(2) 相邻点间应相互通视良好，地势平坦，便于测角和量距。

(3) 导线点应选在视野开阔的地方，便于碎部测量。

(4) 导线边长应大致相等，其边长应符合表 8-4 的要求。

(5) 导线点应有足够的密度，分布均匀，便于控制整个测区。

表 8-4　　图根导线测量技术指标表

测图比例尺	附合导线长度/m	平均边长/m	往返丈量相对误差	测角中误差/(″)	导线全长相对闭合差	测回数(DJ_6)	方位角闭合差/(″)
1∶500	500	75	1/3000	±20	1/2000	1	$\pm 60\sqrt{n}$
1∶1000	1000	110					
1∶2000	2000	180					

2. 建立标志

导线点选定后，应在点位上建立标志。如果是临时性图根点，通常在点位上钉一个木桩，在桩顶钉一小钉作为点的标志，如图 8-8 所示。如需长期保留，需埋设永久性标志，如图 8-9 所示。同时还要根据周围地物情况绘制点之记略图。

3. 导线边长测量

导线边长一般用钢尺或测距仪直接测量。钢尺丈量时，应选用经过鉴定后的钢尺丈量，图根导线边长的丈量应为往返丈量，其丈量的相对误差应小于 1/3000。

4. 角度测量

导线的角度测量一般采用测回法观测。在导线角度测量中，附合导线一般测量左角，闭合导线测内角，支导线应观测左右角。DJ_6 经纬仪一般观测 1 个测回。

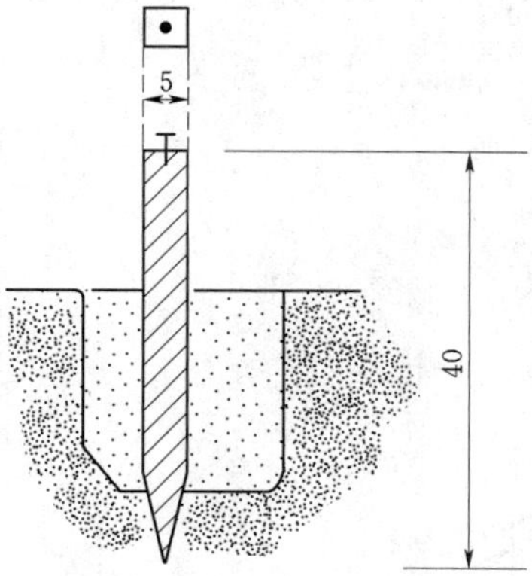

图 8-8　临时标志示意图（单位：cm）

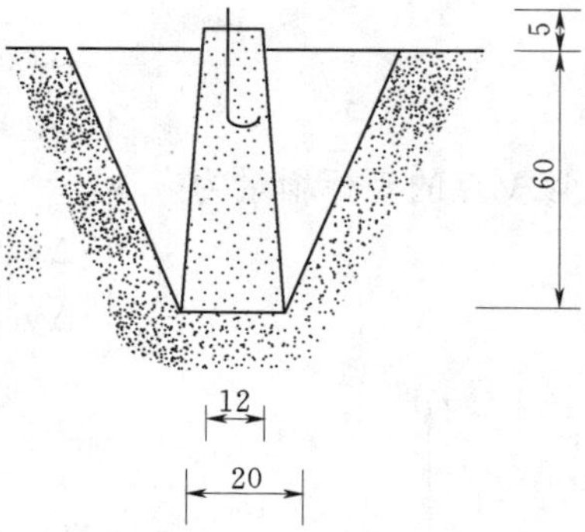

图 8-9　永久性标志示意图（单位：cm）

三、图根导线测量外业工作的注意事项

（1）严格按照测量规范要求进行施测。布设图根导线控制网，是测图的基础，如果出现了错误或精度达不到要求，就会给工程设计和施工带来损失。

（2）与高等级控制点联测。布设图根导线控制网，应尽量与测区内或测区附近的高等级控制点进行联测，以便求得起始点的坐标和起始边的坐标方位角。若测区附近没有高级控制点，则建立独立的控制网，用罗盘仪测定起始边的磁方位角，并假定起始点的坐标。

（3）城市导线测量。由于城市交通频繁，建筑物密集，图根点一般选在人行道上，为了方便测图，有时图根点常常布设在道路的交叉口处或主要建筑物附近。由于城市白天干扰大等原因，测角时应注意仪器和人身安全，为了提高效率也可在夜间进行施测。

（4）导线测量前应绘制观测略图，以防止观测错误。

任务三　图根导线测量的内业计算

当导线测量外业工作完成以后，就要进行导线内业计算工作。在内业计算之前，要全面检查外业观测数据有无遗漏，记录、计算是否有误，成果是否符合限差要求。只有在保证外业数据完全正确的前提下，才能进行内业计算工作，以免造成不必要的返工。为防止计算过程中出现错误，在导线计算前，还要根据外业成果绘制计算略图，将观测值标注在略图上。

一、坐标正算和坐标反算

1. 坐标增量

地面上两点的直角坐标值之差称为坐标增量，用 Δx_{AB} 表示 A 点至 B 点的纵坐标增量，Δy_{AB} 表示 A 点至 B 点的横坐标增量。坐标增量有方向性和正负意义，Δx_{BA}、Δy_{BA} 则表示 B 点至 A 点的纵、横坐标增量，其符号与 Δx_{AB}、Δy_{AB} 相反。

在图 8-10 中，设 A、B 两点的坐标分别为 $A(x_A, y_A)$、$B(x_B, y_B)$。则 A 至 B 点的坐标增量为

$$\begin{cases} \Delta x_{AB} = x_B - x_A \\ \Delta y_{AB} = y_B - y_A \end{cases} \tag{8-1}$$

而 B 至 A 点的坐标增量为

$$\begin{cases} \Delta x_{BA} = x_A - x_B \\ \Delta y_{BA} = y_A - y_B \end{cases} \tag{8-2}$$

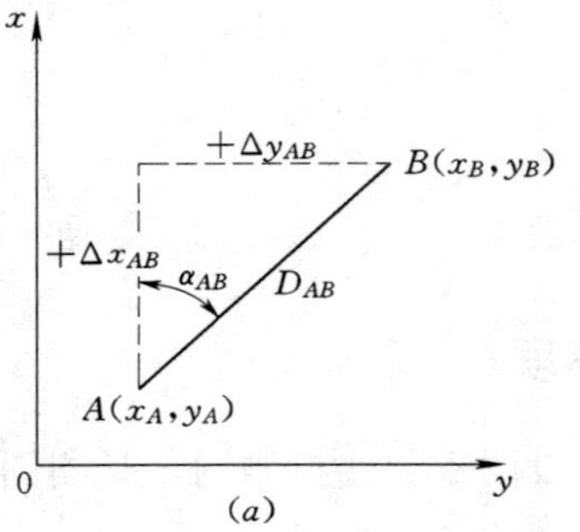

图 8-10　坐标增量示意图

很明显，A 点至 B 点与 B 点至 A 点的坐标增量，绝对值相等，符号相反。由于坐标方位角和坐标增量均带有方向性（由下标表示），需务必注意下标的书写次序。

2. 坐标正算

由一个已知点的坐标及该点至未知点的距离和坐标方位角，计算未知点坐标，称为坐标正算。

在图 8-10 中，已知 A 点的坐标为 $A(x_A, y_B)$，测出 A 点至 B 点的坐标方位角 α_{AB} 和水平距离 D_{AB}，求 B 点的坐标 (x_B, y_B)。其计算公式为

$$\begin{cases} x_B = x_A + \Delta x_{AB} = x_A + D_{AB}\cos\alpha_{AB} \\ y_B = y_A + \Delta y_{AB} = y_A + D_{AB}\sin\alpha_{AB} \end{cases} \tag{8-3}$$

3. 坐标反算

已知两点 A、B 的直角坐标，推算这两点之间的水平距离 D_{AB} 及坐标方位角 α_{AB}，称为坐标反算。如图 8-10 所示，已知 A 点的直角坐标为 (x_A, y_A)，B 点的直角坐标为 (x_B, y_B)，则距离 D_{AB} 及方位角 α_{AB} 的计算公式如下

$$D_{AB} = \sqrt{\Delta x_{AB}^2 + \Delta y_{AB}^2} = \sqrt{(x_B - x_A)^2 + (y_B - y_A)^2} \tag{8-4}$$

$$D_{AB} = \frac{\Delta y_{AB}}{\sin\alpha_{AB}} = \frac{\Delta x_{AB}}{\cos\alpha_{AB}} \tag{8-5}$$

$$\alpha_{AB} = \arctan\frac{\Delta y_{AB}}{\Delta x_{AB}} + \begin{cases} 0^\circ(\text{第 I 象限}) \\ 180^\circ(\text{第 II、III 象限}) \\ 360^\circ(\text{第 IV 象限}) \end{cases} \tag{8-6}$$

其中，α_{AB} 的象限可根据坐标增量 Δx_{AB}、Δy_{AB} 的符号确定，可参见表 8-5。

表 8-5　　　　象限角、方位角、坐标增量的关系

象限	象限角 R 与方位角 α 的关系	Δx	Δy
Ⅰ	$\alpha=R$	+	+
Ⅱ	$\alpha=180°-R$	−	+
Ⅲ	$\alpha=180°+R$	−	−
Ⅳ	$\alpha=360°-R$	+	−

二、闭合导线的计算

闭合导线是由折线组成的多边形，因而闭合导线必须满足两个几何条件：一个是多边形内角和条件；另一个是坐标条件，即从起算点开始，逐点推算导线各点的坐标，最后推算到起点，由于是同一个点，因此推算出的坐标应该等于已知坐标。

闭合导线计算的方法与步骤如下。

（一）角度闭合差的计算与调整

1. 角度闭合差的计算

由平面几何的知识可知，对于 n 边形，其内角和的理论值为

$$\sum\beta_{理}=(n-2)\times180° \tag{8-7}$$

由于角度观测过程存在误差，那么我们观测的内角之和与理论值的内角之和就会出现一个差值，这个差值称为闭合导线的角度闭合差。设角度闭合差为 f_β。则

$$f_\beta=\sum\beta_{测}-\sum\beta_{理}=\sum\beta_{测}-(n-2)\times180° \tag{8-8}$$

角度闭合差的大小在一定程度上标志着测角的精度。导线作为图根控制时，角度闭合差的容许值为

$$f_{\beta容}=\pm60''\sqrt{n} \tag{8-9}$$

式中　n——闭合导线内角的个数。

2. 角度闭合差的调整

当闭合差不大于其容许值时，即可将闭合差按相反符号平均分配到观测角中。每个角度的改正数设为 V_β 表示，则

$$V_\beta=-\frac{f_\beta}{n} \tag{8-10}$$

式中　f_β——角度闭合差，($''$)；

　　　n——闭合导线内角的个数。

特别提示： 如果 f_β 的值不能被导线内角数整除而有余数时，可将余数调整到短边的邻角上，使调整后的内角和等于 $\sum\beta_{理}$。

3. 调整后的观测值计算

设导线的角度观测值为 $\beta_{测}$，改正后的观测值为 $\hat{\beta}$，则

$$\hat{\beta}=\beta_{测}+V_\beta \tag{8-11}$$

（二）导线方位角的计算

由起算边方位角，再结合改正后的角度值，按第五章的坐标方位角推算公式，推算各

边方位角。

【例 8-1】 如图 8-11 所示，测得图根闭合导线各转折角、边长的值均标注于图上，求角度闭合差和各边的方位角。

解：（1）求角度闭合差。

$$f_\beta = \sum\beta_{测} - \sum\beta_{理} = \sum\beta_{测} - (n-2)\times180° = 360°00'36'' - 360° = +36''$$

$$f_{\beta容} = \pm 60''\sqrt{n} = \pm 120''$$

因为 $|f_\beta| \leqslant |f_{\beta容}|$，所以角度观测精度符合要求。

（2）计算角度改正数。

$$V_\beta = -\frac{f_\beta}{n} = -9''$$

则各角改正后的角度为

$$\hat{\beta}_2 = \beta_2 + V_\beta = 102°48'09'' - 9'' = 102°48'00''$$

$$\hat{\beta}_3 = \beta_3 + V_\beta = 78°51'06''$$

$$\hat{\beta}_4 = \beta_4 + V_\beta = 84°23'18''$$

$$\hat{\beta}_1 = \beta_1 + V_\beta = 93°57'36''$$

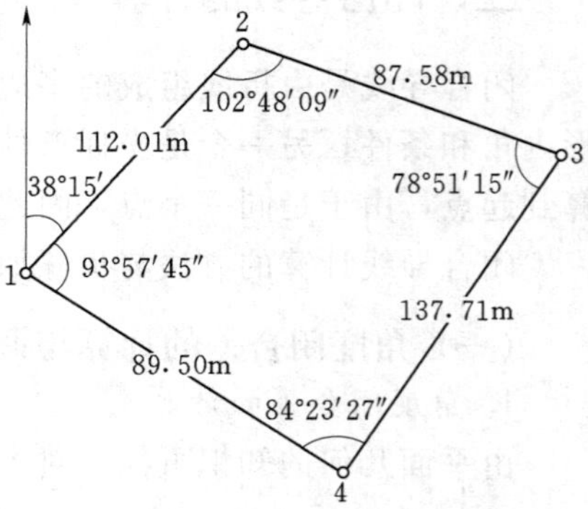

图 8-11 图根闭合导线坐标计算略图

（3）方位角推算。

由于观测角是右角，因此，采用以下公式推算方位角

$$\alpha_{前} = \alpha_{后} \pm 180° - \beta_{右} \tag{8-12}$$

$$\alpha_{23} = \alpha_{12} + 180 - \hat{\beta}_2 = 38°15' + 180° - 102°48'00'' = 115°27'$$

$$\alpha_{34} = \alpha_{23} + 180° - \hat{\beta}_3 = 216°35'54''$$

$$\alpha_{41} = \alpha_{34} + 180° - \hat{\beta}_4 = 312°12'36''$$

$$\alpha_{12} = \alpha_{41} + 180° - \hat{\beta}_1 = 38°15'00''$$

（三）坐标增量的计算与闭合差的调整

1. 坐标增量及坐标增量闭合差的计算

按照式（8-1）计算各边的坐标增量。对于图根闭合导线，如图 8-12 所示，各边 x 坐标增量总和与 y 坐标增量总和的理论值应等于零，即

$$\left.\begin{aligned}\sum\Delta x_{理} = 0\\ \sum\Delta y_{理} = 0\end{aligned}\right\} \tag{8-13}$$

由于观测值不可避免地包含误差，所以计算出的坐标增量总和一般不等于零，其不符值称为纵横坐标增量闭合差，分别用 f_x、f_y表示，即

$$\left.\begin{aligned}f_x = \sum\Delta x\\ f_y = \sum\Delta y\end{aligned}\right\} \tag{8-14}$$

2. 导线全长闭合差和相对误差的计算

所谓导线全长闭合差就是从起点出发，根据各边坐标计算值算出各点的坐标后，不能

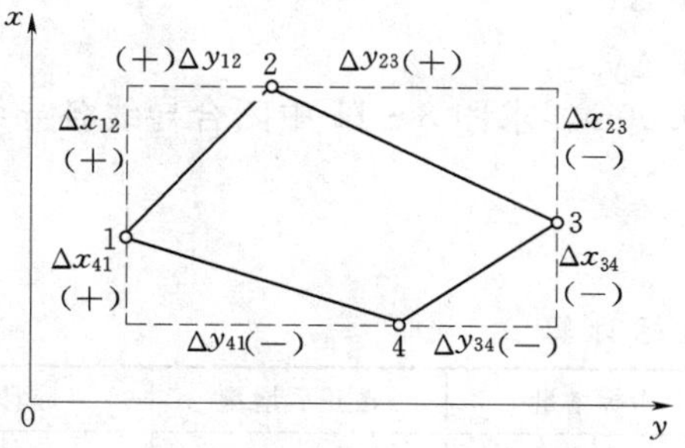

图 8-12　坐标增量闭合差示意图

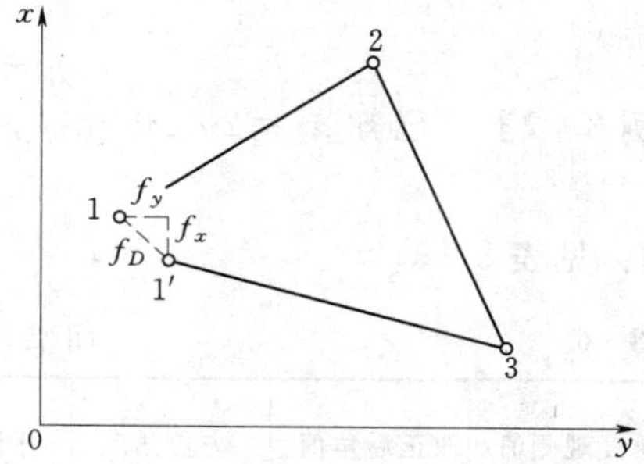

图 8-13　导线全长闭合差计算示意图

闭合于起点，造成错开现象，这种错开的距离长度称为导线全长闭合差，用 f_D 表示，如图 8-13 所示。f_x 即为 f_D 在 x 轴上的投影；f_y 即为 f_D 在 y 轴上的投影，则

$$f_D = \sqrt{f_x^2 + f_y^2} \tag{8-15}$$

导线全长相对闭合差为

$$K = \frac{f_D}{\sum D} = \frac{1}{\frac{\sum D}{f_D}} \tag{8-16}$$

对于图根导线，导线全长相对闭合差的容许值 $K_{容} = 1/2000$。

当 $K < K_{容}$ 时，导线测量的精度符合要求，可以进行闭合差的调整；否则成果不符合要求，不得进行内业计算，需进行外业检查，必要时重新测量。

3. 坐标增量闭合差的调整

由于坐标增量闭合差主要由于边长误差影响而产生，而边长误差大小与边长的长短有关，因此，坐标增量闭合差的调整方法是将增量闭合差 f_x、f_y 反号，按与边长成正比分配于各个坐标增量之中，使改正后的 $\sum\Delta x$、$\sum\Delta y$ 均等于零。设第 i 边边长为 D_i，其纵横坐标增量改正数分别用 $V_{\Delta x_i}$、$V_{\Delta y_i}$ 表示，则

$$\left.\begin{aligned} V_{\Delta x_i} &= -\frac{f_x}{\sum D} D_i \\ V_{\Delta y_i} &= -\frac{f_y}{\sum D} D_i \end{aligned}\right\} \tag{8-17}$$

式中　$\sum D$——导线边长总和，m；

D_i——第 i 边的边长，m。

改正后的坐标增量计算公式为

$$\left.\begin{aligned} \Delta\hat{x} &= \Delta x + V_{\Delta x_i} \\ \Delta\hat{y} &= \Delta y + V_{\Delta y_i} \end{aligned}\right\} \tag{8-18}$$

特别提示：改正数一般取至 mm，坐标增量改正数的总和应等于坐标增量闭合差的相反数，用此进行检核。如果有余数，可将余数调整到长边的坐标增量的改正数上。

（四）导线点坐标的计算

坐标增量调整后，可根据起算点的坐标和调整后的坐标增量，按照坐标正算公式 (8-3) 逐点计算各导线点的坐标，其计算公式为

$$x_i = x_{i-1} + \Delta\hat{x}_{i-1}$$
$$y_i = y_{i-1} + \Delta\hat{y}_{i-1} \tag{8-19}$$

【例 8-2】 已知 $x_1=200.00\text{m}$，$y_1=500.00\text{m}$，求图 8-11 中闭合导线各导线点的坐标。

解： 见表 8-6。

表 8-6 **闭合导线坐标计算**

点号	角度观测值/(° ′ ″)	改正后角值/(° ′ ″)	方位角/(° ′ ″)	平距/m	坐标增量		改正后增量		坐标	
					Δx/m	Δy/m	Δx/m	Δy/m	x/m	y/m
(1)	(2)	(3)	(4)	(5)	(6)	(7)	(8)	(9)	(10)	(11)
1									200.00	500.00
			38 15 00	112.01	+3 87.96	−1 69.34	87.99	69.33		
2	−09 102 48 09	102 48 00							287.99	569.33
			115 27 00	87.58	+2 −37.64	0 79.08	−37.62	79.08		
3	−09 78 51 15	78 51 06							250.37	648.41
			216 35 54	137.71	+4 −110.56	−1 −82.10	−110.52	−82.11		
4	−09 84 23 27	84 23 18							139.85	566.30
			312 12 36	89.50	+2 60.13	−1 −66.29	60.15	−66.30		
1	−09 93 57 45	93 57 36							200.00	500.00
			38 15 00							
2										
总和	360 00 36	360 00 00		426.80	−0.11	+0.03	0	0		

$f_\beta=\sum\beta_{测}-(n-2)\times180°=+36''$，$\sum D=426.80\ \text{m}$，$f_x=-0.11\text{m}$，$f_y=+0.03\text{m}$，$f_D=\sqrt{f_x^2+f_y^2}=0.114\ \text{m}$，
$f_{\beta容}=\pm60''\sqrt{n}=\pm120''$　　$K=1/3700<1/2000$（符合精度要求）

三、附合导线的计算

附合导线的计算与闭合导线的计算基本相同，只是在角度闭合差的计算和坐标增量闭合差的计算方面存在不同。

1. 附合导线角度闭合差的计算与调整

由于附合导线不是闭合多边形，因此其角度闭合差只能用推算方位角的方法来计算。如图 8-14 所示，根据起始边 AB 的坐标方位角及各转折角（左角），计算 CD 边的坐标方位角。

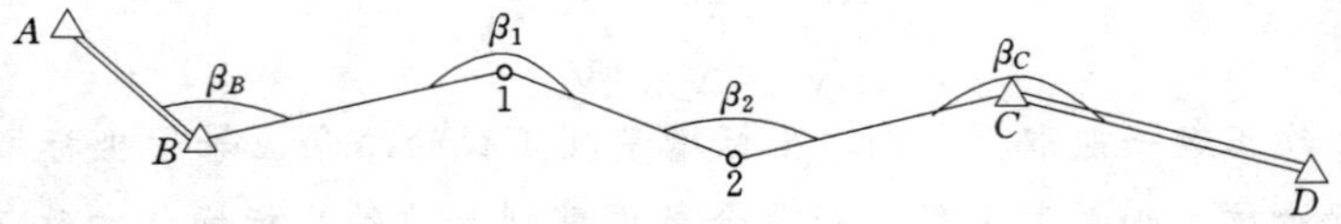

图 8-14　附合导线示意图

根据方位角推算公式

$$\alpha_{B1}=\alpha_{AB}+\beta_B\pm180°$$

$$\alpha_{12}=\alpha_{B1}+\beta_1\pm180°$$
$$\alpha_{2C}=\alpha_{12}+\beta_2\pm180°$$
$$\alpha'_{CD}=\alpha_{2C}+\beta_C\pm180°=\alpha_{AB}+\sum\beta_{测}\pm4\times180°$$

将上式写成一般公式为

$$\alpha'_{终}=\alpha_{始}+\sum\beta_{测}\pm n\times180° \quad (8-20)$$

式中　n——附合导线转折角个数；

$\alpha_{始}$——附合导线起始边方位角。

如果导线转折角为右角，则按下式计算

$$\alpha'_{终}=\alpha_{始}-\sum\beta_{测}+n\times180° \quad (8-21)$$

附合导线闭合差 f_β 为

$$f_\beta=\alpha'_{终}-\alpha_{终} \quad (8-22)$$

若闭合差在容许范围内，则将闭合差按相反符号平均分配给各左角；若观测的是右角，则将闭合差按相同符号平均分配给各右角。

2. 坐标增量闭合差的计算

附合导线是从一已知点出发，附合到另外一个已知点，因此，纵横坐标增量的代数和理论上不是零，而应等于起、终两已知点间的坐标差。如不相等，则其差值就是附合导线坐标增量闭合差，计算公式如下

$$\left.\begin{aligned}f_x&=\sum\Delta x_{测}-(x_{终}-x_{始})\\f_y&=\sum\Delta y_{测}-(y_{终}-y_{始})\end{aligned}\right\} \quad (8-23)$$

式中　$x_{始}$、$y_{始}$——附合导线起始点的纵、横坐标；

$x_{终}$、$y_{终}$——附合导线终点的纵、横坐标。

当计算出 f_x、f_y后，其余的计算与闭合导线完全相同，这里不再重复讲述。

【例 8-3】　图 8-15 是附合导线的计算略图，A、B 和 C、D 点是已知的高级控制

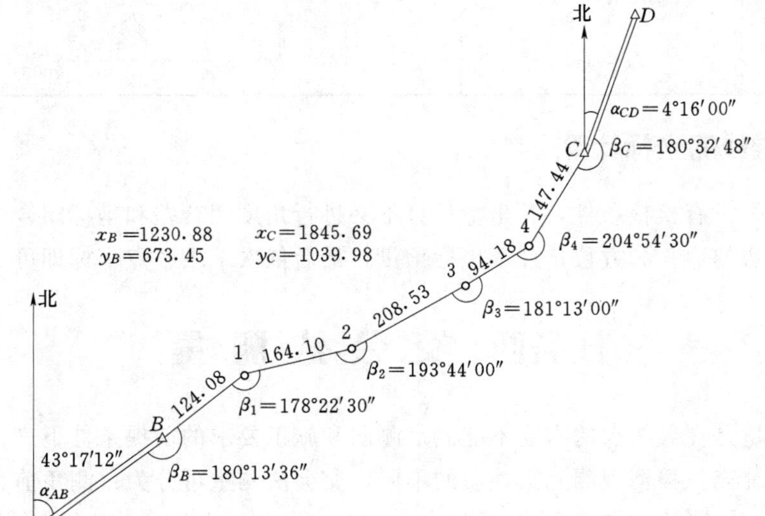

图 8-15　附合导线计算略图（单位：m）

点，α_{AB}、α_{CD}及(x_B,y_B)、(x_C,y_C)为起算数据，β_i和D_i分别为角度和边长的观测值，计算1～4点的坐标。计算过程见表8-7。

表8-7　　　　附合导线计算表

点号	观测角（右角）/(° ′ ″)	改正后的角度/(° ′ ″)	坐标方位角/(° ′ ″)	边长/m	增量计算值 改正数 Δx/m	增量计算值 改正数 Δy/m	改正后的增量值 Δx/m	改正后的增量值 Δy/m	坐标 x/m	坐标 y/m
1	2	3	4	5	6	7	8	9	10	11
A										
			43 17 12							
B	+8 180 13 36	180 13 44							1230.88	673.45
			43 03 28	124.08	−0.02 90.66	+0.02 84.71	90.64	84.73		
1	+8 178 22 30	178 22 38							1321.52	758.18
			44 40 50	164.10	−0.02 116.68	+0.03 115.39	116.66	115.42		
2	+8 193 44 00	193 44 08							1438.18	873.60
			30 56 42	208.53	−0.02 178.85	+0.03 107.23	178.83	107.26		
3	+8 181 13 00	181 13 08							1617.01	980.86
			29 43 34	94.18	−0.01 81.79	+0.02 46.70	81.78	46.72		
4	+8 204 54 30	204 54 38							1698.79	1027.58
			4 48 56	147.44	−0.02 146.92	+0.02 12.38	146.90	12.40		
C	+8 180 32 48	180 32 56							1845.69	1039.98
			4 16 00							
D										
Σ	1119 00 24	1119 01 12		738.33	+614.90	+366.41	+614.81	366.53		
$\alpha'_{CD}=4°16'48''$ $\alpha_{CD}=4°16'00''$ $f_\beta=+48''$		$f_{\beta容}=\pm 60''\sqrt{6}$ $=\pm 147''$ $f_\beta<f_{\beta容}$			$f_x=+0.09\quad f_y=-0.12$ $f=\sqrt{f_x^2+f_y^2}=0.15$ $K=\frac{0.15}{738.33}\approx\frac{1}{4900}<\frac{1}{2000}$					

四、支导线的坐标计算

由于支导线没有检核条件，其坐标计算不必进行角度闭合差和坐标闭合差的计算与调整，直接由各边的边长和方位角计算坐标增量，最后依次求出各点坐标即可。

任务四　交会法测量

交会法测量是在导线点的密度不能满足测图和施工要求的前提条件下进行的，是对控制测量的一种补充。根据观测元素性质的不同，交会法测量可分为：测角前方交会，如图8-16（*a*）所示；测角侧方交会，如图8-16（*b*）所示；测角后方交会，如图8-16（*c*）所示；测边交会，如图8-16（*d*）所示等几种方法。

由于后方交会法计算繁琐，工程应用不太广泛。因此，本任务以测角前方交会和侧方交会法计算为主，后方交会不再讲述。

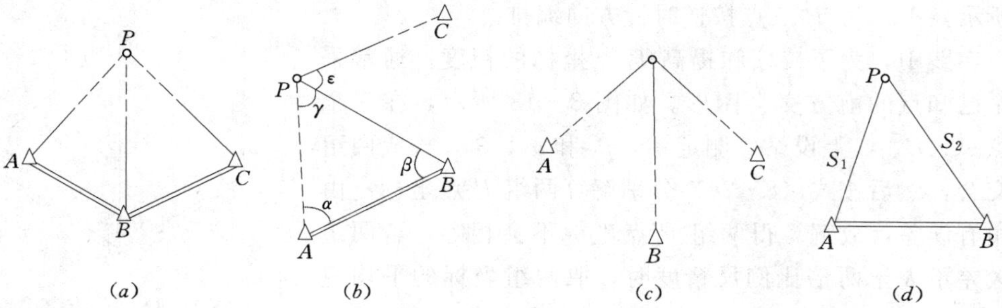

图 8-16　交会法测量示意图

交会法测量时，必须注意交会角不应小于 30°或大于 150°。交会角是指待定点至两相邻已知点方向的夹角。交会定点的外业工作与导线测量外业类同，下面重点介绍测角前方交会和侧方交会的内业计算。

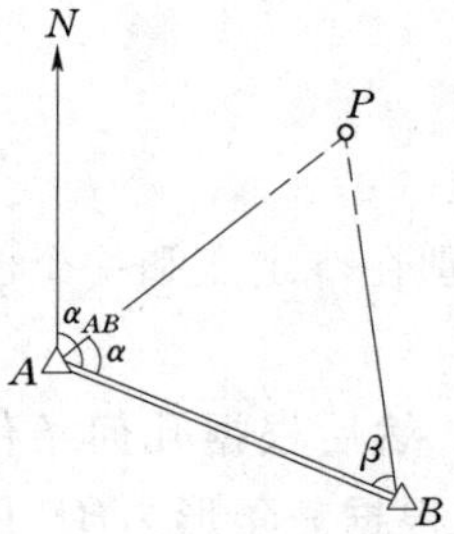

图 8-17　前方交会

一、测角前方交会法

所谓测角前方交会法测量就是在两个已知控制点上，分别对待定点（交会点）观测水平角，以计算待定点坐标的过程，称为测角前方交会法测量。

如图 8-17 所示，为测角前方交会基本图形。已知 A 点坐标为 X_A、Y_A，B 点坐标为 X_B、Y_B，在 A、B 两点上设站，观测出 α、β，通过三角形的余切公式求出加密点 P 的坐标。其坐标推算原理如下。

按导线计算公式，由图 8-17 可知

因
$$x_P = x_A + \Delta x_{AP} = x_A + D_{AP}\cos\alpha_{AP}$$

而
$$\alpha_{AP} = \alpha_{AB} - \alpha, D_{AP} = D_{AB}\sin\beta/\sin(\alpha+\beta)$$

则
$$\begin{aligned}
x_P &= x_A + D_{AP}\cos\alpha_{AP} = x_A + \frac{D_{AB}\sin\beta\cos(\alpha_{AB}-\alpha)}{\sin(\alpha+\beta)} \\
&= x_A + \frac{D_{AB}\sin\beta(\cos\alpha_{AB}\cos\alpha + \sin\alpha_{AB}\sin\alpha)}{\sin\alpha\cos\beta + \cos\alpha\sin\beta} \\
&= x_A + \frac{D_{AB}\sin\beta(\cos\alpha_{AB}\cos\alpha + \sin\alpha_{AB}\sin\alpha)/(\sin\alpha\sin\beta)}{(\sin\alpha\cos\beta + \sin\beta\cos\alpha)/(\sin\alpha\sin\beta)} \\
&= x_A + \frac{D_{AB}\cos\alpha_{AB}\cot\alpha + D_{AB}\sin\alpha_{AB}}{\cot\alpha + \cot\beta} \\
&= x_A + \frac{(x_B - x_A)\cot\alpha + y_B - y_A}{\cot\alpha + \cot\beta}
\end{aligned}$$

同理得

$$\left.\begin{aligned}
x_P &= \frac{x_A\cot\beta + x_B\cot\alpha + y_B - y_A}{\cot\alpha + \cot\beta} \\
y_P &= \frac{y_A\cot\beta + y_B\cot\alpha + x_B - x_A}{\cot\alpha + \cot\beta}
\end{aligned}\right\} \tag{8-24}$$

应用上式计算坐标时，必须注意实测图形的编号与推导公式的编号要一致，应按图 8-17 所示，A、B、P 三点按逆时针方向编排。

在实践中，为了校核和提高 P 点坐标的精度，通常采用三个已知点的前方交会图形。如图 8-18 所示，在三个已知点 A、B、C 上设站，测定 α_1、β_1 和 α_2、β_2，构成两组前方交会，然后按式（8-24）分别解算两组 P 点坐标。由于测角有误差，故解算得两组 P 点坐标不会相等，若两组坐标较差不大于两倍比例尺精度时，取两组坐标的平均值作为 P 点最后的坐标。即

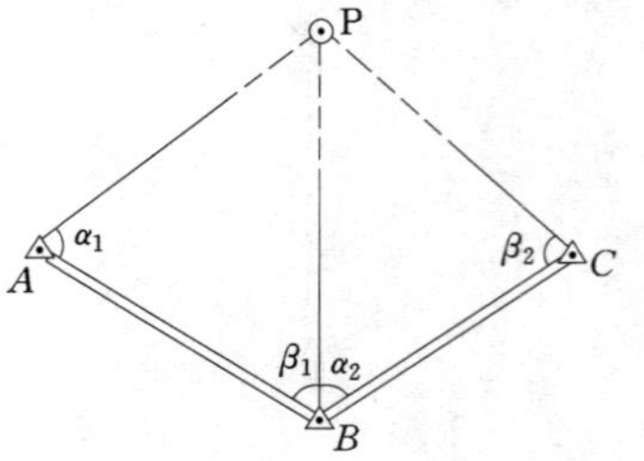

图 8-18 前方交会

$$f_D = \sqrt{\delta_x^2 + \delta_y^2} \leqslant f_{容} = 2 \times 0.1M(\mathrm{mm}) \tag{8-25}$$

式中 δ_x、δ_y——两组 x_P、y_P 坐标值之差；

M——测图比例尺分母。

二、侧方交会计算

侧方交会就是在两个已知控制点和待定点所组成的三角形中，分别在待定点和一个已知控制点上架设仪器观测其水平角，以计算待定点坐标的过程。

如图 8-16（b）所示，首先在 B 点和 P 点观测角度 β 角和 γ 角，然后根据几何条件解算控制点 A 上的角 α，显然 $\alpha = 180° - (\beta + \gamma)$，其交会点的坐标可根据三角形 ABP 用余切公式（8-24）进行计算，计算方法同前方交会，这里不再重复。

为了检查侧方交会点的精度，应根据算得的 P 点坐标和 B、C 两点的已知坐标反算出方位角 α_{PB}、α_{PC} 及距离 D_{PC}。$\angle BPC$ 的计算值 $\varepsilon_{算} = \alpha_{PB} - \alpha_{PC}$，与实测的角值 $\varepsilon_{测}$ 有一个差值 $\Delta\varepsilon$，即

$$\Delta\varepsilon = \varepsilon_{算} - \varepsilon_{测} \tag{8-26}$$

在 1∶5000 及 1∶10000 比例尺地形测图中，$|\Delta\varepsilon|$ 应小于或等于 $0.15M\rho/D_{PC}$；在 1∶500～1∶2000比例尺地形图中，$|\Delta\varepsilon|$ 则应小于或等于 $0.20M\rho/D_{PC}$（M 为测图比例尺分母）。

任务五 高程控制测量

小区域高程控制测量包括三等、四等水准测量，图根水准测量和三角高程测量。现分别介绍三等、四等水准测量和三角高程测量。

一、三等、四等水准测量

（一）三等、四等水准测量的技术要求

三等、四等水准测量，一般应与国家一等、二等水准网联测，使整个测区具有统一的高程系统。若测区附近没有国家一等、二等水准点，则在小区域范围内可假定起算点的高程，采用闭合水准路线的方法，建立独立的首级高程控制网。对于较小测

区，图根控制可作为首级控制。三等、四等水准测量及图根水准测量的精度要求列于表 8-8。

表 8-8　　水准测量的主要技术要求

等级	路线长度/km	水准仪	水准尺	观测次数		往返较差、附合或环线闭合差	
				与已知点联测	附合或环线	平地/mm	山地/mm
三等	≤50	DS_1	铟瓦	往返各一次	往一次	$\pm12\sqrt{L}$	$\pm4\sqrt{n}$
		DS_3	双面		往返各一次		
四等	≤16	DS_3	双面	往返各一次	往一次	$\pm20\sqrt{L}$	$\pm6\sqrt{n}$
图根	≤5	DS_3	单面	往返各一次	往一次	$\pm40\sqrt{L}$	$\pm12\sqrt{n}$

注　L 为路线长度，km；n 为测站数。

三等、四等水准测量一般采用双面尺法观测，其在一个测站上的技术要求见表 8-9。

表 8-9　　水准观测的主要技术要求

等级	水准仪的型号	视线长度/m	前后视较差/m	前后视累积差/m	视线离地面最低高度/m	黑红面读数较差/mm	黑红面高差较差/mm
三等	DS_1	100	3	6	0.3	1.0	1.5
	DS_3	75				2.0	3.0
四等	DS_3	100	5	10	0.2	3.0	5.0
图根	DS_3	150	大致相等	—	—	—	—

（二）三等、四等水准测量的观测程序和记录方法

三等、四等水准测量的观测应在通视良好，成像清晰稳定的情况下进行。下面以一个测段为例，介绍三等、四等水准测量双面尺法观测的程序，其记录与计算参见表 8-10。

1. 测站观测程序

（1）三等水准测量每测站照准标尺分划顺序为：

1）后视标尺黑面，精平，读取上、下、中丝读数，记为（1）、（2）、（3）。

2）前视标尺黑面，精平，读取上、下、中丝读数，记为（4）、（5）、（6）。

3）前视标尺红面，精平，读取中丝读数，记为（7）。

4）后视标尺红面，精平，读取中丝读数，记为（8）。

三等水准测量测站观测顺序简称为："后—前—前—后"（或黑—黑—红—红），其优点是可消除或减弱仪器和尺垫下沉误差的影响。

（2）四等水准测量每测站照准标尺分划顺序为：

1）后视标尺黑面，精平，读取上、下、中丝读数，记为（1）、（2）、（3）。

2）后视标尺红面，精平，读取中丝读数，记为（8）。

表 8-10　　三等、四等水准测量观测手簿

测站编号	测点编号	后尺 下丝 上丝 后距 视距差 d/m	前尺 下丝 上丝 前距 Σd/m	方向及尺号	标尺读数/m 黑面	标尺读数/m 红面	K 加黑减红/mm	高差中数/m	备注
		(1)	(4)	后	(3)	(8)	(14)		
		(2)	(5)	前	(6)	(7)	(13)	(18)	
		(9)	(10)	后一前	(15)	(16)	(17)		$K_{01}=4.787$
		(11)	(12)						$K_{02}=4.687$
		1.691	1.137	后 01	1.523	6.309	+1		
1	BM_1-Z_1	1.355	0.798	前 02	0.968	5.655	0	+0.5545	
		33.6	33.9	后一前	+0.555	+0.654	+1		
		−0.3	−0.3						
		1.937	2.113	后 02	1.676	6.364	−1		
2	Z_1-Z_2	1.415	1.589	前 01	1.851	6.637	+1	−0.1740	
		52.2	52.4	后一前	−0.175	−0.273	−2		
		−0.2	−0.5						
		1.887	1.757	后 01	1.612	6.399	0		
3	Z_2-Z_3	1.336	1.209	前 02	1.483	6.169	+1	+0.1295	
		55.1	54.8	后一前	+0.129	+0.230	−1		
		+0.3	−0.2						
		2.208	1.965	后 02	1.878	6.565	0		
4	Z_3-BM_2	1.547	1.303	前 01	1.634	6.422	−1	+0.2435	
		66.1	66.2	后一前	+0.244	+0.143	+1		
		−0.1	−0.3						
每页校核	$\Sigma(9)=207.0$　$\Sigma[(3)+(8)]=32.326$　$\Sigma[(15)+(16)]=+1.507$　$\Sigma(18)=+0.7535$ $\Sigma(10)=207.3$　$\Sigma[(6)+(7)]=30.819$　$2\Sigma(18)=+1.507$ $\Sigma(9)-\Sigma(10)=-0.3$　$\Sigma[(3)+(8)]-\Sigma[(6)+(7)]=1.507$ 总视距 $=\Sigma(9)+\Sigma(10)=414.3$ (m)								

3) 前视标尺黑面，精平，读取上、下、中丝读数，记为（4）、（5）、（6）。

4) 前视标尺红面，精平，读取中丝读数，记为（7）。

四等水准测量测站观测顺序简称为："后—后—前—前"（或黑—红—黑—红）。

2. 测站计算与校核

（1）视距计算。

后视距离：(9) = [(1) − (2)] × 100

前视距离：(10) = [(4) − (5)] × 100

前、后视距差：(11) = (9) − (10)

前、后视距累积差：本站(12) = 本站(11) + 上站(12)

(2) 同一水准尺黑、红面中丝读数校核。

前尺：$(13) = (6) + K - (7)$

后尺：$(14) = (3) + K - (8)$

(3) 高差计算及校核。

黑面高差：$(15) = (3) - (6)$

红面高差：$(16) = (8) - (7)$

校核计算：红、黑面高差之差 $(17) = (15) - [(16) \pm 0.100]$

或 $(17) = (14) - (13)$

高差中数：$(18) = [(15) + (16) \pm 0.100]/2$

在测站上，当后尺红面起点为 4.687m，前尺红面起点为 4.787 时，取 +0.100；反之，取 -0.100。

3. 每页计算校核

(1) 高差部分。

每页上，后视红、黑面读数总和与前视红、黑面读数总和之差，应等于红、黑面高差之和，还应等于该页平均高差总和的两倍，即

对于测站数为偶数的页

$$\sum[(3)+(8)]-\sum[(6)+(7)]=\sum[(15)+(16)]=2\sum(18)$$

对于测站数为奇数的页

$$\sum[(3)+(8)]-\sum[(6)+(7)]=\sum[(15)+(16)]=2\sum(18)\pm 0.100$$

(2) 视距部分。

末站视距累积差值

$$末站(12)=\sum(9)-\sum(10)$$

$$总视距=\sum(9)+\sum(10)$$

(三) 成果计算与校核

在每个测站计算无误后，并且各项数值都在相应的限差范围之内时，根据每个测站的平均高差，利用已知点的高程，推算出各水准点的高程，其计算与高差闭合差的调整方法，前面已经讲述，这里不再重复，至此完成了三等、四等水准测量的整个过程。

特别提示：在三、四等水准测量过程中，要严格按照规定的顺序进行观测和读数。另外，是否超限，记录员有一个简便的算法，即一般情况下，前两位数不会读错，关键看后两位。由于黑面读数加 87 等于红面读数后两位，观测员读完黑面读数后，记录员可心算加上 87，算出红面读数后两位的正确读数，并记在心里，等观测员读出红面读数后，记录员马上将后两位数进行比较，如在 ±3mm（四等要求）内，则成果合格，并记入手簿，否则重测。最后还应检核前两位是否正确。

二、三角高程测量

三角高程测量是加密图根高程的一种方法，特别适用于山区或高层建筑物上，因为在这些地区，水准测量作高程控制，困难大且速度慢。三角高程测量分为光电测距三角高程

测量和经纬仪三角高程测量两种。

(一) 三角高程测量的主要技术要求

三角高程测量的主要技术要求，是针对竖直角测量的技术要求，一般分为两个等级，即四等、五等，其可作为测区的首级控制，具体布设要求如下：

(1) 三角高程控制，宜在平面控制点的基础上布设成三角高程网或高程导线。

(2) 四等应起讫于不低于三等水准的高程点上，五等应起讫于不低于四等的高程点上。其边长均不应超过 1km；边数不应超过 6 条。当边长不超过 0.5km 或单纯作高程控制时，边数可增加 1 倍。

(3) 电磁波测距三角高程测量的主要技术要求，应符合表 8-11 的规定。

表 8-11　电磁波测距三角高程测量的主要技术要求

等级	仪器	测距边测回数	竖直角测回数		指标差较差 /(″)	竖直角较差 /(″)	对向观测高差较差 /mm	附合或环线闭合差 /mm
			三丝法	中丝法				
四等	DJ_2	往返各一次		3	≤7	≤7	$40\sqrt{D}$	$20\sqrt{\sum D}$
五等	DJ_2	往一次	1	2	≤10	≤10	$60\sqrt{D}$	$30\sqrt{\sum D}$
图根	DJ_6	往一次		2	≤25	≤25	$80\sqrt{D}$	$40\sqrt{\sum D}$

注　D 为电磁波测距边长度，km。

(二) 三角高程测量的原理

三角高程测量，是根据两点间的水平距离和竖直角计算两点的高差，然后求出所求点的高程。

如图 8-19 所示，在 A 点安置仪器，用望远镜中丝瞄准 B 点觇标的顶点，测得竖直角 α，并量取仪器高 i 和觇标高 v，若测出 A、B 两点间的水平距离 D，则可求得 A、B 两点间的高差，即

$$h_{AB} = D\tan\alpha + i - v \tag{8-27}$$

B 点高程为

$$H_B = H_A + D\tan\alpha + i - v \tag{8-28}$$

三角高程测量一般应采用对向观测法，如图 8-19所示，即由 A 向 B 观测称为直觇，再由 B 向 A 观测称为反觇，直觇和反觇称为对向观测。采用对向观测的方法可以减弱地球曲率和大气折光的影响。当对向观测所求得的高差较差满足表 8-11 的要求时，则取对向观测的高差中数为最后结果，即

$$h_{中} = \frac{1}{2}(h_{AB} - h_{BA}) \tag{8-29}$$

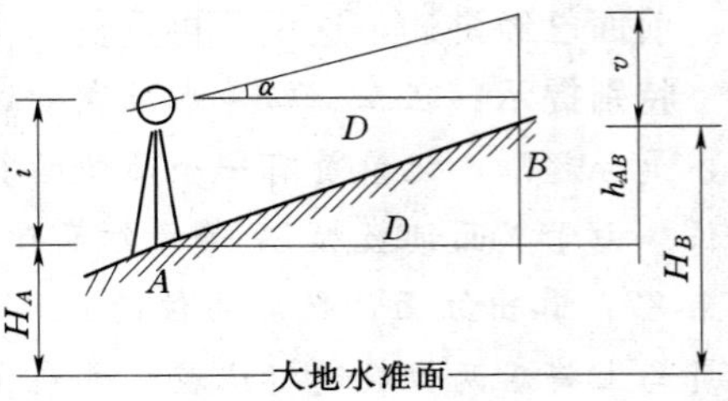

图 8-19　三角高程测量示意图

式 (8-29) 适用于 A、B 两点距离较近（小于 300m）的三角高程测量，此时水准面可近似看成平面，视线视为直线。当距离超过 300m 时，就要考虑地球曲率及观测视线受大气折光的影响。

（三）三角高程测量的观测与计算

三角高程测量的观测与计算应按以下步骤进行：

（1）安置仪器于测站上，量出仪器高 i；觇标立于测点上，量出觇牌高 v。仪器和觇牌的高度应在观测前后各量测一次，并精确到 mm，取其平均值作为最终高度。

（2）用经纬仪或测距仪采用测回法观测竖直角 α，取其平均值为最后观测成果。

（3）采用对向观测，其方法同前两步。

（4）用式（8－27）和式（8－28）计算高差和高程。

三角高程路线，尽可能组成闭合测量路线或附合测量路线，并尽可能起闭于高一等级的水准点上。若闭合差 f_h 在表 8－11 所规定的容许范围内，则将 f_h 反符号按照与各边边长成正比例的关系分配到各段高差中，最后根据起始点的高程和改正后的高差，计算出各待求点的高程。

特别提示： 三角高程测量是测量图根高程的一种方法，特别适用于山区，因为在这些地区，水准测量作高程控制，困难大且速度慢。三角高程测量不受地形起伏的限制，且施测速度较快，虽然测定高差的精度略低于水准测量，但通常能满足地形测图图根点高程的需要。

任务六　GPS 在控制测量中的应用

全球定位系统（Global Positioning System，GPS）是美国军方研制的全球性、全天候、连续的卫星无线电导航系统，它可提供实时的三维定位技术，它的应用为测绘工作提供了一个崭新的测量手段。GPS 定位技术以其精度高、速度快、费用省、操作简便等优良特性被广泛应用于控制测量之中。

一、GPS 的组成

GPS 系统包括三大部分：空间部分——GPS 卫星星座；地面控制部分——地面监控系统；用户设备部分——GPS 信号接收机。

1. GPS 卫星星座

美国共发射 24 颗 GPS 卫星，距离地面 20200km。24 颗卫星中有 21 颗工作卫星，3 颗备用卫星。其中，21 颗卫星均匀分布在 6 个轨道平面内，轨道倾角为 55°，各个轨道平面之间相距 60°，即各轨道面升交点赤经相差 60°。

在两万多公里高空的 GPS 卫星，当地球对恒星来说自转一周时，它们绕地球运行两周，即绕地球一周的时间为 12 恒星时。这样，对于地面观测者来说，每天将提前 4min 见到同一颗 GPS 卫星。位于地平线以上的卫星颗数随着时间和地点的不同而不同，最少可见到 4 颗，最多可见到 11 颗。在用 GPS 信号导航定位时，为了解算测站的三维坐标，必须观测 4 颗 GPS 卫星，称为定位星座。这 4 颗卫星在观测过程中的几何位置分布对定位精度有一定的影响。对于某地某时，甚至不能测得精确的点位坐标，这种时间段叫做“间隙段”。但这种时间间隙段是很短暂的，并不影响全球绝大多数地方的全天候、高精度、连续实时的导航定位测量。

2. 地面监控系统

对于导航定位来说，GPS卫星是一动态已知点。星的位置是依据卫星发射的星历（描述卫星运动及其轨道的参数）算得的。每颗GPS卫星所播发的星历，是由地面监控系统提供的。卫星上的各种设备是否正常工作，以及卫星是否一直沿着预定轨道运行，都要由地面设备进行监测和控制。地面监控系统另一重要作用是保持各颗卫星处于同一时间标准——GPS时间系统。这就需要地面站监测各颗卫星的时间，求出钟差，然后由地面注入站发给卫星，卫星再由导航电文发给用户设备。GPS工作卫星的地面监控系统包括一个主控站、三个注入站和五个监测站。

3. GPS信号接收机

GPS卫星发送的导航定位信号，是一种可供无数用户共享的信息资源。对于陆地、海洋和空间的广大用户，只要用户拥有能够接收、跟踪、变换和测量GPS信号的接收设备，即GPS信号接收机，可以在任何时候用GPS信号进行导航定位测量。根据使用目的的不同，用户要求的GPS信号接收机也各有差异。目前世界上已有几十家工厂生产GPS接收机，产品也有几百种。这些产品可以按照原理、用途、功能等来分类。

静态定位中，GPS接收机在捕获和跟踪GPS卫星的过程中固定不变，接收机高精度地测量GPS信号的传播时间，利用GPS卫星在轨的已知位置，解算出接收机天线所在位置的三维坐标。而动态定位则是用GPS接收机测定一个运动物体的运行轨迹。GPS信号接收机所位于的运动物体叫做载体（如航行中的船舰，空中的飞机，行驶的车辆等）。载体上的GPS接收机天线在跟踪GPS卫星的过程中相对地球而运动，接收机用GPS信号实时地测得运动载体的状态参数（瞬间三维位置和三维速度）。

二、GPS控制网的布设形式

GPS网设计的出发点是在保证质量的前提下，尽可能地提高效率，努力降低成本。因此，在进行GPS网的布设和测量时，既不能脱离实际的应用需求，盲目地追求不必要的高精度和高可靠性；也不能为追求高效率和低成本，而放弃对质量的要求。

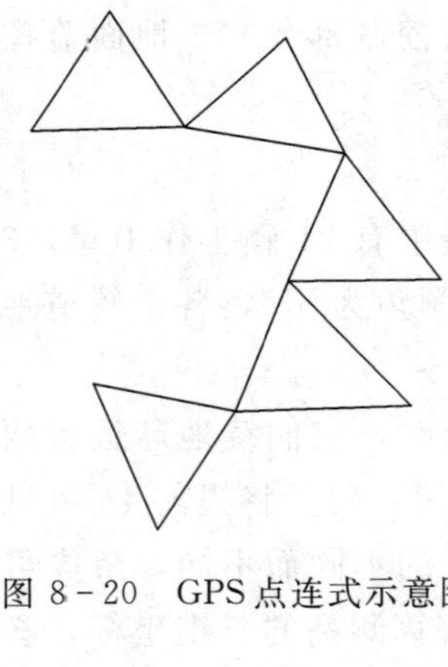
图8-20　GPS点连式示意图

根据不同的用途，GPS网的布设形式有以下四种基本方式。

1. 点连式

如图8-20所示，点连式是指相临同步图形之间仅由一个公共点的连接，其图形几何强度很弱，没有或极少有非同步图形闭合条件，一般不单独使用。

2. 边连式

如图8-21所示，边连式是指同步图形之间由一条公共基线连接，网的图形几何强度较高，有较多的复测边和非同步图形闭合条件，其几何强度和可靠性均优于点连式。

3. 混连式

如图8-22所示，混连式是指把点连式与边连式有机地结合起来，组成GPS控制网，既保证了网的图形强度，又能减少外业工作量，降低成本，所以该方式是较为理想的布网方式。

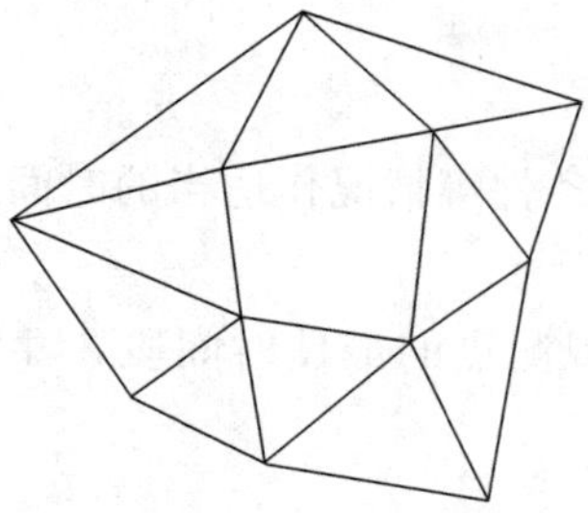

图 8-21　GPS边连式示意图

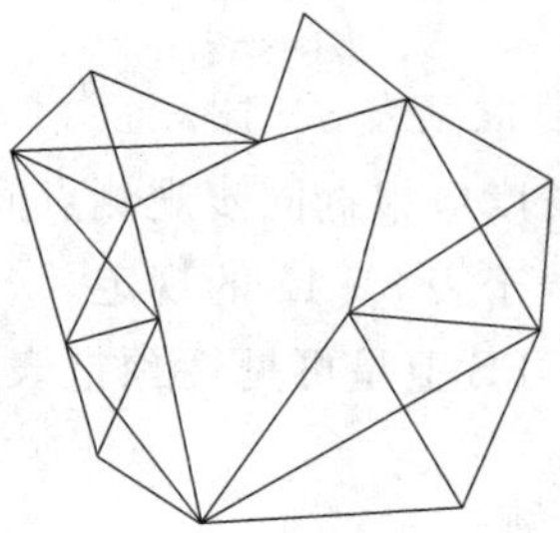

图 8-22　混连式示意图

4. 网连式

网连式是指相邻同步图形之间有两个以上的公共点相连，需要4台以上GPS接收机，网的图形几何强度和可靠性相当高，花费的经费和时间较多，一般仅适用于较高精度的控制测量。

三、GPS控制测量

GPS控制测量的方法是多种多样的，用户可以根据不同的用途采用不同的控制测量方法。GPS控制测量的作业过程如下。

（一）外业测量准备

（1）测区踏勘。

（2）资料收集。

（3）技术设计书的编写。

1）项目、测区和测量概述。

2）作业依据。

3）技术要求、布网方案。

4）测区资料、选点埋石、数据处理、保证措施。

（4）设备的准备与人员安排。

（5）观测计划的拟定。

（6）GPS仪器的选择与检验。

（二）GPS控制网布设

布网要求如下：

（1）点位周围+15°以上天空无障碍物。

（2）避免周围有强烈反射无线电信号的物体，如玻璃幕墙、水面、大型建筑等。

（3）远离电台、发射塔等大功率无线电发射源，距离应大于200m，离高压线、变电所等的距离应大于50m。

（4）交通方便，有利于其他测量和联测。

（5）地面基础条件稳定，便于点的保存。

特别提示：选点埋石完成后应提交点之记、GPS网选点图、选点工作总结。

（三）技术要求

GPS观测技术要求见表8-12。

外业观测时段长度应根据同步观测点间距离、观测条件等情况作适当的时间延长，但同步观测时间不得少于表8-12的规定。

观测前应编制GPS卫星可见性预报表，研究所要观测点的最佳时间段，并制定工作计划。

表8-12　　GPS观测技术要求

项目＼级别			AA	A	B	C	D	E
卫星截至高度角/(°)			10	10	10	10	10	10
同时观测有效卫星数			≥4	≥4	≥4	≥4	≥4	≥4
有效观测卫星总数			≥20	≥20	≥9	≥6	≥4	≥4
观测时段数			≥10	≥6	≥4	≥2	≥1.6	≥1.6
时段长度	静态		≥720	≥540	≥240	≥60	≥45	≥40
	快速静态	双频＋P码				≥10	≥5	≥2
		双频全波				≥15	≥10	≥10
		单频				≥30	≥20	≥15
采样间隔	静态		30	30	30	10～30	10～30	10～30
	快速静态					5～15	5～15	5～15
时段中任一卫星的有效观测时间	静态		≥15	≥15	≥15	≥15	≥15	≥15
	快速静态	双频＋P码				≥1	≥1	≥1
		双频全波				≥3	≥3	≥3
		单频				≥5	≥5	≥5

（四）GPS控制测量外业数据采集

1. 拟订工作计划

外业观测计划的拟订对于能否顺利完成数据采集、保证观测精度、提高工作效率至关重要。拟订观测计划的主要依据是：GPS网的规模大小，点位精度，GPS卫星星座几何图形强度，参加作业的接收机数量，交通、通信及后勤保障。

计划内容：编制GPS卫星可预见性预报图，选择卫星的几何图形强度，选择最佳观测时间段，测区的设计与划分，编制作业调度表，具体见表8-13。

表8-13　　外业作业调度表

时段编号	观测时间	测站号/名	测站号/名	测站号/名	测站号/名	测站号/名
		机　号	机　号	机　号	机　号	机　号
0						

续表

时段编号	观测时间	测站号/名	测站号/名	测站号/名	测站号/名	测站号/名
		机　号	机　号	机　号	机　号	机　号
1						
2						
3						
⋮						

2. 安置天线

(1) 在控制测量中，天线应该用三角架或强制对中装置直接安装在标石中心垂直上方，对中误差小于3mm，特殊情况进行偏心观测，需要精确测定归心元素。

(2) 在觇标顶部安置天线进行测量时，卸掉觇标顶，按照投影点安置天线，投影示误三角形边长小于5mm。

(3) 有寻常标的控制点安置天线前，应先放到寻常标。

(4) 天线指北定向误差小于3°～5°，以消除相位中心偏差。

(5) 圆水准气泡应该居中。

(6) 天线高不小于1.5m，在三个不同方向上量高误差小于3mm，时段测量前后分别量取，取平均结果作为天线高。

3. 外业数据采集

(1) 观测小组严格严格按照调度指令，按照规定时间进行作业。

(2) 检查接收机和主机连接无误后，方可开机测。

(3) 测量过程应该严格填写测量手簿。

(4) 开始测量后和测量过程中，测量人员不得离开测站，并且应该随时检查接收卫星状态和测量信息。

(5) 各时段开始和结束时，应记录观测卫星号、天气、PDOP等。

(6) 测量过程中，应严防被接收机碰撞、信号遮挡等事情发生。

(7) 观测过程中，50m内不准使用电台，10m内不准使用对讲机。

(8) 接收机的防热很困难，但应该防止电子手簿和主机直接被太阳照射。

四、GPS数据处理

以TGO软件为例介绍数据预处理的操作步骤。

1. 新建项目

(1) 执行“文件→新建项目”，输入项目名称。在“模板”文本框中选择“Metric”，

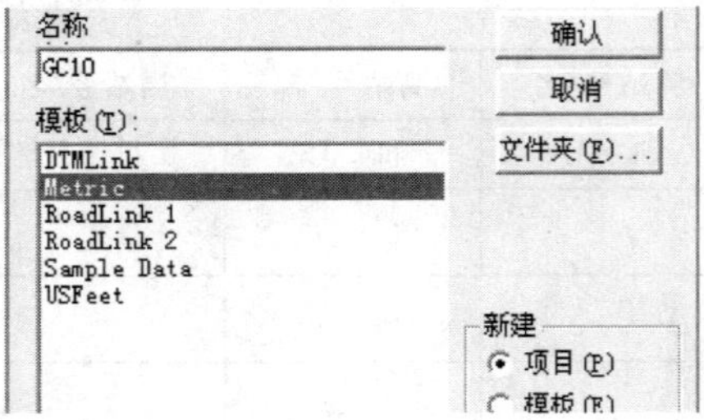

图 8-23 新建项目

击“确认”按钮，如图 8-23 所示。

(2) 导入数据。单击项目栏下的“导入→DAT文件”，选择数据所在路径，选中所有静态数据打开。观测的时间不足 15min 的（经验值）数据记录将被禁止使用。具体的做法就是在“使用”栏内对勾去掉。在“名称”栏中，对照外业观测手簿将接收机仪器号改为其在观测中对应的点名，另外还要输入每站架设接收机的天线高度，其余记录保持默认状态，点击“确认”按钮导入数据，如图 8-24 所示。

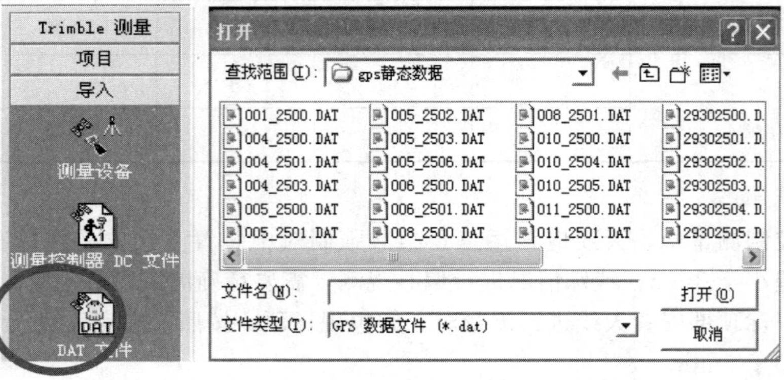

图 8-24 导入数据并检核

(3) Timeline 编辑数据。Timeline 中的黑红色线条代表载波相位观测值，其中有一些突起部分或间断部分即为周跳。对于含有周跳的部分可使用左键框起后，在框中点击右键，在弹出的菜单中选择“禁止”命令，不允许此数据参与解算。在观测很短时间就消失的卫星要去掉，刚开始出现的前一部分也可去掉。

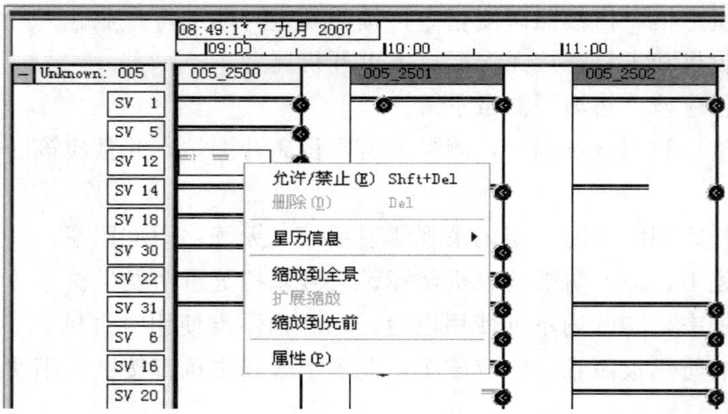

图 8-25 周跳编辑

2. 基线解算

以 Trimble 接收机的配套数据处理软件 TGO 为例，单击项目栏下的“处理→处理

GPS 基线”，处理 GPS 基线，如图 8－26 所示。

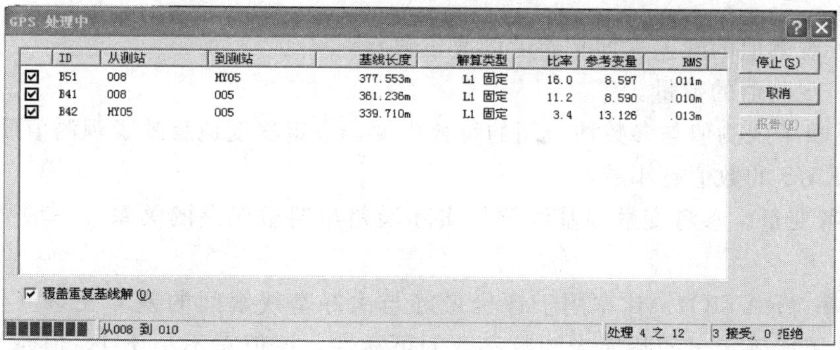

图 8－26　TGO 软件下的基线处理界面

处理完毕可看到基线长度、解算类型、比率、参考变量、均方根等因子。

（1）基线长度。基线的斜距。

（2）解算类型。解的类型由 $L1$ 固定、$L1$ 浮动、无电离层影响固定解、无电离层影响浮动解。需要固定解，否则要重新处理。

（3）比率。用于评价最好与次好基线解间的差异关系（仅用于固定解），一般要求大于 3，越大越好。

（4）参考变量。基线解的实际误差与期望误差的关系。一般要求小于 5，越小越好。

（5）RMS（均方根误差）。是根据卫星距离观测值的测量噪声来表示的解的质量，它与卫星的几何位置无关。均方根越小越好。

3. 基线解算的质量控制

基线解算是 GPS 测量数据处理中最关键的一步，如果不对基线解算的结果进行质量控制，则会直接影响整个数据处理结果。

TGO 软件中对基线解算的质量评定给出一些指标，如 *RMS*、参考变量、比率、数据剔除率等，如图 8－27 所示。

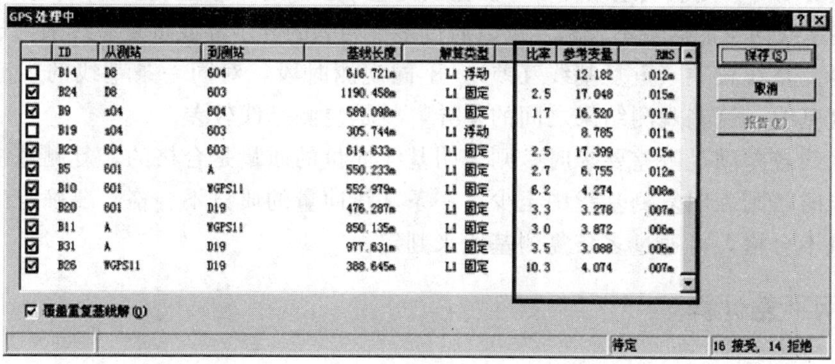

图 8－27　TGO 软件中基线解算的部分评价指标

（1）*RMS*（Root Mean Square）。*RMS* 即观测值残差的均方根，计算方法如下

$$RMS = \sqrt{\frac{V^{T}V}{n}} \tag{8-30}$$

式中 V——观测值的残差（即平差后的改正数）；

n——观测值的数量。

RMS 反映了观测值与参数估值间的符合程度，一定程度地反映了观测值质量的优劣。一般认为，RMS 的数值越小越好。

（2）参考变量。参考变量即基线解的实际误差与期望误差的关系。一般要求小于 5，越小越好。

（3）比率（RATIO）。比率用于评价最好与次好基线解间的差异关系（仅用于固定解），它反映了所确定出的整周未知数参数的可靠性，该值总不小于 1，值越大，可靠性越高。一般要求大于 3，越大越好。

（4）数据删除率。在基线解算时，如果观测值的改正数大于某一个阈值时，则认为该观测值含有粗差，则需要将其删除。被删除观测值的数量与观测值的总数的比值，就是所谓的数据删除率。从基线处理界面上显示的“接受”、“拒绝”的个数可以计算得出。

数据删除率从某一方面反映出了 GPS 原始观测值的质量。数据删除率越高，说明观测值的质量越差。数据删除率不宜超过 10%。

（5）单位权方差因子。单位权方差因子又称为参考因子或参考方差。它一定程度地反映了观测值质量的优劣。

（6）同步环闭合差。同步环闭合差是同步观测基线所组成的闭合环的闭合差。从理论上来说，由于同步观测基线间具有一定的内在联系，同步环闭合差在理论上应总是为 0。实际上，只要数学模型正确、数据处理无误，即使观测值质量不好，同步环闭合差将非常小。若同步环闭合差超限，则说明组成同步环的基线中至少存在一条基线向量是错误的。但若同步环闭合差没有超限，也不能说明组成同步环的所有基线在质量上均合格。

（7）异步环闭合差。异步环闭合差是由相互独立的基线所组成的闭合环的闭合差。异步环闭合差满足限差要求时，则表明组成异步环的基线向量的质量是合格的。当异步环闭合差不满足限差要求时，则表明组成异步环的基线向量中至少有一条基线向量的质量不合格。要确定出哪些基线向量的质量不合格，可以通过多个相邻的异步环或重复基线来判定。

（8）复测基线较差（重复基线互差）。不同观测时段，对同一条基线的观测结果，就是所谓重复基线。这些观测结果之间的差异，就是复测基线较差。

复测基线较差满足限差要求时，则表明基线向量的质量是合格的。复测基线较差不满足限差要求时，则表明复测基线中至少有一条基线向量的质量不合格。要确定出哪些基线向量的质量不合格，可通过多条复测基线来判定。

五、网平差计算

（一）三维无约束平差

在 TGO 软件中，单击界面左侧菜单栏“平差”中的“平差”按钮，或者按 F10，软件自动平差。若网平差报告中显示的×2 检验未通过，通常需进行加权策略的调整。单击在“平差”→“加权”，即弹出加权策略对话框。

如图 8－28 所示，加权策略可以定义应用加权和比例到各个观测值类型（GPS、地面和大地水准面）而使用的方法。

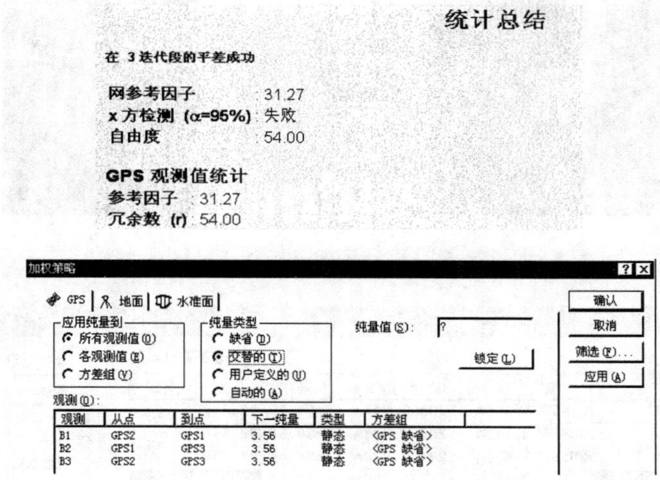

图 8－28　网平差报告及加权策略对话框

基于观测值的类型和质量来加权每个观测值非常重要。它允许平差适当地缩放每个观测值的先验误差估计。在定义加权策略时，可以应用一个标量（缩放因子）到这些观测值中：所有观测值、每个观测值和方差组。

一般情况下，用户要将缩放因子应用于所有观测值或方差组，这取决于测量时所采用的方法。若将“应用纯量”设置成“各观测值”，则“纯量类型”中的“用户定义的”选项将会被禁用。应用纯量到每个观测值通常仅被用于分析目的，它可以帮助寻找网平差中造成问题的个别观测值。

选择了一个如何应用缩放因子值的方法后，就可以指定用于平差的纯量类型（缩放因子类型）。可供选择的纯量（缩放因子）类型有缺省、交替的、用户自定义的、自动的。

在某些平差中，可能会低估某些观测值的先验误差，使用正确的加权策略可以对先验误差进行缩放，从而估计出所有观测值的正确误差。

（二）GPS基线向量网的二维平差

以 TGO 软件为例，自由平差通过后，应选择相应的平差基准，输入联测的已知点坐标，完成 GPS 观测值转换为当地坐标。

1. 二维约束平差

（1）选择当地投影基准，进行基准转换。在菜单栏选择“平差→基准选择→投影基准(P)”命令。当然投影基准要在坐标系统管理器中事先创建或选定，如图 8－29 所示。

（2）输入已知点坐标。点击“点”命令。对于平面坐标，固定至少 2 个点，如图 8－30 所示。

（3）点击平差，进行网的约束平差。进行平差，看结果是否通过，通过报告看未知点坐标，及坐标误差分量、边长相对中误差等可选择编辑器编辑报告，示例如图 8－31 所示。

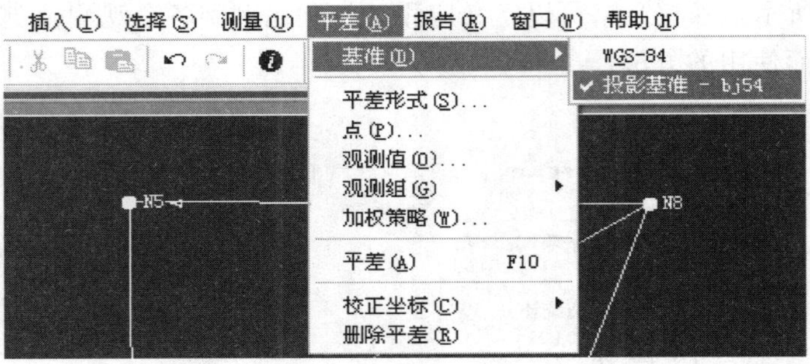

图 8-29 二维约束平差中的基准转换

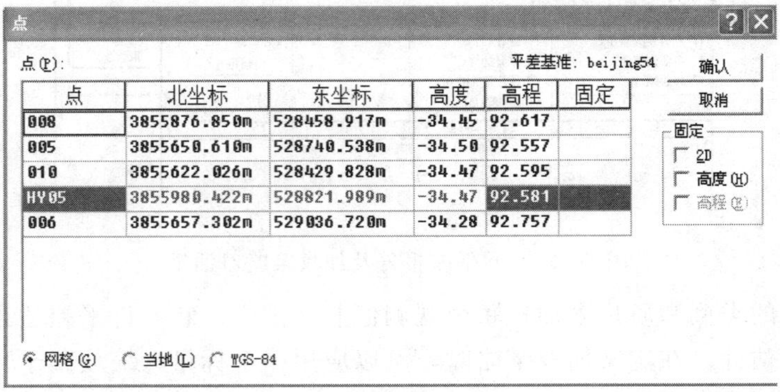

图 8-30 输入已知点坐标进行约束平差

平差网格坐标

用...报告误差 1.96σ.

点名称	北坐标	纵轴误差	东坐标	横轴误差	固定
008	3855876.848m	.007m	528458.921m	.007m	
005	3855650.612m	.006m	528740.537m	.006m	北东
010	3855622.029m	.008m	528429.832m	.007m	
HY05	3855980.419m	.000m	528821.987m	.000m	北东
006	3855657.303m	.013m	529036.714m	.007m	

图 8-31 二维约束平差报告

2. 地方独立坐标系统处理

当采用地方独立坐标，不知道椭球参数以及投影中央子午线，此时应进行坐标系的转换。一般情况下，采用这种方法作业时，应该联测三个以上已知点且已知点基本覆盖控制网区域。

(1) 处理方法参照上面叙述，其中项目属性内的坐标系统不需要改变，采用默认值，如图 8-32 所示。

(2) 网的无约束平差完成之后，点击“测量→GPS 点校正”命令，进行坐标转换。一般情况下，在“更新缺省投影起点”“水平平差”前划“√”；“设置比例尺为（F）”

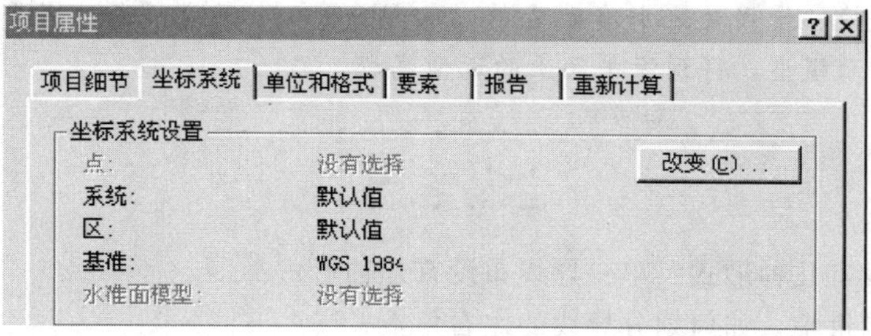

图 8-32　项目属性内的坐标系统设置

前不划“√”；让软件自动计算比例尺；如果高程也参与平差，在“垂直平差”前划“√”。

通过 GPS 点校正，可以建立 GPS 接收机所采集的 WGS-84 下的数据与地方控制坐标之间的关系。GPS 坐标必须从 GPS 观测值得到，格网点必须从地面观测值得到。

（3）点击“点列表”，GPS 点可通过鼠标在图上拾取，网格点即已知点坐标，输入即可；点击“确认”，然后计算校正坐标，如图 8-33 所示。

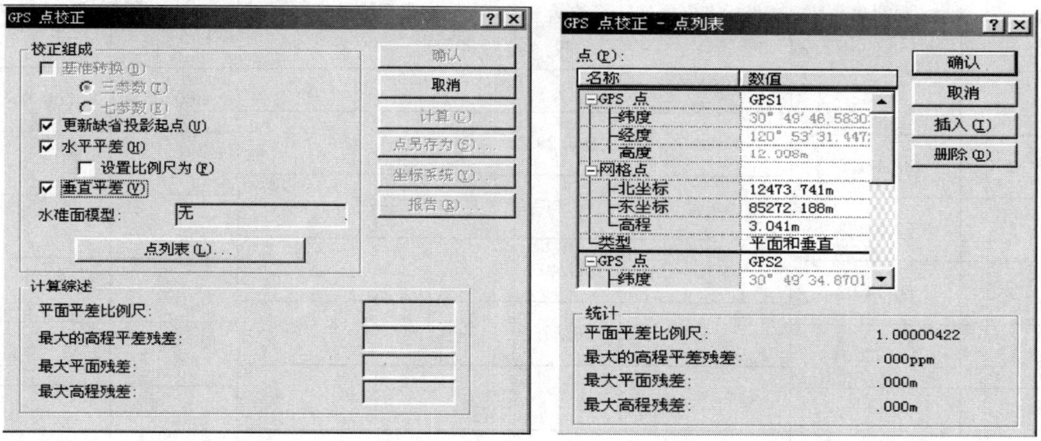

图 8-33　GPS 点校正

（4）计算完成后，应提供以下资料：测区和各测站信息，观测值数量、时段起止时刻和持续时间，基线质量检验与分析，平差计算的坐标系统、高程系统、基本常数、起算数据、观测值类型和数据处理方法，平差采用的约束条件、先验误差，平差结果及精度。

特别提示：点校正工作的作用有三个方面：基准转换求三参数或七参数等转换参数；在平面和垂直位置对正常基准转换进行调整；实现独立坐标系统转换。点校正能够实现如下数学转换：

（1）基准转换。使用三参数和七参数，从 WGS-84 纬度、经度和椭球高坐标转换到相对于地方测图格网椭球的纬度、经度和椭球高度坐标。

（2）平面转换。进行地图投影，从地方椭球纬度和经度坐标转换到地方测图格网的纵向和横向坐标，此过程中高度值不变。

（3）高程转换。使用大地水准面资料，从 WGS－84 高度，通过海平面到 WGS－84 高度的大地水准面模型，得到海平面上的近似高程。

习　题

1. 导线布设有几种形式？单一导线布设有几种形式？
2. 在导线测量中，如何划分导线的左右角？
3. 请简述在进行三等、四等水准测量时，一测站的观测程序。
4. 在什么情况下采用三角高程测量？为什么要采用对向观测？
5. GPS 测量有什么优点？网的布设有几种形式？
6. GPS 误差来源于哪几个方面？如何提高 GPS 控制网的测量精度？
7. 交会测量有几种形式？简述前方测角交会的测量过程。
8. 如表 8－14 所列数据，试计算闭合导线各点的坐标（导线点号为逆时针编号）。

表 8－14　　闭合导线计算

点号	观测角/(° ′ ″)	坐标方位角/(° ′ ″)	边长/m	坐标增量/m		坐标/m	
				Δx	Δy	x	y
1						500.00	500.00
		97 58 08	100.29				
2	82 46 29						
			78.96				
3	91 08 23						
			137.22				
4	60 14 02						
			78.67				
1	125 52 04						
2							
Σ							

9. 表 8－15 为四等水准测量的记录手簿，试完成表中各种计算和计算校核。

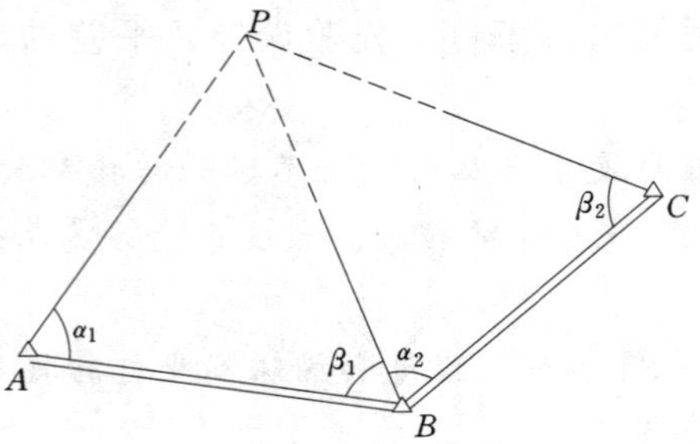

图 8－34　前方交会示意图

10. 已知 A 点高程为 258.26m，A、B 两点间水平距离为 624.42m，在 A 点观测 B 点：

$\alpha=+2°38'07''$，$i=1.62$m，$v=3.65$m；在 B 点观测 A 点：$\alpha=-2°23'15''$，$i=1.51$m，$v=2.26$m，求 B 点高程。

11. 如图 8－34 所示，双三角形前方交会已知点坐标为：$x_A=302845.150$m，$y_A=486244.670$m；$x_B=302874.730$m，$y_B=485018.350$m；$x_C=302562.830$m，$y_C=485656.110$m；$\alpha_1=72°06'12''$，$\beta_1=69°01'00''$，α_2

$=55°51'45''$，$\beta_2=72°36'57''$。试求 P 点坐标。

表 8-15　　四等水准测量的记录手簿

点号	后尺 下丝 / 上丝 后距/m 视距差/m	前尺 下丝 / 上丝 前距/m 累积差/m	方向及尺号	标尺读数 黑面	标尺读数 红面	K+黑−红 /mm	高差中数 /m	备注
A—TP_1	1402	1343	后 1	1289	6073			
	1173	1100	前 2	1221	5910			
			后一前					
TP_1—TP_2	1460	1950	后 2	1260	5950			
	1050	1560	前 1	1761	6549			
			后一前					
TP_2—TP_3	1660	1795	后 1	1412	6200			$K_1=4.787$ $K_2=4.687$
	1160	1295	前 2	1540	6225			
			后一前					
每页校核计算								

项目九　大比例尺地形图测绘

内容提要　本项目共分四个任务，主要介绍了大比例尺地形图测绘的传统测绘方法和数字化测图方法，并以南方CASS软件为例，介绍了数字化成图软件的使用方法，最后介绍了水下地形测绘的方法。本项目的重点内容是：地物和地貌特征点的选择，等高线的勾绘，经纬仪测绘法，CASS软件绘制地物和等高线的方法，利用全站仪、GPS测定水下地形。本项目的难点是：地貌特征点的选择，等高线的勾绘，CASS软件的使用。

遵循测量工作“从整体到局部，先控制后碎部”的原则，在控制测量工作结束后，就可根据图根控制点测定地物、地貌特征点的平面位置和高程，按测图比例尺缩绘在图纸上，并根据地形图图式规定的符号，勾绘出地物和地貌的位置、大小和形状，形成地形图。地面上地物和地貌的特征点称为碎部点，其平面坐标和高程的测定工作称为碎部测量。根据碎部测量的方法来划分，地形图测绘方法主要分为以下三种：以平板仪、经纬仪、光电测距仪等为主要测量工具的传统测绘方法；以电子全站仪、GPS为主要测量工具，并辅以计算机、绘图仪的数字化测图方法；摄影测量方法。本项目主要介绍传统测绘方法以及全站仪数字化测图方法。

任务一　大比例尺地形图的传统测绘方法

一、测图前的准备工作

（一）图纸准备

采用厚度为0.07～0.1mm的聚酯薄膜作为测图用的图纸。图纸经过热定型处理后，伸缩率小于0.2%，具有透明度好、伸缩性小、不怕潮湿等优点，并可直接在测绘原图上着墨和复晒蓝图，使用保管都很方便；如果表面不清洁，还可用水清洗，便于野外作业。缺点是易燃、易折，故使用与保管时应注意防火、防折。

（二）划分图幅

地形图的标准图幅一般有50cm×50cm、40cm×50cm两种。每个图幅所能测绘的实地范围等于图幅面积乘上测图比例尺分母的平方。当测区面积或某个方向的长度大于一个图幅所能容纳的范围时，必须分幅进行测绘。可先在印有毫米方格的坐标纸上按较小比例尺展绘出所有控制点，并根据控制点标绘出需测范围的大致边线，然后按测图比例尺和图幅大小划分图幅。如图9－1所示，对测区进行图幅划分，比例尺为1∶1000，图幅为50cm×50cm。

比较，其差值不应超过图上 0.3mm。经检查无误后，按图式规定绘出导线点符号，并在其右侧以分数形式注明点号及高程。如图 9-5 所示，分子为点号，分母为高程。

二、碎部测量的方法

大比例尺地形图的传统测绘方法有经纬仪测绘法、大平板仪测图法和小平板仪与经纬仪联合测图法。本节只介绍经纬仪测绘法。

经纬仪测绘法就是将经纬仪安置在控制点上，绘图板安置于经纬仪旁边；用经纬仪测定碎部点的方向与已知方向之间的夹角；再用视距测量方法测出测站点至碎部点的平距及碎部点的高程；然后根据实测数据，用量角器和比例尺把碎部点的平面位置展绘在图纸上，并在点的右侧注明其高程，最后对照实地描绘地物、地貌。

(一) 碎部点的选择

测绘地形图时，地物和地貌的特征点称为碎部点。正确选择碎部点是保证测图质量和提高效率的关键。

1. 地物特征点的选择

地物特征点主要是地物轮廓的转折点（如房屋的房角，围墙、电力线的转折点），道路河岸线的转弯点、交叉点，电杆、独立树的中心点等。连接这些特征点，便可得到与实地相似的地物形状。一般情况下，主要地物凹凸部分在图上大于 0.4mm 时均应表示出来。

2. 地貌特征点的选择

地貌特征点应选在最能反映地貌特征的山脊线、山谷线等地性线上，如山顶、鞍部、山脊和山谷的地形变换处、山坡倾斜变换处和山脚地形变换的地方。

为了能真实表示实地情况，在地面平坦或坡度无明显变化的地区，碎部点的最大间距、和碎部点的最大视距应符合表 9-1 的规定。

表 9-1　　碎部点最大间距、视距规定

测图比例尺	地貌点最大间距/m	最大视距/m	
		主要地物点	次要地物点和地貌点
1∶500	15	60	100
1∶1000	30	100	150
1∶2000	50	180	250
1∶5000	100	300	350

(二) 施测方法

1. 安置仪器

如图 9-6 所示，将经纬仪安置在控制点 A 上，经对中和整平后，量取仪器高 i，并记入碎部测量手簿，见表 9-2。仪器对中的偏差，不应大于图上 0.05mm。盘左（或盘右）瞄准另一较远的控制点 B，将水平度盘置数为 $0°00'00''$，则 AB 为起始方向。瞄准另一个相邻的控制点进行检核，其检核方向线的偏差不大于图上 0.3mm，高程较差不应大于基本等高距的 1/5。每站测图过程中和结束前应注意检查定向方向。

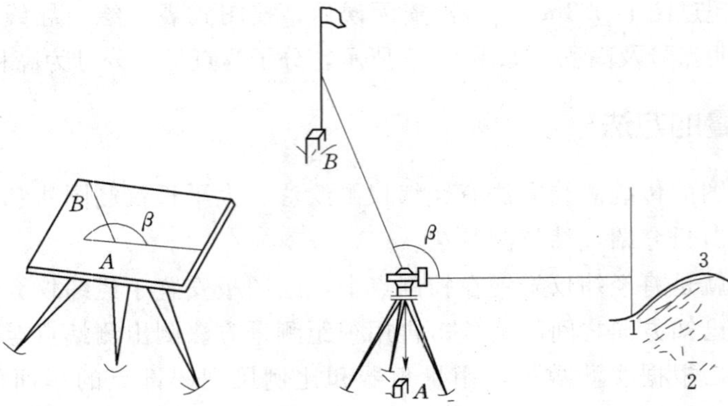

图 9-6 经纬仪测绘法测图

表 9-2 **碎部测量手簿**

测站：A 定向点：B 测站高程：213.45m 仪器高：1.43m 仪器：DJ_6

点号	水平角/(° ′)	尺间隔/m	中丝读数/m	竖盘读数/(° ′)	竖直角/(° ′)	高差/m	平距/m	高程/m	备注
1	95 54	0.564	1.43	92 12	−2 12	−2.16	56.3	211.29	山脚
2	104 24	0.657	1.43	91 54	−1 54	−2.18	65.6	211.27	山脚

将固定了图纸的图板安置在测站附近，使图纸上控制点位置与地面上相应控制点的位置大致相同。图上控制点 A、B 的连线为图上的起始方向线，用小针通过量角器圆心的小孔插在控制点 A 上，使量角器圆心固定在 A 点。

2. 立尺

跑尺前，跑尺员与观测员、绘图员共同商定跑尺路线，然后依次将水准尺立在地物、地貌特征点上，如图 9 如图 9-6 的 1 点上。

3. 观测

观测员将经纬仪瞄准 1 点的水准尺，读尺间隔 l，中丝读数 v、调节竖盘指标水准管微动螺旋使竖盘指标水准气泡居中，得竖盘读数 L（盘左）及水平角 β。

同理观测 2 点、3 点、4 点……时，应随时检查定向点 B 的方向，其归零差不得大于 4′，否则应重新定向。

4. 记录与计算

将上述观测数据逐项记入表 9-2 相应栏内，并用第五章视距测量中介绍的公式，计算出水平距离和高程。在备注栏内注明碎部点的名称，以方便绘图和必要时进行检查。

5. 展点

绘图员转动量角器，利用量角器逆时针注记的刻划，将碎部点 1 的水平角角值 95°54′ 对准起始方向线 AB，此时量角器上零方向线便是碎部点 1 的方向。然后在零方向线上，按测图比例尺根据水平距离 56.3m 定出 1 点的位置，并在点的右侧注明其高程，一般注至 0.1m；对 1∶500、1∶1000 的地形图可根据需要注至 0.01m。同法，将其余各碎部点的平面位置及高程绘于图上。

6. 绘图

参照实地情况，随测随绘，按《地形图图式》规定的符号将地物和等高线绘制出来。地形图上的连线、符号和注记一般在现场完成。

每幅图应测出图廓线外5mm，在测绘过程中应加强测区边界线的检查，以保证相邻图幅准确拼接。

（三）注意事项

（1）应事先对所用仪器工具进行检验校正。

（2）测角时盘左或盘右均可。但每一测站应多次检查起始方向是否为零。若归零差超限，需重新照准起始方向水平读盘置数为0°00′00″，再对碎部点进行逐点改正。

（3）每一测站测绘前，应先对图上已展绘的各碎部点进行检查，点数应不少于两个，检查无误后，才能开始测绘。

（4）在描绘地物、地貌时，必须遵守“看不清不绘”的原则。

（四）等高线的勾绘

当图上有足够数量的地貌特征点时，根据这些特征点位标注的高程，按内插法求出符合等高线高程的点位，再将这些点位按照地貌情况连绘成等高线。

1. 内插法原理

如图9－7所示，设坡脚和坡顶两个特征点在图上的平面位置分别为A与B，其高程为H_A与H_B。按照地貌特征点的要求，这两点之间既然未测定其他点就应看成是均匀斜坡，于是根据两点的高差可按测图比例尺作AB'线，B'就相当于坡顶的高程位置。从两点的高程可以知道该坡上应有几条等高线。假设需要画的等高线其高程为H_C，它在图上的平面位置为c，由图可以看出

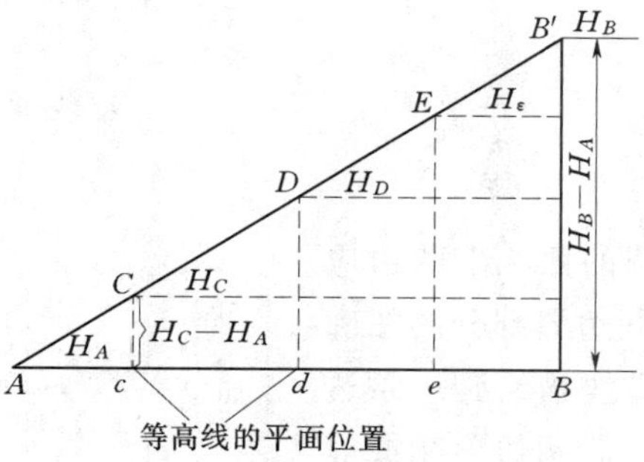

图9－7　内插法原理图

$$Ac : AB = (H_C - H_A) : (H_B - H_A)$$

所以　$$Ac = (H_C - H_A)AB/(H_B - H_A)$$

即两特征点间的等高线离其中某个特征点的距离，等于等高线与该特征点的高差乘上两特征点的距离与其高差的比值。

2. 勾绘方法

如图9－8（a）所示，点A、B、C等是测得的地貌特征点。AB、BE、BD、DG、GI、GK是山脊线，DF、DC、GH是山谷线。首先将这些地性线轻轻勾绘出来，山脊线、山谷线用虚线勾绘。然后求出相邻两地形点间等高线所经过的位置，如图9－8（b）所示。以A、B两点为例，H_A＝52.8m、H_B＝57.4m。如果等高距为1m，则A、B两点间必定有53m、54m、55m、56m和57m五条等高线通过。如图9－8（b）所示，在图上量得AB的距离为64mm，A、B两点间的高差为$h_{AB} = H_B - H_A = 57.4 - 52.8 = 4.6$（m），$A$点与邻近的53m等高线的高差为0.2m，则根据内插法原理，A点与53m等高线间的平距为$0.2\text{m}\times\dfrac{64\text{mm}}{4.6\text{mm}}\approx 3\text{m}$，即可定出53m等高线在$AB$线上的位置。而$B$点与邻

近的 57m 等高线的高差为 0.4m，同理可得 B 点与 57m 等高线间的平距为 $0.4\text{m}\times\dfrac{64\text{mm}}{4.6\text{m}}\approx6\text{mm}$，也可定出 57m 等高线在 AB 线上的位置。然后将图上 53m 和 57m 两条等高线间的平距四等分，节点即为 54m、55m、56m 等高线的位置。同法可以定出其他各相邻地形点之间的等高线位置，然后将高程相同的相邻点连成光滑的曲线，即为等高线图，如图 9-8（c）所示。

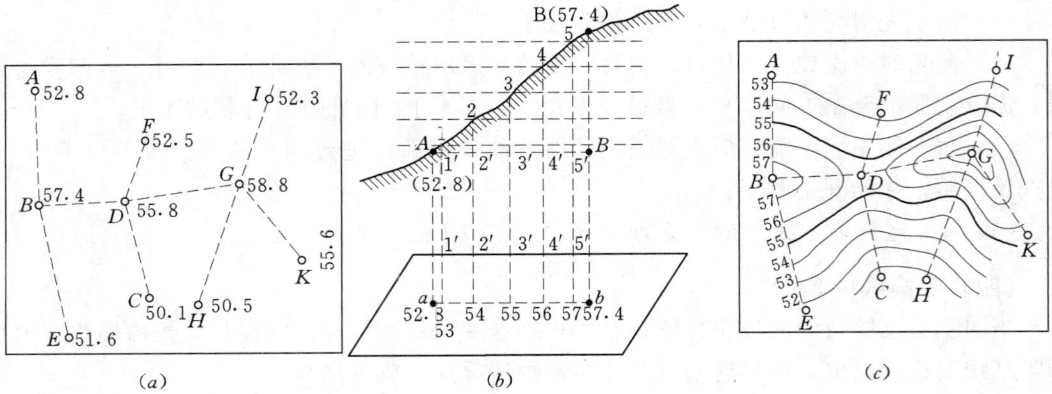

图 9-8　等高线的勾绘

（a）地貌特征点；（b）等高线勾绘；（c）等高线

三、地形图的拼接、检查和整饰

（一）地形图的拼接

采用分幅测图时，为了拼接方便，测图时每幅图的西、南两边应测出图廓线外 5mm 左右。拼接时，先将相邻两幅共同边界部分的图廓线、坐标方格网及其两侧各 10m 范围内的地物和等高线描绘到一条透明纸上，如图 9-9 所示，然后检查它们的衔接情况，若两边地物或等高线错开不超过表 9-3 规定值的 $2\sqrt{2}$倍时，则可在透明纸上进行修正（通常取两边的平均位置），使图形和线条合乎自然地衔接起来，再根据透明纸上修接好的图形套绘到相邻两幅上去。如果发现错误或漏测，应当重测或补测。

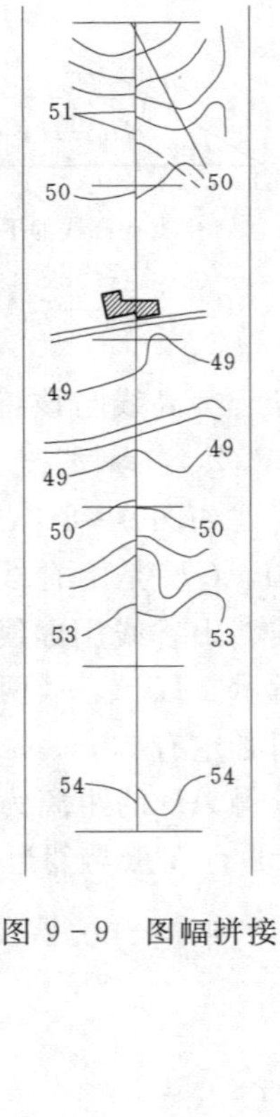

图 9-9　图幅拼接

（二）地形图的检查

地形测图的检查需贯彻测图过程的始终。地形图的检查可分为室内检查和室外检查两部分。

1. 室内检查

室内检查的内容有图面上地物、地貌是否清晰易读，各种符号、注记是否正确，等高线与地貌特征点的高程是否相符，接边精度是否合乎要求等。如发现错误和疑点，不可随意修改，应加以记录，并到野外进行实地检查、修改。

2. 室外检查

室外检查是在室内检查的基础上进行重点抽查。检查方法分巡视检查和仪器检查两种。巡视检查时应携带测图板，根据室内检查的重点，按预定的巡视检查路线，进行实地对照查看。主要查看地物、地貌各要素测绘是否正确、齐全，取舍是否恰当，等高线的勾绘是否逼真，图式符号运用是否正确等。仪器设站检查是在室内检查和野外巡视检查的基础上进行的。除对发现的问题进行补测和修正外，还要对本测站所测地形进行检查，看所测地形图是否符合要求，测定测站周围部分地物和地貌点的平面位置和高程，看是否与原测点相同。若误差不超过表 9-3 规定的中误差的 $2\sqrt{2}$倍，即视为符合要求，否则应对照实地进行改正，若错误较多，应进行修测或重测。仪器检查量一般为整幅图的 10%～20%。

表 9-3　地形点点位中误差

地区类别	地物点点位中误差/mm	等高线高程中误差（等高距）			
		平地	丘陵地	山地	高山地
一般地区	0.8	1/3	1/2	2/3	1
城镇建筑区、工矿区	0.6				

注　隐蔽或施测困难的一般地区测图，可放宽 50%。

（三）地形图的整饰

原图经过拼接和检查后，还应按规定的地形图图式符号对地物、地貌进行清绘和整饰，使图面更加合理、清晰、美观。整饰的顺序是先图内后图外，先注记后符号，先地物后地貌。最后写出图名、比例尺、基本等高距、坐标及高程系统、施测单位、测绘者及施测日期，同时绘出邻接关系表。如果是独立坐标系统，还需画出指北方向。

任务二　数字化测图方法

一、概述

广义地讲，制作以数字形式表示的地图的方法和过程就是数字测图，包括全野外数字化测图（地面数字测图）、地图数字化成图、数字摄影测量和遥感数字测图。狭义地讲，数字化测图指全野外数字化测图，本任务基本介绍的是全野外数字化测图。数字化测图是以计算机技术为核心，在输入输出设备及硬、软件的支持下，对地形空间数据进行处理而得到数字地图。数字化测图的硬件配置主要有野外测量数据采集和内业计算机辅助制图系统，包括全站仪、电子手簿、与微机的通信接口、微型计算机、绘图仪和打印机等；软件配置主要有系统软件和应用软件，包括操作系统、操作计算机所需的其他软件、计算机绘图软件和专用的测图软件，如南方测绘公司开发的 CASS，武汉瑞得的 RDMS 测图系统和清华的山维测图软件等。

数字化测图不仅是利用计算机辅助绘图，减轻测图人员的劳动强度，保证地形图绘制质量，提高绘图效率，而且通过计算机进行数据处理，直接建立数字地面模型和电子地图，为建立地理信息系统提供了可靠的原始数据，以供国家、城市和行业部门的现代化管理，以及工程设计人员进行计算机辅助设计（CAD）使用。

数字化测图的基本思想就是将采集的地形数据输入计算机，由机内的成图软件进行处理、成图、显示，经过编辑修改，生成符合国家标准的地形图，最后生成的图形文件可以存储在磁盘上，也可以通过绘图仪打印出纸质地图。

数字化测图技术在野外数据采集工作的实质是解析法测定地形点的三维坐标，是一种先进的地形图测绘方法，与传统的图解法相比，具有以下几方面的优势。

1. 自动化程度高

由于采用全站仪、RTK 在野外采集数据，自动记录存储，并可直接传输给计算机进行数据处理、绘图，不但提高了工作效率，而且减少了测量错误的发生，使得绘制的地形图精确、美观、规范。同时由计算机处理地形信息，建立数据和图形数据库，并能生成数字地图和电子地图，有利于后续的成果应用和信息管理工作。

2. 精度高

数字化测图的精度主要取决于对地物和地貌点的野外数据采集的精度，若距离在 300m 以内时，测定地物点的平面误差约为 $\pm$15mm，高程误差约为 $\pm$18mm，其他因素的影响很小，全站仪的解析法数据采集精度要远远高于图解法平板绘图的精度。

3. 使用方便

数字化测图采用解析法测定点位坐标依据的是测量控制点，测量成果的精度均匀一致，并且与绘图比例尺无关，利用分层管理的野外实测数据，可以方便地绘制不同比例尺的地形图或不同用途的专题地图，实现了一测多用，同时便于地形图的检查、修测和更新；并可以作为地理信息系统（GIS）的重要信息源，为 GIS 的辅助决策和空间分析发挥作用。

数字化测图技术的应用在我国已逐步成熟了，近几年又出现了图像全站仪和三维激光扫描仪等快速数据采集设备，快速测绘数字景观图成为现实。今后，数字化测图方向将朝着一种无点号、无编码的镜站遥控电子平板测图系统的发展。

二、野外数字化数据采集的方法

在实际工作中，大比例尺数字化测图（或数字化地形测图）一般是指地面数字化测图，也称野外数字化测图。地面数字化测图是利用电子全站仪、GPS - RTK 或其他测量仪器，在野外采集地形数据，通过便携式电子计算机或全站仪内存、存储卡、野外电子手簿与野外草图，利用测图软件进行野外数字化测图。野外数字化测图依其发展过程看，主要可分为数字测记法模式和数字测绘法模式（又称电子平板模式）。

（一）数字测记法模式

数字测记法模式就是将野外采集的地形数据存储在仪器内存或单独的存储卡内，回到室内再将数据传输到计算机中，根据地形数据和野外详细绘制的草图（或各个点的编码），通过专业测绘软件（如南方 CASS）实行计算机屏幕人机交互编辑、修改，生成图形文件或数字地图。在数字测记模式中，按照作业方式的不同，可以分为有码（编码）和无码作业（也称草图法）两种，而按照野外数据采集硬件设备的不同，又可将其分为全站仪数字测记模式和 GPS-RTK 数字测记模式。

1. 全站仪数字测记模式测量

全站仪数字测记模式是用全站仪实地采集地面点的三维坐标，并用仪器内存（或电子手簿）自动记录观测数据，如图 9-10 所示。全站仪数字测记模式是目前最常见的测记式数字测图作业模式，为大多数软件支持。

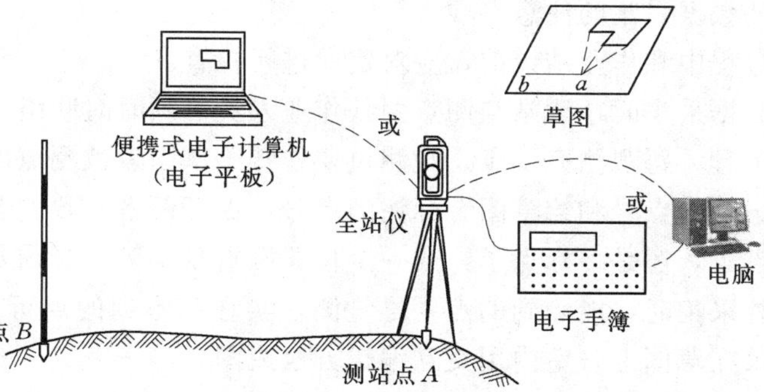

图 9-10　全站仪数据采集的作业模式

全站仪野外数据采集方式可根据实测条件和测区具体情况来选择，常用的方法是极坐标法测量，此外，还有方向直线交会、垂直量边、交会定点等。其中，极坐标法特别适用于大范围开阔地区的碎部点测定工作。下面主要介绍利用数字测记法模式中的无码作业方式进行数据采集的作业过程，利用南方全站仪 NTS-352 进行数据采集的操作过程可参见项目七任务三的相关内容。

(1) 将电子全站仪安置在测站点上，经对中、整平后量取仪器高；开机后应对全站仪进行参数设置，如温度、气压、棱镜常数等。仪器对中偏差不应大于 5mm，仪器高和棱镜高应精确到 1mm。

(2) 设置测站。按全站仪的菜单提示，由键盘输入测站信息，如测站点号、测站仪器高和测站点的坐标等。测站点的坐标可以直接输入，也可以从文件中直接调用。

(3) 定向（设置后视点）。按全站仪的菜单提示，由键盘输入后视点号和后视点坐标或直接输入后视方位角，全站仪可以根据坐标反算出后视方向的坐标方位角，并以此角值设定全站仪的水平度盘起始读数；后视点的坐标可以直接输入，也可以从文件中直接调用。需要注意的是，应选择较远的图根点作为定向点。

(4) 用全站仪瞄准检核点反光镜，测量检核点的三维坐标，并与该点已知信息进行比较，若检核不通过则不能继续进行碎部测量。要求检核点的平面位置较差不应大于图上 0.2mm，高程较差不应大于基本等高距的 1/5。

(5) 用全站仪瞄准碎部点上的反光棱镜，按照菜单提示输入碎部点信息，如碎部点点号、棱镜高度（多数可设置成默认值）等（有码作业方式时还应输入碎部点的地形信息编码），按测量键，全站仪便自动测算出碎部点的三维坐标值，并将坐标自动存储在全站仪内存中。实际操作中，全站仪也会将测量的角度、距离、高差自动记录在另外一个文件中，这些数据可以为三维坐标数据检查核对用。全站仪测图的最大测距长度见表 9-4。

表 9-4　　全站仪测图的最大测距长度

测图比例尺	最大测距长度/m		测图比例尺	最大测距长度/m	
	地物点	地形点		地物点	地形点
1∶500	160	300	1∶2000	450	700
1∶1000	300	500	1∶5000	700	1000

全站仪野外数据采集的注意事项：

(1) 作业过程中和作业结束前，应对定向进行检查。

(2) 野外数据采集时，测站与测点两处作业人员必须时时联络，距离较远时，可使用对讲机等通信工具。每观测完一点，观测员要告知绘草图者被测点的点号，以便及时对照全站仪内存中记录的点号和绘草图者标注的点号，保证两者一致。若两者不一致，应查找原因，是漏标点了，还是多标点了，或一个位置测重复了等，必须及时更正。

(3) 在野外采集时，能测到的点要尽量测，实在测不到的点可利用皮尺或钢尺量距，将丈量结果记录在草图上，室内用交互编辑方法成图。

(4) 全站仪测图，可按图幅施测，也可分区施测。按图幅施测时，每幅图应测出图廓线外 5mm；分区施测时，应测出区域界线外图上 5mm。

特别提示：

(1) 应选择较远的图根点作为定向点，以减小目标倾斜误差和仪器对中误差对观测的影响。

(2) 当输入定向点坐标或方位角以后，一定要瞄准定向点并进行测量。

2. GPS-RTK 数字测记模式测量

GPS-RTK 的测量就是在基准站上安置 GPS 接收机，对所有可见 GPS 卫星进行连续观测，并将其观测数据，通过无线电（或 GPRS/CDMA）传输设备（也称数据链），实时地发送给用户观测站（流动站）；在用户观测站上，GPS 接收机在接收 GPS 卫星信号的同时，也接收基准站传输的观测数据，然后根据相对定位原理，实时地解算并显示用户观测站的三维坐标及其精度，其定位精度可达 5cm 以内。根据基准站建立的方式不同，RTK 测量技术又可分为传统 RTK 和网络 RTK（如 CORS 技术）。简单地说，传统 RTK 就是可移动的基站作业，基站位置一般由作业组根据任务确定，而 CORS 就是固定的永不断电的基站，其基站一般由政府部门在某选定固定地点建设。RTK 地形测量主要技术要求见表 9-5。

表 9-5　　RTK 地形测量主要技术要求表

等级	图上点位中误差/mm	高程中误差	与基准点的距离/km	观测次数	起算点等级
图根点	≤±0.1	≤1/10 等高距	≤7	≥2	平面三级、高程等外以上
碎部点	≤±0.5	符合相应比例尺成图要求	≤10	≥1	平面图根、高程图根以上

注　1. 点位中误差指控制点相对于最近基准点的误差。

2. 用网络 RTK 测量可不受流动站到基站间距离的限制，但宜在网络覆盖的有效服务范围内。

下面以南方 RTK 灵锐 S86 仪器为例，介绍利用无线电技术传统 RTK 数据采集的作业过程，如图 9-11 所示。

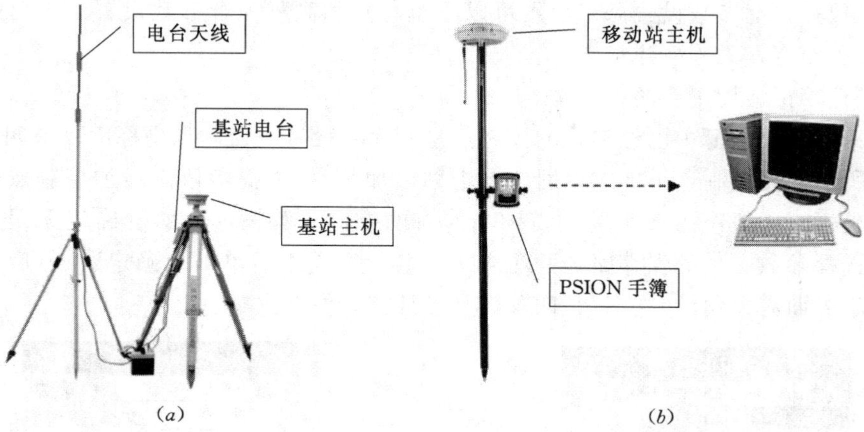

图 9-11　电台模式下 RTK 传统数据采集的作业模式
(a) 基准站部分；(b) 移动站部分

RTK 由两部分组成：基准站部分和移动站部分。其操作步骤是先启动基准站，后进行移动站操作。

(1) 基准站部分。

1) 架好脚架于已知点上，对中整平（如架在未知点上，则大致整平即可）。

2) 接好电源线和发射天线电缆。注意电源的正负极正确（红正黑负）。

3) 打开主机和电台，主机开始自动初始化和搜索卫星，当卫星数和卫星质量达到要求后，主机上的 DL 指示灯开始 5s 快闪 2 次，同时电台上的 TX 指示灯开始每秒闪 1 次。这表明基准站差分信号开始发射，整个基准站部分开始正常工作。

(2) 移动站部分。

1) 将移动站主机接在碳纤对中杆上，并将接收天线接在主机顶部，同时将手簿（PSION 采集器）夹在对中杆的适合位置。

2) 打开主机，主机开始自动初始化和搜索卫星，当达到一定的条件后，主机上的 DL 指示灯开始 1s 闪 1 次（必须在基准站正常发射差分信号的前提下），表明已经收到基准站差分信号。

3) 打开手簿，启动“工程之星”软件，如图 9-12 所示。工程之星快捷方式一般在手簿的桌面上，如手簿冷启动后则桌面上的快捷方式消失，这时必须在 Flashdisk 中启动原文件（我的电脑→Flashdisk→SETUP→ERTKPro2.0.exe）。

4) 启动软件后，软件一般会自动通过蓝牙和主机连通。如果没连通则首先需要设置蓝牙（工具→连接仪器→选中“输入端口：7”→点击“连接”）。

5) 软件在和主机连通后，软件首先会让移动站主机自动去匹配基准站发射时使用的通道。如果自动搜频成功，则软件主界面左上角会有信号在闪动。如果自动搜频不成功，则需要进行电台设置（工具→电台设置→在“切换通道号”后选择与基准站电台相同的通道→点击“切换”）。

6）在确保蓝牙连通和收到差分信号后，开始新建工程（工程→新建工程），依次按要求填写或选取如下工程信息：工程名称、椭球系名称、投影参数设置、四参数设置（未启用可以不填写）、七参数设置（未启用可以不填写）和高程拟合参数设置（未启用可以不填写），最后确定，工程新建完毕。

7）进行校正。校正有两种方法。

方法一：利用手簿中已经输入的控制点坐标库（设置→控制点坐标库）求四参数，如图 9-13 所示。在控制点坐标库界面中点击“增加”，根据提示依次增加控制点的已知坐标和原始坐标，一般至少 2 个控制点，当所有的控制点都输入，察看确定无误后，单击“保存”，选择参数文件的保存路径并输入文件名。完成之后单击“确定”。然后单击“保存成功”小界面右上角的“OK”，四参数已经计算并保存完毕。

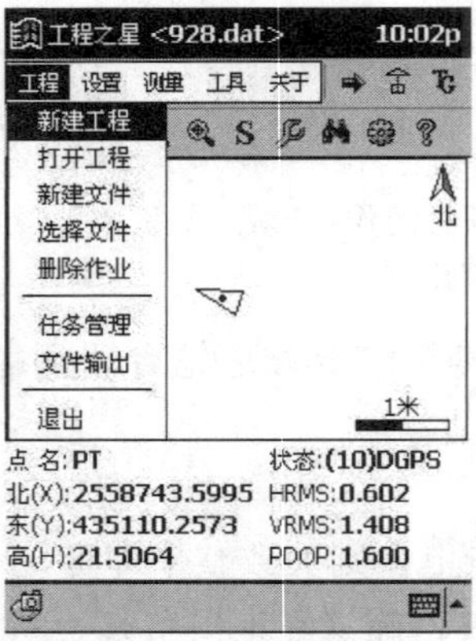

图 9-12 新建工程图

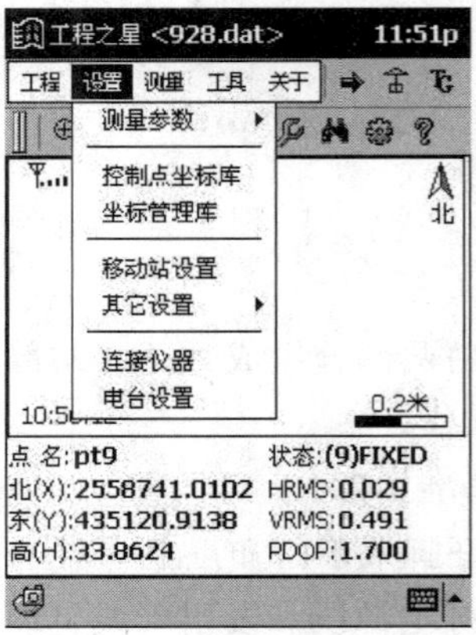

图 9-13 利用坐标库校正

方法二：校正向导（工具→校正向导），此方法又分为两种模式。

a. 基准站架在已知点上选择“基准站架设在已知点”，点击“下一步”，输入基准站架设点的已知坐标及天线高，并且选择天线高形式，输入完后即可点击“校正”。系统会提示你是否校正，并且显示相关帮助信息，检查无误后“确定”校正完毕。

b. 基准站架在未知点上选择“基准站架设在未知点”，再点击“下一步”。输入当前移动站的已知坐标、天线高和天线高的量取方式，再将移动站对中立于已知点上后点击“校正”，系统会提示是否校正，“确定”即可。

8）当移动站立在目标点上，且手簿显示测量状态为“固定解”时，如图 9-14 所示。点存储快捷键“A”，即可将当前坐标和高程信息记录下来，如图 9-15 所示。

RTK 野外数据采集的注意事项：

（1）采集过程中，基站不允许移动或关机又重新启动，若重启动后必须重新校正。

（2）基站要远离微波塔、通信塔等大型电磁发射源 200m 外，要远离高压输电线路、通信线路 50m 外；一般应选在周围视野开阔的位置，避免在截止高度角 15°以内有大型建筑物；同时应选在地势较高的位置。

（3）接收机启动后，观测员应使用专用功能键盘和选择菜单，查看测站信息接收卫星数、卫星号、卫星健康状况、各卫星信噪比、相位测量残差实时定位的结果及收敛值、存

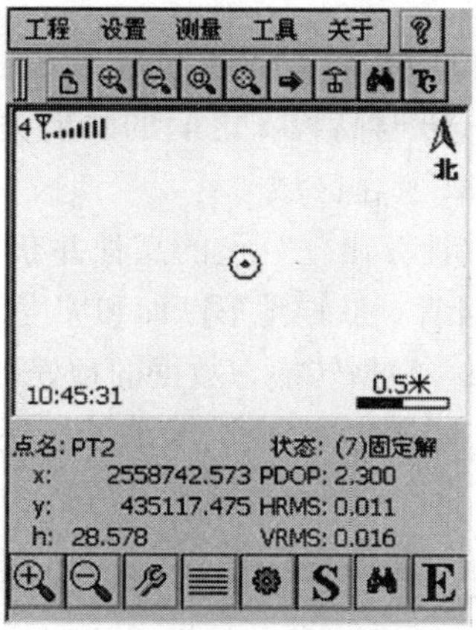

图 9-14　目标点测量

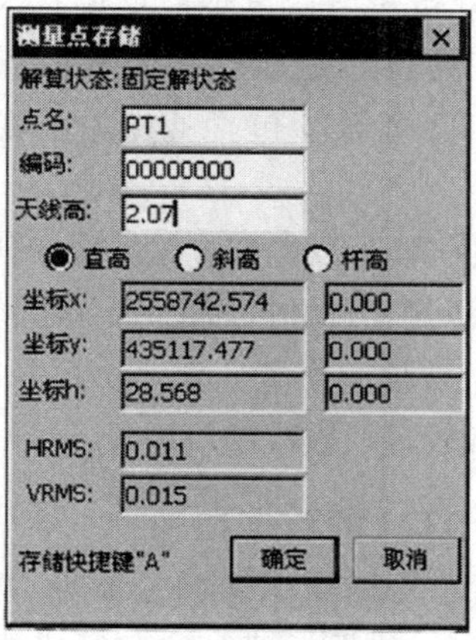

图 9-15　快捷键“A”存储

储介质记录和电源情况。如发现异常情况或未预料情况，及时作出相应处理。

(4) 为了保证 RTK 的高精度，最好对三个以上平面坐标已知点进行校正，而且点精度要均等，并要均匀分布于测区周围，要利用坐标转换中误差对转换参数的精度进行评定。如果利用两点校正，一定要注意尺度比是否接近于 1。

(5) 移动站在信号受影响的点位，为提高效率，可将仪器移到开阔处或升高天线，待数据链锁定达到固定后，再小心无倾斜地移回待定点或放低天线，一般可以初始化成功。

测记法外业设备轻便、操作方便、野外作业时间短。由于是“盲式”作业，对于较复杂的地形，通常要绘制草图。

(二) 数字测绘法模式

数字测绘法模式（又称电子平板模式），使用安装了测图软件的便携机（称为电子平板），在野外利用电子全站仪测量，将采集到的地形数据传输给便携式计算机，测量工作者在野外实时地在屏幕上进行人机对话，对数据、图形进行处理、编辑，最后生成图形文件或数字地图，所显即所测，实时成图，真正实现内外业一体化。这种作业模式的特点是现场成图，实现了“所见即所测”；可及时发现并纠正测量错误，从而具有较高的可靠性。但这种作业模式对设备要求高，便携机不适应野外作业环境（如供电时间短、液晶显示屏光强看不清等）是主要缺陷，目前只用于房屋密集的城镇地区的测图工作。

野外数字化测图的施测方式不同，人员的配备也有所不同。全站仪测记法施测时，作业人员一般配置为：观测员 1 人，领尺员 1 人，跑尺员 1～3 人。领尺员负责画草图和室内成图，是核心成员。RTK 测记法施测时，作业人员一般配置为：基站观测员 1 人（采用网络 RTK 技术时，基站不需要测量组人员），移动站测量员 1 人，移动站测量员一般负责画草图和室内成图。电子平板法施测时，作业人员一般配置为：观测员 1 人，电子平板操作人员 1 人，跑尺员 1～3 人。

三、数字地面模型的建立

数字地面模型（DTM）是以数字的形式按一定的结构组织在一起，表示实际地形特征的空间分布模型，也是地形形状大小和起伏的数字描述。

DTM 的核心是地形表面特征点的三维坐标数据和一套对地表提供连续描述的算法。最基本的 DTM 至少包含了相关区域内平面坐标（x，y）与高程 z 之间的映射关系。即

$$z = f(x,y) \qquad (x,y) \in \text{DTM 所在区域} \tag{9-1}$$

通过 DTM 可以得到有关区域中任一点的地形情况，计算出任一点的高程并获得等高线。DTM 还可以用于计算区域面积、土地划分、土方工程量计算、获取地形断面和坡度信息等。

建立数字地面模型一般有以下几个步骤：数据的获取，数据转换，数据的预处理，构网建模，存储和管理，数模的应用。

（一）DTM 的数据结构

DTM 常用的数据结构主要分为规则格网和不规则三角网。规则格网结构是将离散的原始数据点，依据插值算法归算出规则形状格网的结点坐标，或在数据采集时，就按规则格网取点。每个结点的坐标都有规律地存在 DTM 之中，最常用的规则格网结构是矩形格网。由于矩形格网 DTM 存储量最小，非常便于使用且容易管理，因而他是目前运用最广泛的一种形式。但缺点是有时不能准确表示地形的结构与细部，因此基于规则格网 DTM 描绘的等高线不能准确地表示地貌。不规则三角网（TIN）是将采集的地形特征点，按一定规则连接成覆盖整个区域且互不重叠的许多三角形，构成一个不规则三角网表示的 DTM，通常称为 TIN。TIN 能较好地顾及地貌特征点、线，表示复杂地形表面比格则格网精确，缺点是数据量较大，数据结构复杂，因而使用与管理也较复杂。

（二）不规则三角网（TIN）的建立

不规则三角网是直接利用测区内野外实测的地形特征点（离散点）构造出邻接的三角形。TIN 的每个基本单元的核心是组成不规则三角形的三个顶点的三维坐标，这些坐标完全来自原始测量成果。由于采样时选取观测点是由地形决定的，因而由离散点构成的三角形必然是不规则的。

TIN 的建立应基于最佳三角形的条件，即应尽可能地保证每个三角形是钝角三角形或三边的长度近似相等，避免出现过大的钝角和过小的锐角。常用的一种建立 TIN 的方法是角度判别法。该方法是当已知三角形的两个顶点（即一条边）后，利用余弦定理计算备选第三顶点为角顶点的三角形内角的大小，选择最大者对应的点为该三角形的第三顶点。当得到第一个三角形后，再以这个三角形的每条边为基础，按角度最大的原则向外扩展，连接邻近离散点组成三角形。新的三角形的边又作为连接其他离散点的基础，如此下去，直到所有的三角形的边都无法再扩展成新的三角形，而且所有离散点都包含在三角形的顶点中，并要保证三角网中没有重复和交叉的三角网。在生成 TIN 的过程中，还要考虑地性线、地物等对格网的影响，应用中通常把地性线等地形特征线作为 TIN 中三角形的边，在扩展 TIN 时先从地形特征线开始，以保证 DTM 格网最大限度地符合实际地形。

（三）特殊地貌和地物的处理

由于实际地表的地貌和地物的变化以及地形图绘制的要求，TIN 建立过程中还必须要考虑特殊地貌和地物的处理，以保证 DTM 的正确性，以及满足等高线和断面的生成、土方量的计算、地形图绘制等 DTM 应用的需要。

1. 断裂线的处理

在建 TIN 时，需要把断裂线（坡度变化陡峭的地形如陡坎、河岸等变化不连续的地形边线）提取出来并扩展成几个极窄的条形闭合区域（图 9-16）。在绘制地形图时，等高线与地物是分层处理的，等高线层中等高线绘制到闭合（折）线时断开，而在地物层闭合线正是坎的符号绘制的地方，两层叠加输出，绘出的就是地形图。

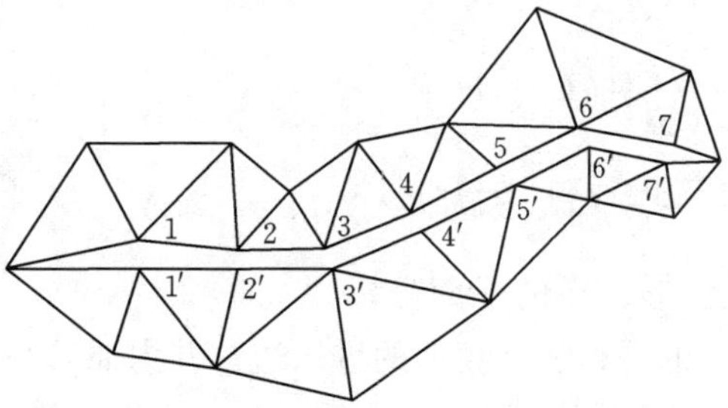

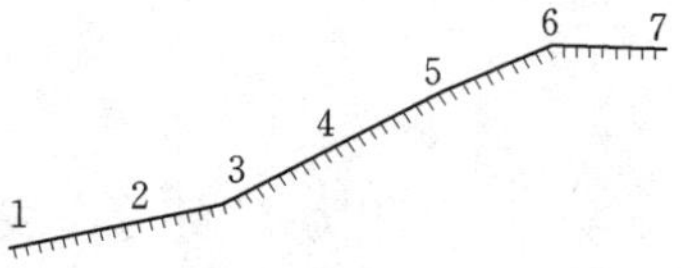

图 9-16　断裂线的处理

2. 地物的处理

等高线遇地物（如房屋、道路）时需要断开，所以数字地面模型中要将它们处理成闭合区，扩展三角形是由房屋边线向外扩展，等高线遇闭合区边界即终止。

3. 地性线的处理

TIN 结构的 DTM 是以三角形为基本单位表达实际地形的，在生成 TIN 的过程中，以山谷线、山脊线为起始边，向两侧扩展出三角形格网，这样就保证了三角形格网数字地面模型与实际地形相符。

（四）矩形格网的建立

矩形格网是在区域平面内划分为相同大小的矩形单元，以每个矩形单元顶点作为 DTM 的数据结构的基础。矩形格网是 DTM 数据结构规则格网中最常用的，正方形格网是其特例。建立矩形格网的原始数据，若是利用航测仪器采集，一般都是按等间隔直接采集矩形格网的顶点坐标。若是野外测量获得的离散点坐标，其分布一般是不规则的，为了建立矩形格网，必须通过数学方法计算出新的规则格网结点的坐标（它不一定是地形的特征点）。格网结点坐标是 DTM 的构成和应用的基础，其精度直接影响 DTM 的精度。因此，从离散点生成格网结点的插值算法必须最大限度地保持原始数据的精度，同时保持原始数据中地形特征的信息。

矩形格网点高程插值的过程就是根据给定的平面坐标 P（x，y）利用邻近的已知点作为参考点，计算出 P 点的高程。

（五）基于三角网的等高线绘制

利用 DTM 自动追踪生成等高线，概括来说要经过两个步骤。首先根据数字地面模型的数据探求各条等高线上点子的平面坐标，然后用平滑的曲线将位于同一高程的诸点顺序连成一条等高线。基于 TIN 绘制等高线直接利用原始观测数据，因而等高线精度较高；而同一高程的等高线只穿过一个三角形最多一次，因而程序设计也比较简单。现以不规则三角网为例，介绍等高线追踪生成的过程。

(1) 按顺序判断每一个三角形的三边之二是否有等高线穿过。若三角形一边的两端点为 P_1 (x_1, y_1, H_1)、P_2 (x_2, y_2, H_2),则

$$(x_1-h)(x_2-h)\begin{cases}<0,\text{该边有等高线点}\\>0,\text{该边无等高线点}\end{cases}$$

直至搜索到等高线与格网边的第一个交点,称该点为搜索起点,也是当前三角形的等高线进入边。线性内插该点的平面坐标 (x, y)

$$x=x_1+\frac{x_2-x_1}{H_2-H_1}(H-H_1)$$

$$y=y_1+\frac{y_2-y_1}{H_2-H_1}(H-H_1) \tag{9-2}$$

式中 x、y——高程为 H 的等高线与某三角形交点的平面坐标。

(2) 搜索该等高线在该三角形的离去边,也是相邻三角形的进入边,并内插其平面坐标。搜索与内插方法与上面搜索起点的方法相同,不同的是仅对该三角形的另两边作处理。

(3) 进入相邻三角形,重复第 2 步,直至离去边没有相邻三角形(此时等高线为开曲线)或相邻三角形就是搜索起点所在的三角形(此时等高线为闭曲线)时为止。

(4) 当一条等高线全部跟踪完后,将其光滑输出,然后继续三角形的搜索,直至全部三角形处理完,再改变等高线高程,重复以上进程,直到完成全部等高线的绘制为止。

根据上述原理建立数字地面模型,追踪绘制等高线的方法,一般在数字化测图软件中均以模块形式编制程序,操作人员只需选取相应菜单项,计算机将自动执行程序,并辅以简单的人工编辑,即可完成上述功能。如南方的 CASS 数字化成图软件绘制等高线的过程是:建立数字地面模型(构建三角网)、修改数字地面模型(修改三角网)、绘制等高线(自动追踪绘制等高线)、等高线的修饰(注记等高线等)。

四、地形图的处理与输出

野外采集的地物与地貌特征点信息,经过数据处理之后形成了图形数据文件,其数据是以高斯直角坐标的形式存放的,而图形输出无论是在显示器上显示图形,还是在绘图仪上自动绘图,都存在一个坐标转换问题。另外,还有图形的截幅、绘图比例尺的确定、图式符号注记及图廓整饰等内容,都是计算机绘图不可缺少的内容。

1. 图形截幅

因为在数字化地形测量中野外数据采集时采用全站仪等设备自动记录或手工键入实测数据、信息等,大多并未在现场成图,因此,对所采集的数据范围应按照标准图幅的大小或用户确定的图幅尺寸,进行截取。对自动成图来说,这项工作就称为图形截幅。首先根据四个图廓点的高斯平面直角坐标,确定图幅范围;然后,对数据的坐标项进行判断,将属于图幅矩形框内的数据,以及由其组成的线段或图形等,组成该图幅相应的图形数据文件,而将图幅以外的数据以及由其组成的线段或图形,仍保留在原数据文件中,以供相邻图幅提取。

2. 图形的显示与编辑

根据数据文件,将数据进行坐标转换,实现定位,利用各种基本绘图命令及其有机的结合,编制程序,自动显示图形。对在屏幕上显示的图形,可根据野外实测的草图或记录的信息

进行检查，若发现问题，对其进行屏幕编辑和修改，同时按成图比例尺完成各类文字注记、图式符号以及图名图号、图廓等成图要素的编辑。经检查和编辑修改成为准确无误的图形，连同相应的信息编码保存在图形数据文件中或组成新的数据文件，供自动绘图时调用。

3. 等高线的绘制

数字化测图中生成等高线主要有两种方法：①根据实测的离散高程点自动建立不规则的三角网数字高程模型，并在该模型上内插等值点生成等高线；②根据已建立的规则格网数字高程模型数据点生成等高线。

由于不规则三角网数字高程模型点（三角形的顶点）全为实测的碎部点，地形特征数据得到充分利用，完全依据碎部点高程的原始数据插绘等高线，几何精度高，且算法简单，等高线和碎部点的位置关系与原始数据完全相符。因此，数字化测图中生成等高线，多数采用建立不规则的三角网数字高程模型生成等高线。

4. 绘图仪自动绘图

野外采集的地形信息经数据处理、图形截幅、屏幕编辑后，形成了绘图数据文件，利用这些绘图数据，即可由计算机软件控制绘图仪自动输出地形图。

绘图仪作为计算机输出图形的重要设备，其基本功能是将计算机中以数字形式表示的图形描绘到图纸上，实现数（x、y 坐标串）模（矢量）的转换。

任务三　南方 CASS 测图软件

数字测图软件是数字测图系统的关键。现在国内测绘行业使用的数字测图软件较多，常用的有南方 CASS 软件、清华山维 EPSW 测绘系统、武汉瑞得 RDMS 数字测图系统等。这里主要介绍南方 CASS 软件进行数字测图的方法。

南方 CASS 软件是广州南方测绘仪器公司基于 AutoCAD 平台开发的 GIS 前端数据采集系统，主要应用于地形成图、地籍成图、工程测量应用、空间数据建库等领域。

一、CASS7.0 的操作界面简介

CASS7.0 的操作界面主要分为以下几部分：顶部下拉菜单、右侧屏幕菜单、命令栏、状态栏和工具条等，如图 9－17 所示。每个菜单均以对话框或命令行提示的方式与用户交互作答，操作灵活方便。

二、草图法数字测图

草图法数字测图工作过程：在外业使用全站仪测量碎部点三维坐标的同时，领图员绘制草图，草图上的内容包括：碎部点构成的地物形状、类型及碎部点点号（注意：应与全站仪记录的点号一致）。内业利用 CASS 软件，将全站仪内存中的碎部点三维坐标传输到计算机中，再根据野外绘制的草图，在 CASS 中绘制地物和等高线。

（一）数据传输

使用数据线连接全站仪与计算机的 COM 口，设置好全站仪的通信参数（全站仪通信参数的设置方法请参考项目七任务四），在 CASS7.0 的“数据处理”菜单下选择“读全站

图 9-17 CASS7.0 的操作界面

仪数据”子菜单，弹出如图 9-18 所示的对话框。选中相应型号的全站仪，并设置与全站仪一致的通信参数，勾选“联机”复选框，在对话框最下面的“CASS 坐标文件:”的空栏中输入想要保存的文件名，然后点击“转换”按钮，CASS 便弹出一个提示对话框，按提示操作，全站仪即可发送数据，CASS 软件将发送的数据保存在已设定好的数据文件中。

(二) 内业成图

CASS 软件根据作业方式的不同，分为“点号定位”“坐标定位”“编码引导”几种方法。本任务以 CASS 自带的坐标数据文件“C：\ CASS70 \ DEMO \ YMSJ. DAT”为例，介绍利用“点号定位法”和“坐标定位法”绘制地物的方法。

1. 定显示区，展野外测点点号

定显示区的作用是根据输入坐标数据文件的数据大小定义屏幕显示区域的大小，以保证所有点可见。

首先移动鼠标至“绘图处理”项，按左键，即出现如图 9-19 下拉菜单。然后选择“定显示区”项，输入碎部点坐标数据文件名，即完成定显示区。随后，移动鼠标至“绘图处理”项，在图 9-19 下拉菜单中，选择“展野外测点点号”，便可以将碎部点展到屏幕上。

2. 绘平面图

根据野外作业时绘制的草图，移动鼠标至屏幕右侧菜单区选择相应的地形图图式符号，然后在屏幕中将所有的地物绘制出来。

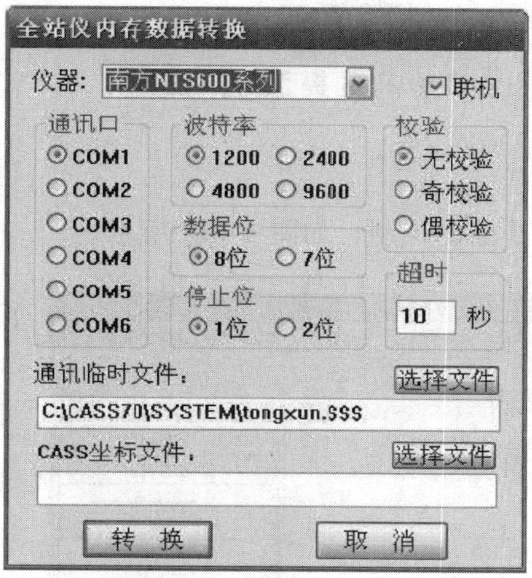

图 9－18　数据通信菜单

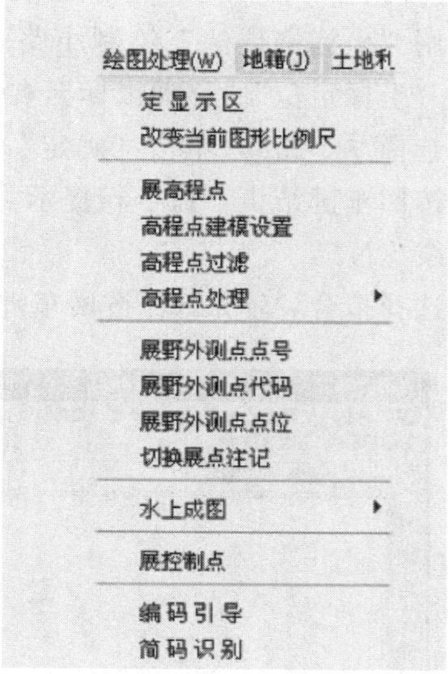

图 9－19　数据处理下拉菜单

例如，根据草图，由 33、34、35 号点连成一间普通房屋，4、5、6、7、8 点连成小路，如图 9－21 所示。

（1）用“点号定位法”绘制普通房屋。首先移动鼠标至右侧菜单“坐标定位/点号定位”处，选择“点号定位”。移动鼠标至右侧菜单“居民地/普通房屋”处按左键，系统便弹出如图 9－20 所示的对话框。再移动鼠标到“四点简单房屋”的图标处按左键，这时命令区提示：

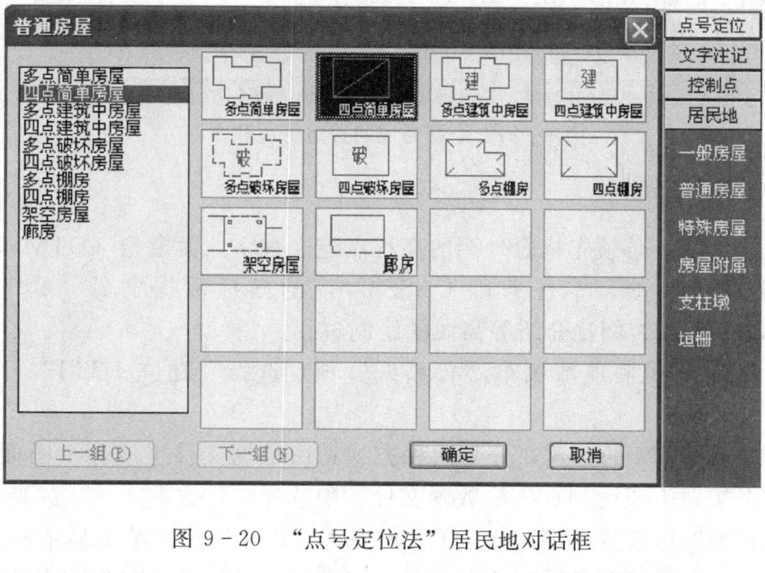

图 9－20　“点号定位法”居民地对话框

已知三点/2. 已知两点及宽度/3. 已知四点〈1〉：输入 1，回车（或直接回车默认选 1）。

点 P/〈点号〉输入 33，回车。

点 P/〈点号〉输入 34，回车。

点 P/〈点号〉输入 35，回车。

这样，即将 33、34、35 号点连成一间简单房屋。如图 9－21 所示。

（2）用“坐标定位法”绘制小路。首先移动鼠标至右侧菜单“坐标定位/点号定位”处，选择“坐标定位”。移动鼠标至右侧菜单“交通设施/其他道路”处按左键，在弹出的对话框中选择“小路”，单击“确定”按钮，根据命令行的提示分别捕捉 4、5、6、7、8 五个点，按回车键结束，命令行提示：

拟合线〈N〉?

一般选择拟合，输入 y，按回车键，完成小路的绘制，如图 9－21 所示。

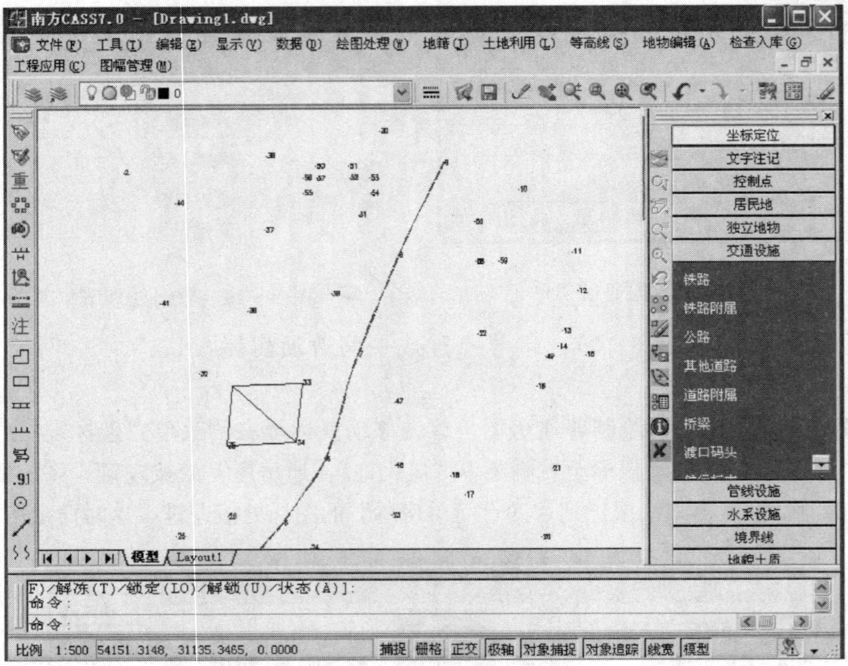

图 9－21 绘制完成的普通房屋和小路

三、等高线的绘制

在绘等高线之前，必须先将野外测的高程点建立数字地面模型（DTM），然后在数字地面模型上生成等高线。本任务以 CASS 自带的坐标数据文件“C：\ CASS70 \ DEMO \ DGX. DAT”为例，介绍等高线的绘制过程。

（1）移动鼠标至屏幕顶部菜单“等高线”项，选择“建立 DTM”，出现图 9－22 对话框。

首先选择建立 DTM 的方式，分为两种方式：由数据文件生成和由图面高程点生成，如果选择由数据文件生成，则在坐标数据文件名中选择坐标数据文件；如果选择由图面高程点生成，则在绘图区选择参加建立 DTM 的高程点。然后选择结果显示，分为三种：显示建三角网结果、显示建三角网过程和不显示三角网。最后选择在建立 DTM 的过程中是否考虑陡坎和地形线。点击确定后生成如图 9－23 所示的三角网。

（2）修改数字地面模型（修改三角网）。一般情况下，由于地形条件的限制在外业采集的碎部点很难一次性生成理想的等高线，如楼顶上控制点。另外还因现实地貌的多样性

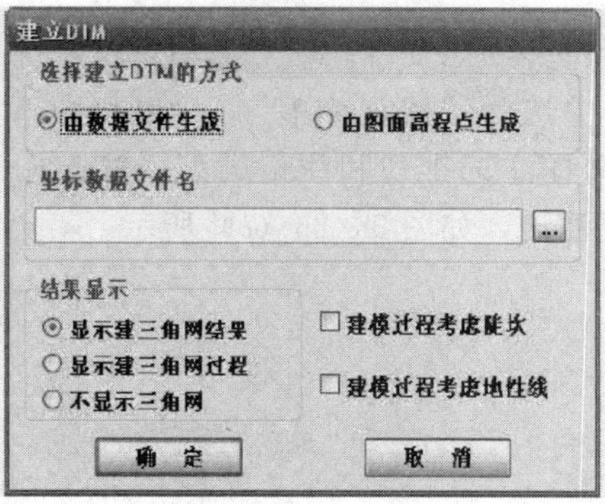

图 9-22　选择建模高程数据文件

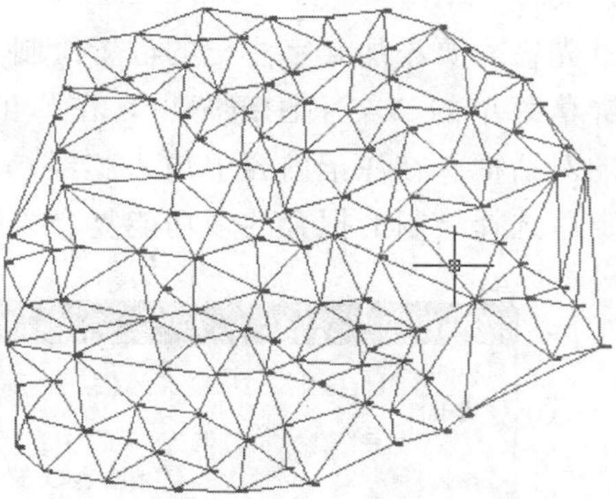

图 9-23　用 DGX. DAT 数据建立的三角网

和复杂性，自动构成的数字地面模型与实际地貌不太一致，这时可以通过修改三角网来修改这些局部不合理的地方。

CASS 软件提供的修改三角网的功能有：删除三角形、增加三角形、过滤三角形、三角形内插点、删三角形顶点、重组三角形、删三角网、修改结果存盘等，根据具体情况可对三角网进行修改，并将修改结果存盘。

(3) 绘制等高线。用鼠标选择“等高线”下拉菜单的“绘制等高线”项，弹出如图 9-24所示对话框。根据需要完成对话框的设置后，单击确定按钮，CASS 开始自动绘制等高线，如图 9-25 所示。最后在“等高线”下拉菜单中选择“删三角网”。

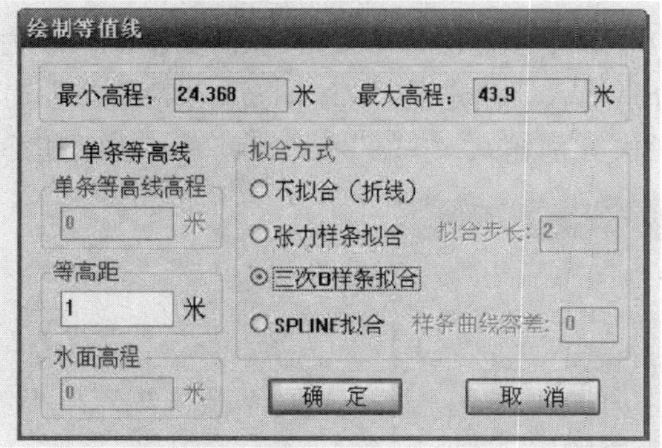

图 9-24　绘制等高线对话框

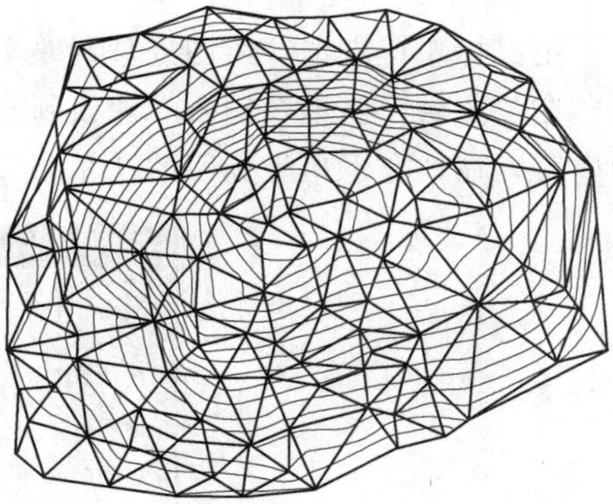

图 9-25　CASS 软件绘制的等高线

(4) 等高线的修饰。CASS 软件提供了以下等高线的修饰功能：注记等高线，等高线修剪，切除指定二线间等高线，切除指定区域内等高线，等值线滤波等。利用这些功能，可以给等高线加注记、切除穿注记和建筑物的等高线。

四、地形图的整饰

下面以 CASS 自带的数据文件“C：\ CASS70 \ DEMO \ STUDY. DWG”为例，介绍常用的添加注记和图框的方法。

1. 添加注记

首先在需要添加文字注记的位置绘制一条拟合的多功能复合线，然后用鼠标左键点取右侧屏幕菜单的“文字注记”项，在弹出的菜单中选择“注记文字”，弹出如图 9-26（*a*）的对话框。在注记内容中输入“经纬路”并选择注记排列和注记类型，输入文字大小确定后选择绘制的拟合的多功能复合线即可完成注记，如图 9-26（*b*）所示。

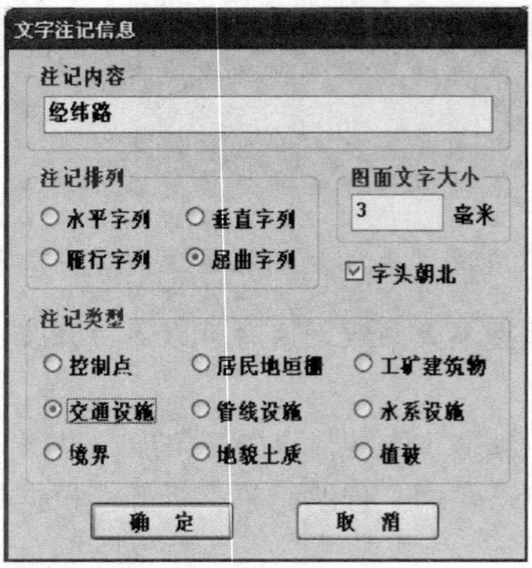

（*a*）

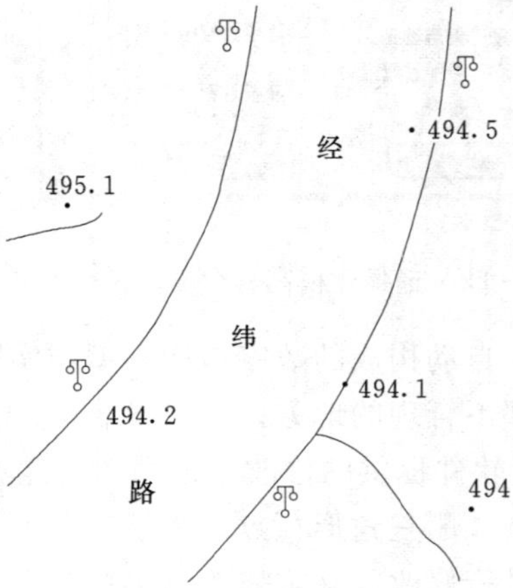

（*b*）

图 9-26 文字注记

2. 加图框

用鼠标左键点击“绘图处理”菜单下的“标准图幅（50×40）”，弹出如图 9-27 的界面。在“图名”栏里，输入“建设新村”；分别输入“测量员”“绘图员”“检查员”各栏的内容；在“左下角坐标”的“东”“北”栏内分别输入“53073”“31050”；在“删除图

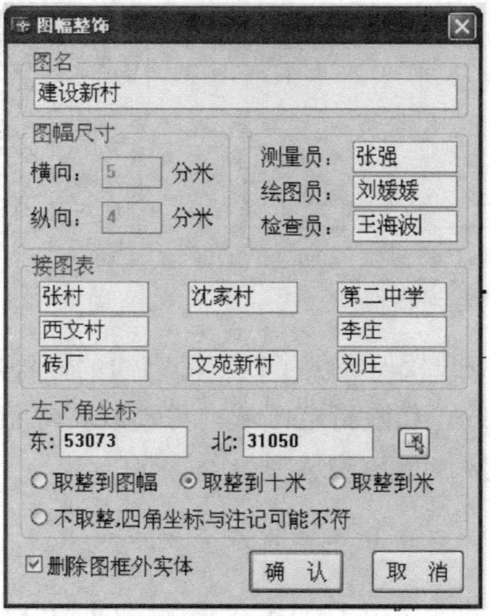

图 9-27 图幅整饰对话框

框外实体”栏前打钩，然后按“确认”。

任务四　水下地形的测绘

水下地形测量是指测绘水体覆盖下的地形测量工作，包括测深、定位、判别底质和绘制地形图等。水下地形点的平面位置和高程也不像陆地上地面点那样可以直接测量，而必须通过水上定位和水深测量进行确定。在深水区和水面很宽的情况下，水深测量和测深点平面位置的确定是一项比较困难的工作，需要采用特殊的仪器设备和观测方法。

一、水位观测

水位即水面高程。水下地形点的高程是根据测深时的水位减去水深求得的，因此，测深时必须进行水位观测。这种测深时的水位称为工作水位。

在进行水下地形测量时，如果作业时间很短，河流水位又比较稳定，可以直接测定水边线的高程作为计算水下地形点高程的起算依据。如果作业时间较长，河流水位变化不定时，则应设置水尺随时进行观测，以保证提供测深时的准确水面高程。

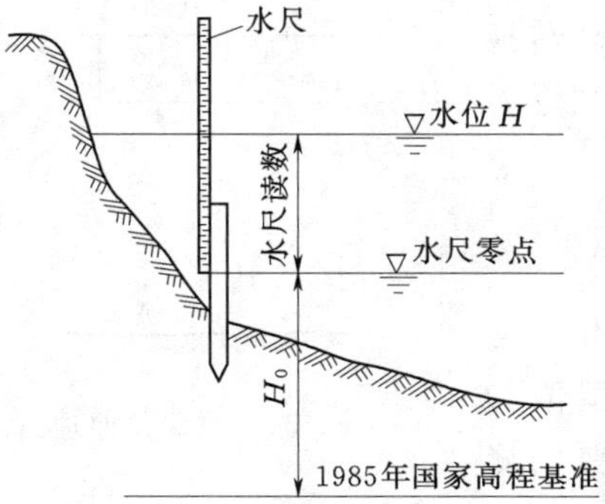

图 9-28　水尺

水尺一般用搪瓷制成，长 1m，尺面刻划与水准尺相同。设置水尺时，先在岸边水中打入一个长木桩，桩侧钉上水尺，使水尺零点浸入水面以下 0.3～0.5m，尺面侧向岸边以便观测，如图 9-28 所示，水尺零点的高程从邻近水准点用四等水准测量引测。

水位观测时将水面所截的水尺读数加上水尺零点高程即为水位。

二、测深工具

水深即水面至水底的垂直距离。为了求得水下地形点的高程，须进行水深测量。水深测量常用的工具有测深杆、测深锤和回声测深仪等。

（一）测深杆

一般用长 6～8m、直径 5cm 左右的竹竿制成，从杆的底端起，以不同颜色相间标出每分米分划，每 1m 处都有注记。底部有一直径 10～15cm 的铁制底盘，用以防止测深时测杆下陷而影响测深精度如图 9-29 所示。测深杆宜在水深 5m 以内，流速小于 1.0m/s 的水域。测深中误差为±0.10m 左右。测深时，将测杆斜向上游插入水中，当杆端到达河底且与水面成垂直时读取水面所截杆上读数，即为水深。

图 9-29　测深杆

图 9-30　测深锤

（二）测深锤

由重约 4～8kg 的铅锤和长约 10m 左右的测绳组成如图 9-30 所示。铅锤底部通常有一凹槽，测深时在槽内涂上牛油，可以粘取水底泥沙，借以判明水底泥沙性质，验证测锤是否到水底。测绳由纤维制成，以分米为间隔，系有不同颜色的分米标记；在整米处扎以皮条，注记米数。测深锤适用于水深 10m 以内，流速小于 1m/s 时的水域，测深中误差为 ±0.15m 左右。

（三）回声测深仪

1. 构造和工作原理

回声测深仪是根据超声波能在均匀介质中匀速直线传播，遇到不同介质面则产生反射的特性设计制造的一种测深仪器，主要由激发器、换能器、放大器、记录显示设备和电源等部件组成如图 9－31 所示。由激发器产生的电脉冲经换能器转换为超声波发射到水底，声波从水底反射回来又被换能器接收转换为电脉冲。从声波发射到接收这段时间 t，由发声脉冲信号和收声脉冲信号推动记录器进行记录，并根据声波在水中的传播速度 v 自动转换为水深 h，以数字形式或图像形式显示出来。声速 v、往返时间 t 与水深 h 的关系为

$$h=\frac{1}{2}vt \tag{9-3}$$

声波在水中的传播速度随水的温度、盐度和压力而变化。常温时，淡水中的声速为 1450m/s，海水中声速的典型值为 1500m/s。在施测前要对仪器进行率定，计算时作必要的修正。回声测深仪适用于水深大于 3m，流速较大水域面积宽阔的地区，测深中误差为 ±0.20m左右。

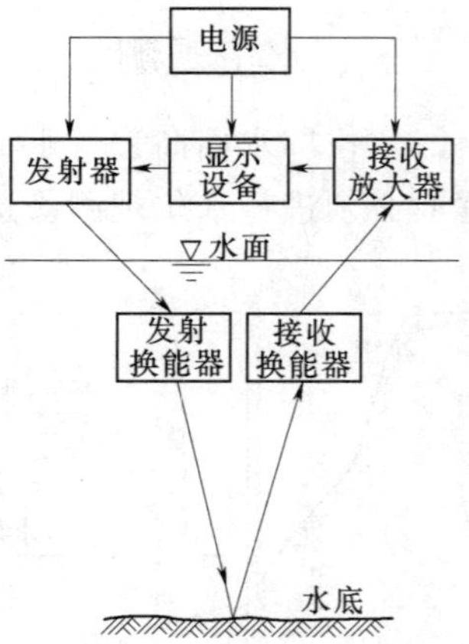

图 9－31 测深仪原理

2. 测深仪的类型

回声测深仪的类型很多，通常分为记录式和数字式两类。

记录式利用记录笔按设定的速度恒速旋转，当笔尖转至零点位置时，发射声脉冲；当此脉冲从水底反射回到接收换能器时，记录笔呈现高电位，使电敏记录纸出现黑迹点。随测船连续航行，记录纸上绘出深度的断面图形，深度可按记录的时间加改正值求得。

数字式则利用计数脉冲记录从声脉冲发射至返回这段时间的脉冲数，按公式计算深度并用数码管显示。

三、水下地形点的布设方法与密度

水下地形测量是在陆地控制测量基础上进行的。

（一）水下地形点的密度要求

由于不能直接观察水下地形情况，只能依靠测定较多的水下地形点来探索水下地形的变化规律。因此，通常须保证图上 1～3cm 有一个水下地形点。沿河道纵向可以稍稀，横向应当较密；中间可以稍稀，近岸应当稍密，但必须探测到河床最深点。

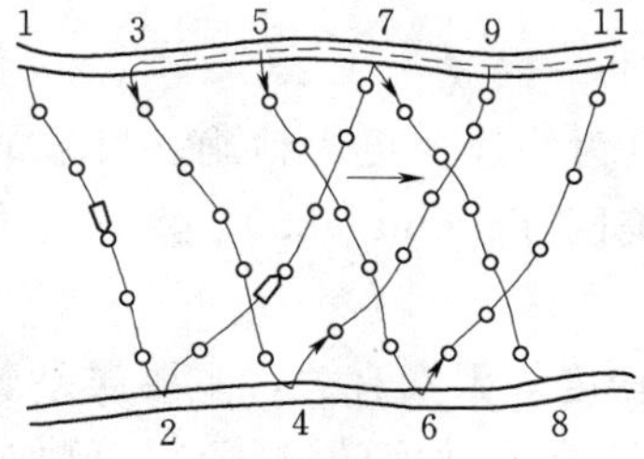

图 9-32　散点法船行路线

（二）水下地形点的布设方法

1. 断面法

按水下地形点的密度要求，沿河布设横断面，断面方向尽可能与河道主流方向垂直。

2. 散点法

水面流速较大时，一般采用散点法。此时，测船不断往返斜向航行，每隔一定距离测定一点，如图 9-32 所示：先由 1 顺水斜航至 2，再由 2 顺水斜航至 7；然后自 7 沿岸逆航至 3，再由 3 顺水斜航至 4……如此连续进行，在每条斜航路线上以尽快地观测速度测定一些水下地形点。

四、施测方法

（一）断面索法

先在断面方向靠两岸水边打下定位桩，在两桩间水平地拉一条断面索，以一个定位桩作为断面索的零点，从零点起每隔一定间距系一布条，在布条上注明至零点的距离。根据索上的距离加上定位桩至断面基点的距离即得水深点至基点的距离，或用经纬仪测得在断面索上标定的各点位置；测深船沿断面索测深。断面索法定位精度较高，但这种方法效率低，设置悬空断面索费工费时，河道宽了则不易设置断面索，在平原河流和沿海水域是不予采用的。

（二）经纬仪视距法

如同测陆地地形点一样，采用极坐标法定位灵活方便，当测船沿断面方向驶到一定位置需测水深时，即将船稳住，竖立水准尺，用视距测量方法测定其距离，可即时展点上图，随测随绘。但应根据不同测图比例尺，严格控制视距长度，而且要求水流平缓、船速较慢，才能读准位于测船上的标尺。因此，仅限于小测区范围使用。

（三）全站仪定位法

在岸上用全站仪跟踪安装在测量船上的全向反光棱镜（若无此条件，可由一人手持单向棱镜，随时对准测站，效果相同），得到棱镜点的坐标，解析法上图。其定位精度大为提高，此外，只要在测距仪的有效测程内并互相通视的情形下，就可施测。这就大大减少了布设更多控制点的工作量，减少了搬站次数，也减少了前方交会法存在的盲区，投入的人力、仪器也少多了。这种方法在沿海地区测量更显优势，一般只要在海岸边和岛屿上设少量测站点即可完成一大片海域水深点定位工作。

（四）GPS 法

1. GPS 测量模式

采用 GPS＋计算机（含数据处理软件）＋数字测深仪的测量模式，通过 GPS 的 RTK 功能（即实时载波相位差分技术，是实时处理两个测点载波相位观测量的差分方法）获得水面点的平面坐标及高程，通过测深仪获得该点处的水深，最终解算出与该点垂直对应的水下地形点的三维坐标。

2. 设备选择

一般来说，双频 GPS 接收机相比单频接收机可以提供更为快速、更为精确、可靠的解算，是水下地形测量的理想选择，比如瑞士 Leica 1200、美国 Trimble 5800、南方公司的灵锐 S80 等。

测深仪的测深精度与测深仪的固有误差、水深、水温、盐度等因素有关，主要误差源在于深度比例误差，因而在选择设备时，应尽量选择大量程、高灵敏度的测深仪。例如，中海达公司的 HD 系列数字测深仪，海鹰公司的 SHD－13D、HY1600 单频测深仪，南方公司的 SDE 系列测深仪等。

为实时记录数据，还需配备计算机，考虑到携带，选择轻巧的掌上电脑 PDA 为宜，同时安装相应的软件，通过数据线连接 GPS 和测深仪，同时记录 GPS 和测深数据。PDA 品牌较多，价格相差较大，考虑到水下测量的实际需求，中下档次的 PDA 即可。至于软件，可以选择中海达公司的海洋测量系列软件等。

3. 仪器参数设置

测量之前应对仪器进行相关参数设置，GPS 除了参考站和流动站的一般设置外，还要确保流动站与 PDA 通信的端口处于打开状态，并设置历元输出速率，一般为 0.1s。

测深仪需输入吃水深度、声速以及选择合适的量程档位等。吃水深度可以直接量取，而声波在水中的传播速度，随海水的温度、盐度和水中压强而变化。在海洋环境中，这些物理量越大，声速也越大，常温时海水中的声速的典型值为 1500m/s，淡水中的声速为 1450m/s。所以在使用回声测深仪之前，应根据当时水域的物理特征对仪器声速值加以校正。

在 PDA 中，不同的数据处理软件参数设置也不尽相同，一般先设置正确的 GPS、测深仪类型及两者与 PDA 的通信端口，设置包括波特率、字节长度等在内的通信参数，其次选择正确的参考椭球坐标系等，最后还有水面至 GPS 天线距离、数据的记录间距等。

4. 测量注意事项

（1）测量过程中，GPS 流动站要保持 RTK 的固定解，因此流动站和参考站可以跟踪到相同的卫星必须 4 颗以上。

（2）船在航行过程中，水深一般会均匀变化，若测深仪数据起伏较大，要及时检查。例如，在有水草的水域中，测深仪探头容易挂上水草或垃圾，这时测深仪数据不稳，甚至闪烁不停，应该及时清理掉这些阻拦物。

（3）测量过程中，由于在水上航行，尤其水域较大时，没有明显的参照物，很难凭肉眼控制船的航行轨迹，而 PDA 上的数据记录软件可实时显示船体的航行位置及轨迹，故可凭此控制船体航行轨迹，在地势变化小、相对平坦的地方，适当放宽测量线路的间距；反之，需加密测量线路。

（4）在 PDA 数据记录软件上，可以显示水面高程、水深、固定解卫星数、平面坐标等即时数据，留意这些数据的变化规律，出现异常时才能及时发现问题，并采取相应措施。

习　题

1. 地形测量如何选择地物和地貌特征点？

2. 传统方法测绘地形图的准备工作有哪几项？怎样展点并检查展点的正确性？

3. 简述经纬仪测绘法进行测图的主要步骤。

4. 计算表 9-6 中各碎部点的水平距离和高差。

表 9-6　　各碎部点的水平距离和高差表

测站：A　　测站高程：$H_A=94.05$m　　仪器高：$i=1.47$m　　竖盘指标差：$x=0$

点号	尺间隔 /m	中丝读数 /m	竖盘读数/ (° ′)	竖直角/ (° ′)	高差 /m	水平距离 /m	高程 /m
1	0.657	1.53	86 17				
2	0.872	1.37	83 52				
3	0.476	2.37	93 55				
4	0.627	2.07	95 17				

注　盘左视线水平时竖盘读数为 90°视线向上倾斜时竖盘读数减少。

5. 数字化测图有哪些特点？简述大比例尺数字化测图的作业过程。

6. 何谓数字地面模型？数字地面模型是如何建立的？

7. 简述利用南方 CASS 软件的“点号定位法”绘制地物的方法。

8. 简述利用南方 CASS 软件绘制等高线的过程，并利用 CASS 自带的坐标数据文件 dgx.dat，绘制等高线，以及注记计曲线。

9. 简述回声测深仪的工作原理。

10. 如何测绘水下地形图？

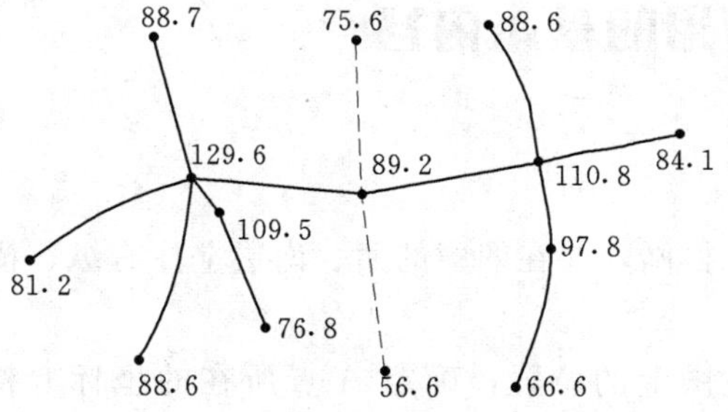

图 9-33　某地形图

11. 按图 9-33 所给地形点的高程和地形线的位置（实线为山脊，虚线为山谷）描绘等高线，规定等高距为 10m。

项目十　地 形 图 应 用

内容提要　本项目共分四个任务，主要介绍了纸制地形图的一般应用及在工程上的应用，并以CASS软件为例，介绍了数字地形图的应用。本项目的重点是：测定图上点位的坐标、高程，测定直线的距离、坡度和方位角，按已知坡度选定线路，沿已知方向绘制断面图，确定汇水面积和图形面积，估算土方量，以及利用CASS软件计算土方量、绘制断面图。本项目的难点是：场地平整中的土方量计算。

地形图是工程建设中不可缺少的一项重要资料，作为工程设计人员，要在地形图上确定点位、量取距离、求出高程、计算测设数据，只有全面掌握地形资料，才能根据具体情况，合理地进行规划设计。因此，要求能够熟练地阅读地形图，并能借助地形图解决工程上的一些问题。

任务一　地形图应用的基本内容

一、在地形图上确定点的坐标

大比例尺地形图上绘有10cm×10cm的坐标格网，并在图廓的西、南边上注有纵、横坐标值，如图10-1所示。

欲求图上A点的坐标，首先要根据A点在图上的位置，确定A点所在的坐标方格$abcd$，过A点作平行于x轴和y轴的两条直线pq、fg与坐标方格相交于p、q、f、g四点，再按地形图比例尺量出$af=60.7$m，$ap=48.6$m，则A点的坐标为

$$\left.\begin{aligned} x_A &= x_a + af = 2100 + 60.7 = 2160.7(\text{m}) \\ y_A &= y_a + ap = 1100 + 48.6 = 1148.6(\text{m}) \end{aligned}\right\} \tag{10-1}$$

如果精度要求较高，则应考虑图纸伸缩的影响，此时还应量出ab和ad的长度。设图上坐标方格边长的理论值为l（$l=100$mm），则A点的坐标可按式（10-2）计算，即

$$\left.\begin{aligned} x_A &= x_a + \frac{1}{ad}af \\ y_A &= y_a + \frac{1}{ab}ap \end{aligned}\right\} \tag{10-2}$$

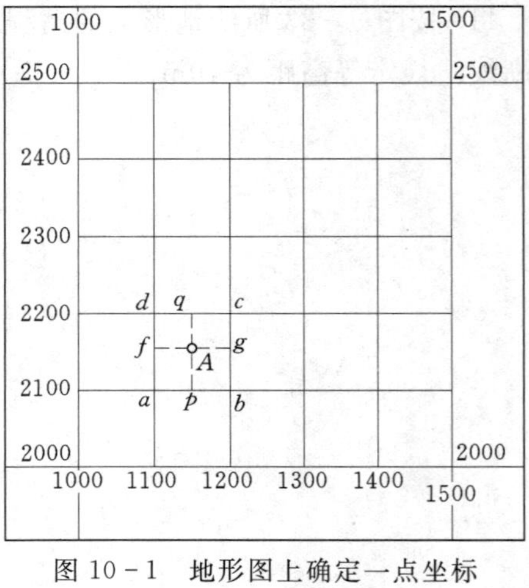

图10-1　地形图上确定一点坐标

特别提示：为提高坐标计算精度，应考虑图纸伸缩的影响，即应对量取的长度进行图纸伸缩系数的改正。

二、在地形图上确定直线的长度

如图 10－2 所示，求直线 AB 的水平距离。

1. 解析法

欲求 AB 的距离，可按式（10－1）先求出图上 A、B 两点坐标（x_A，y_A）和（x_B，y_B），然后按式（10－3）计算 AB 的水平距离

$$D_{AB}=\sqrt{(x_B-x_A)^2+(y_B-y_A)^2} \tag{10-3}$$

2. 图解法

当精度要求不高时，可用比例尺直接在图上量取。两脚规在图上直接卡出 A、B 两点的长度，再与地形图上的直线比例尺比较，即可得出 AB 的水平距离。

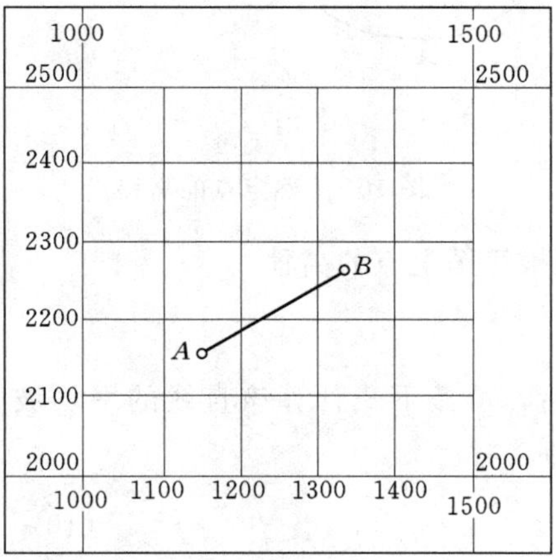

图 10－2 地形图上确定直线长度

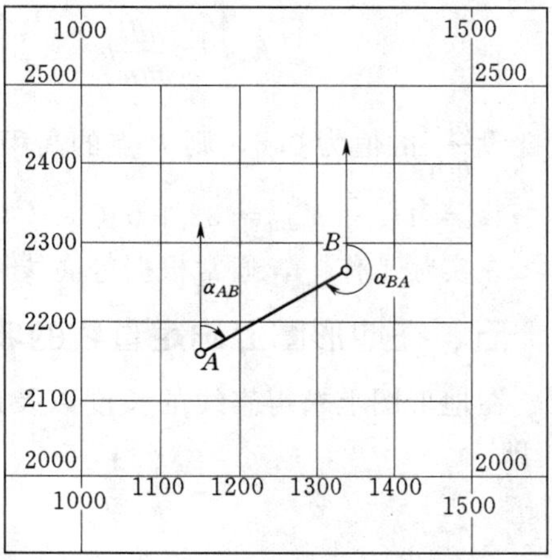

图 10－3 地形图确定直线方位角

三、在图上确定某一直线的坐标方位角

1. 解析法

如图 10－3 所示，如果 A、B 两点的坐标已知，可按坐标反算公式计算 AB 直线的坐标方位角。

$$\alpha_{AB}=\arctan\frac{y_B-y_A}{x_B-x_A}=\arctan\frac{\Delta y_{AB}}{\Delta x_{AB}} \tag{10-4}$$

计算 α_{AB} 角值时，要根据 Δx_{AB} 和 Δy_{AB} 的符号，确定 α_{AB} 所在的象限，再确定 α_{AB} 的角值。

2. 图解法

当精度要求不高时，可用量角器在图上直接量取其坐标方位角。如图 10－3 所示，通过 A、B 两点分别作坐标纵轴的平行线，然后用量角器的中心分别对准 A、B 两点量出直线 AB 的坐标方位角 α'_{AB} 和直线 BA 的坐标方位角 α'_{BA}，则直线 AB 的坐标方位角为

$$\alpha_{AB}=\frac{1}{2}(\alpha'_{AB}+\alpha'_{BA}\pm 180^\circ) \tag{10-5}$$

四、在地形图上确定点的高程

地形图上点的高程可根据等高线或高程注记点来确定。

1. 点在等高线上

如果点在等高线上，则其高程即为等高线的高程。如图 10-4 所示，A 点位于 30m 等高线上，则 A 点的高程即为 30m。

2. 点不在等高线上

如果点位不在等高线上，则可按内插求得。如图 10-4 所示，B 点位于 32m 和 34m 两条等高线之间，这时可通过 B 点作一条大致垂直于两条等高线的直线，分别交等高线于 m、n 两点，在图上量取 mn 和 mB 的长度，又已知等高距为 $h=2\text{m}$，则 B 点相对于 m 点的高差 h_{mB} 可按式（10-6）计算

$$h_{mB}=\frac{mB}{mn}h \tag{10-6}$$

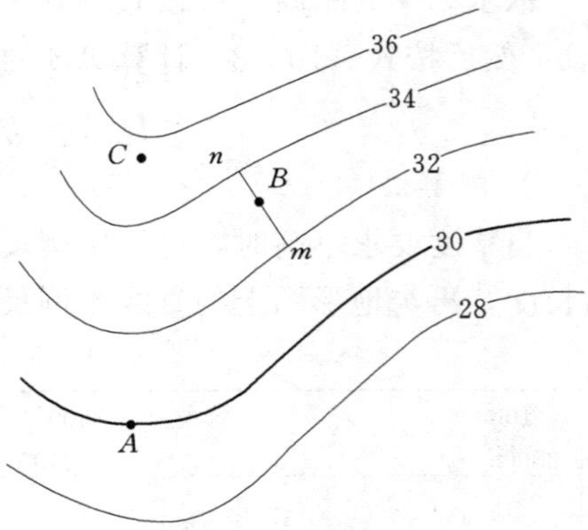

图 10-4 确定点的高程

设$\frac{mB}{mn}$的值为 0.6，则 B 点的高程为

$$H_B=H_m+h_{mB}=32+0.6\times2=33.2(\text{m})$$

在实际工作中，通常根据等高线用目估法按比例推算图上点的高程。

五、在地形图上确定直线的坡度

在地形图上求得直线的长度以及两端点的高程后，可按下式计算该直线的平均坡度 i，即

$$i=\frac{h}{dM}=\frac{h}{D} \tag{10-7}$$

式中 d——图上量得的长度，mm；

M——地形图比例尺分母；

h——两端点间的高差，m；

D——直线实地水平距离，m。

坡度有正负号，“+”正号表示上坡，“-”负号表示下坡，常用百分率（%）或千分率（‰）表示。

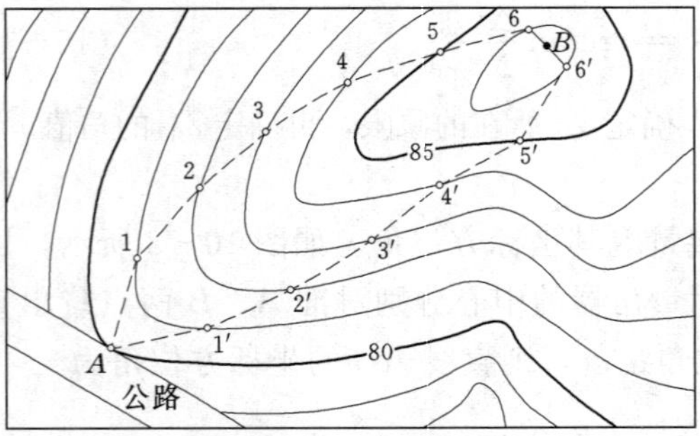

图 10-5 按设计坡度选定最短路线

六、按设计坡度选定最短路线

在道路、管道等工程规划中，一般要求按限制坡度选定一条最短路线。

如图 10-5 所示，设从公路旁 A 点到山头 B 点选定一条路线，限制坡度为 4%，地形图比例尺为 1∶2000，等高距为 1m。具体方法如下

(1) 根据限制坡度确定线路上两相邻等

高线间的最小等高线平距。

$$d=\frac{h}{iM}=\frac{1\text{m}}{0.04\times 2000}=12.5\text{mm}$$

（2）先以 A 点为圆心，以 d 为半径，用圆规划弧，交 81m 等高线于 1 点，再以 1 点为圆心同样以 d 为半径划弧，交 82m 等高线于 2 点，依次到 B 点。连接相邻点，便得同坡度路线 $A-1-2-\cdots-B$。

在选线过程中，有时会遇到两相邻等高线间的最小平距大于 d 的情况，即所作圆弧不能与相邻等高线相交，说明该处的坡度小于指定的坡度，则以最短距离即垂直距离定线。

（3）另外，在图上还可以沿另一方向定出第二条线路 $A-1'-2'-\cdots-B$，可作为方案的比较。

在实际工作中，还需在野外考虑工程上其他因素，如少占或不占耕地，避开不良地质构造，减少工程费用等，最后确定一条最佳路线。

任务二　地形图在工程规划设计中的应用

一、绘制已知方向线的断面图

纵断面图是反映指定方向地面起伏变化的剖面图。在道路、渠道等工程设计中，为进行填、挖土（石）方量的概算、合理确定线路的纵坡等，均需较详细地了解沿线路方向上的地面起伏变化情况，为此常根据大比例尺地形图的等高线绘制线路的纵断面图。

如图 10-6 所示，欲绘制直线 AB、BC 纵断面图。具体步骤如下。

（1）在图纸上绘出表示平距的横轴，过 A 点作垂线，作为纵轴，表示高程。平距的

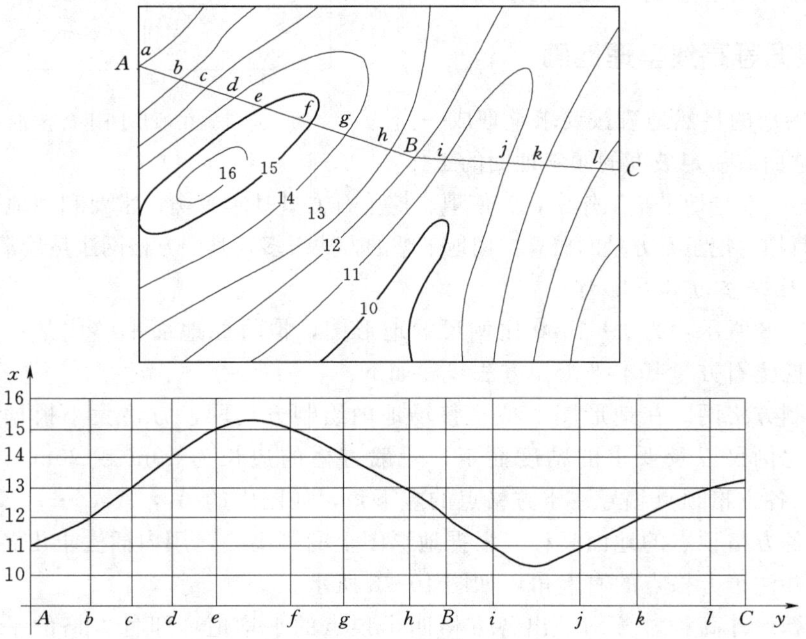

图 10-6　绘制已知方向线的纵断面图

比例尺与地形图的比例尺一致；为了明显地表示地面起伏变化情况，高程比例尺往往比平距比例尺放大10～20倍。

（2）在纵轴上标注高程，在图上沿断面方向量取两相邻等高线间的平距，依次在横轴上标出，得b，c，d，…，l及C等点。

（3）从各点作横轴的垂线，在垂线上按各点的高程，对照纵轴标注的高程确定各点在剖面上的位置。

（4）用光滑的曲线连接各点，即得已知方向线$A-B-C$的纵断面图。

二、在地形图上确定汇水面积

为了防洪、发电、灌溉等目的，需要在河道的适当位置拦河筑坝，在坝的上游形成水库，图10-7为某水库区的地形图，坝址上游分水线所围成的面积，即虚线所包围的部分为汇水面积。

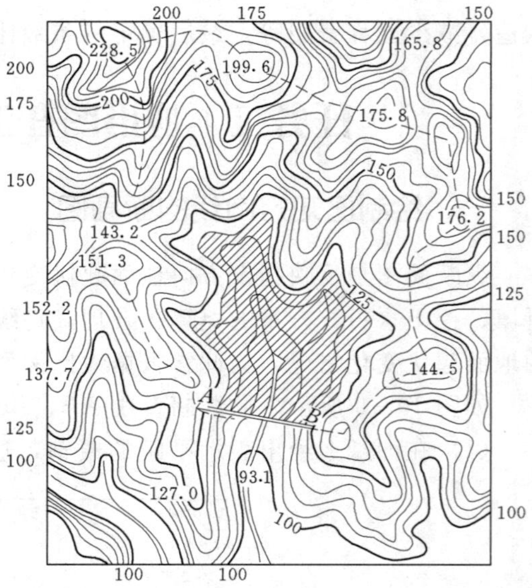

图10-7 在地形图上确定汇水面积

确定汇水面积，先绘出分水线。勾绘分水线应注意以下几点：

（1）分水线应通过山顶和鞍部，与山脊线相连。

（2）分水线应与等高线正交。

（3）汇水面积应由坝的一端开始，最后回到坝的另一端，形成一条闭合环线。

汇水面积范围线确定后，可用面积量算的方法求出以平方公里为单位的汇水面积。

三、根据等高线整理地面

将施工场地的自然地表按要求整理成一定高程的水平地面或一定坡度的倾斜地面的工作，称为场地平整。在场地平整工作中，为使填、挖土石方量基本平衡，常要利用地形图确定填、挖边界和进行填、挖土石方量的概算。场地平整的方法很多，其中方格网法是最常用的一种。

1. 将场地平整为水平地面

如图10-8所示，为1∶1000比例尺的地形图，拟将原地面平整成某一高程的水平面，使填、挖土石方量基本平衡。方法步骤如下：

（1）绘制方格网。在地形图上拟平整场地内绘制方格网，方格大小根据地形复杂程度、地形图比例尺以及要求的精度而定。一般方格的边长为10m或20m。图中方格为20m×20m。各方格顶点编号注于方格点的左下角，如图中的A_1，A_2，…，E_3，E_4等。

（2）求各方格顶点的地面高程。根据地形图上的等高线，用内插法求出各方格顶点的地面高程，并注于方格点的右上角，如图10-8所示。

（3）计算设计高程。分别求出各方格四个顶点的平均值，即各方格的平均高程；然后，将各方格的平均高程求和并除以方格数n，即得到设计高程$H_{设}$。根据图10-8中的数据，求得的设计高程 $H_{设}=49.9\text{m}$。并注于方格顶点右下角。

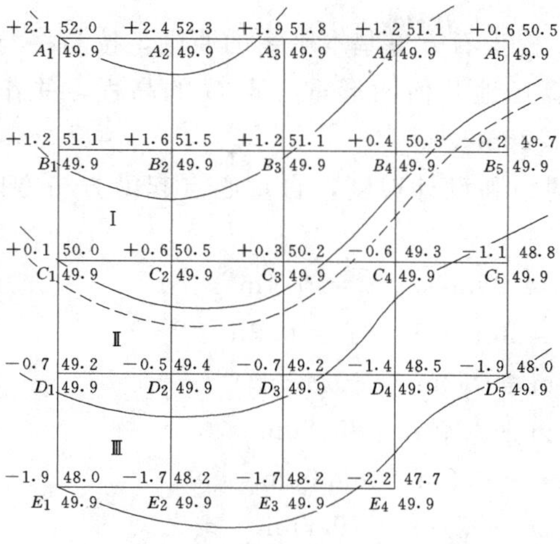

图 10-8　将场地平整为水平地面

(4) 确定填挖深度。各方格顶点地面高程与设计高程之差，为该点的填、挖高度，即

$$h = H_{地} - H_{设} \qquad (10-8)$$

式中，h 为"+"表示挖深，为"−"表示填高。

将 h 值标注于相应方格顶点左上角。

(5) 确定填挖边界线。根据设计高程 $H_{设}=49.9\text{m}$，在地形图上用内插法绘出 49.9m 等高线。该线就是填、挖边界线，如图 10-8 中用虚线绘制的等高线。

(6) 计算填挖土石方量。有两种情况：一种是整个方格全填或全挖方，如图 10-8 中方格Ⅰ、Ⅲ，另一种既有挖方，又有填方的方格，如图 10-8 中方格Ⅱ。

设每方格的实地面积为 A，现以方格Ⅰ、Ⅱ、Ⅲ为例，说明其计算方法：

方格Ⅰ为全挖方

$$V_{\text{Ⅰ挖}} = \frac{1}{4}\times(1.2\text{m}+1.6\text{m}+0.1\text{m}+0.6\text{m})A_{\text{Ⅰ挖}} = 0.875A_{\text{Ⅰ挖}}$$

方格Ⅱ既有挖方，又有填方

$$V_{\text{Ⅱ挖}} = \frac{1}{4}\times(0.1\text{m}+0.6\text{m}+0+0)A_{\text{Ⅱ挖}} = 0.175A_{\text{Ⅱ挖}}$$

$$V_{\text{Ⅱ填}} = \frac{1}{4}\times(0+0-0.7\text{m}-0.5\text{m})A_{\text{Ⅱ填}} = -0.3A_{\text{Ⅱ填}}$$

方格Ⅲ为全填方

$$V_{\text{Ⅲ填}} = \frac{1}{4}\times(-0.7\text{m}-0.5\text{m}-1.9\text{m}-1.7\text{m})A_{\text{Ⅲ填}} = 1.2A_{\text{Ⅲ填}}$$

式中　$A_{\text{Ⅰ挖}}$、$A_{\text{Ⅱ挖}}$、$A_{\text{Ⅱ填}}$、$A_{\text{Ⅲ填}}$——各方格的填、挖面积，m^2。

同法可计算出其他方格的填、挖土石方量，最后将各方格的填、挖土石方量累加，即得总的填、挖土石方量。

2. 将场地平整为一定坡度的倾斜场地

如图 10-9 所示，根据地形图将地面平整为倾斜场地，设计要求是：倾斜面的坡度，从北到南的坡度为 −2%，从西到东的坡度为 −1.5%。

倾斜场地的设计高程应使得填、挖土石方量基本平衡。具体步骤如下：

(1) 绘制方格网并求方格顶点的地面

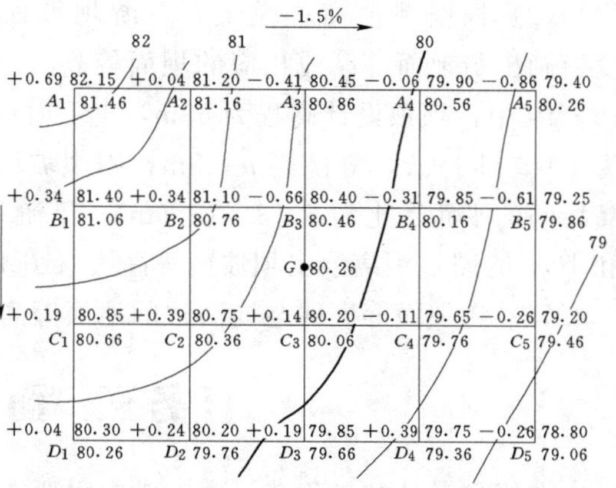

图 10-9　将场地平整为一定坡度的倾斜场地

高程。方法与水平场地平整相同，并将各方格顶点的地面高程注于图上，图中方格边长为 20m。

（2）计算各方格顶点的设计高程。根据填、挖土石方量基本平衡的原则，按与将场地平整成水平地面计算设计高程相同的方法，计算场地几何图形重心点 G 的高程，并作为设计高程。用图 10－9 中的数据计算得 $H_{设}=80.26\text{m}$

重心点及设计高程确定以后，根据方格点间距和设计坡度，自重心点起沿方格方向，向四周推算各方格顶点的设计高程。

$$南北两方格点间的设计高差 = 20\text{m} \times 2\% = 0.4\text{m}$$

$$东西两方格点间的设计高差 = 20\text{m} \times 1.5\% = 0.3\text{m}$$

则

$$B_3 点的设计高程 = 80.26\text{m} + 0.2\text{m} = 80.46\text{m}$$

$$A_3 点的设计高程 = 80.46\text{m} + 0.4\text{m} = 80.86\text{m}$$

$$C_3 点的设计高程 = 80.26\text{m} - 0.2\text{m} = 80.06\text{m}$$

$$D_3 点的设计高程 = 80.06\text{m} - 0.4\text{m} = 79.66\text{m}$$

同理可推算得其他方格顶点的设计高程，并将高程注于方格顶点的右下角。

推算高程时应进行以下两项检核：

1）从一个角点起沿边界逐点推算一周后到起点，设计高程应闭合。

2）对角线各点设计高程的差值应完全一致。

（3）计算方格顶点的填、挖高度。按式（10－8）计算各方格顶点的填、挖高度并注于相应点的左上角。

（4）计算填、挖土石方量。根据方格顶点的填、挖高度及方格面积，分别计算各方格内的填挖方量及整个场地总的填、挖方量。

四、在地形图上确定土坝坡脚线

土坝坡脚线就是土坝坡脚面与地面的交线。标定坡脚线，可确定清基范围。具体方法如下：

（1）在地形图上，先确定坝轴线的位置，根据坝顶设计高程和坝顶宽度，绘出坝顶边线。

（2）根据坝顶高程及上、下游坝坡面的设计坡度，画出与地面等高线相应的坝面等高线。例如在图 10－10 中，坝顶设计高程为 65m，上下游的设计坝坡为 1∶3 与 1∶2，等高距 $h=5\text{m}$，则坝坡面上各条等高线间的平距为上游 5×3＝15（m），下游 5×2＝10（m），由坝顶边缘开始，分别按 15m 和 10m 的图上距离绘出坝坡面等高线（图 10－10 中的平行虚线）。

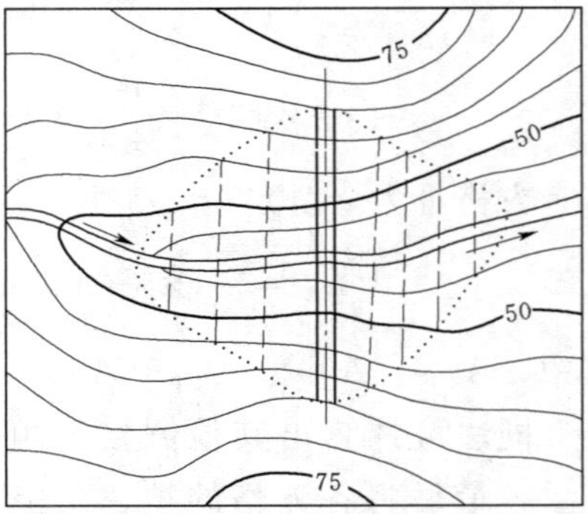

图 10－10　在地形图上确定土坝坡脚线

（3）将坝面等高线与同高程的地面等高线的交点连成光滑的曲线，即为土坝坡脚线。

任务三　面　积　量　算

在规划设计和工程建设中，常常需要在地形图上测算某一区域范围的面积，如求平整

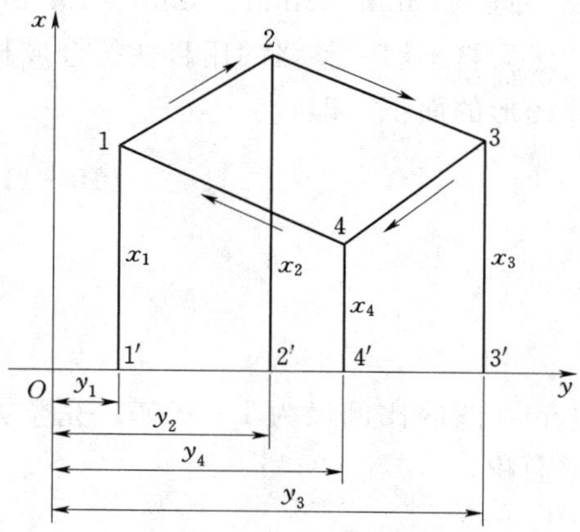

图 10-11 坐标解析法

土地的填挖面积，规划设计城镇某一区域的面积，厂矿用地面积，渠道和道路工程的填、挖断面的面积，流域汇水面积等。下面我们介绍几种量测面积的常用方法。

一、解析法

解析法量算面积具有较高精度。当图形为多边形，各顶点的坐标值为已知值时，可采用解析法计算面积。

如图 10-11 所示，欲求四边形 1234 的面积，已知其顶点坐标为 1（x_1、y_1）、2（x_2、y_2）、3（x_3、y_3）和 4（x_4、y_4）。则其面积相当于相应梯形面积的代数和，即

$$
\begin{aligned}
S_{1234} &= S_{122'1'} + S_{233'2'} - S_{144'1'} - S_{433'4'} \\
&= \frac{1}{2}[(x_1 + x_2)(y_2 - y_1) + (x_2 + x_3)(y_3 - y_2) \\
&\quad - (x_1 + x_4)(y_4 - y_1) - (x_3 + x_4)(y_3 - y_4)]
\end{aligned}
$$

整理得

$$S_{1234} = \frac{1}{2}[x_1(y_2 - y_4) + x_2(y_3 - y_1) + x_3(y_4 - y_2) + x_4(y_1 - y_3)]$$

对于 n 点多边形，其面积公式的一般式为

$$S = \frac{1}{2}\sum_{i=1}^{n} x_i(y_{i+1} - y_{i-1}) \tag{10-9}$$

或

$$S = \frac{1}{2}\sum_{i=1}^{n} y_i(x_{i-1} - x_{i+1}) \tag{10-10}$$

式中，i 为多边形各顶点的序号，当 i 取 1 时，$i-1$ 就为 n；当 i 为 n 时，$i+1$ 就为 1。

式（10-9）和式（10-10）的运算结果应相等，可作校核。注意应用该公式时，多边形点号为顺时针编号。

二、几何图形法

若图形是由直线连接的多边形，可将图形划分为若干个简单的几何图形，如图 10-12 所示的三角形、矩形、梯形等。然后用比例尺量取计算所需的元素（长、宽、高），应用面积计算公式求出各个简单几何图形的面积。最后取代数和，即为多边形的面积。

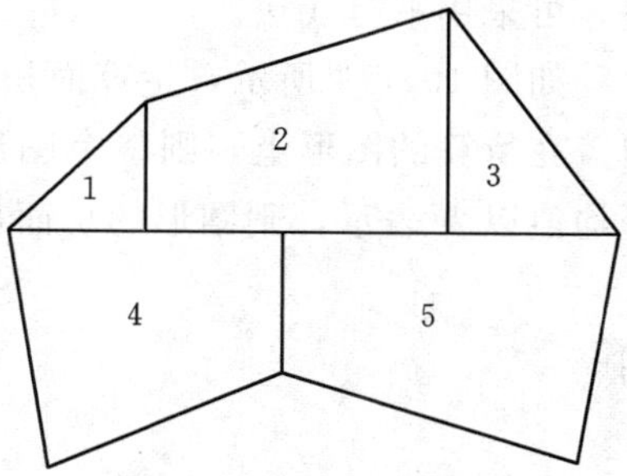

图 10-12 几何图形计算法

图形边界为曲线时，可近似地用直线连接成多边形。再计算面积。

三、透明方格网

对于不规则曲线围成的图形，可采用透明方格法进行面积量算。

如图 10－13 所示，用透明方格网纸（方格边长一般为 1mm、2mm、5mm、10mm）蒙在要量测的图形上，先数出图形内的完整方格数，然后将不够一整格的用目估折合成整格数，两者相加乘以每格所代表的面积，即为所量算图形的面积，即

$$S = nA \tag{10-11}$$

式中 S——所量图形的面积；

n——方格总数；

A——1 个方格的面积。

【例 10－1】 如图 10－13 所示，方格边长为 1cm，图的比例尺为 1∶1000。完整方格数为 36 个，不完整的方格凑整为 12 个，求该图形面积。

$$A = 1\text{cm}^2 \times 1000^2 = 100\text{m}^2$$

总方格数为

$$36+12=48\ (\text{个})$$

$$S = 48 \times 100\text{m}^2 = 4800\text{m}^2$$

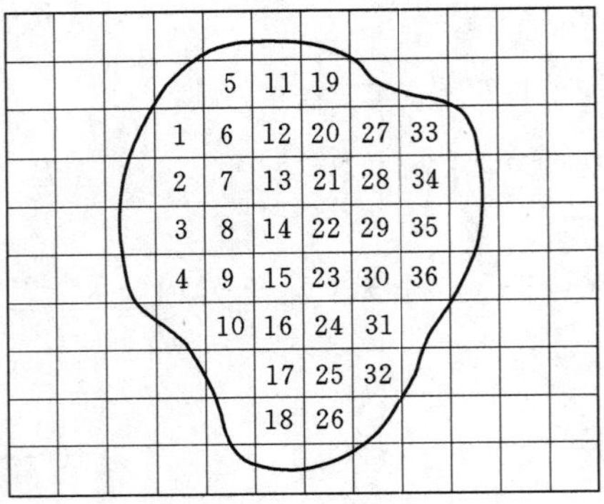

图 10－13 透明方格网

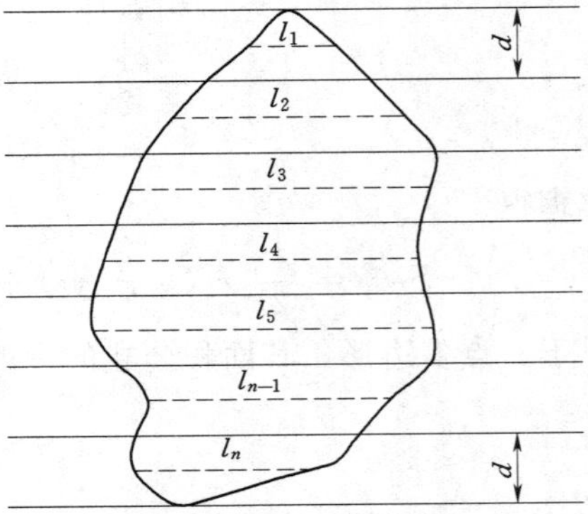

图 10－14 平行线法

四、平行线法

方格法的量算受到方格凑整误差的影响，精度不高，为了减少边缘因目估产生的误差，可采用平行线法。

如图 10－14 所示，量算面积时，将绘有间距 d＝1mm 或 2mm 的平行线组的透明纸覆盖在待算的图形上，则整个图形被平行线切割成若干等高 d 的近似梯形，上、下底的平均值以 l_i 表示，则图形的总面积为

$$S = dl_1 + dl_2 + \cdots + dl_n$$

则

$$S = d\sum l$$

图形面积 S 等于平行线间距乘以梯形各中位线的总长。最后，再根据图的比例尺将其换算为实地面积为

$$s = d\sum lM^2 \tag{10-12}$$

式中 M——地形图的比例尺分母。

【例 10－2】 在 1∶2000 比例尺的地形图上，量得各梯形上、下底平均值的总和 $\sum l$

=876mm，d=2mm，求图形面积。

$$S = d\sum lM^2 = 0.002 \times 0.876 \times 2000^2 = 7008(\mathrm{m}^2)$$

五、求积仪法

求积仪法是一种专门用来量算图形面积的仪器，其优点是量算速度快，操作简捷，适用于各种不同几何图形的面积量算而且能保持一定的精度要求。下面介绍数字求积仪的使用方法。

数字求积仪具有操作简便、功能全、精度高等特点。有定极式和动极式两种，现以日本生产的 KP－N 系列为例（其中 KP－80N 为定极式，KP－90N 为动极式）介绍数字求积仪。

1. 构造

图 10－15 所示为 KP－90N 数字求积仪，它由三大部分组成，动极和动极轴、微型计算机、跟踪臂和跟踪放大镜。

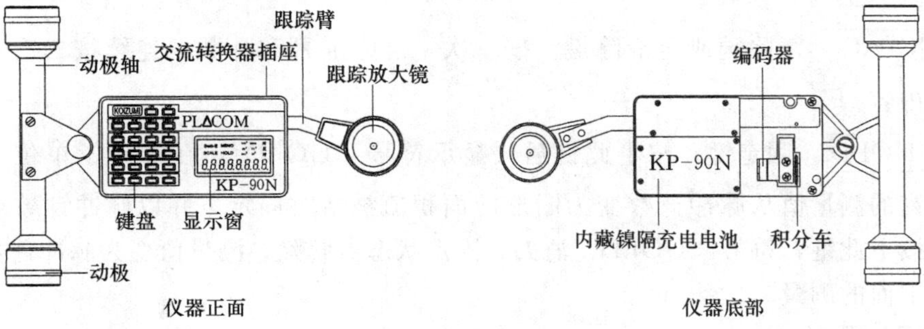

图 10－15　KP－90N 数字求积仪的结构

2. 主要技术指标

（1）测量范围。

KP－90N：上下最大幅度是 325mm，左右移动方向无限。

KP－80N：极点在图形外时，可测直径为 300mm 的圆面积。

极点在图形内时，可测直径为 800mm 的圆面积。

（2）测量精度：2/1000。

（3）内藏式镍－镉充电式电池：通过 AC 接合器可使用 220V 的交流电源。蓄电池充电 15 小时后，可连续使用 30 小时。

（4）测量功能：累加测量、平均值测量。累加平均测量、最大累加测定值当比例尺 1∶1 时为 10m^2。

3. 功能键介绍

如图 10－16 所示为主机各功能键的位置，其功能如下：

（1）ON：开电源键。

（2）OFF：关电源键。

（3）0～9：数字键。

（4）.：小数点键。

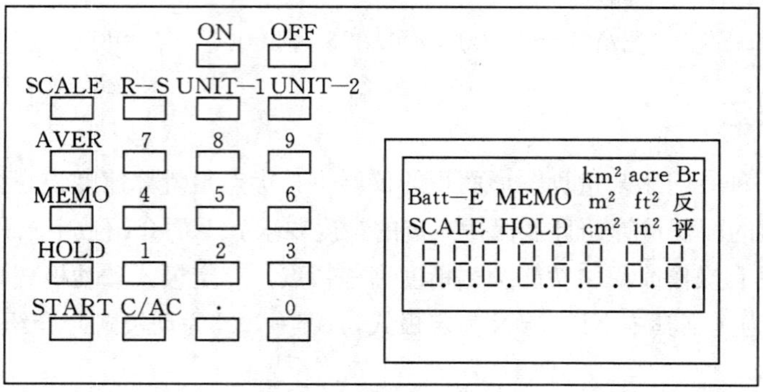

图 10-16 KP-90N 数字求积仪的面板

(5) START：启动键。按下此键，蜂鸣器发出响声，显示“0”，即可开始测量。

(6) C/AC：清除键或全清除键。按一次，清除屏幕和计数；连续按二次，清除所有存储的内容。

(7) HOLD：固定键。按下此键后，显示符号“HOLD”，在设定了单位、比例尺时，显示窗的测量值从脉冲计数变为图形的面积值被暂时固定，并以脉冲计数形式被存储。再次按下此键，符号“HOLD”消失，固定状态被解除，测量值变为脉冲计数，可以继续进行下面的测量。

(8) MEMO：存储键。每按下此键，即将每次测量的结果存储。此键只有在按下START键后才能工作。测定平均值时，在各次测量结束后按下MEMO键。按下此键，显示“MEMO”，显示窗的数据脉冲计数变为所定单位、比例尺的面积值，并被固定、存储。若未按此键而按下START键，则存储数据全部被消去，平均值测量则无法进行。

(9) AVER：平均值键，测量结束键。按此键，测量结束，显示符号“MEMO”，显示窗中显示各次的平均面积值。

(10) UNIT-1：单位选择键 1。每按键一次，可依次选择米制、英制、日制单位。

(11) UNIT-2：单位选择键 2。每按键一次，能在同一单位制内选择单位。如设定米制，则每按键一次，就能在 cm^2、m^2、km^2 中选择单位。

(12) SCALE：比例尺键。先用数字键输入图形比例尺分母，然后按下此键，比例尺即被设定，并显示符号“SCALE”。

(13) R-S：比例尺确认键。例如，在设定 1∶500 比例尺后，先用数字键输入 500，按SCALE键，再按R-S键，如果显示 250000（500^2），表示已正确设定好比例尺 1∶500。

4. 测量方法

(1) 准备。将图纸水平地固定在图板上，把跟踪放大镜放在图形中央，并使动极轴与跟踪臂成 90°，如图 10-17 所示。然后用跟踪放大镜沿图形边界线运行 2～3 周，检查是否能平滑移动，否则，调整动极轴位置。

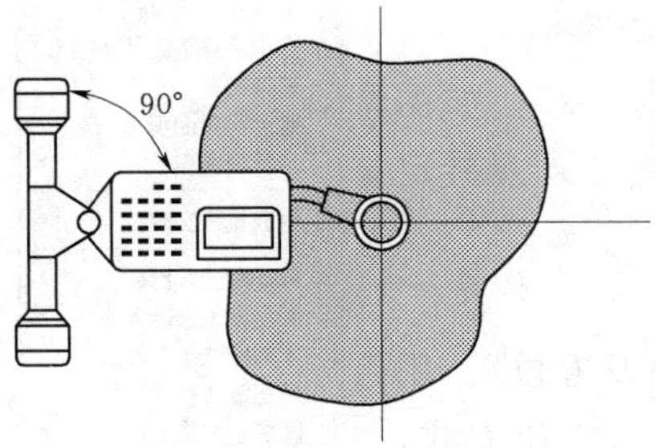

图 10－17　动极轴与跟踪臂成 90°

（2）开机。按 ON 键，显示“0”。

（3）单位设置。用 UNLT－1 键设定单位制；用 UNLT－2 键设定同一单位制的单位。

（4）比例尺设置与确定。

1）比例尺 1∶M 的设定：用数字键输入 M，按 SCALE 键，再按 R－S 键，显示 M^2，即设定好。

2）横向 1∶X，纵向 1∶Y 的设定：输入 X 值，按 SCALE；再输入 Y 值，按 SCALE 键，然后按 R－S 键，显示“$X \cdot Y$”值，即设定好。

3）比例尺 X∶1 设定：输入 $\frac{1}{X}$，按 SCALE 键，再按 R－S 键，显示“$\left(\frac{1}{X}\right)^2$”，即设定好。

（5）面积测量。将跟踪放大镜的中心照准图形边界线上某点，作为开始起点，如图 10－18 所示。然后按 START 键，蜂鸣器发键，蜂鸣器发出音响，显示“0”，用跟踪放大镜中心准确地沿着图形的边界线顺时针移动，回到起点后，若进行累加测量时，按下 HOLD 键；若进行平均值测量时，按下 MEMO 键；测量结束时，按 AVER 键，则显示所定单位和比例尺的图形面积。

（6）累加测量。在进行两个以上图形的累加测量时，先测量第 1 个图形，按 HOLD 键，将测定的面积值固定并存储；将仪器移到第 2 个图形，按 HOLD 键，解除固定状态并进行测量。同样可测第 3 个……直到测完。最后按 AVER 或 MEMO 键，显示出累加面积值。

图 10－18　面积测量

（7）平均值测量。为了提高精度，可以对同一图形进行多次测量（最多 10 次），然后取平均值。具体做法是每次测量结束后，按下 MEMO 键，最后按 AVER 键，则显示 n 次测量的平均值。注意每次测量前均应按 START 键。

任务四　数字地形图的应用

本任务介绍利用南方 CASS 软件在数字地形图上如何查询点的坐标、直线方位角和距离、封闭区域的面积，计算土方量，绘制断面图等。

一、基本几何要素的查询

1. 查询指定点坐标

用鼠标点取“工程应用”菜单中的“查询指定点坐标”，如图10－19所示，用鼠标点取所要查询的点即可。也可以先进入点号定位方式，再输入要查询的点号。

2. 查询两点距离及方位

用鼠标点取“工程应用”菜单下的“查询两点距离及方位”。用鼠标分别点取所要查询的两点即可。也可以先进入点号定位方式，再输入两点的点号。

CASS7.0所显示的坐标为实地坐标，所以显示的两点间的距离为实地距离。

3. 查询线长

用鼠标点取“工程应用”菜单下的“查询线长”。用鼠标点取图上曲线即可。

4. 查询实体面积

用鼠标点取待查询的实体的边界线即可，要注意实体应该是闭合的。

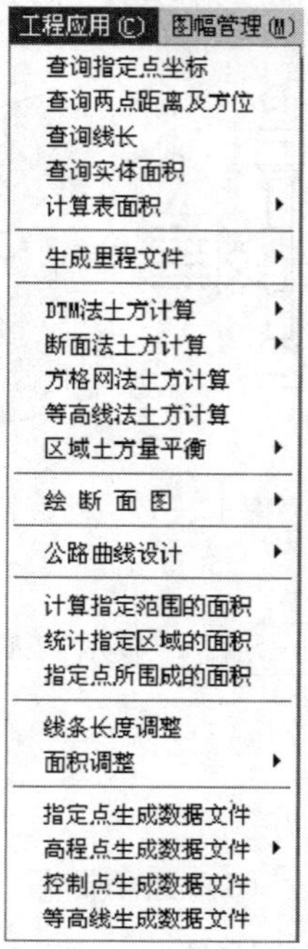

图10－19 工程应用下拉菜单

二、计算土方量

CASS软件提供的计算土方量的方法有5种：DTM法、断面法、等高线法、方格网法、区域土方量平衡法。本任务以CASS软件自带的数据文件“C：/CASS70/DEMO/DGX. DAT”为例，介绍方格网法和土方量平衡法计算土方量的过程。

（一）方格网法

由方格网来计算土方量是根据实地测定的地面点坐标（X，Y，Z）和设计高程，通过生成方格网来计算每一个方格内的填挖土方量，最后累计得到指定范围内填方和挖方的土方量，并绘出填挖方分界线。

系统首先将方格的四个角上的高程相加（如果角上没有高程点，通过周围高程点内插得出其高程），取平均值与设计高程相减。然后通过指定的方格边长得到每个方格的面积，再用长方体的体积计算公式得到填挖土方量。方格网法简便直观，易于操作，因此这一方法在实际工作中应用非常广泛。

用方格网法算土方量，设计面可以是平面，也可以是斜面，还可以是三角网，如图10－20所示。设计面是平面时的操作步骤如下。

（1）在屏幕上展点后，用复合线画出所要计算土方的区域，一定要闭合，但是尽量不要拟合。因为拟合过的曲线在进行土方计算时会用折线迭代，影响计算结果的精度。

（2）选择“工程应用\方格网法土方计算”命令。

命令行提示：“选择计算区域边界线”；选择土方计算区域的边界线（闭合复合线）。

屏幕上将弹出如图10－20所示方格网土方计算对话框，在对话框中选择所需的坐标文件；在“设计面”栏选择“平面”，并输入目标高程；在“方格宽度”栏，输入方格网的宽

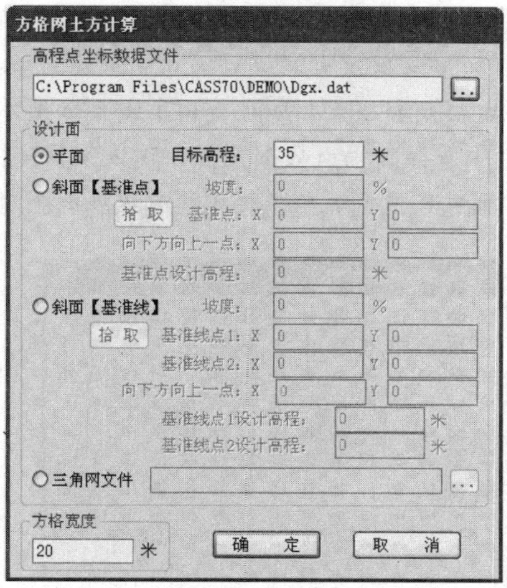

图 10-20 方格网土方计算对话框

度，这是每个方格的边长，默认值为 20m。

点击“确定”，命令行提示：

最小高程＝24.368m，最大高程＝43.900m；总填方＝254346.9m³，总挖方＝65732.9m³。

同时图上绘出所分析的方格网，填挖方的分界线，并给出每个方格的填挖方，每行的挖方和每列的填方。

（二）区域土方量平衡

在图上展出点后，用复合线绘出需要进行土方平衡计算的边界。点取“工程应用＼区域土方量平衡＼根据坐标数据文件（根据图上高程点）”，在对话框中选择 dgx. dat 文件后，命令行提示：

选择边界线。

点取第一步所画闭合复合线，输入边界插值间隔（m）：〈20〉 20

回车后弹出如图 10-21 所示信息框。按确定按钮后，命令行提示：

请指定表格左下角位置：〈直接回车不绘制表格〉

在图上空白区域点击鼠标左键，在图上绘出计算结果表格，如图 10-22 所示。

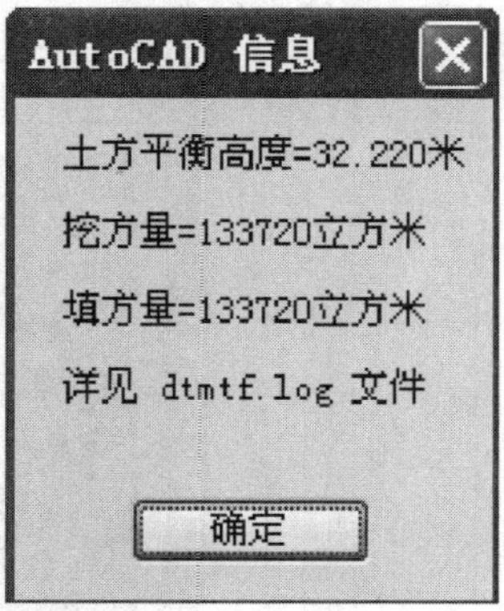

图 10-21 信息框

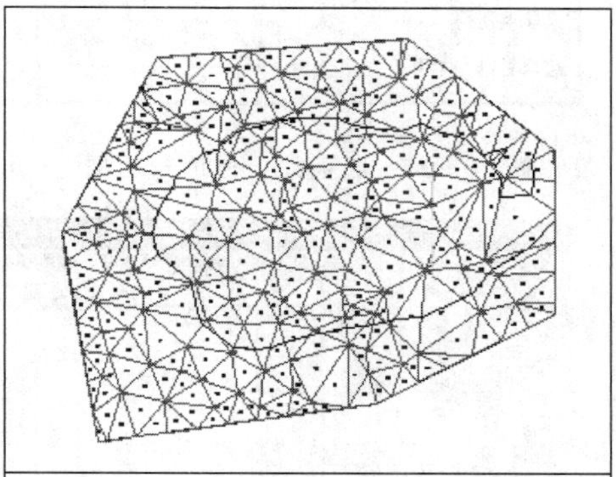

平场面积＝66944.0m²
最小高程＝24.368m
最大高程＝43.900m
土方平衡高度＝32.220m
挖方量＝133720m³
填方量＝133720m³

计算日期：2009 年 8 月 20 日 计算人：

图 10-22 区域土方量平衡成果表

三、绘制断面图

绘制断面图的方法有四种：根据已知坐标、根据里程文件、根据等高线、根据三角网。本任务以 CASS 软件自带的数据文件“C：＼CASS70 ＼DEMO ＼DGX. DAT”为例，介绍由已知坐标文件绘制断面图的过程。

先用复合线生成断面线，然后点取“工程应用＼绘断面图＼根据已知坐标”功能。命令行提示：

选择断面线

用鼠标点取上步所绘断面线。屏幕上弹出“断面线上取值”的对话框，如图 10-23 所示。选择“由数据文件生成”，则在“坐标数据文件名”栏中选择高程点数据文件，输入采样点的间距，输入起始里程，系统默认起始里程为 0。点击“确定”之后，屏幕弹出绘制纵断面图对话框，如图 10-24 所示。输入相关参数，其中断面图位置：可以手工输入，亦可在图面上拾取。点击“确定”之后，在屏幕上出现所选断面线的断面图，如图 10-25 所示。

图 10-23 断面线上取值对话框

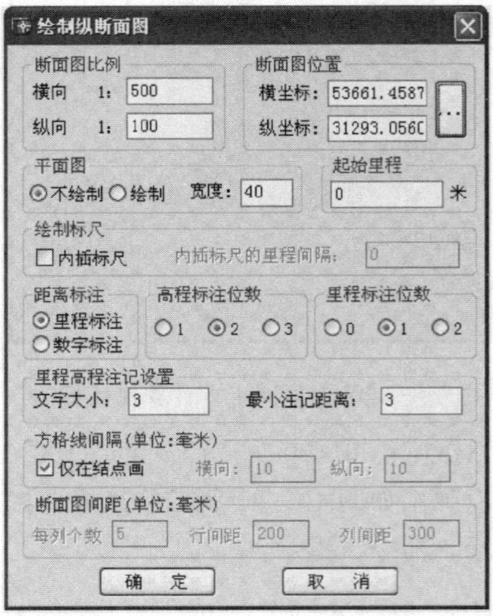

图 10-24 绘制断面图对话框

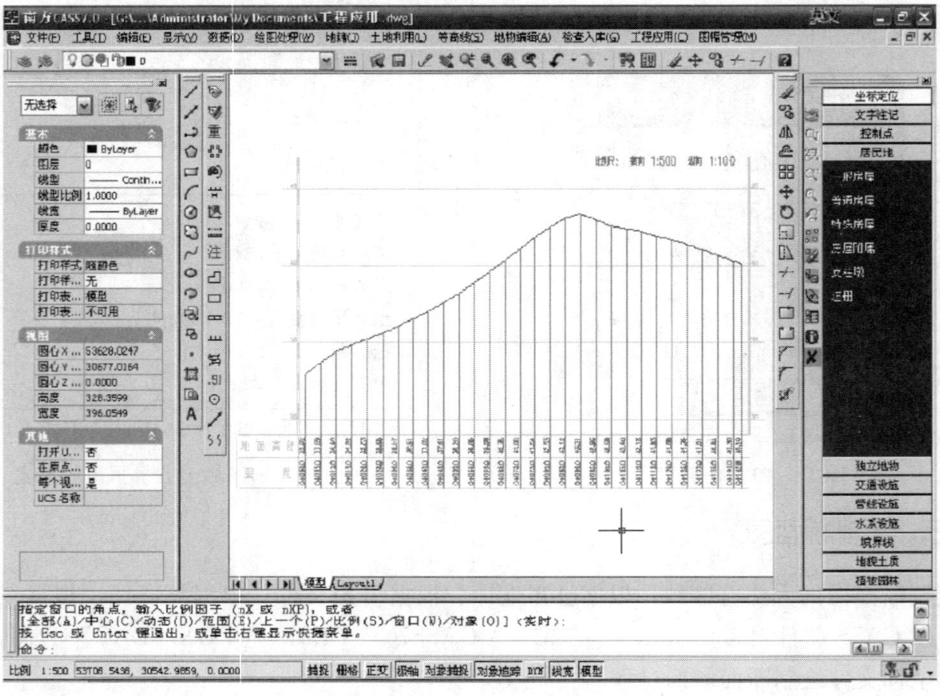

图 10-25 纵断面图

特别提示： 在计算土方量和绘制断面图时，要注意复合线的使用：

（1）在计算土方量时，需要用复合线画出计算土方量的区域。

（2）在绘制断面图时，需要用复合线生成断面线。

习　题

1. 在图 10－26 中完成如下作业：

（1）根据等高线按比例内插法求出 A、C 两点高程。

（2）用图解法求 A、B 两点的坐标。

（3）求定 A、B 两点间的水平距离。

（4）求定 AB 连线的坐标方位角。

（5）求定 A 点至 C 点的平均坡度。

（6）从 A 点至 B 点选定一条坡度为 6.5%的路线。

2. 试根据地形图（图 10－27）上所画的 AB 方向线，在其下方一组平行线图上绘制出该方向线的断面图。

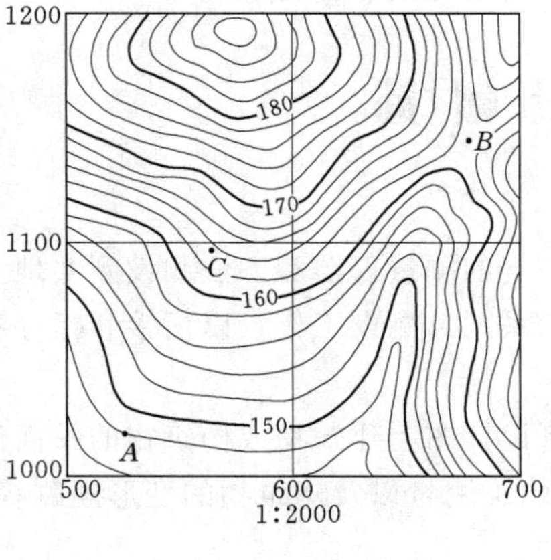

图 10－26　地形图的应用

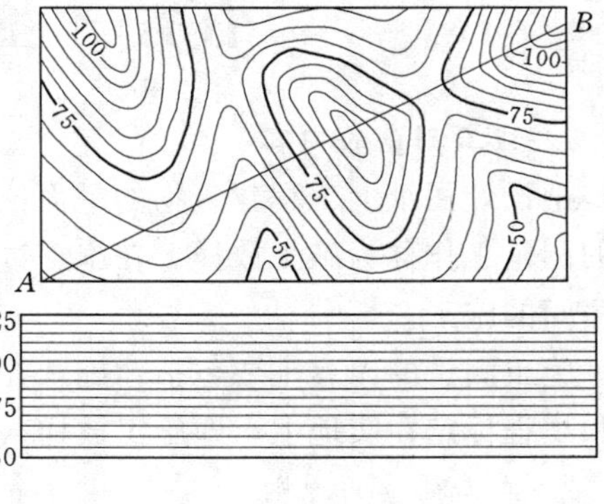

图 10－27　绘制纵断面图

3. 试述用透明方格法和平行线法计算面积的方法。

4. 在地形图上确定汇水范围时，为什么边界线要与山脊线一致且与等高线垂直？边界线为什么又要通过山顶和鞍部？

5. 在地形图上将高低起伏的地面设计为水平面或倾斜面时，如何计算场地的设计高程？如何确定填、挖边界线？

6. 利用 CASS 软件自带的数据文件 dgx. dat，用方格法计算将地面整理成高程为 32m 的水平面时的土方量。

第三篇　施工测量的基本工作

项目十一　施工测量基本工作

内容提要　本项目共分六个任务，主要介绍了施工控制网的布设，距离、角度、高程的测设原理和方法，已知坡度直线的测设，点的平面位置的测设，最后介绍了曲线测设的方法。本项目的重点是：施工测量的原则以及测量坐标系与施工坐标系的换算，测设已知长度的水平距离，测设已知角度的水平角，测设已知点的高程，平面点位的测设，测设已知坡度的直线，圆曲线主点的测设与细部测设方法。本项目的难点是：圆曲线的细部测设（直角坐标法、偏角法）。

任务一　施工测量概述

1. 施工测量的内容

把设计图纸上工程建筑物的平面位置和高程，用一定的测量仪器和方法测设到实地上去的测量工作称为施工放样。在施工过程中需要进行一系列的测设工作，以衔接和指导各工序间的施工。

施工测量的内容主要包括：施工控制网的建立；将设计图上建筑物或构筑物的平面位置和高程标定在实地上，即施工放样（测设）；工程的竣工测量以及建筑物的变形观测等。

2. 施工测量的原则

为了保证所测设建筑物、构筑物的平面位置和高程能够满足设计要求，施工测量和地形测绘一样，也必须遵循“从整体到局部”、“先控制后碎部”的原则，即先在施工现场建立统一的平面控制网和高程控制网，然后以此为基准，测设出各建筑物的平面位置和高程。对于水工建筑物而言，一般先由施工控制网测设建筑物的主轴线，用它来控制建筑物的整个位置。再根据主轴线来测设建筑物的细部。测设细部的精度往往比测设主轴线的精度要高，这是因为测设主轴线如有误差，仅使整个建筑物偏移一微小位置；但当主轴线确定后，根据它来测定建筑物细部，必须保证各部分相互位置的正确。例如，测设水闸中心线（即主轴线）的误差不应超过1cm，而闸门对闸中心线的误差不应超过3mm。

3. 施工放样的精度要求

施工放样的精度与建筑物的大小、结构形式、建筑材料等因素有关。例如水利工程施工中，要求钢筋混凝土工程较土石方工程的放样精度高，而金属结构物安装放样的精度要求则更高。因此，应根据不同施工对象，选用不同精度的测量仪器和测量方法，既保证工程质量又不致浪费人力物力。

任务二　施工控制网的布设

在工程建设的各个阶段都要布设测量控制网，但各阶段的目的不同。在勘测设计阶段布设控制网主要为测绘大比例尺地形图服务。因此，控制点的密度和精度是以满足测图为目的。施工控制网主要是为工程建筑物的施工放样提供控制，原有测图控制点无论在点位分布上还是在点位精度上大多都不能满足放样的要求。因此，除了小型工程或放样精度要求不高的建筑物可以利用测图控制网作为施工控制以外，一般较为复杂的大中型工程，在施工阶段需重新建立施工控制网。施工控制网分为平面控制网和高程控制网。

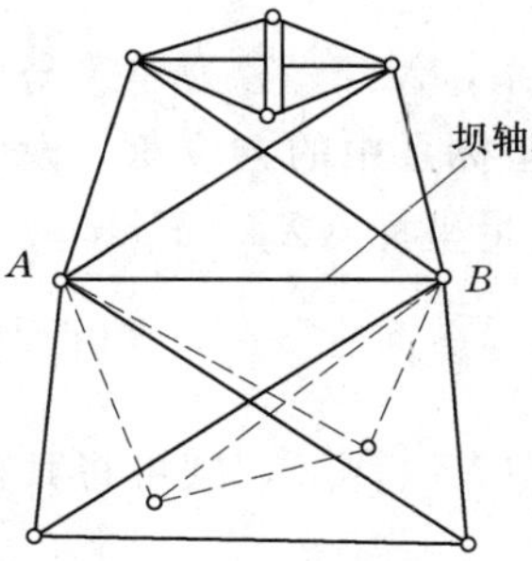

图 11-1　由四边形基本网加密的四边形定线网

1. 平面控制网的布设

平面控制网一般布设成两级：一级为基本网，它起着控制水利枢纽各建筑物主轴线的作用，组成基本网的控制点称基本控制点；另一级是定线网（或称放样网），它直接控制建筑物的辅助轴线及细部位置。水工建筑物大多位于起伏较大的山岭地区，常采用三角网作为基本控制网。定线网是以基本网为基准，用交会定点等方法加密，也可用基本控制点测设一条基准线，用它来布设矩形网。

图 11-1 中由实线连成的四边形为基本网，以坝轴线为基准由虚线连成的四边形为定线网。图 11-2 中由实线连成的两个四边形为基本网，并用交会法加密成虚线连成的定线网。图 11-3 是由中心多边形组成的基本网，用以测设坝轴线 AB 与隧洞中心线上的 01，02，…的位置，再以坝轴线为基准布设矩形网，作为坝体的定线网。

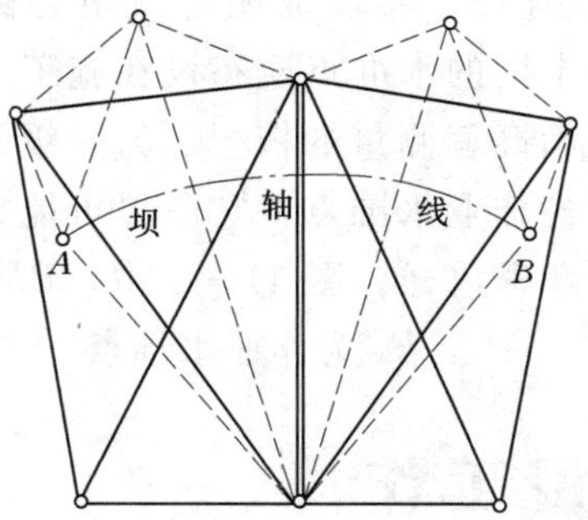

图 11-2　由四边形基本网加密的交会定线网点

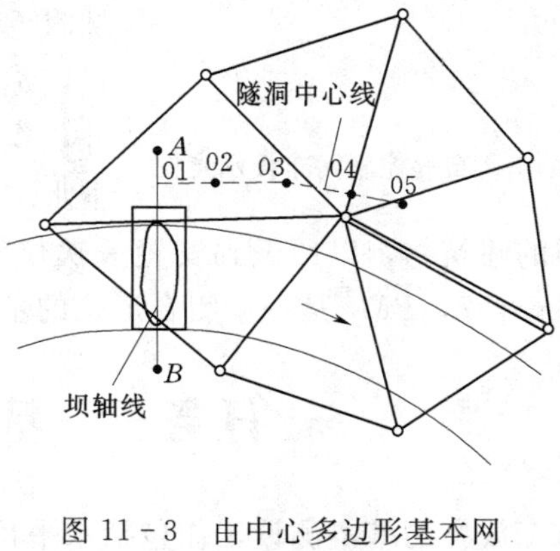

图 11-3　由中心多边形基本网加密的矩形定线网

除了三角网以外，随着 GPS 定位技术在我国的普遍应用，大型水利枢纽工程的基本控制网也可采用 GPS 网。

施工控制点必须根据施工区的范围和地形条件，建筑物的位置和大小，施工的方法和程序等因素进行选择。基本网一般布设在施工区域以外，以便于长期保存；定线网应尽可能靠近建筑物，便于放样。

2. 测量坐标系与施工坐标系的换算

施工坐标系也称建筑坐标系，是供工程建筑物施工放样用的一种平面直角坐标系，其坐标轴与建筑物主轴线一致或平行，或以相互垂直的两主轴线为坐标轴，以便于建筑物的施工放样。水利枢纽工程采用以坝轴线为坐标轴的施工坐标系。而建立平面控制网时所采用的时测量坐标系，为了便于计算放样数据和实地放样，必须用统一的坐标。因此，当采用施工坐标系进行放样时，应将控制点的测量坐标化算为施工坐标。

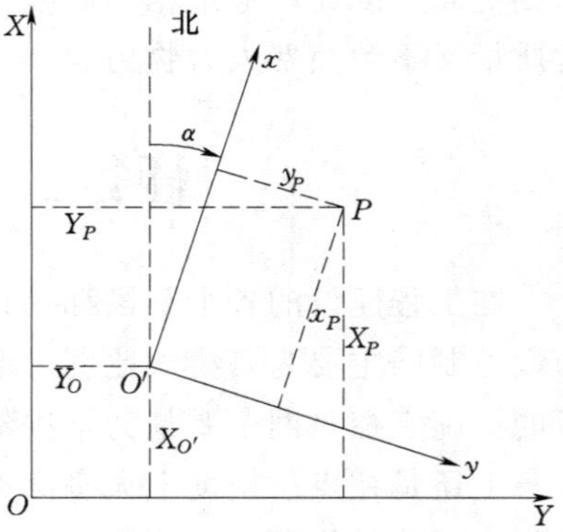

图 11-4 施工坐标和测量坐标的换算

如图 11-4 所示，设 XOY 为测量坐标系，$xO'y$ 为施工坐标系，$X_{O'}$、$Y_{O'}$ 为建筑坐标系的原点在测量坐标系中的坐标，α 为建筑坐标系的纵轴在测量坐标系中的方位角。设已知 P 点的施工坐标为（x_P，y_P），可按式（11-1）将其换算为测量坐标（X_P，Y_P）。

$$\left.\begin{aligned} X_P &= X_{O'} + x_P\cos\alpha - y_P\sin\alpha \\ Y_P &= Y_{O'} + x_P\sin\alpha + y_P\cos\alpha \end{aligned}\right\} \tag{11-1}$$

如已知 P 点的测量坐标为（X_P，Y_P），则可将其换算为施工坐标（x_P，y_P）。

$$\left.\begin{aligned} x_P &= (X_P - X_{O'})\cos\alpha + (Y_P - Y_{O'})\sin\alpha \\ y_P &= -(X_P - X_{O'})\sin\alpha + (Y_P - Y_{O'})\cos\alpha \end{aligned}\right\} \tag{11-2}$$

3. 高程控制网的布设

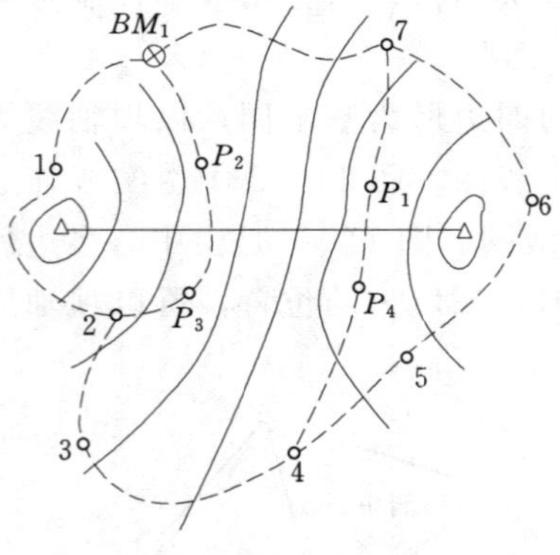

图 11-5 高程控制网布设示意图

高程控制网一般分两级布设，一级水准网与施工区域附近的国家水准点连测，布设成闭合或附合路线形式，称为基本网。基本网的水准点应布设在施工爆破区外，作为整个施工期间高程测量的依据。另一级是由基本水准点引测的临时性作业水准点，它应尽可能靠近所需放样的建筑物，以便做到安置一次仪器，就能进行高程放样。图 11-5 中，BM_1，1，2，3，…，7，BM_1 是一个闭合形式的基本网，P_1、P_2、P_3、P_4 为作业水准点。

任务三 基本的测设工作

施工放样的基本测设工作包括水平角测设、水平距离测设和高程测设。

一、水平距离的测设

根据地面上一已知点，在给定的方向上测设另一点，使两点间的距离为设计长度，就是水平距离的测设，或称长度放样。水平距离测设的工具和仪器有钢尺、测距仪或全站仪。

1. 钢尺法

测量地面上一段直线的长度时，是先量出两端点间的长度 D'，再计算尺长改正 Δl、温度改正 Δt 和高差改正数 Δh，才能求得此直线的正确的水平长度 D，即

$$D = D' + \Delta l + \Delta t + \Delta h$$

而测设已知（设计）长度时，其程序正好相反，应先计算出上述三项距离改正数 Δl、Δt、Δh，则测设水平长度 D 时，现场应放样的数据 D' 为

$$D' = D - \Delta l - \Delta t - \Delta h \tag{11-3}$$

上述各项改正数的计算见项目六。

【例 11-1】 如图 11-6 所示，在地面上已设定 A 点及方向 AC，在此方向上测设水平长度 AB 为 26m。设用一把钢尺，其尺长方程式为

$$l = 30 + 0.003 + 1.25 \times 10^{-5}(t - 20) \times 30$$

A、B 两点间的高差 $h=0.75$m，测设时的温度为 $t=4$℃，求测设时的实量长度。

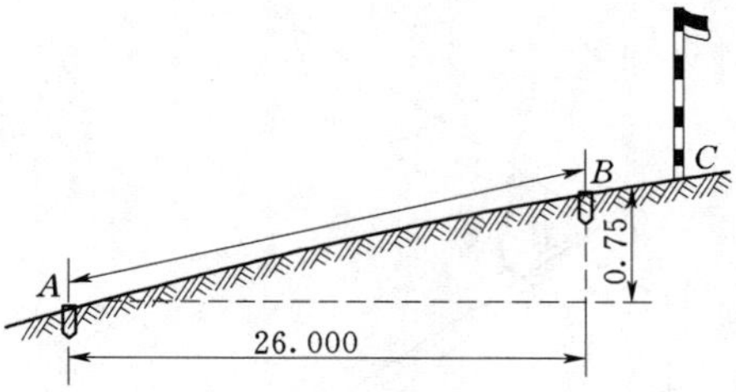

图 11-6　直线长度的放样（单位：m）

首先计算下列改正数：

$$\Delta l = 26 \times \frac{0.003}{30} = +0.003(\text{m})$$

$$\Delta t = 26 \times 1.25 \times 10^{-5} \times (4 - 20) = -0.005(\text{m})$$

$$\Delta h = -\frac{0.75^2}{2 \times 26} = -0.011(\text{m})$$

由此得放样数据

$$D = 26.000 - 0.003 + 0.005 + 0.011 = 26.013(\text{m})$$

测设该长度时，在 AC 方向上，从 A 点沿地面量 26.013m，即可放样出 B 点，使得 AB 的水平长度为 26m。

当测设长度的精度要求不高时，温度改正可不考虑，在倾斜地面上可拉平钢尺直接丈量。

2. 测距仪法

用测距仪测设水平长度时，可先在 AB 方向线上，目估安置反射棱镜，用测距仪测出的水平距离设为 D'。若 D' 与欲测设的设计水平距离 D 相差 ΔD，则可前后移动反射棱镜，直至测出的水平距离为 D，即可定出 B 点，使 AB 的水平距离符合设计要求。

3. 全站仪法

首先在 A 点安置全站仪，输入气象参数（温度、大气压）和棱镜常数，在 AB 方向线上目估安置反射棱镜。在全站仪上输入待放样距离，并瞄准棱镜进行观测，屏幕即显示出测量距离与放样距离之差。在 AB 方向线上前后移动目标棱镜，直至距离差等于 0m 为止，这时在木桩上标定出 B 点。最后再测定 AB 距离，进行检核。

南方 NTS-352 全站仪进行距离测设的具体操作过程可参见项目七。

二、水平角的测设

测设设计的水平角时，是按已知的水平角值和地面上已有的一个已知方向，把该角的另一个方向测设到地面上。水平角测设的仪器是经纬仪或全站仪。

1. 一般方法

如图 11-7 所示，设在地面上已有一方向线 OA，要在 O 点上以 OA 为起始方向向右测设出设计给定的水平角 β。为此，将经纬仪安置在 O 点，用盘左瞄准 A 点，读取度盘读数；松开照准部向右旋转，当度盘读数增加 β 角值时，在视线方向上定出 B' 点。然后倒转望远镜（盘右），重复上述步骤，再在视线方向上定出另一点 B''。B' 与 B'' 往往不重合，取 B'、B'' 的中点 B，则 $\angle AOB$ 就是要测设的 β 角。

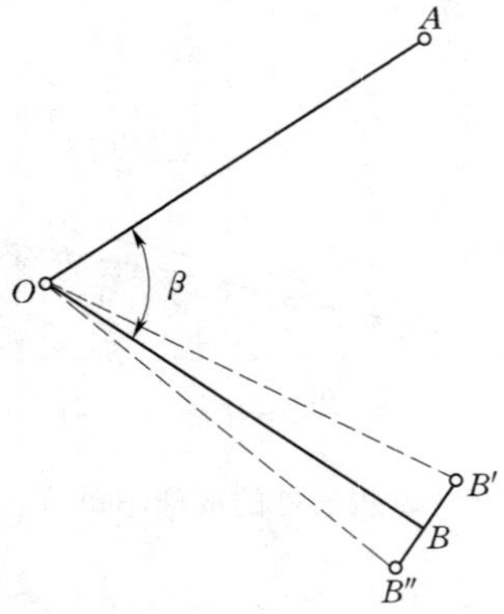

图 11-7 角度的一般放样方法

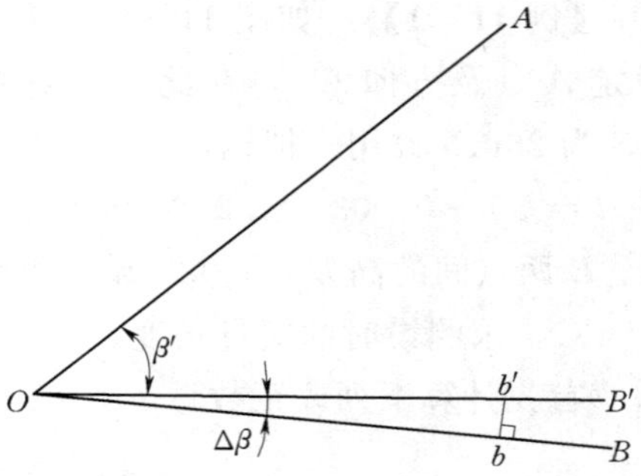

图 11-8 角度的精确放样

2. 精确方法

如图 11-8 所示，在 O 点安置经纬仪，先用上述一般的方法，测设出 β 角，在地面上定出 B' 点；再用测回法精确观测 $\angle AOB'$，得角值 β'，它与设计角值 β 之差为 $\Delta\beta$。为了精确定出正确的方向 OB，必须改正小角 $\Delta\beta$。为此由 O 点沿 OB' 方向丈量一整数长度 l，得 b' 点，从 b' 作 OB' 的垂线，用式（11-4）求得 $b'b$ 的长度

$$b'b = l\tan\Delta\beta = l\,\frac{\Delta\beta''}{\rho''} \tag{11-4}$$

式中 $\Delta\beta$——以秒为单位；

$\rho''=206265''$。

从 b' 沿垂线方向量 $b'b$ 长度得 b 点，连接 Ob，便得精确放出 β 角的另一方向 OB。

三、高程放样

将点的设计高程测设到实地上去，是根据附近的水准点用水准测量的方法进行的。图 11-9 中，水准点 BM_{50} 的高程为 7.327m，今欲测设 A 点，使其等于设计高程 5.513m，可将水准仪安置在水准点 BM_{50} 与 A 点中间，后视 BM_{50}，得读数为 0.874m。则视线高程为

$$H_i = H_{BM50} + 0.874 = 7.327 + 0.874 = 8.201(\text{m})$$

要使 A 点桩顶的高程等于 5.513m，则竖立在桩顶的水准尺读数应为

$$b = H_i - H_A = 8.201 - 5.513 = 2.688(\text{m})$$

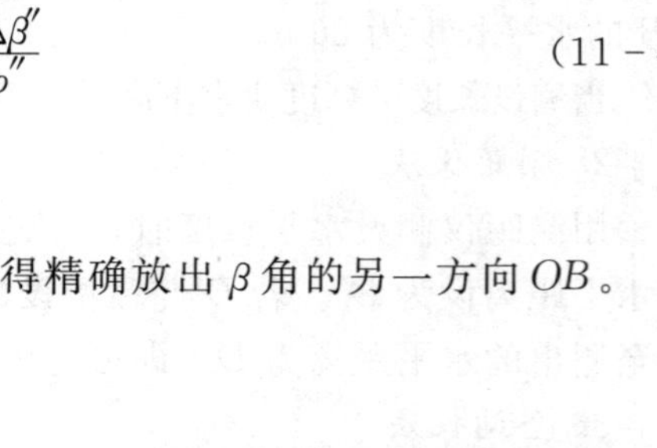

图 11-9 点的高程测设（单位：m）

测设时，逐渐将木桩打入土中，直至立在桩顶上的水准尺的读数为 2.688m，此时 A 点桩顶高程即为设计高程 H_A。也可将水准尺沿木桩的侧面上下移动，直至尺上读数为 2.688m 为止，这时沿水准尺的零刻划线在桩的侧面绘一条红线，其高程即为 A 点的设计高程。

当测设的高程点与水准点之间的高差很大时，可以用悬挂的钢卷尺来代替水准尺。如图 11-10 所示，水准点 A 的高程 H_A 是已知的，为了在深基坑内测设出所设计的高程 H_B，用悬挂的钢尺（零刻划在下面）代替一根水准尺（尺子下端挂一个重量相当于钢尺检定时拉力的重锤），在地面上和坑内各放一次水准仪。设地面放仪器时对 A 点尺上的读数为 a_1，对钢尺的读数为 b_1；在坑内放仪器时对钢尺读数为 a_2，则对 B 点尺上的应有读数为 b_2。

由
$$H_B - H_A = h_{AB} = (a_1 - b_1) + (a_2 - b_2)$$
得
$$b_2 = H_A + a_1 - b_1 + a_2 + H_B$$

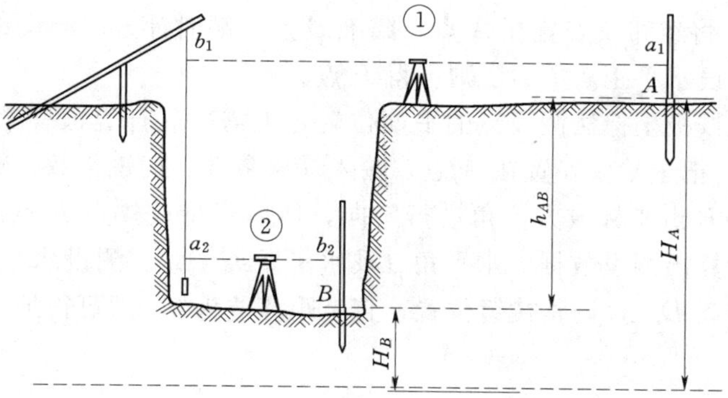

图 11-10　测设深基坑内的高程示意图

用逐渐打入木桩或在木桩上划线的方法，使立在 B 点的水准尺上读数为 b_2，这样，就可以使 B 点的高程符合设计的要求。

任务四　测设点的平面位置的基本方法

测设放样点平面位置的基本方法有：直角坐标法、极坐标法、角度交会法、距离交会法等几种。

1. 直角坐标法（多用于建筑物轴线的放样）

当施工控制网为建筑基线或矩形网时，采用直角坐标法放样较为方便。

如图 11-11 所示，建筑物中 A 点的坐标已在设计图纸上确定。测设到实地上时，只要先求出 A 点与方格顶点 O 的坐标增量，即

$$AQ = \Delta x = x_A - x_0$$
$$AP = \Delta y = y_A - y_0$$

在实地上自 O 点沿 OM 方向量出 Δy 得 Q 点，由 Q 点作垂线，在垂线上量出 Δx，即得 A 点。

2. 极坐标法

极坐标法是根据水平角和水平距离测设地面点平面位置的常用方法。如图 11-12 所示，P 点为欲测设的待定点，A、B 为已知点。为将 P 点测设于地面，首先按坐标反算公式计算测设用的水平距离 D_{AP} 和坐标方位角 α_{AB}、α_{AP}。

$$D_{AP}=\sqrt{(x_P-x_A)^2+(y_P-y_A)^2}$$

$$\alpha_{AB}=\arctan\frac{y_B-y_A}{x_B-x_A}$$

$$\alpha_{AP}=\arctan\frac{y_P-y_A}{x_P-x_A} \tag{11-5}$$

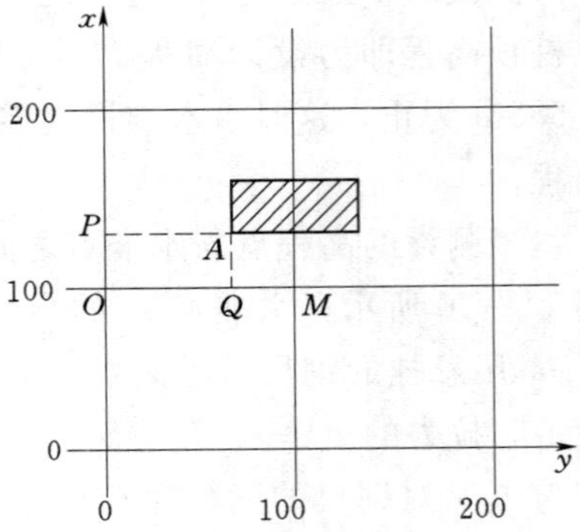

图 11-11 直角坐标法测设点位示意图

测设用的水平角为

$$\beta=\alpha_{AP}-\alpha_{AB} \tag{11-6}$$

测设 P 点时，将经纬仪安置在 A 点，瞄准 B 点，顺时针方向测设 β 角，得一方向线，然后在方向线上测设水平距离 D_{AP}，则可得 P 点。

如果用全站仪按极坐标法测设点的平面位置，无需事先计算放样数据，其方法如下：如图 11-13 所示，把全站仪安置在 A 点，输入气象参数、棱镜常数，输入 A 点坐标；瞄准后视点 B，输入 B 点坐标或方位角进行定向；然后将待放样点 P 点的设计坐标输入全站仪，即可自动计算出测设数据：水平角 β 及水平距离 D_{AP}。测设水平角度 β，并在视线方向上放样水平距离 D_{AP}，调整棱镜位置，直至距离差为 0，即可得地面点 P。

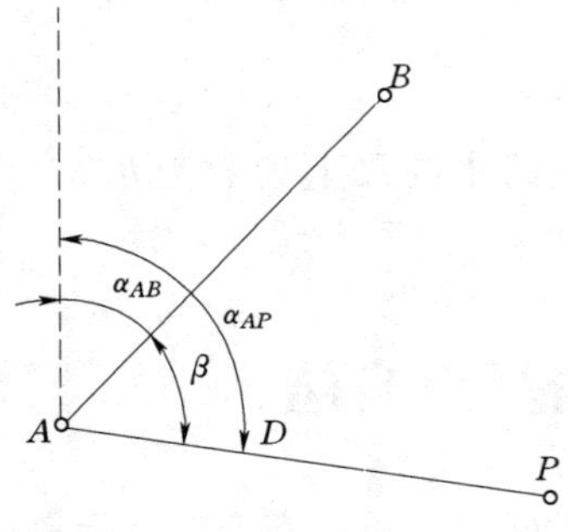

图 11-12 极坐标法测设点位示意图

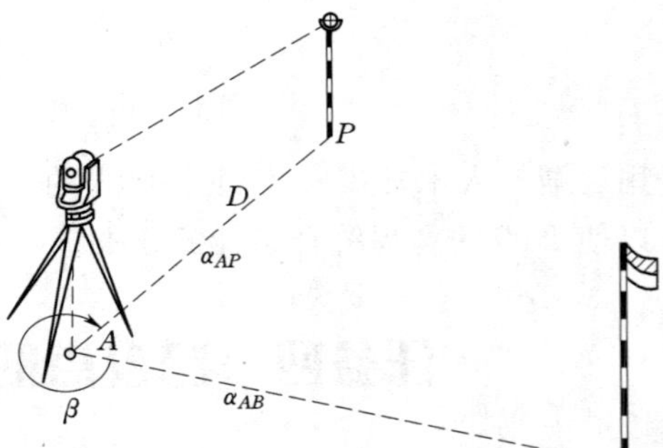

图 11-13 用全站仪测设点位示意图

3. 角度交会法

图 11-14 中，A、B、C 为控制点，P 为码头上某一点，需要测设它的平面位置。首先根据 P 点的设计坐标和三个控制点的已知坐标，计算放样数据 α_1、β_1、α_2、β_2。测设时，在控制点 A、B、C 三点上各安置一架经纬仪，分别拨角 α_1、β_1 及 β_2，由观测者指挥在码头面板上定出 AP、BP、CP 三根方向线。由于放样有误差，三根方向线不交于一点，形成一个三角形，称为示误三角形。如果示误三角形内切圆半径不大于 1cm，最大边长不大于 4cm 时，可取内切圆的圆心作为 P 点的正确位置。为了消除仪器误差，AP、BP、CP 三根方向线需用盘左、盘右取平均的方法定出，并在拟订方案时，应使交会角

γ_1、γ_2 不小于 30°或不大于 120°。

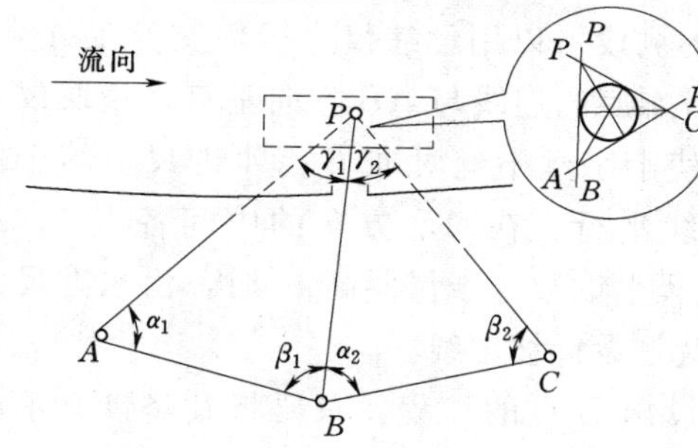

图 11－14　角度交会法测设点位示意图

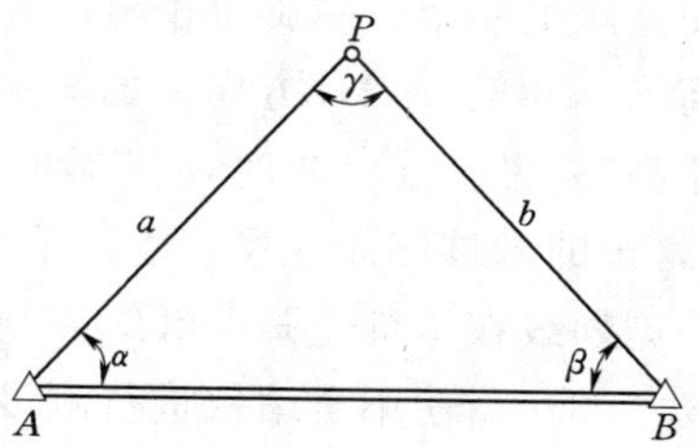

图 10－15　距离交会法

4. 距离交会法

距离交会法是根据测设的两个水平距离，交会出点的平面位置的方法。当需测设的点位与已知控制点距离较近，一般相距在一尺段以内且测设现场较平整时，可用距离交会法。

如图 11－15 所示，a、b 分别为 AP、BP 的平距，在 A 点测设平距 a，在 B 点测设 b，其交点即为 P 点。

任务五　已知坡度直线的测设

在平整场地、铺设管道及修筑道路等工程中，经常需要在地面上测设已知设计坡度的直线。已知坡度直线的测设是根据附近水准点的高程、设计坡度和坡度端点的设计高程，应用水准测量的方法将坡度线上各点的设计高程标定在地面上。

如图 11－16 所示，A、B 为坡度线上的两个端点，其水平距离为 D，已知 A 点的设计高程为 H_A，要沿 AB 方向测设一条坡度为 i 的坡度线。使用水准仪测设的方法过程如下：

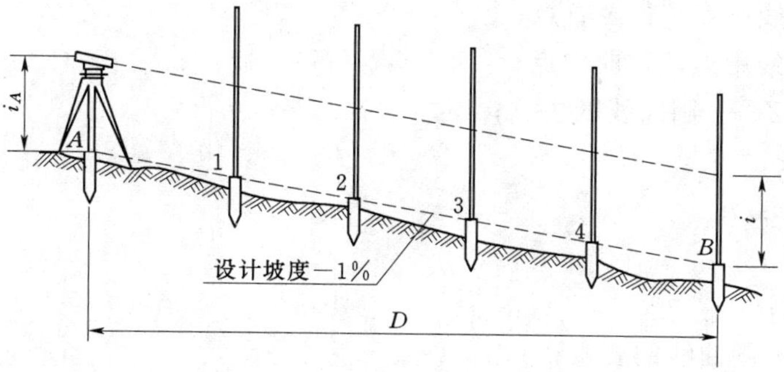

图 11－16　测设设计坡度示意图

（1）首先根据 A 点的高程、坡度 i 及 A、B 两点间的水平距离计算出 B 点的设计高程 H_B

$$H_B = H_A + iD \tag{11-7}$$

式中，i 在坡度上升时为正，反之为负。

然后按前述测设已知高程的方法，测设 B 点的高程。

（2）将水准仪（当设计坡度较大时，中间点的测设可以用经纬仪进行）安置在 A 点，使基座上一个脚螺旋位于 AB 方向上，另外两个脚螺旋的连线与 AB 方向垂直，量取仪器高 i_A，再转动 AB 方向上的脚螺旋和微倾螺旋，使十字丝中丝对准 B 点水准尺上等于仪器高 i_A 的读数。此时，仪器的视线与设计坡度线平行。在 AB 方向的中间各点 1，2，3，…的木桩侧面立尺，上、下移动水准尺，直至尺上读数等于仪器高 i_A 时，沿水准尺的零刻划线在木桩上画一红线，则各桩红线的连线就是设计坡度线。

（3）当使用全站仪进行测设时，不需要先测设出 B 点的高程，只要将其竖盘显示单位切换为坡度单位，并将望远镜视线的坡度值调整到设计坡度值 i 即可，此时，仪器的视线与设计坡度线平行。

任务六 圆曲线的测设

修建渠道、隧道、道路、隧洞等建筑物时，从一直线方向改变到另一直线方向，需用曲线连接，使路线沿曲线缓慢改变方向。常用的曲线就是圆曲线。

圆曲线是由有固定半径的一段圆弧构成。一般测设工作分两步：第一步先测设曲线上起控制作用的点，称曲线主点；第二步，根据主点按规定的桩距进行加密测设，详细标定圆曲线的形状和位置，即进行圆曲线细部点的测设。

一、圆曲线主点的测设

1. 圆曲线上点线名称

如图 11-17 所示，直线由 T_1 到 JD 点后，转向 T_2 方向（α 为偏角），用一半径为 R 的圆与该二直线连接（相切），其中：

JD——路线转折点，称交点；

ZY——圆曲线起点，称直圆点；

YZ——圆曲线终点，称圆直点；

QZ——圆曲线中点，称曲中点；

ZY、YZ、QZ——圆曲线的主点；

T——切线长；

L——曲线长；

E——外矢距；

q——切曲差；

T、L、E——圆曲线的要素；

α——路线的偏角，指路线由一个方向转向另一个方向时，偏转后的方向与原方向之间的夹角，可由经纬仪或全站仪测定，在原方向左侧的为“偏左”，在原方向右侧的为“偏右”；

R——圆曲线的半径，半径是在设计时选定的；

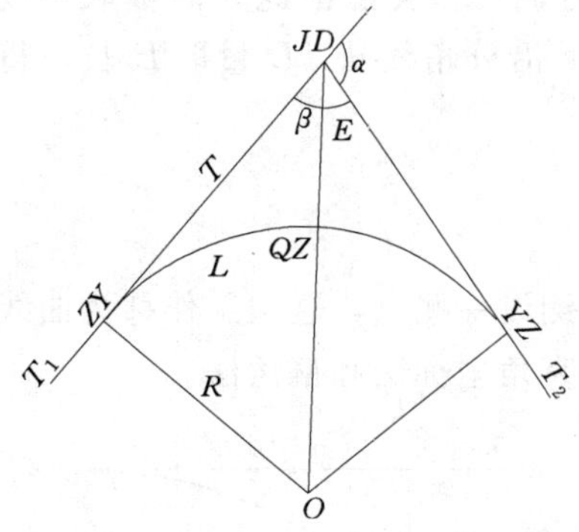

图 11-17　圆曲线主点放样示意图

β——路线的转折角。

2. 圆曲线要素计算

如图 11-17 所示，在半径 R 和偏角 α 已知的前提下，圆曲线要素可按下列公式计算

$$T = R\tan\frac{\alpha}{2}$$

$$L = \alpha R\frac{\pi}{180^\circ} \tag{11-8}$$

$$E = R\left(\sec\frac{\alpha}{2} - 1\right)$$

$$q = 2T - L$$

3. 圆曲线主点里程的计算

路线上的点号是用里程桩号表示的，起点的里程桩号为 0+000，"+"号前为公里，"+"号后为米数，以后各点均以离起点的距离作为其桩号。例如某点的桩号为 2+165，表示该点距离起点的距离为 2km 又 165m。由于道路中线不经过交点 JD，所以曲中点 QZ 和圆直点 YZ 的里程是由直圆点 ZY 的里程推算出来的。

主点里程计算公式

$$ZY\text{ 里程} = JD\text{ 里程} - T$$

$$YZ\text{ 里程} = ZY\text{ 里程} + L$$

$$QZ\text{ 里程} = YZ\text{ 里程} - \frac{L}{2}$$

$$JD\text{ 里程} = QZ\text{ 里程} + \frac{q}{2}$$

【例 11-2】　交点 JD 的里程桩号为 0+380.89，$\alpha=23°20'$（偏右），选定 $R=200$m，试求主点的里程。

由式（11-8）求得

$$T = 200\tan\frac{23°20'}{2} = 41.30(\text{m})$$

$$L = 200 \times \frac{\pi}{180^\circ} \times 23°20' = 81.45(\text{m})$$

$$E = 200 \times \left(\sec\frac{23°20'}{2} - 1\right) = 4.22(\text{m})$$

$$q = 2T - L = 1.15\text{m}$$

$$ZY\text{ 里程} = (0+380.89) - 41.30 = 0+339.59$$

$$YZ\text{ 里程} = (0+339.59) + 81.45 = 0+421.04$$

$$QZ\text{ 里程} = (0+421.04) - \frac{1}{2} \times 81.45 = 0+380.32$$

$$\text{检核 } JD\text{ 里程} = (0+380.32) + \frac{1}{2} \times 1.15 = 0+380.89$$

4. 圆曲线主点的测设

经纬仪或全站仪置于交点 JD 上，将望远镜照准 ZY 方向，自交点沿此方向量取切线

长 T，得起点 ZY，打下 ZY 桩。然后将望远镜照准圆直方向，自交点沿此方向量取切线长 T，得终点 YZ，打下 YZ 桩。平分 β（$\beta=180°-\alpha$）角，沿分角线从 JD 量取 E 长，得 QZ 点，打下 QZ 桩。

二、圆曲线细部的测设

曲线除主点外，还应在曲线上每隔一定距离（弧长）测设一些点，这项工作称为曲线细部的测设。细部测设的方法很多，归纳起来有两种，即直角坐标法和偏角法。

（一）直角坐标法（也称切线支距法）

该方法把圆曲线分成两半边，分别以起点 ZY 和终点 YZ 为原点，以切线为 x 轴，y 轴指向圆心，建立起直角坐标系。利用点的坐标 x、y 值放样出曲线上的点位。如图 11－18 所示，l_i 为待放样点至原点之弧长，φ_i 为 l_i 所对的圆心角，R 为曲线的半径，则放样点 P_i 的坐标按下式求得

$$\left.\begin{aligned} x_i &= R\sin\varphi_i \\ y_i &= R(1-\cos\varphi_i) \end{aligned}\right\} \tag{11-9}$$

其中 $\varphi_i = \dfrac{l_i}{R}\dfrac{180°}{\pi} \quad (i=1,2,3,\cdots,n)$

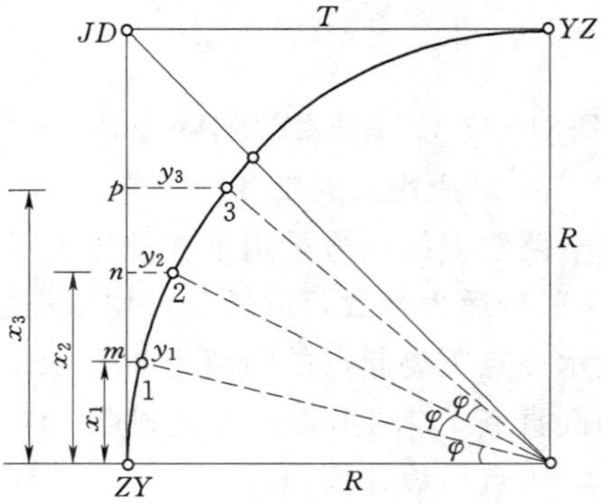

图 11－18 切线支距法

计算得各点的直角坐标 x_i，y_i 以后，在地面上沿切线方向用钢尺自 ZY 量出 x_i，在其垂直方向量取 y_i，便得曲线上 i 点的实际位置。另一半曲线以 YZ 点为原点测设。

曲线测设后，要量相邻两桩及 QZ 点至最近一个曲线桩间的距离，并将距离与它们的里程之差比较，若在限差内，则曲线测设合格，打桩标定其位置，否则应查明原因，予以纠正。

切线支距法适用于平坦地区，且曲线不太长的情况，此法优点是测点误差不累积。

【例 11－3】 已知 JD 点里程为 2＋752.89，$\alpha=92°40'$，$R=20\text{m}$，求该圆曲线的放样数据。

解： 算得曲线的要素为

$$T=20.95\text{m}, L=32.35\text{m}, E=8.97\text{m}, q=9.55\text{m}$$

算出主点和细部点里程见表 11－1。

表 11－1　主点和细部点里程表

里程		各桩至 ZY 或 YZ 的弧长 l /m	坐标值	
			x/m	y/m
ZY	2＋731.94			
	2＋740	8.06	7.84	1.60
QZ	2＋748.11			
	2＋750	14.29	13.10	4.89
	2＋760	4.29	4.26	0.46
YZ	2＋764.29			

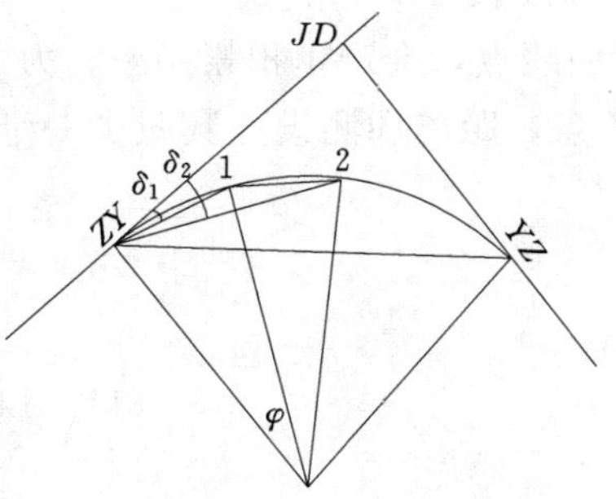

图 11－19　偏角法

(二) 偏角法

这种方法实质上就是极坐标法。曲线上的点位是由切线与弦线的夹角（称为偏角）和规定的弦长测定的。如图 11－19 所示，以曲线的起点（或其他点）为坐标原点，以该点的切线为 x 轴，放样时在 ZY 点置镜，后视 JD 拨偏角 δ_i，用弦长与视线方向作交会，得出 i 点。δ_i 角称为弦切角，它等于同弧（弦）所对圆心角的 1/2，即

$$\delta_i = \frac{\varphi}{2} = \frac{l}{2R}\frac{180°}{\pi} \tag{11-10}$$

弦长

$$c = 2R\sin\frac{\varphi}{2} \tag{11-11}$$

为了施工方便，一般把各细部点里程取整，这样，曲线便分为首尾两段为零头弧长 l_1、l_2 和中间几段相等的整弧长 l 之和，弧长 l_1、l_2 及 l 所对应的相应圆心角为 φ_1、φ_2 及 φ，可按下列公式计算

$$\left.\begin{aligned}\varphi_1 &= \frac{180°}{\pi}\frac{l_1}{R}\\ \varphi_2 &= \frac{180°}{\pi}\frac{l_2}{R}\\ \varphi &= \frac{180°}{\pi}\frac{l}{R}\end{aligned}\right\} \tag{11-12}$$

相应于 l_1、l_2 及 l 所对应的相应弦长为 c_1、c_2 及 c

$$\left.\begin{aligned}c_1 &= 2R\sin\frac{\varphi_1}{2}\\ c_2 &= 2R\sin\frac{\varphi_2}{2}\\ c &= 2R\sin\frac{\varphi}{2}\end{aligned}\right\} \tag{11-13}$$

只要知道曲线半径 R 和曲线桩至曲线起点的弧长 l，就可以算得弦切角 δ。有了 δ 和弦长 c，就可以定出曲线上的桩。当半径较大时，一般以弧长代替弦长。

1. 用经纬仪和钢尺进行测设

(1) 放样第 1 点时，在 ZY 点安置经纬仪，照准切线方向（JD 方向），使度盘读数为 0°00′00″。

(2) 转动照准部，使读数等于 δ_1（当路线右转时，顺时针转动照准部至水平度盘读数为 δ_1，当路线左转时，逆时针转动照准部至水平度盘读数为 $360°-\delta_1$），沿 ZY～1 点的方向量出弦长 c_1，得点 1。

(3) 再转动照准部，使读数为 δ_2，从 1 点量出 c，与视线相交，得点 2。

(4) 同法测设 3，4，…，n 点。最后使度盘读数为 $\alpha/2$，量出 c 与此方向的相交点应与 YZ 点重合。如不重合，其闭合差不得超过如下值

径向(法线方向)　　±0.1m

切向(切线方向)　　$\pm L/1000$(L 为曲线长度)

此法由于从上一点开始，量出弦长与视线相交而测设曲线点，会产生积累误差。为了减少这种误差，可从 ZY 点测向 QZ 点，再从 YZ 测向 QZ 点，距离和测设点数减少一半，积累误差相应减少。

2. 用全站仪进行测设

当采用全站仪进行测设时，弦长的计算公式如下

$$c_i = 2R\sin\delta_i \tag{11-14}$$

其中 c_i 为 ZY 或 YZ 点至放样点的弦长。

(1) 放样第 1 点时，在 ZY 点安置全站仪，照准切线方向（JD 方向），使度盘读数为 0°00′00″。

(2) 转动照准部，使读数等于 δ_1（当路线右转时，顺时针转动照准部至水平度盘读数为 δ_1；当路线左转时，逆时针转动照准部至水平度盘读数为 $360°-\delta_1$），沿 ZY～1 点的方向测设弦长 c_1，得点 1。

(3) 再转动照准部，使读数为 δ_2，沿此方向测设弦长 c_2，得点 2。

(4) 同法测设 3，4，…，直至 QZ 点。

(5) 同法在 YZ 点安置全站仪，照准 JD，配置水平度盘读数为 0°00′00″，依次测设出曲线点，直至 QZ 点。测设出的 QZ 点应与测设曲线主点时所定的 QZ 点相符，如不重合，其闭合差应符合精度要求。

【例 11-4】 已知 $\alpha=68°42'$，$R=100$m，JD 里程为 2+254.02，计算曲线要素和主点里程。曲线上加桩间隔不大于 20m，试计算放样数据。

【解】 曲线要素 $T=68.34$m，$L=119.90$m，$E=21.12$m，其他放样数据列在表 11-2中。

表 11-2　　放样数据表

里程	各桩至 ZY 的弧长/m	偏角/(° ′ ″)	相邻桩点弦长/m	ZY 至各桩点弦长/m
ZY +185.68		0 00 00		
+200	14.32	4 06 12	14.311	14.311
+220	34.32	9 49 58	19.967	34.155
+240	54.32	15 33 45	19.967	53.658
QZ +245.63				
+260	74.32	21 17 32	19.967	72.624
+280	94.32	27 01 18	19.967	90.865
+300	114.32	32 45 04	19.967	108.199
YZ +305.58	119.90	34 21 00	5.580	112.849

习　题

1. 测设的基本工作有哪些？
2. 测设点的平面位置有哪些方法？

3. 简述用水准仪测设坡度的方法。

4. 已知控制点 A（150.36，247.15）、B（247.58，154.56）、待定点 P（100.00，200.00），试分别计算用极坐标法、角度交会法、距离交会法测设 P 点的测设数据，并简述其测设方法。

5. 已知某水准点 A 的高程为 72.376 m，现要测设高程为 73.254m 的 B 点，若仪器安置在 A、B 两点之间时，在 A 尺上的读数为 1.624m，则 B 尺上的读数应为多少？应如何测设？

6. 要在 AB 方向上测设一条坡度 $i=-2\%$ 的坡度线，已知 A 点的高程为 23.165m，A、B 两点之间的水平距离为 100m，则 B 点的高程应为多少？

7. 已知圆曲线半径 $R=800$m，偏角 $\alpha=10°25'$，交点 JD 的里程为 11+376.86，求曲线要素及主点的里程。

8. 已知路线的偏角 $\alpha_{右}=40°00'$，JD 里程为 11+461.33，半径 $R=230$m，用直角坐标法和偏角法放样该曲线，试计算各放样数据，要求曲线上桩距不大于 20m。

项目十二　大坝施工测量

内容提要　本项目共分五个任务，主要介绍了土坝的控制测量，土坝清基开挖与坝体填筑的施工测量，混凝土坝的施工控制测量，混凝土坝清基开挖线的放样，最后介绍了混凝土重力坝坝体的立模放样。本项目的重点是：土坝坝轴线的确定及坝身控制线的放样，土坝坡脚线的放样和边坡放样，混凝土坝的施工控制测量、混凝土坝清基开挖线的放样和混凝土重力坝坝体的立模放样。本项目的难点是：混凝土重力坝坝体的立模放样。

水利工程一般由若干建筑物组成。这些建筑物的综合体，称为水利枢纽。图 12-1 为一水利枢纽示意图，其主要组成部分有拦河大坝、电站、放水涵洞、溢洪道等。

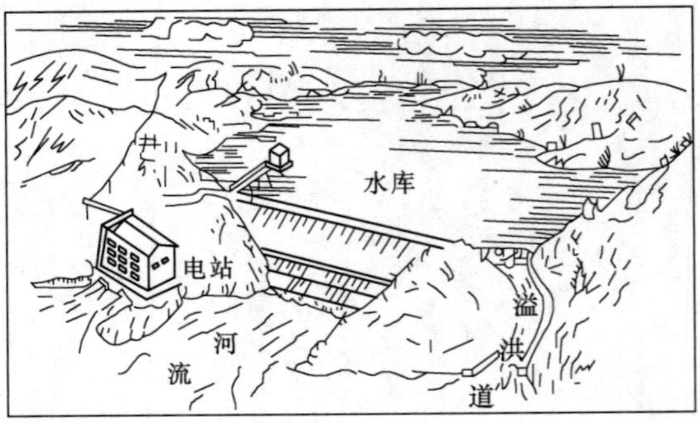

图 12-1　水利枢纽示意图

拦河大坝是重要的水工建筑物，按坝型分为土坝、堆石坝、重力坝及拱坝等。修建大坝需按施工顺序进行下列测量工作：布设平面和高程基本控制网，控制整个工程的施工放样；确定坝轴线和布设控制坝体细部放样的定线控制网；清基开挖线的放样；坝体细部放样等。对于不同筑坝材料及不同坝型施工放样的精度要求有所不同，内容也有些差异，但施工放样的基本方法大同小异。本项目分别介绍土坝、混凝土重力坝及拱坝施工放样的主要内容及其基本方法。

任务一　土坝的控制测量

土坝是一种较为普遍的坝型。根据土料在坝体的分布及其结构的不同，其类型又有多种。图 12-2 是一种黏土心墙土坝的示意图。

土坝的控制测量是根据基本网确定坝轴线，然后以坝轴线为依据布设坝身控制网以控制坝体细部的放样。兹分述如下。

一、坝轴线的确定

对于中小土坝的坝轴线，一般是由工程设计人员和勘测人员组成选线小组，深入现场进行实地踏勘，根据当地的地形、地质和建筑材料等条件，经过方案比较，直接在现场选定。

对于大型土坝以及与混凝土坝衔接的土质副坝，一般经过现场踏勘、图上规划等多次调查研究和方案比较，确定建坝位置，并在坝址地形图上结合枢纽的整体布置，将坝轴线标于地形图上，如图 12-3 中的 M_1、M_2。然后根据预先建立的施工控制网，用角度交会法将 M_1 和 M_2 测设到地面上。放样时，先根据控制点 A、B、C（图 12-3）的坐标和坝轴线两端点 M_1、M_2 的设计坐标算出交会角 β_1、β_2、β_3 和 γ_1、γ_2、γ_3，然后安置经纬仪于 A、B、C 点，测设交会角，用三个方向进行交会，在实地定出 M_1、M_2。

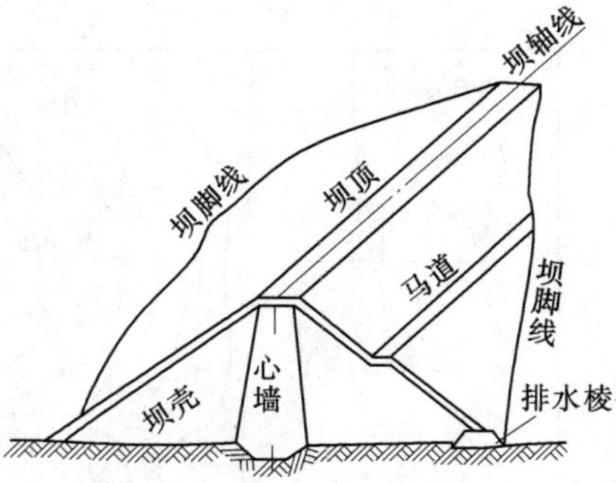

图 12-2　土坝结构示意图

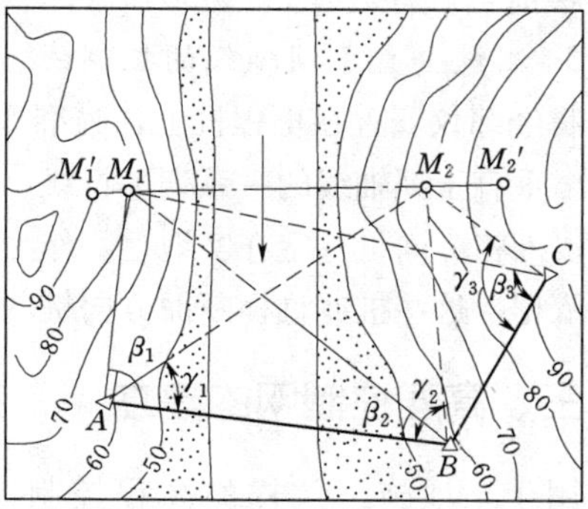

图 12-3　坝轴线测设示意图

坝轴线的两端点在现场标定后，应用永久性标志标明。为了防止施工时端点被破坏，应将坝轴线的端点延长到两面山坡上，如图 12-3 中的 M'_1、M'_2。

二、坝身控制线的测设

坝身控制线一般要布设与坝轴线平行和垂直的一些控制线。这项工作需在清理基础前进行（如修建围堰，在合拢后将水排尽，才能进行）。

（一）平行于坝轴线的控制线的测设

平行于坝轴线的控制线可布设在坝顶上下游线、上下游坡面变化处、下游马道中线，也可按一定间隔布设（如 10m、20m、30m 等），以便控制坝体的填筑和进行收方。

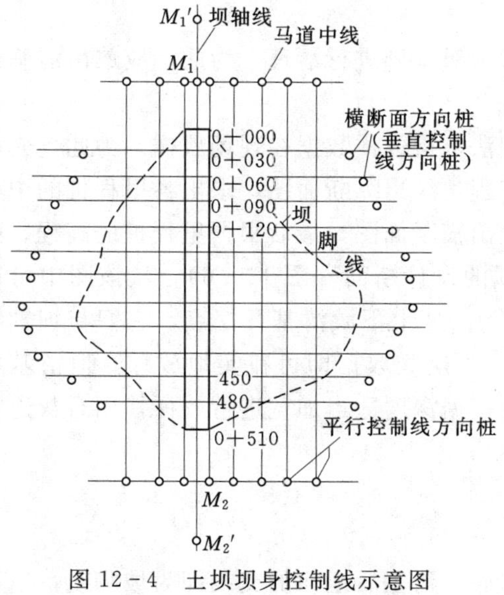

图 12-4　土坝坝身控制线示意图

测设平行于坝轴线的控制线时，分别在坝轴线的端点 M_1 和 M_2 安置经纬仪，用测设 90°的方法各作一条垂直于坝轴线的横向基准线（图 12-4），然后沿此基准线量取各平行控制线距坝轴线的距离，得各平行线的位置，用方向桩在实地标定，如图 12-4 所示。

（二）垂直于坝轴线的控制线的测设

垂直于坝轴线的控制线，一般按 50m、30m 或 20m 的间距以里程来测设，其步骤如下。

1. 沿坝轴线测设里程桩

由坝轴线的一端，如图 12-4 中的 M_1，在轴线上定出坝顶与地面的交点，作为零号桩，其桩号为0+000。方法是：在M_1安置经纬仪，瞄准另一端点M_2，得坝轴线方向，用项目十一介绍的高程放样的方法，根据附近水准点（高程为已知）上水准尺的后视读数及坝顶高程，求得水准尺上的前视读数b时，立尺点即为零号桩（0+000里程桩）。

然后由零号桩起，由经纬仪定线，沿坝轴线方向按选定的间距（图12-4中为30m）丈量距离，顺序钉下0+030，060，090，…里程桩，直至另一端坝顶与地面的交点为止。

2. 测设垂直于坝轴线的控制线

将经纬仪安置在里程桩上，瞄准M_1或M_2，转90°即定出垂直于坝轴线的一系列平行线，并在上下游施工范围以外将方向桩标定在实地上，作为测量横断面和放样的依据，这些桩亦称横断面方向桩（图12-4）。

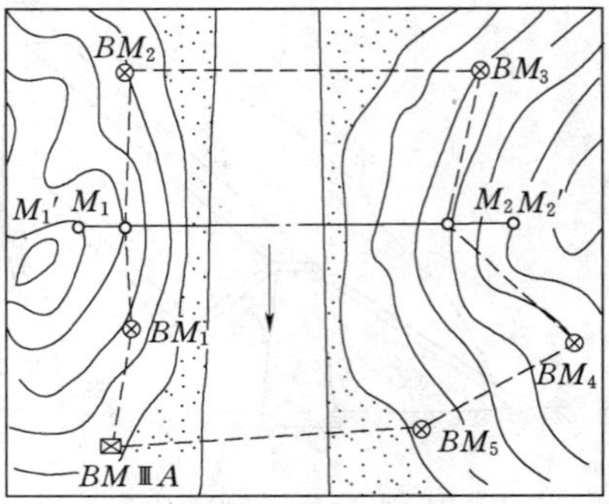

图12-5 土坝高程基本控制网

三、高程控制网的建立

用于土坝施工放样的高程控制，可由若干永久性水准点组成基本网和临时作业水准点两级布设。基本网布设在施工范围以外，并应与国家水准点连测，组成闭合或附合水准路线（图12-5），用三等或四等水准测量的方法施测。临时水准点直接用于坝体的高程放样，布置在施工范围以内不同高度的地方，并尽可能做到安置一、二次仪器就能放样高程。临时水准点应根据施工进程及时设置，附合到永久水准点上。一般按四等或五等水准测量的方法施测，并要根据永久水准点定期进行检测。

任务二 土坝清基开挖与坝体填筑的施工测量

一、清基开挖线的放样

为使坝体与岩基很好结合，坝体填筑前，必须对基础进行清理。为此，应放出清基开挖线，即坝体与原地面的交线。

清基开挖线的放样精度要求不高，可用图解法求得放样数据在现场放样。为此，先沿坝轴线测量纵断面，即测定轴线上各里程桩的高程，绘出纵断面图，求出各里程桩的中心填土高度，再在每一里程桩进行横断面测量，绘出横断面图，最后根据里程桩的高程、中心填土高度与坝面坡度，在横断面图上套绘大坝的设计断面（图12-6）。从该图中可以看出R_1、R_2为坝壳上下游清基开挖点，n_1、n_2为心墙上下游清基开挖点，它们与坝轴线的距离分别为d_1、d_2、d_3、d_4，可从图上量得，用这些数据即可在实地放样。但清基有一定深度，开挖时要有一定边坡，故d_1和d_2应根据深度适当加宽进行放样，用石灰连接各断面的清基开挖点，即为大坝的清基开挖线。

二、坡脚线的放样

清基以后应放出坡脚线，以便填筑坝体。坝底与清基后地面的交线即为坡脚线，下面

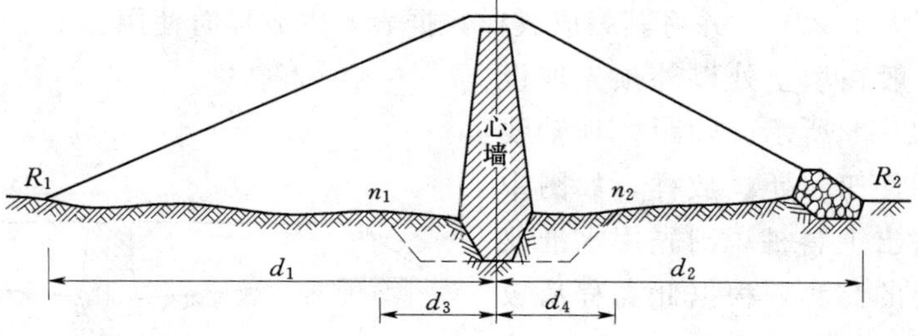

图 12－6　土坝清基放样数据

介绍两种放样方法。

1. 横断面法

仍用图解法获得放样数据。首先恢复轴线上的所有里程桩，然后进行纵横断面测量，绘出清基后的横断面图，套绘土坝设计断面，获得类似图 12－6 的坝体与清基后地面的交点 R_1 及 R_2（上下游坡脚点），d_1 及 d_2 即分别为该断面上、下游坡脚点的放样数据。在实地将这些点标定出来，分别连接上下游坡脚点即得上下游坡脚线，如图 12－4 虚线所示。

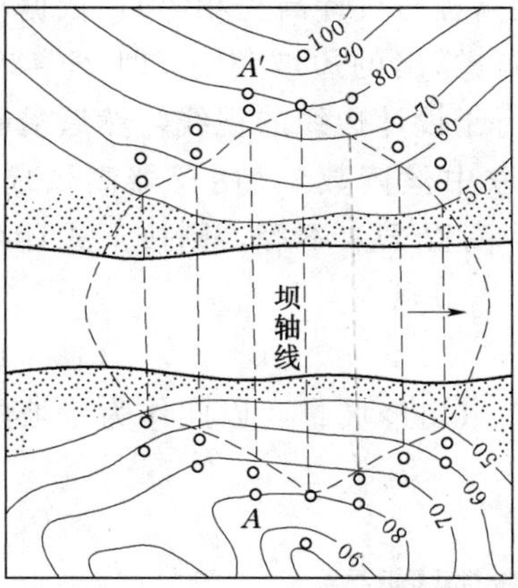

图 12－7　坡脚线的放样——平行线法

2. 平行线法

这种方法以不同高程坝坡面与地面的交点获得坡脚线。在地形图的应用中，介绍的在地形图上确定土坝的坡脚线，是用已知高程的坝坡面（为一条平行于坝轴线的直线），求得它与坝轴线间的距离，获得坡脚点。平行线法测设坡脚线的原理与此相同，不同的是由距离（平行控制线与坝轴线的间距为已知）求高程（坝坡面的高程），而后在平行控制方向上用高程放样的方法，定出坡脚点。如图 12－7 所示，AA'为坝身平行控制线，距坝顶边线 25m，若坝顶高程为 80m，边坡为 1∶2.5，则 AA'控制线与坝坡面相交的高程为 $80-25\times\dfrac{1}{2.5}=70$(m)。放样时在 A 点安置经纬仪，瞄准 A'定出控制线方向，用水准仪在经纬仪视线内探测高程为 70m 的地面点，就是所求的坡脚点。连接各坡脚点即得坡脚线。

三、边坡放样

坝体坡脚放出后，就可填土筑坝，为了标明上料填土的界线，每当坝体升高 1m 左右，就要用桩（称为上料桩）将边坡的位置标定出来。标定上料桩的工作称为边坡放样。

放样前先要确定上料桩至坝轴线的水平距离（坝轴线）。由于坝面有一定坡度，随着坝体的升高坝轴距将逐渐减小，故预先要根据坝体的设计数据算出坡面上不同高程的坝轴距，为了使经过压实和修理后的坝坡面恰好是设计的坡面，一般应加宽 1～2m 填筑。上料桩就应标定在加宽的边坡线上（图 12-8 中的虚线处）。因此，各上料桩的坝轴距比按设计所算数值要大 1～2m，并将其编成放样数据表，供放样时使用。

放样时，一般在填土处以外预先埋设轴距杆，如图 12-8 所示。轴距杆坝轴线的距离主要考虑便于量距、放样，如图中为 55m。为了放出上料桩，则先用水准仪测出坡面边沿处的高程，根据此高程从放样数据中查得坝轴距，设为 53.5m，此时，从坝轴杆向坝轴线方向量取 55.0－53.5＝1.5（m），即为上料桩的位置。当坝体逐渐升高，轴距杆的位置不便应用时，可将其向里移动，以方便放样。

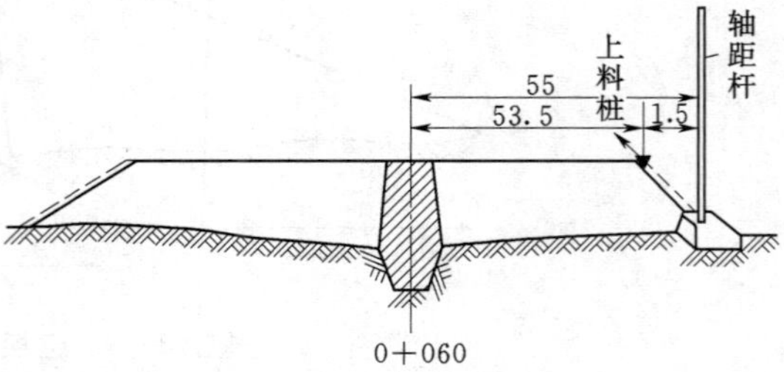

图 12-8　土坝边坡放样示意图（单位：m）

四、坡面修整

大坝填筑至一定高度且坡面压实后，还要进行坡面的修整，使其符合设计要求。此时可用水准仪或经纬仪按测设坡度线的方法求得修坡量（削坡或填度）。如将经纬仪安置在坡顶（若设站点的实测高程与设计高程相等），依据坝坡比（如 1∶2.5）算出的边坡角 α（即 21°48′）向下倾斜得到平行于设计边线的视线，然后沿斜坡竖立标尺，读取中丝读数 s，用仪器高 i 减 s 即得修坡量（图 12-9）。若设站点的实测高程 $H_{测}$ 与设计高程 $H_{设}$ 不等，则按下式计算修坡量 Δh，即

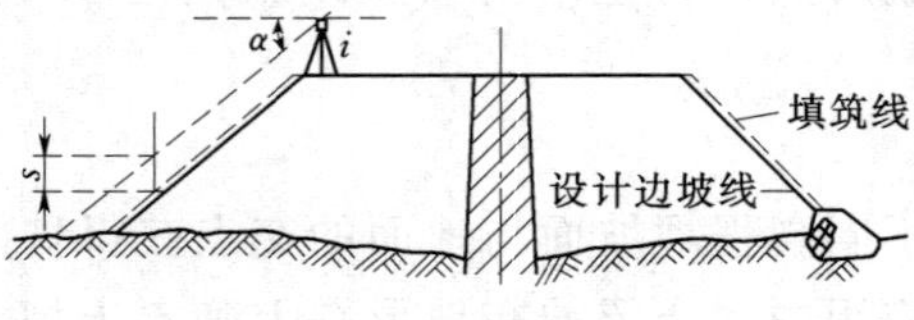

图 12-9　坡面修整放样

$$\Delta h = (i - s) + (H_{测} - H_{设}) \tag{12-1}$$

为便于对坡面进行修整，一般沿斜坡观测 3～4 个点，求出修坡量，以此作为修坡的依据。

任务三　混凝土坝的施工控制测量

混凝土坝按其结构和建筑材料相对土坝来说较为复杂，其放样精度比土坝要求高。施工平面控制网一般按两级布设，不多于三级，精度要求最末一级控制网的点位中误差不超过±10mm。

一、基本平面控制网

基本网作为首级平面控制，一般布设成三角网，并应尽可能将坝轴线的两端点纳入网中作为网的一条边（图 12-10）。根据建筑物重要性的不同要求，一般按三等以上三角测量的要求施测，大型混凝土坝的基本网兼作变形观测监测网，要求更高，需按一等、二等三角测量要求施测。为了减少安置仪器的对中误差，三角点一般建造混凝土观测墩，并在墩顶埋设强制对中设备，以便安置仪器和觇标（图 12-11）。

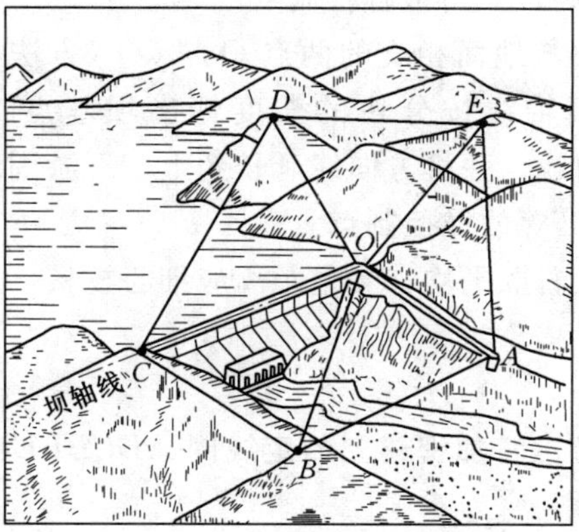

图 12-10　混凝土坝施工平面控制图

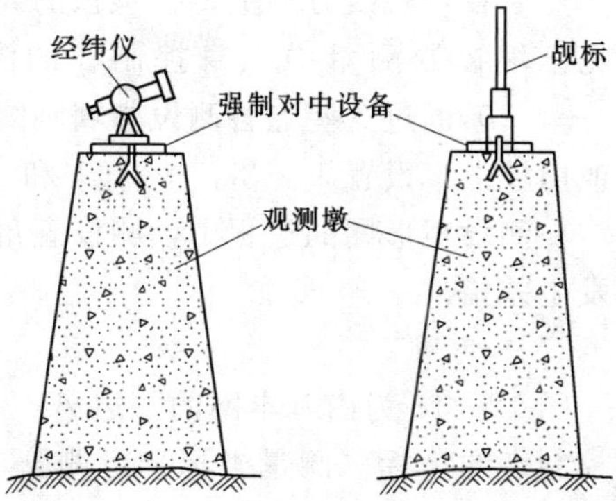

图 12-11　观测墩

二、坝体控制网

混凝土坝采取分层施工，每一层中还分跨分仓（或分段分块）进行浇筑。坝体细部常用方向线交会法和前方交会法放样，为此，坝体放样的控制网——定线网，有矩形网和三角网两种，前者以坝轴线为基准，按施工分段分块尺寸建立三角网作为定线网。

1. 矩形网

图 12-12（*a*）为直线型混凝土重力坝分层分块示意图，图 12-12（*b*）为以坝轴线 *AB* 为基准布设的矩形网，它是由若干平行和垂直于坝轴线的控制线所组成，格网尺寸按施工分段分块的大小而定。

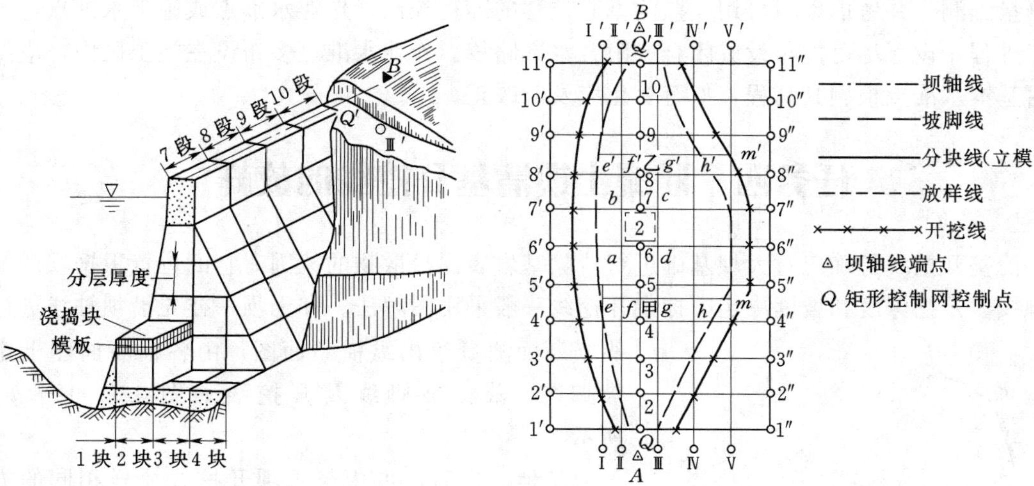

图 12-12　混凝土重力坝的坝体控制

测设时，将经纬仪安置在 *A* 点，照准 *B* 点，在坝轴线上选甲、乙两点，通过这两点测设与坝轴线相垂直的方向线，由甲、乙两点开始，分别沿垂直方向按各块的宽度钉出 *e*、*f* 和 *g*、*h*、*m* 以及 *e′*、*f′*和 *g′*、*h′*、*m′*等点。最后将 *ee′*、*ff′*、*gg′*、*hh′*及 *mm′*等连线延伸到开挖区外，在两侧山坡上设置Ⅰ，Ⅱ，…，Ⅴ和Ⅰ′，Ⅱ′，…，Ⅴ′等放样控制点。

然后在坝轴线方向上，按坝顶的高程，找出坝顶与地面相交的两点 Q 与 Q'（方法可参见土坝控制测量中坝身控制线的测设），再沿坝轴线按分块的长度钉出坝基点 2，3，…，10，通过这些点各测设与坝轴线相垂直的方向线，并将方向线延长到上、下游围堰上或山坡上，设置 1′，2′，…，11′和 1″，2″，…，11″等放样控制点。

在测设矩形网的过程中，测设直角时须用盘左盘右取平均，丈量距离应细心校核，以免发生差错。

2. 三角网

图 12－13 为由基本网的一边 AB（拱坝轴经两端点）加密建立的定线网 $ADCBFEA$，各控制点的坐标（测量坐标）可测算求得。但坝体细部尺寸是以施工坐标 xoy 为依据的，因此应根据设计图纸求算得施工坐标系原点 o 的测量坐标和 ox 的坐标方位角，按坐标换算公式

$$\left.\begin{aligned}X_p &= X_o + x_p\cos\varphi - y_p\sin\alpha\\ Y_p &= Y_o + x_p\sin\varphi + y_p\cos\alpha\end{aligned}\right\}$$

或

$$\left.\begin{aligned}x_p &= (X_p - X_o)\cos\alpha + (Y_p - Y_{o'})\sin\alpha\\ y_p &= -(X_p - X_o)\sin\alpha + (Y_p - Y_{o'})\cos\alpha\end{aligned}\right\}$$

换算为便于放样的统一坐标系统。

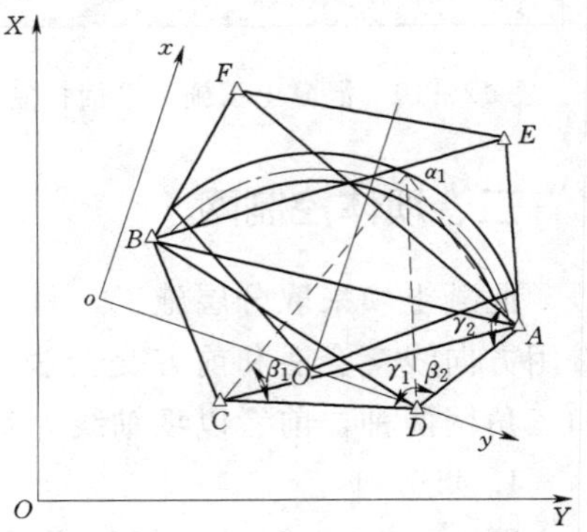

图 12－13 定线三角网示意图

三、高程控制

分两级布设，基本网是整个水利枢纽的高程控制。视工程的不同要求按二等或三等水准测量施测，并考虑以后可用作监测垂直位移的高程控制。作业水准点或施工水准点，随施工进程布设，尽可能布设成闭合或附合水准路线。作业水准点多布设在施工区内，应经常由基本水准点检测其高程，如有变化应及时改正。

任务四 混凝土坝清基开挖线的放样

清基开挖线是确定对大坝基础进行清除基岩表层松散物的范围，它的位置根据坝两侧坡脚线、开挖深度和坡度决定。标定开挖线一般采用图解法。和土坝一样先沿坝轴线进行纵横断面测量绘出纵横断面图，由各横断面图上定坡脚点，获得坡脚线及开挖线如图 12－12（b）所示。

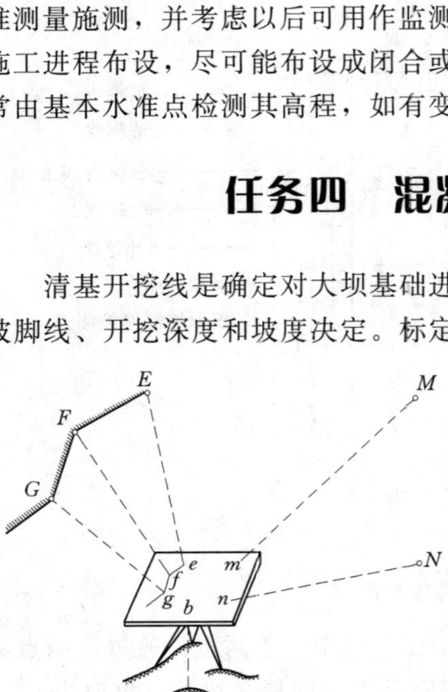

图 12－14 大平板仪测放开挖示意图

实地放样时，可用与土坝开挖线放样相同的方法，在各横断面上由坝轴线向两侧量距得开挖点。如果开挖点较多，可以用大平板仪测放也较为方便。方法是按一定比例尺将各断面的开挖点绘于图纸上，同时将平板仪的设站点及定向点位置也绘于图上，如图 12－14 所示。

实地放样时，将大平板仪安置在 B 点，以图上 bn 定向，用 bm 校核图板方向，用照准仪直尺边贴靠 be，根据图上量得的 BE 距离，由 B 点沿视线方向量取，即得开挖点 E，用同法定出 F，G，…，挖点。

在清基开挖过程中，还应控制开挖深度，在每次爆破后及时在基坑内选择较低的岩面测定高程（精确到 cm 即可），并用红漆标明，以便施工人员和地质人员掌握开挖情况。

任务五　混凝土重力坝坝体的立模放样

一、坡脚线的放样

基础清理完毕，可以开始坝体的立模浇筑，立模前首先找出上、下游坝坡面与岩基的接触点，即分跨线上下游坡脚点。放样的方法很多，在此主要介绍逐步趋近法。

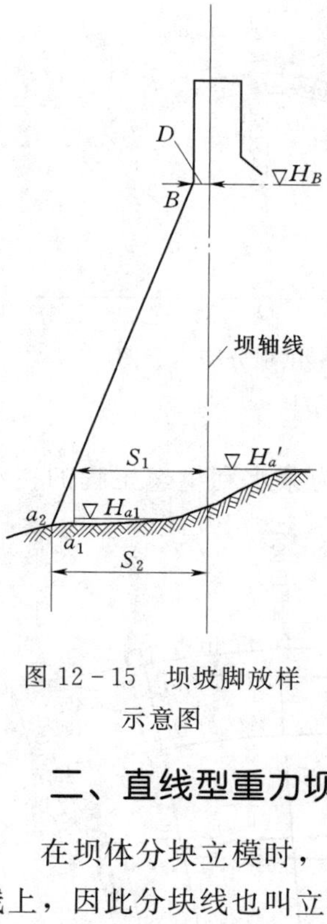

图 12-15　坝坡脚放样示意图

如图 12-15 所示，欲放样上游坡脚点 a，可先从设计图上查得坡顶 B 的高程 H_B，坡顶距坝轴线的距离为 D，设计的上游坡度为 $1:m$。为了在基础面上标出 a 点，可先估计基础面的高程为 $H_{a'}$，则坡脚点距坝轴线的距离可按式（12-2）计算

$$S_1 = D + (H_B - H_{a'})m \tag{12-2}$$

求得距离 S_1 后，可由坝轴线沿该断面量一段距离 S_1 得 a_1 点，用水准仪实测 a_1 点的高程 H_{a1}，若 H_{a1} 与原估计的 $H_{a'}$ 相等，则 a_1 点即为坡脚点 a。否则应根据实测的 a_1 点的高程，再求距离得

$$S_2 = D + (H_B - H_{a1})m$$

再从坝轴线起沿该断面量出 S_2 得 a_2 点，并实测 a_2 点的高程，按上述方法继续进行，逐次接近，直至由量得的坡脚点到坝轴线间的距离，与计算所得距离之差在 1cm 以内时为止（一般作三次趋近即可达到精度要求）。同法可放出其他各坡脚点，连接上游（或下游）各相邻坡脚点，即得上游（或下游）坡面的坡脚线，据此即可按 $1:m$ 的坡度竖立坡面模板。

二、直线型重力坝的立模放样

在坝体分块立模时，应将分块线投影到基础上或已浇好的坝块面上，模板架立在分块线上，因此分块线也叫立模线，但立模后立模线被覆盖，还要在立模线内侧弹出平行线，称为放样线［图 12-12（b）中虚线所示］，用来立模放样和检查校正模板位置。放样线与立模线之间的距离一般为 0.2～0.5m。

1. *方向线交会法*

如图 12-12（b）所示的混凝土重力坝，已按分块要求布设了矩形坝体控制网，可用方向线交会法，先测设立模线。如要测设分块 2 的顶点 b 的位置，可在 $7'$安置经纬仪，瞄准 $7''$点，同时在Ⅱ点安置经纬仪，瞄准Ⅱ$'$点，两架经纬仪视线的交点即为 b 的位置。在相应的控制点上，用同样的方法可交会出这分块的其他三个顶点的位置，得出分块 2 的立模线。利用分块的边长及对角线校核标定的点位，无误后在立模线内侧标定放样线的四个角顶，如图 12－12 中分块 *abcd* 内的虚线。

2. 前方交会（角度交会）法

如图 12－16 所示，由 *A*、*B*、*C* 三控制点用前方交会法先测设某坝块的四个角点 *d*、*e*、*f*、*g*，它们的坐标由设计图纸上查得，从而与三控制点的坐标可计算放样数据——交会角。如欲测设 *g* 点，可算出 β_1、β_2、β_3，便可在实地定出 *g* 点的位置。依次放出 *d*、*e*、*f* 各角点，也应用分块边长和对角线校核点位，无误后在立模线内侧标定放样的四个角点。

方向线交会法简易方便，放样速度也较快，但往往受到地形限制，或因坝体浇筑逐步升高，挡住方向线的视线不便放样，因此实际工作中可根据条件把方向交会法和角度交会法结合使用。

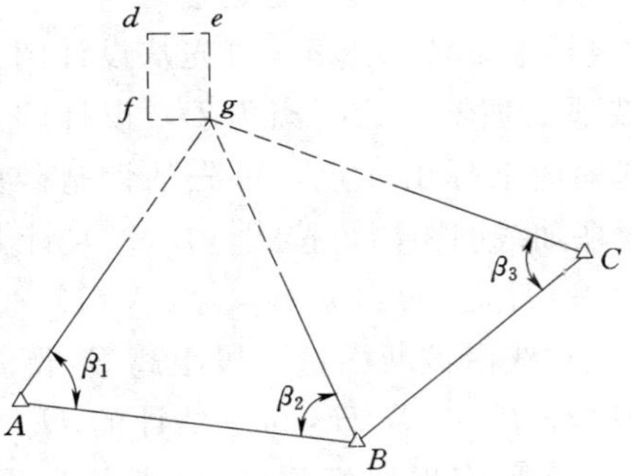

图 12－16 前方交会法立模放样

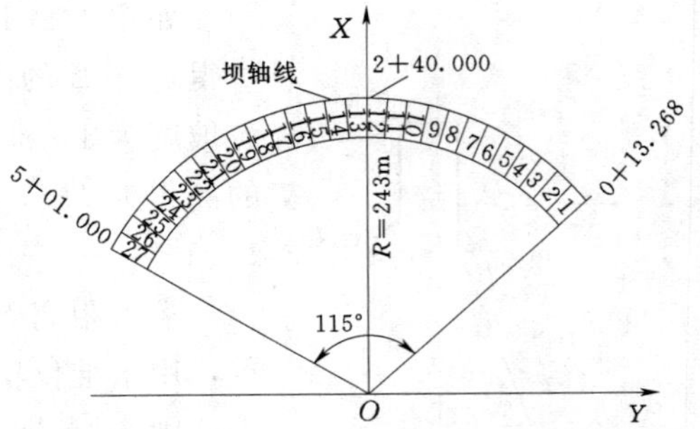

图 12－17 拱坝分跨示意图

三、拱坝的立模放样

拱坝坝体的立模放样，一般多采用前方交会法。图 12－17 为某水利枢纽工程的拦河大坝，系一拱坝，坝迎水面的半径为 243m，以 115°夹角组成一圆弧，弧长为 487.732m，分为 27 跨，按弧长编成桩号，从 0＋13.268～5＋01.000（加号前为百米）。施工坐标系 *XOY*，为圆心 *O* 与 12、13 分跨线（桩号 2＋40.000）为 *X* 轴，为避免坝体细部点的坐标出现负值，令圆心 *O* 的坐标为（500.00，500.00）。

现以第 11 跨的立模放样为例介绍放样数据的计算，图 12－18 是第 11、12 垮坝体分跨分块图，图中尺寸从设计图上获得，一跨分三块浇筑，中间第二块在浇筑一、三块后浇筑，因此只要放出一、三块的放样线（图中虚线所示 $a_1a_2b_2c_2d_2d_1c_1b_1$ 及 $a_3a_4b_4c_4d_4d_3c_3b_3$）。放样数据计算时，应先算出各放样点的施工坐标，而后计算交会所需的放样数据。

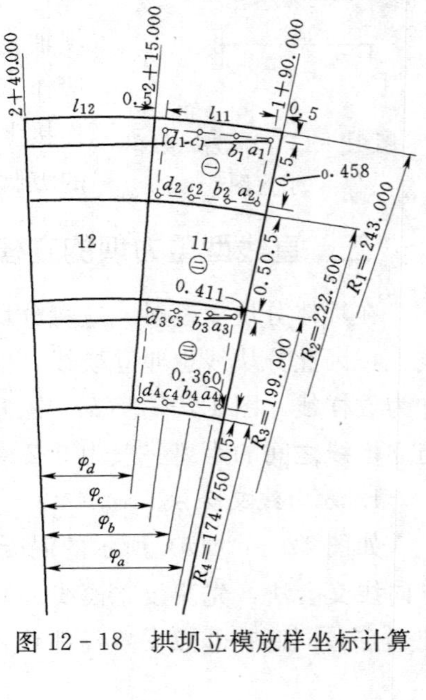

图 12－18 拱坝立模放样坐标计算

1. 放样点施工坐标计算

由图 12－18 可知，放样点的坐标可按下列各求得

$$\left.\begin{aligned} x_{ai} &= x_0 + [R_i + (\mp 0.5)]\cos\varphi_a \\ y_{ai} &= y_0 + [R_i + (\mp 0.5)]\sin\varphi_a \end{aligned}\right\} \tag{12-3}$$

$$\left.\begin{aligned} x_{bi} &= x_0 + [R_i + (\mp 0.5)]\cos\varphi_b \\ y_{bi} &= y_0 + [R_i + (\mp 0.5)]\sin\varphi_b \end{aligned}\right\} \tag{12-4}$$

$$(i = 1,2,3,4)$$

$$\left.\begin{aligned} x_{ci} &= x_0 + [R_i + (\mp 0.5)]\cos\varphi_c \\ y_{ci} &= y_0 + [R_i + (\mp 0.5)]\sin\varphi_c \end{aligned}\right\} \tag{12-5}$$

$$\left.\begin{aligned} x_{di} &= x_0 + [R_i + (\mp 0.5)]\cos\varphi_d \\ y_{di} &= y_0 + [R_i + (\mp 0.5)]\sin\varphi_d \end{aligned}\right\} \tag{12-6}$$

式中0.5m为放样线与圆弧立模线的间距，$i=1$、3取“$-$”，$i=2$、4取“$+$”。

$$\varphi_a = [l_{12} + l_{11} - 0.5]\frac{1}{R_1}\frac{180}{\pi}$$

$$\varphi_b = \left[l_{12} + l_{11} - 0.5 - \frac{1}{3}(l_{11} - 1)\right]\frac{1}{R_1}\frac{180}{\pi}$$

$$\varphi_c = \left[l_{12} + l_{11} - 0.5 - \frac{2}{3}(l_{11} - 1)\right]\frac{1}{R_1}\frac{180}{\pi}$$

$$\varphi_d = \left[l_{12} + l_{11} - 0.5 - \frac{3}{3}(l_{11} - 1)\right]\frac{1}{R_1}\frac{180}{\pi}$$

根据上述各式算得第三块放样点的坐标见表12-1。

由于a_i、d_i位于径向放样线上，只有a_1与d_1至径向立模线的距离为0.5m，其余各点（a_2、a_3、a_4及d_2、d_3、d_4）到径向块线的距离，可由$\frac{0.5}{R_1}\times R_i$求得，分别为0.458m、0.411m及0.360m。

表12-1　　放样点的坐标

放样点	a_3	b_3	c_3	d_3	a_4	b_4	c_4	d_4	
x	695.277	696.499	697.508	698.303	671.626	672.700	673.587	674.286	$\varphi_a=11°40'17''$ $\varphi_b=9°47'07''$ $\varphi_c=7°53'56''$ $\varphi_d=6°00'45''$
y	540.338	533.889	527.402	520.886	535.453	529.784	524.084	518.375	

2. 交会放样点的数据计算

图12-18中，a_i、b_i、c_i、d_i等放样点是用角度交会法测设到实地的。例如，图12-19中放样点a_4，是由标2、标3、标4三个控制点，用β_1、β_2、β_3三交会角交会而得，标1也是控制点，它们的坐标是已知的，如果是测量坐标，应化算为施工坐标，便于计算放样数据。在这里控制点标1作为定向点，即仪器安置在标2、标3、标4，以瞄准1为测交会角的起始方向。交会角β_1、β_2、β_3根据放样点计算的坐标与控制点的坐标用反算求得，如图12-19中，标2、标3、标4的坐标与标1的坐标计算定向方位角α_{21}、α_{31}、α_{41}，与放样点a_4的坐标计算放样角α_{2a4}、α_{3a4}、α_{4a4}，相应方位角相减，得β_1、β_2、

β_3 的角值。有时可不必算出交会角，利用算得的方位角直接交会。例如一台经纬仪安置在标 2，瞄准定向点标 1，使度盘读数为 α_{21}，而后转动度盘使读数为 α_{2a4}，此时视线所指为标2－a_4 方向，同样两台经纬仪分别安置在标 3 及标 4，得标 3－a_4 及标 4－a_4 两条视线，这三条视线相交，用角度交会法定出放样点 a_4。

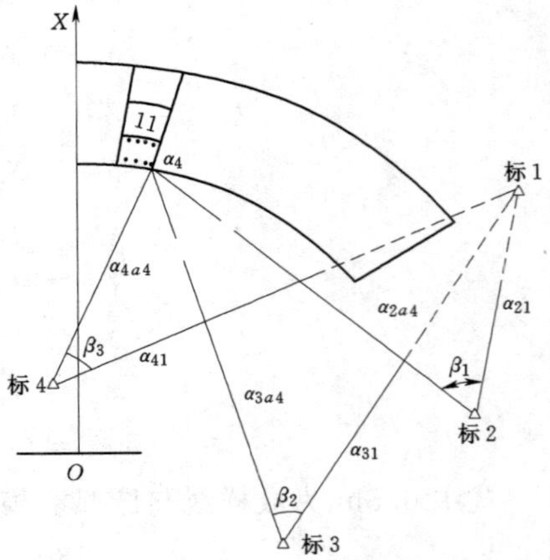

图 12－19 拱坝细部放样示意图

放样点测设完毕，应丈量放样点间的距离，是否与计算距离相等，以资校核。

3. 混凝土浇筑高度的放样

模板立好后，还要在模板上标出浇筑高度。其步骤一般在立模前先由最近的作业水准点（或邻近已浇好坝上所设的临时水准点）在仓内测设两个水准点，待模板立好后由临时水准点按设计高度在模板上标出若干点，并以规定的符号标明，以控制浇筑高度。

习　题

1. 如何确定土坝的坝轴线？坝身控制线如何测设？
2. 什么是坡脚线？坡脚线的放样有哪两种方法？
3. 混凝土坝坝体控制网的布设方法有哪两种？如何布设？
4. 拱坝如何进行立模放样？

项目十三 隧洞施工测量

内容提要 本项目共分五个任务，主要介绍了隧洞施工测量的任务及三种贯通误差，洞外控制测量的形式及方法，隧洞内施工测量的方法，竖井和旁洞的施测方法，最后介绍了隧洞竣工图的测绘内容。本项目的重点是：隧洞施工测量的任务及三种贯通误差、洞外控制测量的形式及方法、隧洞内施工测量的方法、竖井和旁洞的施测方法、隧洞竣工图的测绘内容。本项目的难点是：隧洞内施工测量。

任务一 概 述

在水利工程建设中，为了施工导流、引水发电、或修渠灌溉，常常要修建隧洞。本项目将介绍中小型隧洞施工测量的基本方法。

隧洞施工测量与隧洞的结构形式、施工方法有着密切的联系，一般情况下隧洞多由两端相向开挖，有时为了增加工作面，还要在隧洞中心线上增开竖井，或在适当的地方向中心线开挖平洞或斜洞（图 13-1），这就需要严格控制开挖方向和高程，保证隧洞的正确贯通。所以，隧洞施工测量的任务是：标定隧洞中心线，定出掘进中线的方向和坡度，保证按设计要求贯通，同时还要控制掘进的断面形状，使其符合设计尺寸。故其测量工作一般包括洞外定线测量、洞内定线测量、隧洞高程测量和断面放样等。

要保证隧洞的正确贯通，就是要保证隧洞贯通时在纵向、横向及竖向几方面的误差（称为贯通误差）在容许范围以内。如图 13-2 所示，相向开挖的隧洞中线如不能理想地衔接，其长度沿中线方向伸长或缩短，即产生纵向贯通误差 Δt，其容许值一般为 ± 20cm；中线在水平面上互相错开，即产生横向贯通误差 Δu，其容许值一般在 ± 10cm，但对于中小型工程的泄洪隧洞和不加衬砌的隧洞可适当放宽（如 ± 30cm）；中线在竖直面内互相错开，即产生竖向贯通误差 Δh，也称高程贯通误差，其允许值一般为 ± 5cm。隧洞的纵向

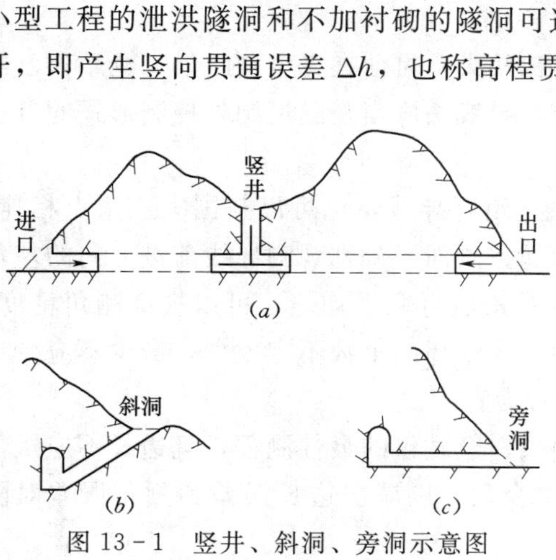

图 13-1 竖井、斜洞、旁洞示意图

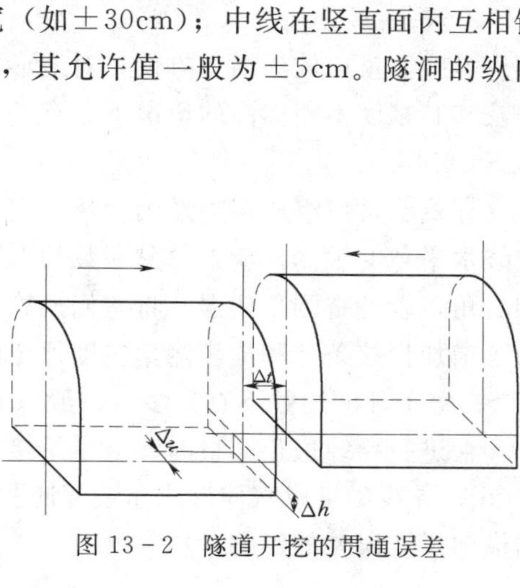

图 13-2 隧道开挖的贯通误差

贯通误差主要涉及中线的长度，对于直线隧洞影响不大，有时将其误差限制在隧洞长度的 1/2000 以内，而竖向误差和横向误差一般应符合上述要求。

任务二 洞外控制测量

进行地面控制测量的目的，是为了决定隧洞洞口位置，并为确定中线掘进方向和高程放样提供依据。洞外控制测量的作用，是在隧洞各开挖口之间建立一精密的控制网，以便根据它进行隧道的洞内控制测量或中线测量，包括平面控制和高程控制。

一、平面控制

隧洞平面控制网可以采用三角锁或导线的形式，由于水利工程中的隧洞一般位于山岭地区，故过去多采用三角锁的形式。当具有电磁波测距仪时，也可采用电磁波测距导线作为平面控制。随着 GPS 定位技术的应用和推广，用 GPS 进行地面平面控制已在生产实践中发挥了巨大的作用。同时，如果有测图控制网（点）能满足施工要求，应尽量加以检核使用。

1. 三角测量

三角测量的方向控制较导线法高，如果仅从横向贯通精度的观点考虑，则它是理想的隧道平面控制方法。

三角锁一般布置一条高精度的基线作为起始边，并在三角锁另一端增设一条基线，以资检核；其余仅只有测角工作，按正弦定理推算边长，经过平差计算可求得三角点和隧道轴线上控制点的坐标，然后以控制点为依据，确定进洞方向。

布设三角锁时应考虑将隧洞中线上的主要中线点包括在三角锁区内，尽可能在各洞口附近布置有三角点，以便施工放样，并力求将洞口、转折点等选为三角点，以便减小计算工作量，提高放样精度。三角锁的等级随隧洞长度、形式、贯通精度要求而异，对于长度在 1km 以内，横向贯通误差容许值为±（10～30）cm 的隧洞，布设三角网的精度应满足下列要求：①基线丈量的相对误差为 1/20000；②三角网最弱边的相对误差为 1/10000；③三角形角度闭合差为 30″；④角度观测时，用 DJ_2 经纬仪测一测回，DJ_6 经纬仪测两测回。

2. 导线测量

导线测量比较灵活、方便，对地形的适应性比较大。目前在光电测距仪、全站仪已经普及和其精度不断提高的情况下，有条件的单位，导线法应当是隧道洞外控制形式的首选方案。

导线测量应组成多边形闭合环。它可以是独立闭合导线，也可以与国家三角点相连。导线水平角的观测，应以总测回数的奇数测回和偶数测回，分别观测导线前进方向的左角和右角，以检查测角错误；将它们换算为左角或右角后再取平均值，可以提高测角精度。为了增加检核条件和提高测角精度评定的可行性，导线环的个数不宜太少，最少不应少于 4 个；每个环的边数不宜太多，一般以 6 条边左右为宜。

在进行导线边长丈量时，应尽量接近于测距仪、全站仪的最佳测程，且边长不应短于 300m；导线尽量以直伸形式布设，减少转折角的个数，以减弱边长误差和测角误差对隧洞横向贯通误差的影响。

导线的测角中误差按下式计算，并应满足测量设计的精度要求

$$m_\beta = \pm\sqrt{\frac{[f_\beta/n]^2}{N}} \tag{13-1}$$

式中　f_β——导线环的角度闭合差，(″)；

n——一个导线环内角的个数；

N——导线环的个数。

导线环（网）的平差计算，一般采用条件平差或间接平差。边与角按下式定权

$$\left.\begin{aligned} P_\beta &= 1 \\ P_D &= \frac{m_\beta^2}{m_D^2} \end{aligned}\right\} \tag{13-2}$$

式中　m_β——导线测角中误差，按式（13-1）计算，并宜用统计值；

m_D——导线边长中误差，宜用统计值。

采用导线作为平面控制时，其距离丈量相对误差不得大于1/5000，角度用DJ_2经纬仪测一测回或DJ_6经纬仪测两测回，角度闭合差不应超过$\pm 24''\sqrt{n}$（n为角的个数）。导线的相对闭合差不应大于1/5000。

3. GPS测量

隧道施工控制网可利用GPS相对定位技术，采用静态或快速静态测量方式进行测量。由于定位时仅需要在开挖洞口附近测定几个控制点，工作量少，平面精度高，而且可以全天候观测，目前已得到广泛应用。

隧道GPS定位网的布网设计，应满足下列要求：

(1) 定位网由隧道各开挖口的控制点点群组成，每个开挖口至少应布测4个控制点。整个控制网应由一个或若干个独立观测环组成，每个独立观测环的边数最多不超过12个，应尽可能减少。

(2) 网的边长最长不宜超过30km，最短不宜短于300m。

(3) 每个控制点应有三个或三个以上的边与其连接，极个别的点才允许由两个边连接。

(4) GPS定位点之间一般不要求通视，但布设洞口控制点时，考虑到要用常规测量方法检测、加密或恢复的需要，应当通视。

(5) 点位空中视野开阔，保证至少能接收到4颗以上卫星信号。

(6) 测站附近不应有对电磁波有强烈吸收和反射影响的金属和其他物体。

二、高程控制

为了保证隧洞在竖直面内正确贯通，将高程从洞口及竖井传递到隧洞中去，以控制开挖坡度和高程，必须在地面上沿隧洞路线布设水准网。按照设计精度施测两相向开挖洞口附近水准点之间的高差，以便将整个隧洞的统一高程系统引入洞内，保证按规定精度在高程方面正确贯通，并使隧洞工程在高程方面按要求的精度正确修建。一般用三等、四等水准测量施测，可以达到高程贯通误差容许为±50mm的要求。

当山势陡峻采用水准测量困难时，亦可采用光电测距仪、全站仪三角高程的方法测定

各洞口高程。建立水准网时，基本水准点应布设在开挖爆破区域以外地基比较稳固的地方。作业水准点可布置在洞口与竖井附近，每一洞口要埋设两个以上的水准点，使安置一次水准仪即可测出精确高差为宜。水准测量的精度，一般参照表 13-1 即可。

表 13-1　等级水准测量的路线长度和仪器精度

测量部位	测量等级	每公里高差中数的偶然中误差 /mm	两开挖洞口间的水准路线长度 /km	水准仪等级	水准尺类型
洞外	二	≤1.0	>36	$S_{0.5}$、S_1	线条式因瓦水准尺
	三	≤3.0	13～36	S_1	线条式因瓦水准尺
				S_3	区格式水准尺
	四	≤5.0	5～13	S_3	区格式水准尺
洞内	二	≤1.0	>32	S_1	线条式因瓦水准尺
	三	≤3.0	11～32	S_3	区格式水准尺
	四	≤5.0	5～11	S_3	区格式水准尺

三、隧洞洞口位置与中线掘进方向的确定

在地面上确定洞口位置及中线掘进方向的测量工作称为洞外定线测量，它是在控制测量的基础上，根据控制点与图上设计的隧洞中线转折点、进出口等的坐标，计算出隧洞中线的放样数据，在实地将洞口位置和中线方向标定出来，这种方法可称为解析法定线测量。另外，当隧洞很短，没有布设控制网时，则在实地直接选定洞口位置，并标定中线掘进方向，这种方法称直接定线测量。现分述如下。

（一）直接定线测量

如图 13-3 所示，A、C、D、B 作为在 A、B 之间修建隧洞测定时所定中线上的直线转点。由于定测精度较低，在施工之前要进行复测，其方法为：以 A、B 作为隧道方向控制点，将经纬仪安置在 C'点上，后视 A 点，正倒镜分中定出 D'点；在置镜 D'点，正倒镜分中定出 B'点。若 B'与 B 不重合，可量出 $B'B$ 的距离，则

$$D'D=\frac{AD'}{AB'}B'B$$

自 D'点沿垂直于线路中线方向量出 $D'D$ 定出 D 点，同法也可定出 C 点。然后再将经纬仪分别安在 C、D 点上复核，证明该两点位于直线 AB 的连线上时，即可将它们固定下来，作为中线进洞的方向。

对于较短的隧洞，可在现场直接选定洞口位置，然后用经纬仪按正倒镜定直线的方法标定隧洞中心线掘进方向，并求出隧洞的长度。如图 13-3 所示，A、B 两点为现场选定的洞口位置，且两点互不通视，欲标定隧洞中心线，首先应在 AB 的连线上初选一点 C'，将经纬仪安置在 C'点上，瞄准 A 点，

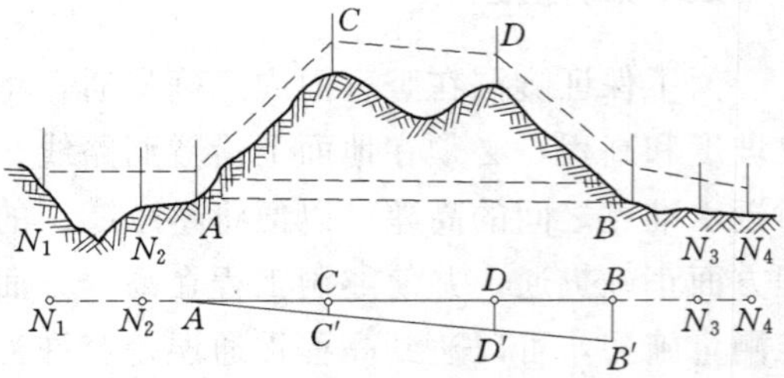

图 13-3　隧洞直线定线测量

倒转望远镜，在 AC'的延长线上定出 D'点，为了提高定线精度可用盘左盘右观测取平均，作为 D'点的位置；然后搬仪器至 D'点，同法在洞口写出 B'点。通常 B'与 B 不相附合，此时量取 $B'B$ 的距离，并用视距法测得 AD'和 $D'B'$的水平长度，求出 D'点的改正距离 $D'D$，即

$$D'D=\frac{AD'}{AB'}B'B$$

在地面上从 D'点沿垂直于 AB 方向量取距离 $D'D$ 得到 D 点，再将仪器安置 D 点，依上述方法再次定线，由 B 点标定至 A 洞口，如此重复定线，直至 C、D 位于 AB 直线上为止。最后在 AB 的延长线上各埋设两个方向桩 N_1、N_2 和 N_3、N_4，以指示开挖方向。

隧洞长度可直接用钢尺在实地量得，或用视距求得。

对于较短的曲线隧洞，若地形条件适宜，则可根据设计的曲线元素，按曲线放样的方法将隧洞中线上各点依一定距离（如 10m）在地面上标定出来，然后再精确地测量各点间的距离和角度，作为洞内标定中线的依据。

（二）解析法定线测量

1. 洞口位置的标定

在实地布设的三角网，若洞口点不能选作为三角点时，则应将图上设计的洞口位置在实地标定出来。如图 13-4 所示，ABC 为隧洞中线，A、C 为洞口位置，B 为转折点，其中洞口 A 正好位于三角点上，而洞口 C 不在三角点上。这时，可根据 5、6、7 三个控制点用角度交会法将 C 点在实地测设出来。为此，需依各控制点的已知坐标和 C 点的设计坐标计算出方位角（α）和交会角（β），即

$$\alpha_{5-C}=\arctan\frac{y_C-y_5}{x_C-x_5},\alpha_{6-C}=\arctan\frac{y_C-y_6}{x_C-x_6},\alpha_{7-C}=\arctan\frac{y_C-y_7}{x_C-x_7}$$

$$\beta_1=\alpha_{5-C}-\alpha_{5-6},\beta_2=\alpha_{6-C}-\alpha_{6-7},\beta_3=\alpha_{7-C}-\alpha_{7-5}$$

放样时，在 5、6、7 安置经纬仪，分别测设交会角 β_1、β_2、β_3，并用盘左、盘右测设取其平均位置，得到三条方向线，若 3 个方向相交所形成的误差三角形在允许范围以内，则取其内切圆圆心为洞口 C 的位置。

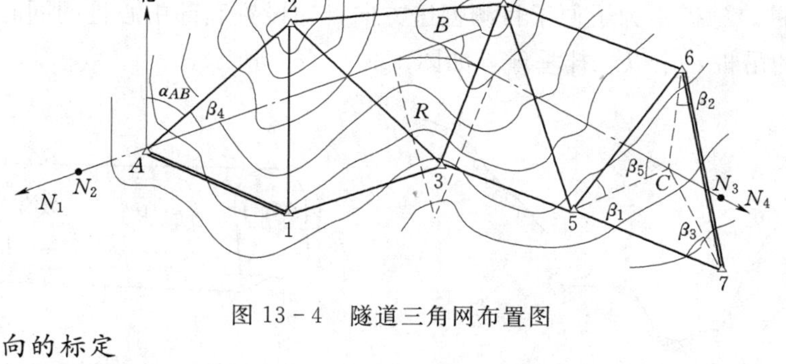

图 13-4　隧道三角网布置图

2. 开挖方向的标定

为了在地面上标出隧洞开挖方向 AB 和 CB，同样是根据各点的坐标先算出方位角，然后算出定向角 β_4、β_5。即

$$\alpha_{AB} = \arctan\frac{y_B - y_A}{x_B - x_A}, \alpha_{CB} = \arctan\frac{y_B - y_C}{x_B - x_C}$$

$$\beta_4 = \alpha_{AB} - \alpha_{A2}, \beta_5 = \alpha_{CB} - \alpha_{C5}$$

测设时，在 A、C 点安置经纬仪，分别测设定向角 β_4、β_5，并以盘左、盘右测设取其平均位置，即得到开挖方向 AB 和 CB，然后将它标定到地面上。例如图 13-5 中，A 是洞口点，1、2、3、4 为标定在地面上的掘进方向桩，再在垂直的方向上埋设 5、6、7、8 桩，用以检查或恢复洞口点的位置。掘进方向桩要用混凝土桩或石桩，埋设在施工过程中不受损坏、点位不致移动的地方，同时量出洞口点 A 至 2、3、6、7 等桩的距离。有了方向桩和距离数据，在施工过程中可随时检查或恢复洞口点的位置。

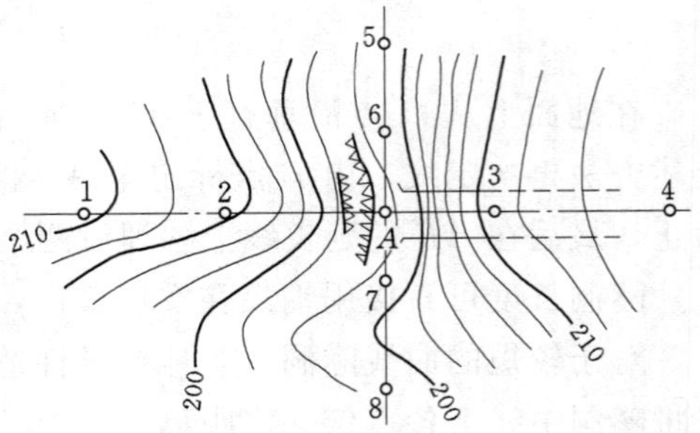

图 13-5 隧洞洞口及掘进方向的标定

3. 隧洞长度

根据洞口点和路线转折点的坐标可求得隧洞的长度。如果是直线隧洞，其进出口分别为 A、B，则隧洞长 $D_{AB} = \frac{y_B - y_A}{\sin\alpha_{AB}} = \frac{x_B - x_A}{\cos\alpha_{AB}}$。如果是曲线隧洞（图 13-4），在转折处设有圆曲线，先分别求出 D_{AB} 和 D_{BC}，再根据曲线要素计算的方法算出切线长 T 和曲线长 L，最后求得曲线隧洞长度 $D = D_{AB} + D_{BC} - 2T + L$。

任务三 隧洞内施工测量

一、隧洞中线及坡度的测设

在隧洞口削坡完成后，就要在削坡面上给出隧洞中心线，以指示掘进方向。如图 13-6 (a)，安置仪器在洞口点 A，瞄准掘进方向桩 1、2，倒转望远镜即为隧洞中线方向，一般用盘左、盘右取平均的方法，在洞口削坡面上给出隧洞开挖方向。

随着隧洞的掘进，需要继续把中心线向前延伸，应每隔一定距离（如 20m），在隧洞底部设置中心桩。施工中为了便于目测掘进方向，在设置底部中心桩的同时，做三个间隔为 1.5m 左右的吊桩，用以悬挂垂球，如图 13-6 (b) 所示。

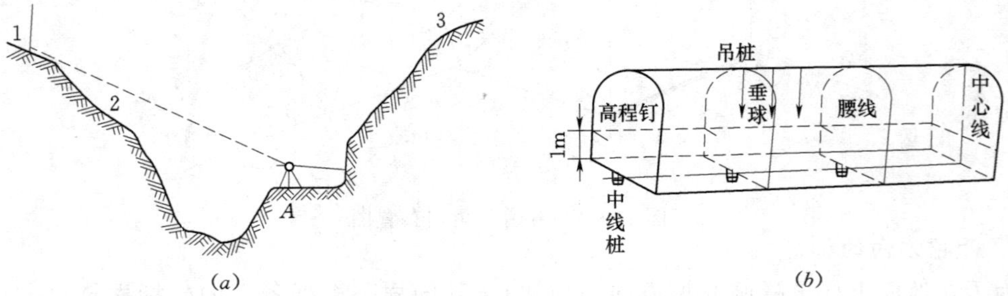

图 13-6 隧洞中线及腰线示意图

中心桩一般用 10cm×10cm 长 30cm 的木桩或直径为 2cm 长约 20cm 的钢筋头，周围用混凝土浇灌于隧洞底部，桩顶应低于洞底面 10cm，上加护盖，四周挖排水小沟，防止积水。吊桩通常采用锥头木桩，用风钻在洞顶钻洞，将锥头木桩打入洞内，用小钉标志中心线位置，悬挂锤球。

在隧洞掘进中，为了保证隧洞的开挖符合设计的高程和坡度，还应由洞口水准点向洞内引测高程，在洞内每隔 20～30m 设一临时水准点，200m 左右设一固定水准点，可以在浇灌水泥中线桩时，埋设钢筋兼作固定水准点，采用四等水准测量的方法往返观测，求得点的高程。为了控制开挖高程和坡度，先要根据洞口的设计高程、隧洞的设计坡度和洞内各点的掘进距离，算出各处洞底的设计高程，然后依洞内水准点进行高程放样。放样时，常先在洞壁或撑木上每隔一定距离（5～10m），测设比洞底设计高程高出 1m 的一些点，连接这些高程点，即得出洞底，从而可方便隧洞的断面放样，指导隧洞顶部和底部按设计纵坡开挖。

二、折线与曲线段中线的测设

对于不设曲线的折线隧洞（图 13-7）在掘进至转折点 J 时，可在该点上安置经纬仪，瞄准 D，右转角度 $360°-\alpha$，定出继续掘进的方向。由于开挖前不便在前进方向上标志掘进方向，这时可在掘进的相反方向（$180°-\alpha$）上，作出方向标志，如 1、2 点，用 1、2、J 三点指导开挖。

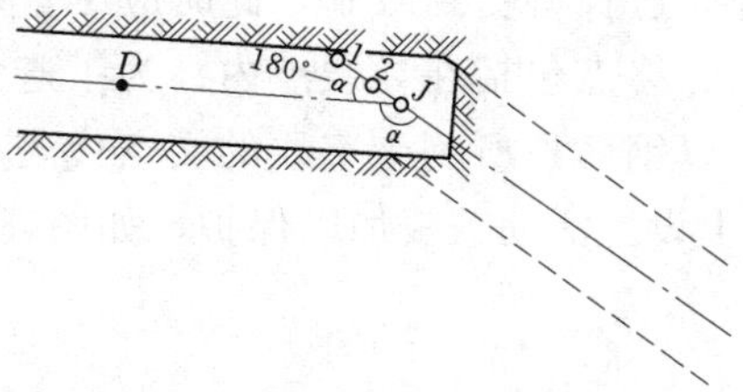

图 13-7　隧洞折线段测设示意图

对于需要设置圆曲线的较短隧洞，可采用偏角法测设曲线隧洞的中线。如图 13-8 所示，Z、Y 分别为圆曲线的起点和终点，J 为转折点，L 为曲线全长，将其分为几等份，则每段长 $S=\frac{L}{n}$，曲线半径 R 由设计中规定，转折角 I 可由洞外定线时实测得知，则每段曲线长所对的圆心角 $\varphi=\frac{I}{n}$，偏角为 $\varphi/2=\frac{I}{2n}$，对应的弦长 $d=2R\sin\frac{I}{2n}$。

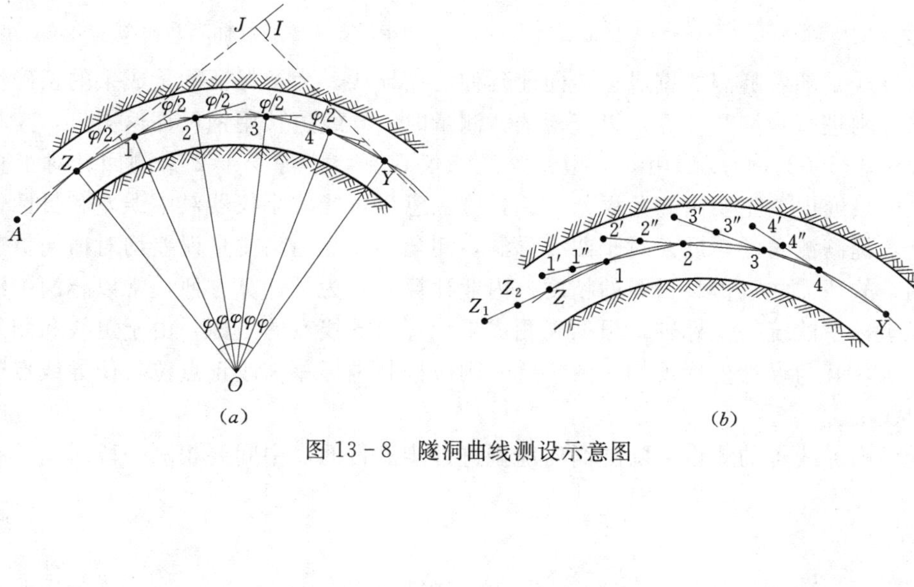

图 13-8　隧洞曲线测设示意图

测设时，当隧洞沿直线部分掘进至曲线的起点 Z，并略过 Z 点后，根据直线段的长度和中线方向，准确标出 Z 点。然后将经纬仪安置在 Z 点，$0°00'00''$后视 A，拨角 $180°+\varphi/2$，即得 Z—1 弦线方向，在待开挖面上标出开挖方向，并倒转望远镜在顶板上标出 Z_1、Z_2 点［图 13-8 (b)］。以后则根据 Z_1、Z_2、Z 三点的连线方向指导隧洞的掘进。当其掘进到略大于弦长 d 后，再安置经纬仪于 Z 点，按上述方法定 Z—1 方向，并用盘右位置再放样一次，取两次放样的中间位置作为 Z—1 的方向，沿该方向用钢尺自 Z 点丈量弦长 d，即得曲线上的点 1。点 1 标定后，再安置经纬仪于点 1，后视 Z 点，拨转角 $180°+\varphi$，即得 1—2 方向（拨转角 $180°+\varphi/2$ 得点 1 的切线方向，再拨转 $\varphi/2$ 才得弦线 1—2 方向），按上述方法掘进，沿视线方向量弦长 d，得曲线上的点 2。用同样的方法定出 3，4，…直至曲线终点 Y。

三、洞内导线测量

对于较长的隧洞，为了减少测设洞内中线的误差累积，应布设洞内导线来控制开挖方向。

洞内导线点的设置以洞外控制点为起点和起始方向，每隔 50～100m 选一中线桩作为导线点，如图 13-9 所示。对于曲线隧洞，曲线段的导线边长将受到限制，此时应尽量用能通视的远点为导线点，以增大边长，应将曲线的起点、终点包括在导线点内。为了避免施工干扰，保证点位的稳定，一般用混凝土包裹钢筋，以钢筋顶所刻十字线的交点代表点位，埋设在隧洞底部，且低于底面约 10cm 的地方，其上设置活动盖板加以保护，如图13-10 所示。

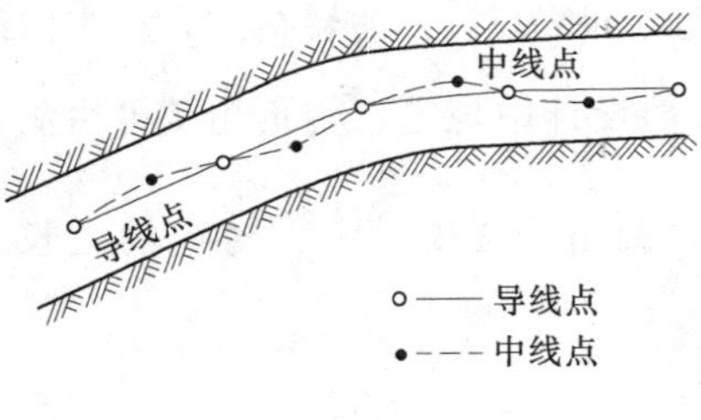

图 13-9 导线点设置图

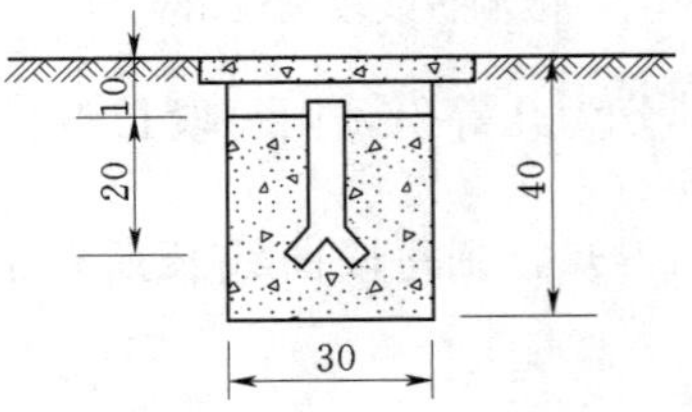

图 13-10 点位标志断面图（单位：m）

洞内导线是随着隧洞的掘进逐步向前延伸的支导线。为了保证测量成果的正确性，必须由两组分别进行观测和计算，以资检核。测量时，导线边长用钢尺往返丈量，其相对误差不得大于 1/5000，角度如用 DJ_6 型光学经纬仪观测，不得少于 2 个测回。对于直线隧洞，其横向贯通误差主要由测角误差引起，应注意尽可能减小仪器对中误差和目标偏心误差的影响，提高测角的精度。对于曲线隧洞，测角误差与距离丈量误差均对横向贯通误差产生影响，故还需注意提高量距的精度。内业计算时，为了计算方便，常以隧洞中线作为隧洞施工坐标系的统一坐标轴。根据观测成果计算出导线点的坐标，由于定线和测量误差的累积影响，其与设计坐标不相一致，此时则应按其坐标差来改正点位，使导线点严格位于隧洞中线上。

由于洞内导线点的测设是随隧洞向前掘进逐步进行的，中间要相隔一段时间，在测定新点时，必须对已设置的导线点进行检测，直线隧洞测角精度要求较严，可只进行各转角的检核，若检核后的结果表明各点无明显位移，可将各次观测值取平均作为最终成果；若有变动，则应根据最后检测的成果进行新点的计算和放样。

四、隧洞开挖断面的放样

隧洞断面放样的任务是：开挖时在待开挖的工作面上标定出断面范围，以便布置炮眼，进行爆破；开挖后进行断面检查，以便修正，使其轮廓符合设计尺寸；当需要衬砌浇筑混凝土时，还要进行立模位置的放样。

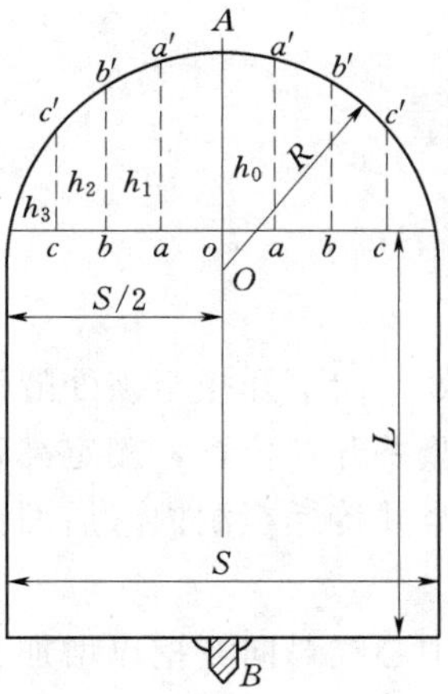

图 13－11　断面放样

断面的放样工作随断面的形式不同而异。通常采用的断面形式有圆形、拱形和马蹄形等。图 13－11 为一圆拱直墙式的隧洞断面，其放样工作包括侧墙和拱顶两部分，从断面设计中可以得知断面宽度 S、拱高 h_0、拱弧半径 R 和起拱线的高度 L 等数据。放样时，首先定中垂线和放出侧墙线。其方法是：将经纬仪安置在洞内中线桩上，后视另一中线桩，倒转望远镜，即可在待开挖的工作面上标出中垂线 AB，由此向两边量取 $S/2$，即得到侧墙线。然后根据洞内水准点和拱弧圆心的高程，将圆心 O 测设在中垂线上，则拱形部分可根据拱弧圆心和半径用几何作图方法在工作面上画出来，也可根据计算或图解数据放出圆周上的 a'，b'，c'，…若放样精度要求较高时可采用计算的方法，其中放样数据 oa，ob，…（起拱线上各点与 o 的距离）根据断面宽度和放样点的密度决定，通常 a，b，c，…取相等的间隔（如 1m）；由起拱线向上量取高度 h_i，即得拱顶 a'，b'，c'，…h_i 可按下式计算

$$\left.\begin{aligned} h_1 &= aa' = \sqrt{R^2 - oa^2} - (R - h_0) \\ h_2 &= bb' = \sqrt{R^2 - ob^2} - (R - h_0) \\ h_3 &= cc' = \sqrt{R^2 - oc^2} - (R - h_0) \end{aligned}\right\}$$

这样，根据这些数据即可进行拱形部分的开挖放样和断面检查，也可在隧洞衬砌时依此进行板模的放样。

放样数据还可用计算机辅助作图的方法求出，会取得事半功倍的效果。

对于圆形断面其放样方法与上述方法类似，即先放出断面的中垂线和圆心，再以圆心和设计半径画圆，测设出圆形断面。

在隧道施工中，为使开挖断面能较好的符合设计断面，在每次掘进前，应在开挖断面上，根据中线和轨顶高程，标出设计断面尺寸线。

分部开挖的隧道在拱部和马口开挖后，全断面开挖的隧道在开挖成形后，应采用断面自动测绘仪或断面支距法测绘断面，检查断面是否符合要求；并用来确定超挖和欠挖工程数量。测量时按中线和外拱顶高程，从上至下每 0.5m（拱部和曲墙）和 1.0m（直墙）向

左右量测支距。

仰拱断面测量，应由设计拱顶高程线每隔 0.5m（自中线向左右）向下量出开挖深度。

五、结构物的施工放样

在施工放样之前，应对洞内的中线点和高程点加密。中线点加密的间隔视施工需要而定，一般为 5～10m 一点。加密中线点可以线路定测的精度测定。加密中线点的高程，均以五等水准精度测定。

在衬砌之前，还应进行衬砌放样，包括立拱架测量、边墙及避车洞和仰拱的衬砌放样、洞门砌筑施工放样等一系列的测量工作。

任务四 竖井和旁洞的测量

一、竖井、旁洞的洞外定线

竖井是在隧洞地面中心线上某处，如图 13－12（*a*）中的 *A* 处，向下开挖至该处隧洞洞底，以增加对向开挖工作面。它的测量工作包括：在实地确定竖井开挖位置，测定高程以求得竖井开挖深度，在开挖至洞底时再将地面方向及高程通过竖井传递至洞内（后面详细介绍），作为掘进依据。

旁洞是在隧洞一侧开挖打洞，与隧洞中心线相交后，沿隧洞中心线对向开挖以增加工作面。根据洞口的高低可分平洞和斜洞，前者沿隧洞设计高程开挖，后者洞口高于隧洞设计高程。图 13－12（*b*）为平洞的平面示意图，*E* 为洞口，*EF* 为开挖方向，*EO* 为平洞开挖深度，γ 为平洞与隧洞中心线的交角（由平洞传递的主洞开挖方向）。当平洞洞口位置选定，并确定开挖方向后，就可在地面上主洞口 *A* 或 *B* 及平洞口 *E* 用两架经纬仪定出交点 O'（图上未标出），精确丈量 EO' 的水平距离 $EO'=S$（平洞长度），再在 O' 点安置经纬仪精确测出 $\angle AO'E=\gamma$，并在 $O'E$ 的延长线上埋设方向桩 e_1、e_2，指示平洞开挖方向。当平洞开挖至 *O* 点附近时（一般要比 *EO* 长一些），精确定出 *O* 点，用经纬仪精密测设 γ 角，引进主洞开挖方向。

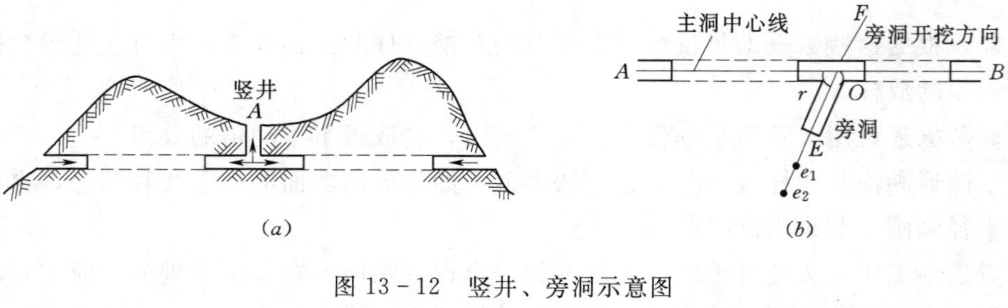

（*a*）　　　　（*b*）

图 13－12　竖井、旁洞示意图

若敷设有控制网时，可根据控制点的坐标和洞口坐标计算所需的放样数据。如图 13－13 所示，*A*、*B* 为主洞口的洞口位置，*E* 为旁洞洞口位置，*K* 为控制点，其坐标均已知。设计中，旁洞中线与主洞中线的交角为 γ，可根据需要设定。为了在 *E* 点指示旁洞的开

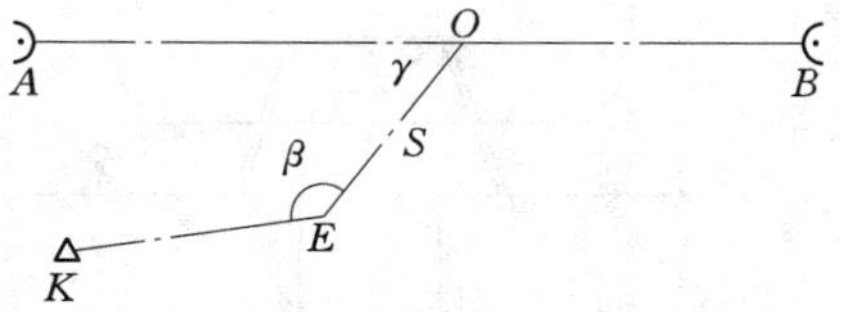

图 13－13　旁洞中线与主洞中线

挖，必须算出定向角 β 和 EO 的距离 S。为此，首先应算出 O 点的坐标，然后再推算 β 和 S。

由图 13－13 可知 $\alpha_{OA}=\alpha_{BA}=\arctan\dfrac{y_A-y_B}{x_A-x_B}$，$\alpha_{OE}=\alpha_{OA}-\gamma$，则交点 O 的坐标 x_O、y_O，可由下式解算求得（或用计算机辅助作图法取得）：

$$\left.\begin{aligned}\tan\alpha_{OA}&=\frac{y_A-y_O}{x_A-x_O}\\ \tan\alpha_{OE}&=\frac{y_E-y_O}{x_E-x_O}\end{aligned}\right\}$$

由此得定向角
$$\beta=\alpha_{EO}+360^\circ-\alpha_{EK}=\alpha_{OE}+180^\circ-\alpha_{EK}$$

式中
$$a_{EK}=\arctan\frac{y_K-y_E}{x_K-x_E}$$

距离
$$S=\frac{y_E-y_O}{\sin\alpha_{OE}}=\frac{x_E-x_O}{\cos\alpha_{OE}}$$

现场测设时，在 E 点安置经纬仪，后视 K 点，精确测设 β 角，得旁洞的开挖方向，当开挖至 O 点后，即可标定沿主洞中线的开挖方向。

斜洞由于洞口高程高于隧洞设计高程，开挖的是倾斜长度，故应根据所得的水平距离 S 及洞口与隧洞设计高程求得的高差 h，计算斜距及开挖坡度 $i=h/S$ 进行开挖。

二、通过竖井传递开挖方向和高程

采用开挖竖井来增加工作面时，需要将洞外的隧洞中线通过竖井传递到洞内，以控制开挖方向。其方法较多，现仅介绍方向线法。

如图 13－14 所示，A、B 为隧洞中线上的方向桩，为了将方向传递到洞内，可在 B 点上安置经纬仪，瞄准 A 点，仔细移动井筒内悬挂吊锤的两条细钢丝（如用绞车控制移动），使其严格位于经纬仪的视线上。钢丝的直径与吊锤的重量随井深而不同，当井深 20m 时，钢丝直径为 0.5mm，吊锤重 15kg；井深 40m 时，钢丝直径 0.8mm，吊锤重 25kg 并将吊锤浸入盛有稳定液（废机油或水等）的桶中，为了提高传递方向的精度，两条钢丝之间的距离应尽可能大些，但不能碰着井壁，为此，待悬锤稳定后可从井上沿钢丝下放信号圈（小铅丝圈），看其是否顺利落下，并在井上、井下丈量两悬锤线间的距离，其差不大于 2mm 则满足要求，然后在井下将经纬仪安置在距钢丝 4～5m 处，并用逐渐趋近的方法，使仪器中心严格位于两悬锤线的方向上，此时根据视线方向即可在洞内标定出中线桩（如点 1、点 2、点 3 等）控制开挖方向。

由竖井传递高程，如图 13－15 所示，是根据地面上已知水准点 A 的高程（H_A）测定井底水准点 B 的高程（H_B）。方法是：在地面上和井下各安置一架水准仪，并在竖井中悬挂一根经过检定的钢尺（分划零点在井下），钢尺的下端悬挂重锤（重量与检定钢尺时拉力同），浸入盛油桶中，以减小摆动，A、B 点上竖立水准尺，观测时，两架水准仪同时读取钢尺上及水准尺上的读数，分别为 a_1、b_2 和 a_2、b_2，由此按下式即可求得 B 点的高程为

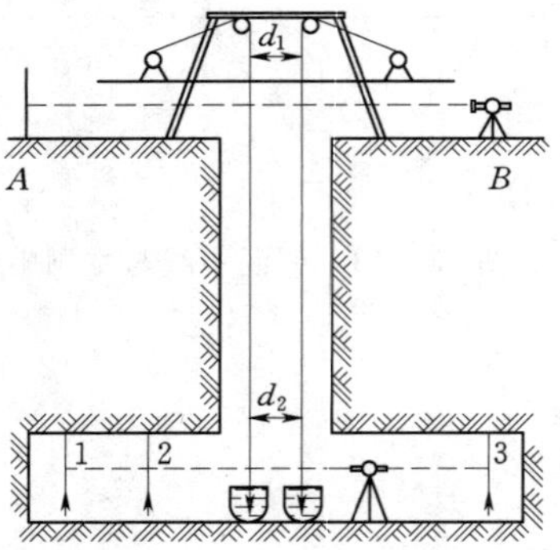

图 13-14 由竖井传递开挖方向

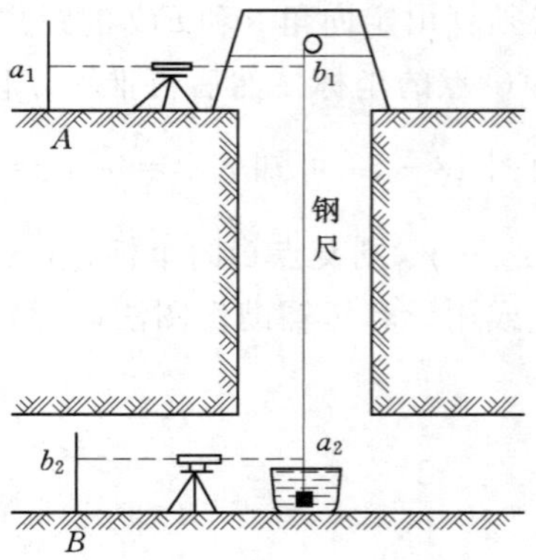

图 13-15 由竖井传递高程

$$H_B = H_A + a_1 - (b_1 - a_2) - b_2$$

为了校核，应改变仪器高 2～3 次进行观测，各次所求高程的差值若不超过±5mm，则取其平均值作为 B 点的高程。

任务五 隧洞工程竣工图的测绘

隧洞工程竣工后，为检查隧洞的位置是否符合设计要求，便于为隧洞工程使用中检修和变形监测提供测量数据，施工单位必须提供竣工图。

竣工测量的主要工作包括以下内容：

(1) 检测隧洞和主要硐室中心线，在直线段每隔 50m，曲线段每隔 20m 检测一点。

(2) 隧洞中线与各硐室中线交点、曲线交点、终点应留永久标志，并编号，入档保存。

(3) 竣工测量要测绘纵断面和横断面图。纵断面沿中线方向测定底部和拱顶高程，每隔 10～20m 测定一点，绘制纵断面图，并套绘设计坡度线比较。隧洞和硐室应测定横断面，直线隧洞每隔 10m，曲线隧洞每隔 5m 测定一个断面。横断面测量可用支距法，测量时以中线为纵轴，起拱线为横轴，分别量出起拱线至拱顶的纵距和横距，还要量出起拱线和底部的纵距和到腰线的距离，如图 13-16 (*a*) 所示。横断面测量也可采用极坐标法，如图 13-16 (*b*) 所示。

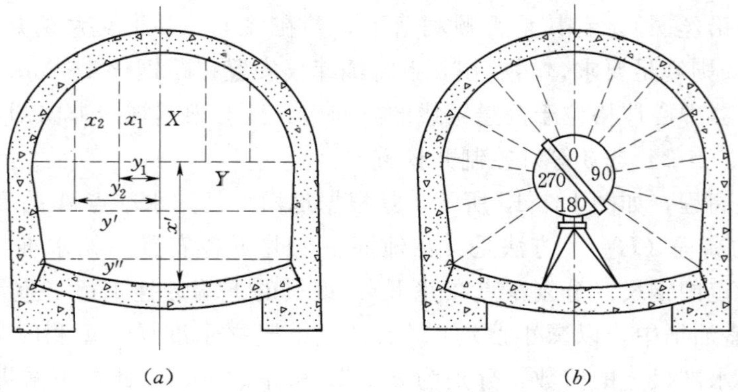

图 13-16 隧洞横断面测量

(4) 隧洞工程竣工后，还应提交有关施工测量的各种数据和图表资料，如地面控制测量外业资料与成果表、地下导线测量资料、贯通测量资料、施工测量中重大技术问题记录、隧洞工程平面图、纵断面图、横断面图及技术总结等，装订成册作为技术档案保存。

习　题

1. 隧洞施工测量的任务是什么？
2. 什么是贯通误差？贯通误差包括哪三种误差？
3. 隧洞洞口位置与中线掘进方向如何确定？
4. 隧洞中线如何测设？
5. 开挖断面是如何放样的？
6. 竣工测量包括哪些主要工作？

项目十四 渠 道 测 量

内容提要 本项目共分六个任务，主要介绍了渠道选线测量，中线测量，纵、横断面测量及纵横断面图的绘制，土方量计算及渠道施工放样。本项目的重点是：里程桩的测设，纵、横断面测量及纵、横断面图的绘制，土方量的计算，渠道边坡放样。本项目的难点是：纵、横断面测量，纵、横断面图的绘制，土方量的计算。

渠道是常见的水利工程，在渠道勘测、设计和施工过程中所进行的测量工作，称为渠道测量。修建渠道或道路等各项工程，必须将设计好的路线，在地面上定出其中心位置，然后沿路线方向测出其地面起伏情况，并绘制成带状地形图或纵横断面图，作为设计路线坡度和计算土石方工程量的依据。

渠道测量的内容一般包括：踏勘选线、中线测量、纵横断面测量、土方计算和断面的放样等。本项目介绍渠道测量的一般测量方法。

任务一 渠 道 选 线 测 量

渠道选线的任务是要在地面上选定渠道的合理路线，标定渠道中心线的位置。选线时尽可能确定一条既经济又合理的渠道中线，一般应考虑有尽可能多的土地能实现自流灌、排，而开挖和填筑的土石方量要少，尽量少占耕地，要避免修建过多的渠系和过水建筑物，沿线应有较好的地质条件。

一、踏勘选线

具体选线时，除考虑选线要求外，应依渠道大小的不同按一定的方法步骤进行。对于灌区面积大，渠线较长的渠道一般应经过实地查勘、室内选线、外业选线等步骤；对于灌区面积较小，渠线不长的渠道，可以根据资料，在实地查勘选线。

1. 实地查勘

查勘前最好先在地形图（比例尺一般为 1∶1 万～1∶10 万）上初选几条比较渠线，然后依次对所经地带进行实地查勘，了解和搜集有关资料（如土壤、地质、水文、施工条件等），并对渠线某些控制性的点（如渠首、沿线沟谷、跨河点等）进行简单测量，了解其相对位置和高程，以便分析比较，选取渠线。

2. 室内选线

在室内进行图上选线，选定渠道中心线的平面位置，并在图上标出渠道转折点到附近明显地物点的距离和方向。如果该地区没有适用的地形图，应根据查勘时确定的渠道线路，测绘沿线宽约 100～200m 的带状地形图，其比例尺一般为 1∶5000 或 1∶1 万。

在山区、丘陵区选线时，为了确保渠道的稳定，应力求挖方。因此，环山渠道应先在图上根据等高线和渠道纵坡初选渠线，并结合选线的其他要求对此线路作必要修改，定出图上的渠线位置。

3. 外业选线

外业选线是将室内选线的结果在实地标定出来，主要是把渠道的起点、转折点和终点标定出来，一般用大木桩或水泥桩来标定，并绘制该桩的点之记，以便以后寻找。外业选线还要根据现场的实际情况，对图上所定渠线作进一步研究和补充修改，使之完善。实地选线时，一般应借助仪器选定各转折点的位置。对于平原地区的渠线应尽可能选成直线，如遇转弯时，则在转折处打下木桩。在丘陵山区选线时，为了较快地进行选线，可用经纬仪按视距法测出有关渠段或转折点间的距离和高差。由于视距法的精度不高，对于较长的渠线为避免高程误差累积过大，最好每隔 2～3km 与已知水准点校核一次。如果选线精度要求高，则用水准仪测定有关点的高程，探测渠线位置。

二、水准点的布设与施测

在渠道选线的同时，为了满足渠线的纵横断面测量的需要，应沿渠线附近每隔 1～3km 左右在施工范围以外布设一些水准点，并组成附合或闭合水准路线，当路线不长（15km 以内）时，也可组成往返观测的支水准路线。水准点点位既要便于日后用来测定渠道高程，又要能够长期保存。水准点的高程一般用四等水准测量的方法施测，大型渠道有的采用三等水准测量。

任务二　中　线　测　量

渠道中线测量的任务主要是根据选线所定的起点、转折点及终点，把渠道中心线的平面位置在地面上用一系列的木桩标定出来。

一、里程桩的测设

为了便于计算线路的长度和测绘纵横断面图，需要沿路线方向在地面上设置里程桩。从起点开始，沿路线方向按规定每隔某一整数，如 100m、50m 或 20m 钉一木桩，此为整桩；在相邻整桩之间如遇重要地物（如铁路、公路）和计划修建工程建筑物（如涵洞，跌水等）以及地面坡度变化较大的地方，都要增设加桩；整桩和加桩统称里程桩。为了便于计算，线路里程桩均按桩的里程进行编号，并用红油漆写在木桩侧面，面向起点打入土中。如整桩号为 1＋100，即此桩距渠道起点 1km 又 100m（“＋”号前的数为公里数，“＋”号后的数为米数）。如图 14－1 中的 1＋185、1＋223 及 1＋266 为路线跨过小沟边及沟底的加桩。

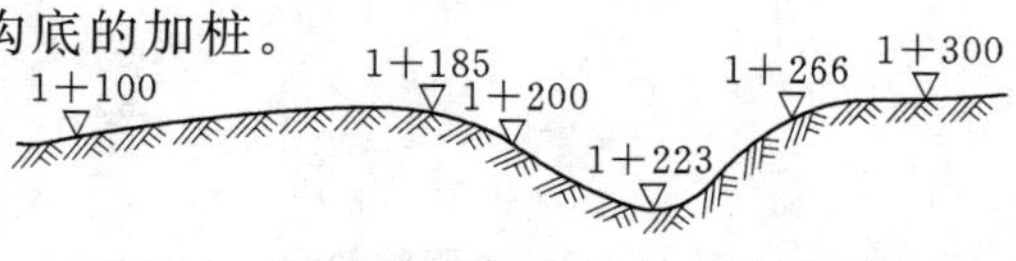

图 14－1　路线跨沟时的中心桩设置图

为了避免测设里程桩错误，量距一般用皮尺丈量两次，精度为 1/1000。当精度要求不高时，可用皮尺或测绳丈量一次，再在观测偏角时用视距法进行检核。

二、交点的测设

交点（包括起点和终点）是详细测设中线的控制点。一般先在初测的带状地形图上进行纸上定线，然后实地标定交点位置。交点测设的方法很多，工作中应根据实际情况选择适当的测设方法。

（一）根据地物或导线点测设交点

该方法就是利用图上就近的导线点或地物点，得到交点的测设数据，然后在实地把交点测设到地面上。具体做法如下：

如图 14-2 所示，已在地形图上选定交点 JD_6 的位置，在图上量出 JD_6 到房角和电杆的距离，在现场用距离交会法测设出交点 JD_6。

如图 14-3 所示，根据导线点 6、7 和交点 JD_{12} 的坐标，计算出 6、7 边和 6、JD_{12} 的方位角 α_{67}、$\alpha_{6JD_{12}}$，以及 6 点到 JD_{12} 点之间的距离 S，然后计算 $\beta=\alpha_{6JD_{12}}-\alpha_{67}$，在实地根据 β 和 S，用极坐标法测设 JD_{12}。

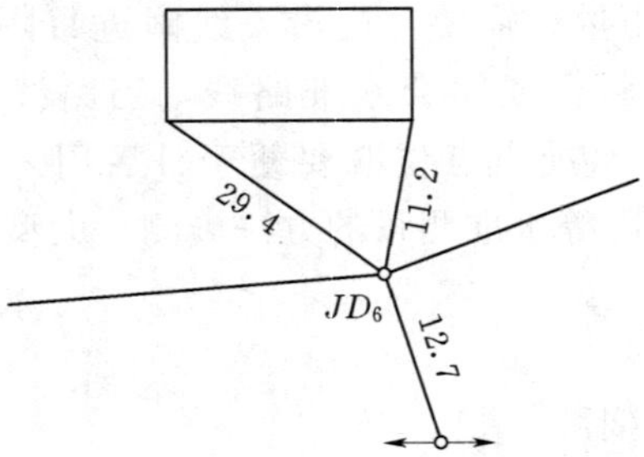

图 14-2 距离交会法测设点位（单位：m）

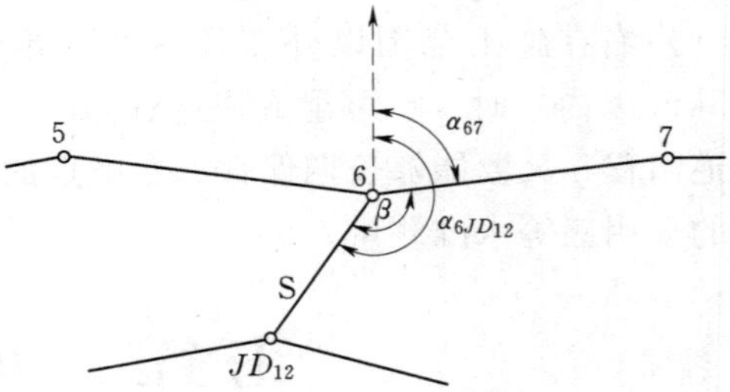

图 14-3 极坐标法测设点位

（二）穿线交点法测设交点

穿线交点法是利用图上就近的导线点或地物点，把中线的直线段独立地测设到地面上，然后将相邻直线延长相交，定出地面交点桩的位置。其程序包括放点、穿线、交点。

1. 放点

放点常用的方法有极坐标法和支距法。如图 14-4 所示，P_1、P_2、P_3、P_4 为纸上定线的某直线段欲放的临时点，在图上以附近的导线点 4、5 为依据，用量角器和比例尺分别量出 β_1、l_1、β_2、l_2 等放样数据。实地放点时，可用经纬仪和皮尺分别在 4、5 点按极坐标法定出各临时点的相应位置。

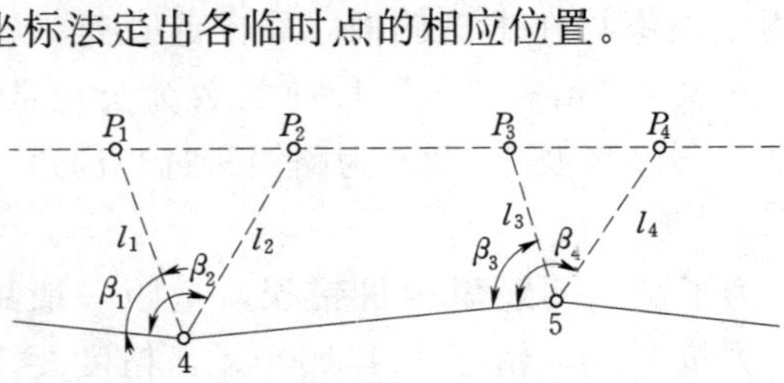

图 14-4 极坐标法放点

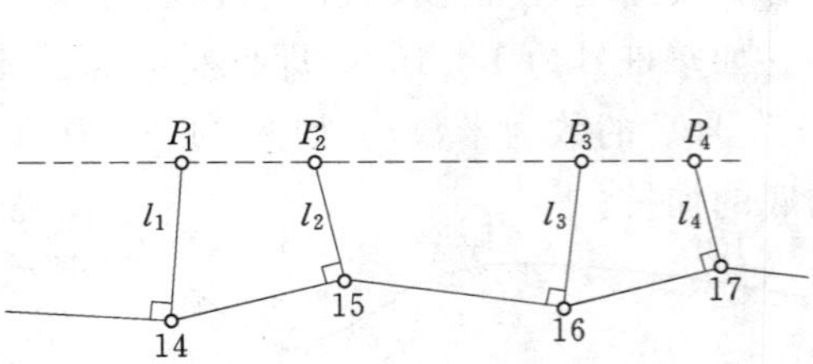

图 14-5 支距法放点

图 14－5 为按支距法放出的各临时点 P_1，P_2，P_3，P_4。在带状地形图上，从导线点 14，15，16，17，…出发作导线边的垂线，它们与设计中线交于 P_1，P_2，P_3，P_4，…在现场以相应导线点为垂足，用方向架定垂线方向，用皮尺量距，如果距离较长，宜用经纬仪设置直角。

2. 穿线

放出的临时各点在理论上应在一条直线上，但由于图解数据和测设工作均存在误差，放样到实地后不会正好在一条直线上，如图 14－6 所示。这时可根据现场实际情况，采用目估法穿线或经纬仪穿线，在实地定出一条尽可能多的穿过或靠近临时点的直线，即中线 AB。最后在经纬仪的帮助下，在 A、B 方向线上设置一系列标桩，把中线在实地表示出来。

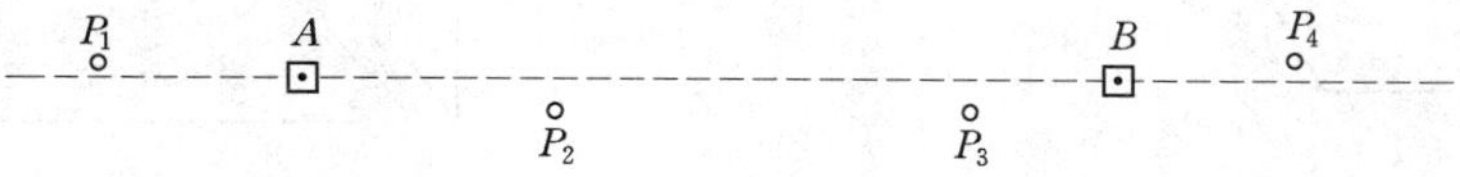

图 14－6　穿线

3. 定出交点

定出相邻两中线段的交点，并测量路线的偏角。如图 14－7 所示，将经纬仪置于 B 点瞄 A 点，倒镜，在视线方向上接近交点 JD 的概略位置前后打下两个骑马桩 a、b，并钉以小钉，挂上细线。仪器搬至 C 点，同法定出 c、d 点，挂上细线，两细线的相交处打下木桩，并钉以小钉，得到 JD 点。得交点后，测量偏角 α。

三、偏角的测定

前一直线的延长线与改变方向后的直线间的夹角，称为偏角 α。在延长线左的为左偏角，在右的为右偏角，因此测出的偏角应注明左或右。根据规范要求，当 $\alpha<6°$，不测设曲线；$\alpha=6°\sim12°$或 $\alpha>12°$、曲线长度 $L<100$m 时，只测设曲线的三个主点桩；在 $\alpha>12°$ 同时曲线长度 $L>100$m 时，需要测设曲线细部。

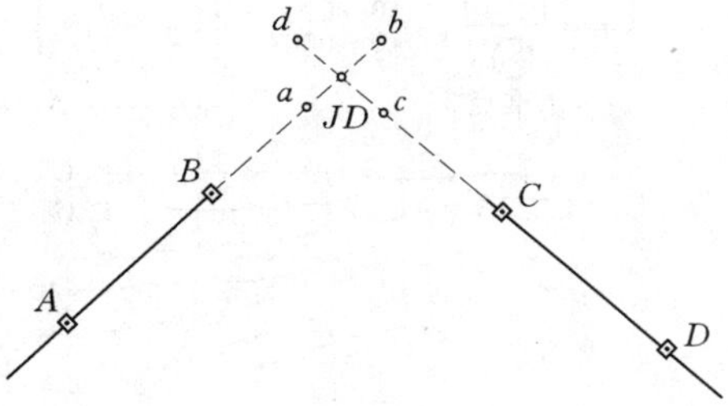

图 14－7　定出交点

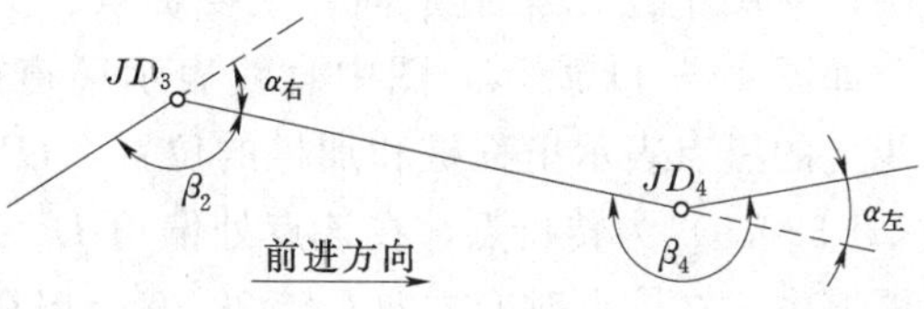

图 14－8　偏角的测定

如图 14－8 所示，通常测定线路前进方向的右角 β，用 J_6 经纬仪按测回法观测一个测回，再根据所测的 β 角，计算出偏角。左、右偏角的计算如下

$$\left.\begin{aligned}\alpha_{右} &= 180° - \beta_2 \\ \alpha_{左} &= \beta_4 - 180°\end{aligned}\right\} \tag{14-1}$$

四、山区的中线测量

在山区进行环山渠道的中线测量时，为了使渠道以挖方为主，将山坡外侧渠堤顶的一部分设计在地面以下，如图 14-9 所示，此时一般要用水准仪探测中心桩的位置。首先根据渠首引水口高程，渠底比降、里程和渠深（渠道设计水深加超高）计算堤顶高程，而后

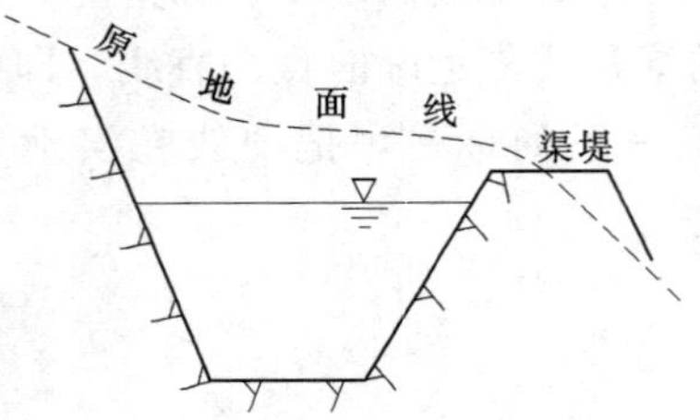

图 14-9 环山渠道断面图

图 14-10 环山渠道中心桩探测示意图

用水准测量的方法探测该高程的地面点。例如渠首引水口的渠底高程为 74.81m，渠底比降为 1/2000，渠深为 2.5m，则 0+500 的堤顶高程为 $74.81-500\times\frac{1}{2000}+2.5=77.06$（m）。如图14-10 所示，由 BM_1（高程为 76.605m）探测里程为 0+500 的地面点 P_1 时，测得后视读数为 1.482m，则 P_1 点上立尺的读数应为 $76.605+1.482-77.06=1.027$（m），如实测读数为 1.785m，说明 P_1 点位置偏低，应向高处（山坡里侧）移至读数恰为 1.027m 时，即得堤顶位置。根据实地地形情况，向里移一段距离（小于等于渠堤到中心线的距离），钉下 0+500 里程桩。按此法继续沿山坡施测延伸渠线。

中线测量完成后，一般应绘出渠道测量路线平面图，在图上绘出渠道走向、主要桩点、主要数据等。如图 14-11 所示，图中直线表示渠道中心线，直线上的黑点表示里程桩和加桩的位置，IP_1（桩号为 0+380.9）为转折点，在该点处偏角 $I_{右}=23°20'$，即渠道中线在该点改变方向右转 23°20′。但在绘图时改变后的渠线仍按直线方向绘出，仅在转折点用箭头表示渠道的转折方向，并注明偏角值。渠道两侧的地形图则根据目测勾绘。

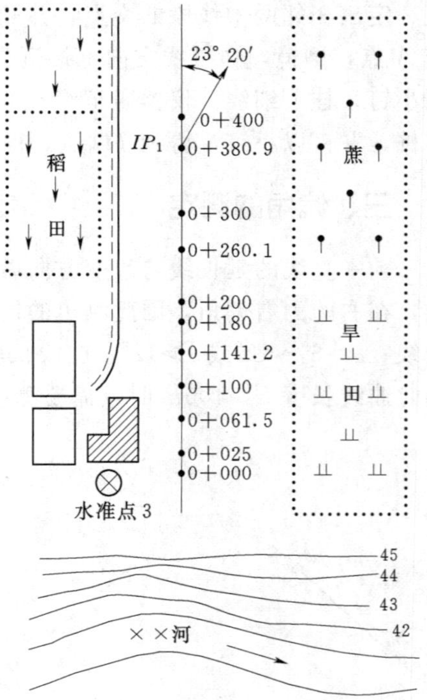

图 14-11 渠道路线平面图

任务三 纵断面测量

渠道纵断面测量的任务是测定中心线上各里程桩的地面高程，绘制路线纵断面图。工

作内容包括外业和内业。

一、纵断面测量外业

渠道纵断面测量是利用渠道沿线布设的三、四等水准点，每段从一个水准点出发，将渠线分成若干段，按五等水准测量的要求逐个测定该段渠线上各中心桩的地面高程，再附合到另一个水准点上，其闭合差不得超过$\pm 40\sqrt{L}$mm（L为附合路线长度），或者$\pm 12\sqrt{n}$ mm（n为测站数），闭合差不用调整，但超限必须返工。

如图14－12所示，从BM_1引测高程，依次对0＋000，0＋100，…进行观测。由于这些桩相距不远，可以采用"视线高法"测量中心线上各里程桩的地面高程，即每一测站首先读取后视读数后，可连续观测几个前视点（水准尺距仪器最远不得超过150m），然后转至下一站继续观测。其观测、记录与计算步骤如下。

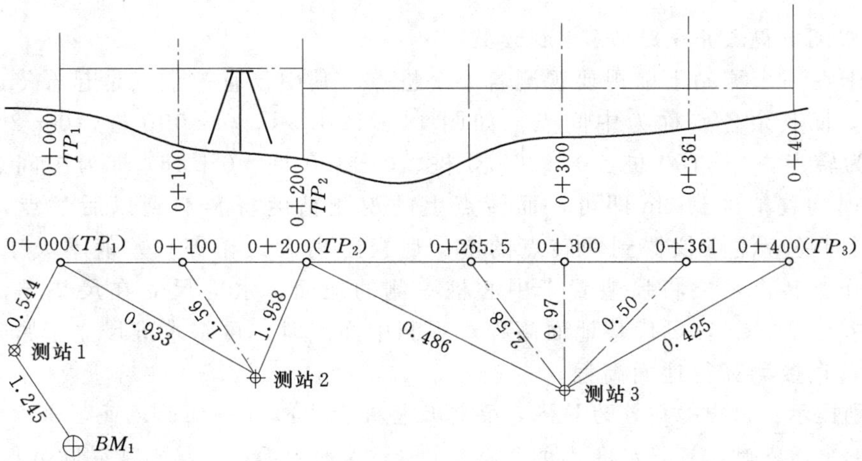

图14－12　渠道纵断面测量

1. 读取后视读数，并算出视线高程

$$视线高程 = 后视点高程 + 后视读数 \tag{14-2}$$

如图14－12，已知$H_{BM_1}=76.605$m，在第1站上后视BM_1，读数为1.245，则视线高程为76.605＋1.245＝77.850（m），见表14－1。

表14－1　　**纵断面水准测量记录**

测站	测点	后视读数/m	视线高/m	前视读数/m		高程/m	备　注
				中间点	转点		
1	BM_1	1.245	77.850			76.605	已知高程
	0＋000（TP_1）	0.933	78.239		0.544	77.306	
2	100					76.68	
	200（TP_2）	0.486	76.767	1.56	1.958	76.281	
3	265.5			2.58		74.19	
	300			0.97		75.80	

续表

测站	测点	后视读数/m	视线高/m	前视读数/m		高程/m	备　注
				中间点	转点		
3	361			0.50		76.27	
	400 (TP_3)				0.425	76.342	
⋮	⋮	⋮	⋮	⋮	⋮	⋮	⋮
7	0+800 (TP_6)	0.848	75.790		1.121	74.942	
	BM_2				1.324	74.466	已知高程为 74.451
计算校核	Σ	8.896			11.035	74.466−76.605=−2.139	
			8.896−11.035=−2.139				

2. 观测前视点并分别记录前视读数

由于在一个测站上前视要观测若干个桩点，其中仅有一个点是起着传递高程作用的转点，而其余各点称为中间点。如图 14-12 所示，0+000 桩、0+200 桩、0+400 桩为转点，0+100 桩、0+265.5 桩、0+300 桩、0+361 桩为中间点。中间点上的前视读数精确到 cm 即可，而转点上的观测精度将影响到以后各点，要求读至 mm，同时还应注意仪器到两转点的前、后视距离大致相等（差值不大于 20m）。用中心桩作为转点，要将尺垫置于中心桩一侧的地面，水准尺立在尺垫上，若尺垫与地面高差小于 2cm，可代替地面高程。观测中间点时，可将水准尺立于紧靠中心桩旁的地面，直接测算得地面高程。

特别提示： 用中心桩作为转点，要将尺垫置于中心桩一侧的地面，水准尺立在尺垫上。观测中间点时，可将水准尺立于紧靠中心桩旁的地面，直接测算得地面高程。中间点上的前视读数精确到 cm，转点上要求读至 mm，同时还应注意仪器到两转点的前、后视距离大致相等。

3. 计算测点高程

$$测点高程 = 视线高程 - 前视读数 \tag{14-3}$$

首先从 BM_1（高程为 76.605m）引测高程，得 0+000（TP_1）高程，再将水准仪置于测站 2，后视转点 TP_1，根据式（14-2），计算得视线高程 78.239m；前视中间点 0+100 和转点 TP_2，将观测结果记入表 14-1 中，根据式（14-3），计算得 0+100 桩和转点 TP_2 的高程。按上述方法得到其余各点高程，记入表 14-1 中。

4. 计算校核和观测校核

当经过数站观测后，附合到另一水准点 BM_2（高程已知），以检核这段渠线测量成果是否符合要求。为此，先要按下式检查各测点的高程计算是否有误，即

$$\Sigma后视读数 - \Sigma转点前视读数 = BM_2\ 的高程 - BM_1\ 的高程 \tag{14-4}$$

如例中 Σ后视读数 − Σ转点前视读数 = BM_2 的高程 − BM_1 的高程 = −2.139m，说明计算无误。

已知 BM_2 的高程为 74.451m，而测得的高程是 74.466m，则此段渠线的纵断面测量误差为：$74.466-74.451=+15$（mm），此段共测了 7 站，允许误差为 $\pm 10\sqrt{7}=\pm 26$mm，观测误差小于允许误差，成果符合要求。由于各桩点的地面高程在绘制纵断面图时仅需精确到 cm，其高程闭合差可不进行调整。

二、纵断面图的绘制

纵断面图一般绘制在毫米方格纸上，以中线桩的里程为横坐标，其比例尺通常为 1∶1000～1∶1 万，依渠道大小而定；高程为纵坐标，为了能明显地表示地面起伏情况，一般取高程比例尺比里程比例尺大 10～50 倍，可取 1∶50～1∶500，依地形类别而定。为了节省纸张和便于阅读，图上的高程，可以不从零开始，而从某一合适的数值起绘。如图 14-13 所示，水平方向比例尺为 1∶5000，高程比例尺为 1∶100。根据各桩点的里程和高程在图上标出相应地面点位置，依次连接各点绘出地面线。再根据起点（0+000）的渠底设计高程、渠道比降和离起点的距离，均可以求得相应点处的“渠底高程”，从而绘出渠底设计线。然后，再根据各桩点的地面高程和渠底高程，即可算出各点的挖深或填高，分别填在图中相应位置。

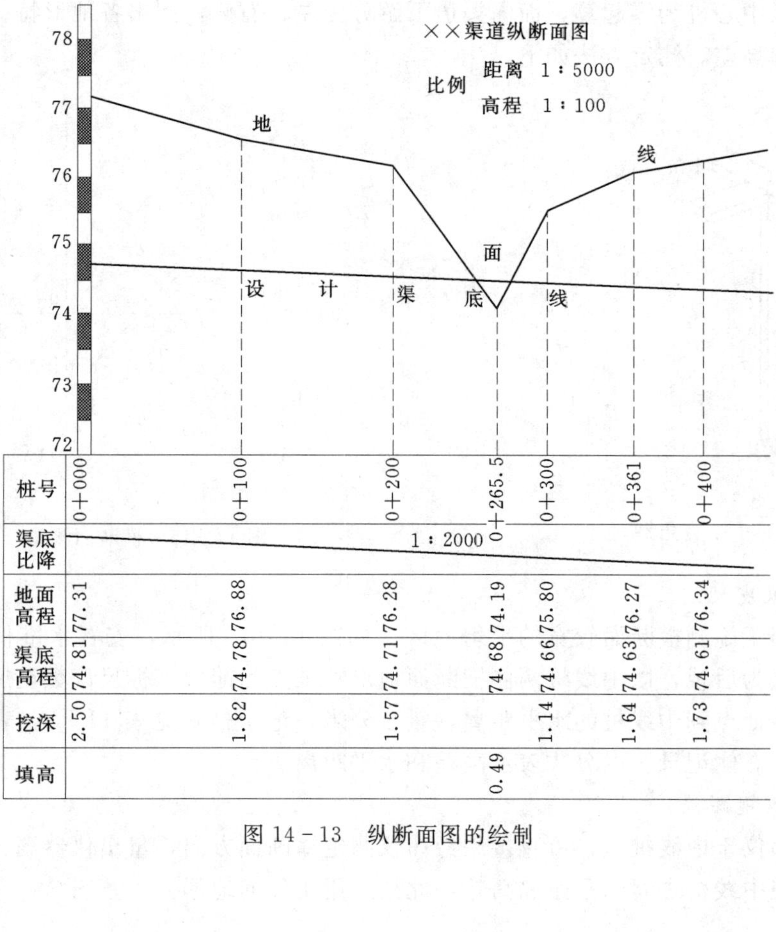

图 14-13　纵断面图的绘制

任务四 横断面测量

垂直于线路中线方向的断面称横断面，路线所有里程桩一般都应测量其横断面。横断面测量的主要任务是测量横断面地面高低起伏情况，并绘制出横断面图。横断面图是确定横向施工范围、计算土方量的必要资料。以下介绍横断面测量外业。

横断面上中线桩的地面高程已在纵断面测量时测出，因此，进行横断面测量时，只要测出横断面方向上各地形特征点相对于中线桩的平距和高差，就可以确定其点位和高程。横断面测量的宽度，根据实际工程要求和地形情况而定。较大的渠道、挖方或填方大的地段应该宽一些，一般以能在横断面上套绘出设计横断面为准，并留有余地。其施测的步骤如下。

（一）定横断面方向

在中心桩上根据渠道中心线方向，用木制的十字直角器（图 14－14）或其他简便方法即可定出垂直于中线的方向，此方向即是该桩点处的横断面方向。

（二）测出坡度变化点间的距离和高差

测量时以中心桩为零起算，面向渠道下游分为左、右侧，测出各地形特征点相对于中线桩的平距和高差。测定方法如下。

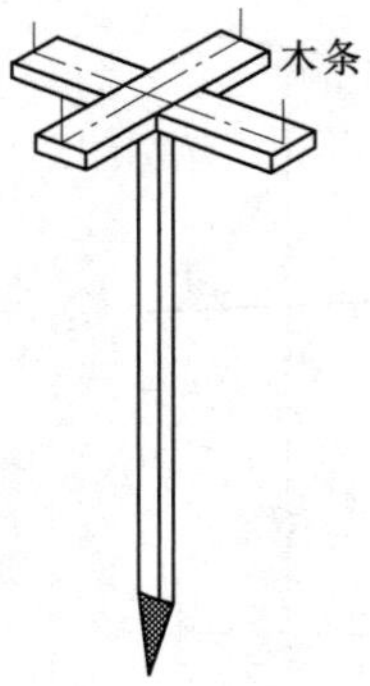

图 14－14 十字直角器

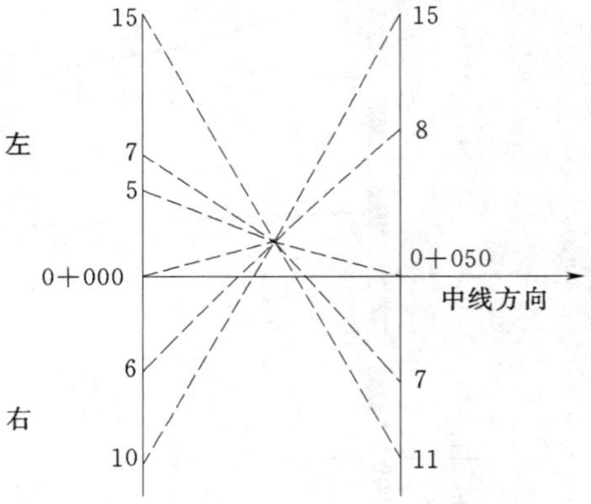

图 14－15 横断面测量

1. 水准仪皮尺法

此法适用于施测横断面较宽的平坦地区。如图 14－15 所示，安置水准仪后，以中线桩地面高程点为后视，以中线桩两侧横断面地形特征点为前视，标尺读数至厘米。用皮尺分别量出各特征点到中线桩的水平距离，量至分米，记录格式见表 14－2，表中按路线前进方向分左、右侧记录。以分式表示高差和水平距离。

2. 经纬仪视距法

安置经纬仪于中线桩上，可直接用经纬仪测定横断面方向，量出仪器高，用视距法测出各特征点与中线桩之间的平距和高差，此法适用于任何地形。

表 14-2　横断面观测记录表

前视读数（高差）/距离 左边	后视读数/中心桩号（高程）	前视读数（高差）/距离 右边
3.42（−1.90）/15　2.50（−0.98）/7.0	1.52/0+000（39.73）	1.30（+0.22）/6　1.02（+0.50）/10 平
同坡 2.62（−1.14）/15　1.50（−0.02）/8	1.48/0+050（39.74）	1.20（+0.28）/7　1.00（+0.48）/11 平

3. 标杆皮尺法

如图 14-16 所示，将标杆立于断面方向的坡度变化点上，皮尺靠中心桩地面拉平，量出至该点的平距，而皮尺截于标杆的数据即为高差，读数时，一般取位至 0.1m，按表 14-3 记录观测数据。此法简便，但精度较低，适用于山区低等级线路工程。

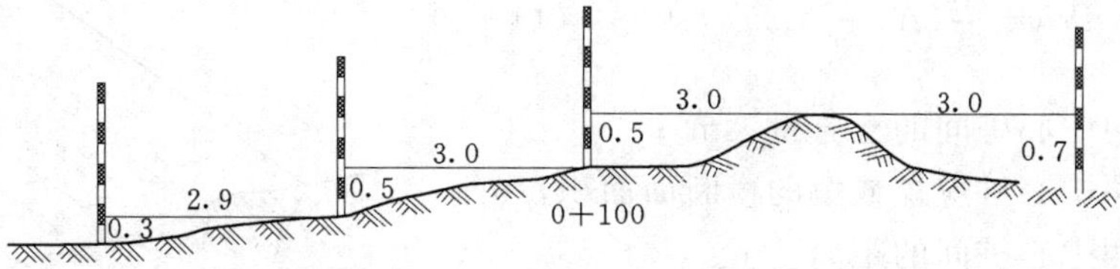

图 14-16　横断面观测记录表

表 14-3　横断面观测记录表

高差/距离 左边	中心桩/高程	高差/距离 右边
同坡 −0.3/2.9　−0.5/3.0	0+000/77.31	+0.5/3.0　−0.7/3.0 同坡
同坡 −0.3/2.9　−0.5/3.0	0+100/76.68	+0.5/3.0　−0.7/3.0 平

（三）横断面图的绘制

为了计算方便，纵横比例尺应一致，一般取 1∶100 或 1∶200，小渠道也可采用 1∶50。绘图时，首先在方格纸适当位置定出中心桩点，以水平距离为横坐标，以高程为纵坐标，将地面特征点绘在毫米方格纸上，依次连接各点即成横断面的地面线。如图 14-17 所示。

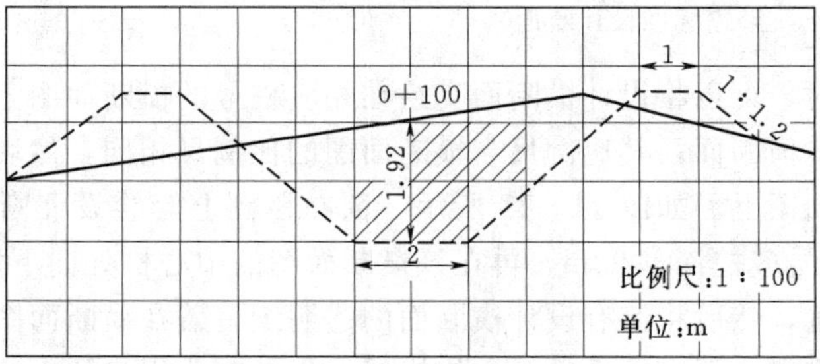

图 14-17　渠道横断面图

特别提示：在绘制纵断面图时，为了能明显地表示地面起伏情况，一般取高程比例尺比里程比例尺大 10～50 倍；而在绘制横断面图时，为了计算面积方便，要求纵横比例尺应一致，一般取 1∶100 或 1∶200。

任务五 土 方 计 算

为了使渠道断面符合设计要求，渠道工程必须在地面上挖深或填高，同时为了编制渠道工程的经费预算，需要计算渠道开挖和填筑的土方数量，所填挖的体积以 m^3 为单位，称为土方。土方计算的方法常采用平均断面法。如图 14-18 所示，先算出相邻两中心桩应挖（或填）的横断面面积，取其平均值，再乘以两断面间的距离，即得两中心桩之间的土方量，以公式表示

$$V=\frac{1}{2}(A_1+A_2)D \qquad (14-5)$$

式中 V——两中心桩间的土方量，m^3；

A_1、A_2——两中心桩应挖或填的横断面面积，m^2；

D——两中心桩间的距离，m。

采用该法计算土方时，可按以下步骤进行。

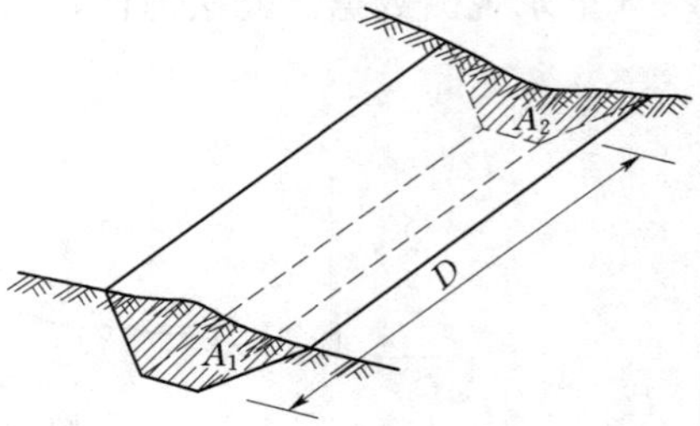

图 14-18 土方计算平均断面法

（一）确定断面的填、挖范围

一般土质渠道的标准设计断面如图 14-19 所示，组成梯形断面的要素有内边坡、外边坡、渠底宽、渠顶宽、水深、超高等。在岩石地带，设计断面采用矩形，此时内边坡垂直于渠底，如图 14-20 所示。

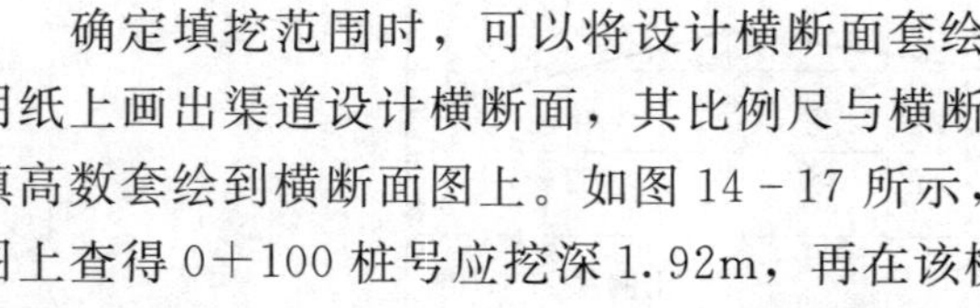

图 14-19 土质渠道标准设计断面

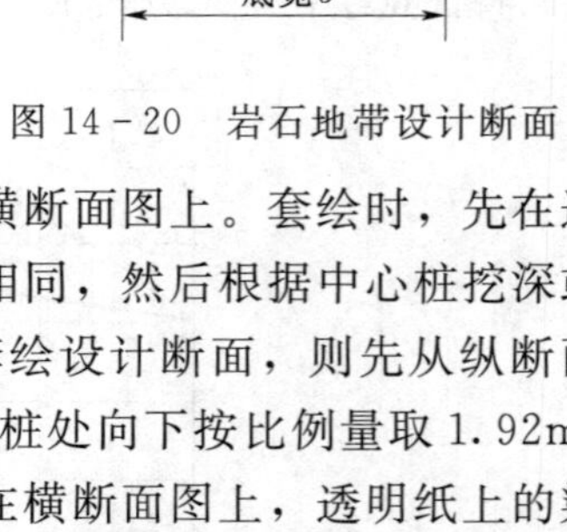

图 14-20 岩石地带设计断面

确定填挖范围时，可以将设计横断面套绘在相应桩号的横断面图上。套绘时，先在透明纸上画出渠道设计横断面，其比例尺与横断面图的比例尺相同，然后根据中心桩挖深或填高数套绘到横断面图上。如图 14-17 所示，欲在该图上套绘设计断面，则先从纵断面图上查得 0+100 桩号应挖深 1.92m，再在该横断面图的中心桩处向下按比例量取 1.92m，得到渠底的中心位置，然后将绘有设计横断面的透明纸覆盖在横断面图上，透明纸上的渠底中点对准图上相应点，渠底线平行于方格横线，用针刺或压痕的方法将设计断面的轮廓点转到图纸上，连接各点即将设计横断面套绘在横断面图上。这样，根据套绘在一起的地面线和设计断面线就能表示出应挖或应填范围。

（二）计算断面的挖、填面积

设计横断面与地形断面交线围成的面积，即为该断面挖方或填方的面积。计算面积的方法很多，通常采用的方法有方格法和梯形法。

1. 方格法

方格法是将欲测图形分成若干个小方格，方格边长以厘米为单位，分别数出图形范围内挖方或填方范围内的方格数，然后乘以每个方格代表的面积，从而求得图形面积。数方格时，先数完整的方格数目，再将不完整的方格目估拼凑成整方格，最后加在一起，得到总方格数。如图 14－17 所示，图形中间部分为挖方，以厘米方格为单位，有 4 个完整方格（图中的阴影部分），其余为不完整方格（没有阴影的部分），将其凑整共有 4.4 个方格，则挖方范围的总方格数为 8.4 个方格。而图上方格边长为 1cm，即面积为 $1cm^2$，图的比例尺为 1∶100，则一个方格的实际面积为 $1m^2$，因此该处的挖方面积为

$$8.4\times 1m^2 = 8.4m^2$$

2. 梯形法

梯形法是将欲测图形分成若干等高的梯形，然后按梯形面积的计算公式进行量测和计算，求得图形面积。如图 14－21 所示，将中间挖方图形划分为若干梯形，其中 l_i 为梯形的中线长，h 为梯形的高，为了计算方便，常将梯形的高采用 1cm，这样只需量取各梯形的中线长并相加，按下式即可求得图形面积 A

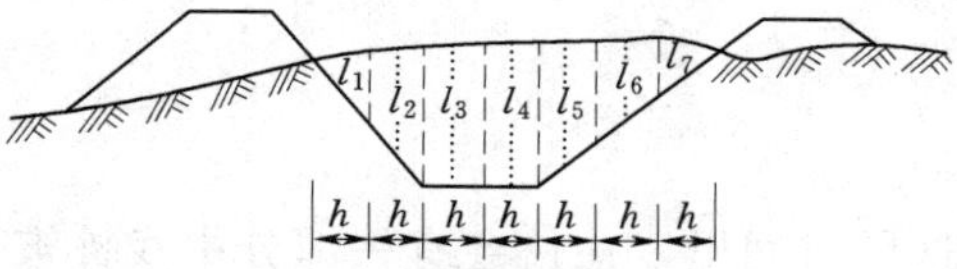

图 14－21　梯形法计算面积

$$A = h(l_1 + l_2 + \cdots + l_n) = h\sum l \quad (14-6)$$

（三）计算土方量

根据相邻中心桩的设计面积及两断面间的距离，按式（14－5）计算出相邻横断面间的挖方或填方。然后，将挖方和填方分别求其总和。总土方量应等于总挖方量与总填方量之和。

土方计算使用"渠道土方计算表"（表 14－4）逐项填写和计算。计算时，先从纵断面图上查取各中心桩的填挖数量，以及各桩横断面图上量算的填、挖面积一并填入表中，

表 14－4　　**渠道土方计算表**

桩号	中心桩填挖/m		面积/m^2		平均面积/m^2		距离/m	土方量/m^3		备注
	挖	填	挖	填	挖	填		挖	填	
0＋000	2.50		8.12	3.15						
					8.26	3.08	100	826	308	
100	1.92		8.40	3.01						
					6.13	4.06	100	613	406	
200	1.57		3.86	5.11						
					2.28	5.28	50	114	264	
250	0		0.70	5.45						
					0.35	6.29	15.5	5	97	
265.5		0.49	0	7.13						
⋮										
0＋800	0.47		5.64	4.91						
共计								4261	3606	

然后根据式（14-5）即可求得两中心桩之间的土方数量。

当相邻两断面既有填方又有挖方时，应分别计算填方量和挖方量，如0+000与1+100两中心桩之间的土方量为

$$V_{挖}=\frac{1}{2}(8.40+8.12)\times100=826(m^3)$$

$$V_{填}=\frac{1}{2}(3.15+3.01)\times100=308(m^3)$$

如果相邻断面有挖方和填方，则两断面之间必有不挖也不填点，该点称为零点，即纵断面图上地面线与渠底设计线的交点，可以从图上量得，也可按比例关系求得。由于零点系指渠底中心线上为不挖不填，而该点处横断面的填方和挖方面积不一定都为零，故还应到实地补测该点处的横断面，然后再分段算出有关相邻两断面间的土方量。

任务六 渠道施工放样

渠道施工之前，必须在每个里程桩上把渠道设计断面在实地用木桩标定出来，以便施工，这项工作叫渠道放样。

一、标定中心桩的挖深或填高

从工程勘测开始，经过工程设计到开始施工这段时间里，往往会有一部分中线桩被碰动或丢失。为了保证线路中线位置的正确可靠，施工前应进行一次复核测量，并将已经碰动或丢失过的交点桩、里程桩恢复和校正好。然后在纵断面图上查出各中心桩的挖深或填高数，分别用红漆写在中心桩上。

二、渠道边坡放样

为了指导渠道的开挖和填土，需要在实地标明开挖线和填土线。根据设计横断面与原地面线的相交情况，渠道的横断面形式一般有三种：图14-22（*a*）为挖方断面，图14-22（*b*）为填方断面，图14-22（*c*）为挖填方断面。在挖方断面上需标出开挖线，填方断面上需标出填方的坡脚线，挖填方断面上既有开挖线也有填土线，这些挖、填线在每个断面处是用边坡桩标定的。所谓边坡桩，就是设计横断面线与原地面线交点的桩。在实地用

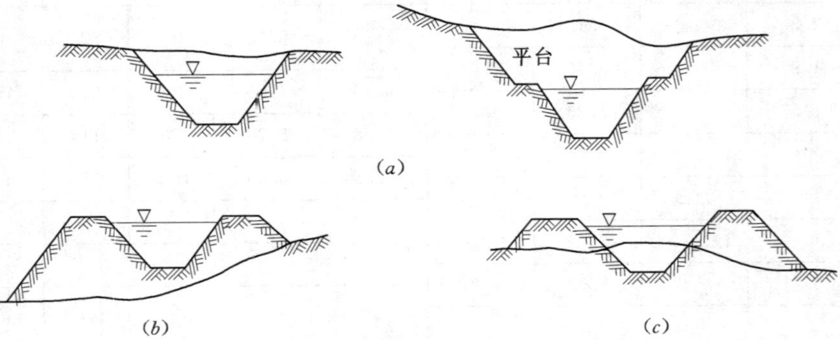

图14-22 渠道横断面图

木桩标定这些交点桩的工作称为边坡桩放样。

标定边坡桩的放样数据与中心桩的水平距离，通常直接从横断面图上量取。放样时，先在实地用“十”字直角器定出横断面方向，然后根据放样数据，在横断面方向将边坡桩标定在地面上。如图 14－23 所示，从中心桩 o 向左侧方向量取 L_1 得到左内边坡桩 e，量 L_3 得左外边坡桩 d。同样，从中心桩向右侧量取 L_2 得到内边坡桩 f，分别打下木桩，即为开、挖界线的标志，连接各断面相应的边坡桩，洒以石灰，即为开挖线和填土线。

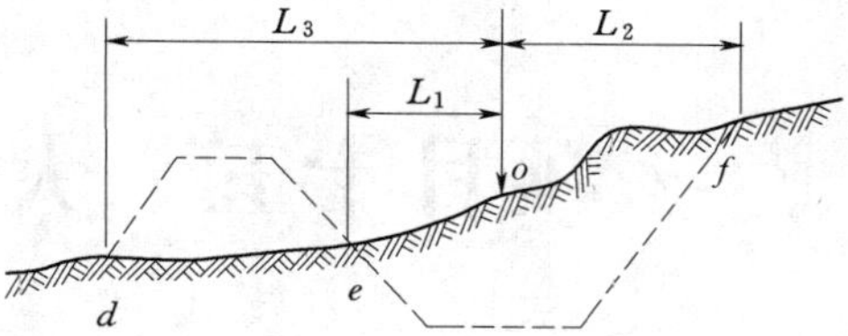

图 14－23　边坡桩放样示意图

三、验收测量

为了保证渠道的修建质量，还要进行验收测量。验收测量一般是用水准测量的方法检测渠底高程，有时还需检测渠堤顶的高程、边坡坡度等，以保证渠道按设计要求完工。

习　题

1. 渠道测量的内容包括哪些？
2. 渠道选线的任务是什么？如何进行渠道选线？
3. 怎样进行渠道纵横断面水准测量？纵、横断面图是如何绘制的？
4. 渠道边坡放样的任务是什么？如何进行渠道边坡放样？
5. 根据记录手簿（表 14－5）中的数据，计算各点的高程。

表 14－5　　记录手簿部分数据表

测站	测点桩号	后视读数/m	视线高/m	前视读数/m	间视/m	高程/m	备注
1	BM_1	1.123				172.122	已知
2	0+000	2.113		1.201			
	0+070				0.98		
	0+100				1.25		
	0+200	2.653		1.985			
3	0+250				2.70		
	0+300				2.72		
	0+350				0.85		
	0+400	1.424		1.688			
4	0+500	1.103		1.441			
5	BM_2			1.087		173.135	已知 173.139m
检核		$\sum a=$		$\sum b=$		$\sum a-\sum b=$	
$H_{BM_2}-H_{BM_1}=$							
$f_h=$				$f_{h容}=$			

6. 根据上题计算的数据，绘制纵断面图，绘制的比例尺为距离比例尺 1∶1000，高程比例尺 1∶100，设计渠底纵坡为 1/2000，渠首的渠底设计高程为 171.722m。

项目十五 大坝变形观测

内容提要 本项目共分九个任务，主要介绍了大坝变形观测的内容，垂直位移观测的方法，视准线法、波带板激光衍射法、引张线法和前方交会法进行大坝水平位移观测的方法，挠度观测的方法，利用GPS进行变形监测及自动化系统的组成，最后介绍了变形监测成果的整理。本项目的重点是：垂直位移观测方法，大坝水平位移观测方法，挠度观测方法，GPS在变形监测中的应用。本项目的难点是：前方交会法观测水平位移，变形监测成果的整理。

任务一 概述

新中国成立以来，我国兴建了大量的水利工程设施，大坝建成水库蓄水投入运行后，由于基础与地基本身形状的改变，由于外力的作用和外界（如水的压力变化、渗透、侵蚀和冲刷，温度变化与地震等）的影响，以及由于坝体内部应力的作用等，会产生沉陷、位移等变化，称为大坝的变形。在一般情况下，这种变形是缓慢而持续的，在一定的范围内具有规律性，如果超出某一限度，就会危害到人民生命财产和安全。因此，需要对大坝进行经常的、系统的观测，以判断其运行工作情况是否正常，并根据观测中发现的问题，分析原因，及时采取必要的措施，以保证安全运行。同时，通过长期观测、分析其变化规律，检验设计理论的准确性，为设计科研提供有关资料。

既然变形超过一定限度会产生危害，那么就必须通过变形观测的手段了解其变形。在变形影响范围外设置稳定的测量基准点，在变形体上设置被观测的测量标志（变形观测点），从基准点出发，定期地测量观测点相对于基准点的变化量，从历次观测结果比较中了解变形随时间的发展情况，这个过程就称为变形观测。大坝变形观测，包括水平位移、垂直位移、固结和裂缝观测。其中混凝土坝除上述观测外，还有挠度观测和伸缩缝观测。本项目主要介绍水平位移、挠度和垂直位移观测的基本原理和基本方法。

特别提示：作为大坝变形观测的基点一定要有足够的稳定性，必须设置在受压、受震的范围以外。

作为大坝变形观测的基点一定要有足够的稳定性，必须设置在受压、受震的范围以外。同时，基点与观测点相距不能太近，但水准点和观测点相距太远会影响精度。为了解决这个矛盾，沉降观测一般采用“分级观测”方式。如沉降观测的布点分为三级：基点、工作基点和沉降观测点。图15-1为大坝沉降观测的测点布置图。在图15-1中，为了测定坝顶和坝基的垂直位移，分别在坝顶以及坝基处各布设了一排平行于坝轴线的垂直位移观测点。一般要在每个坝段布置一个观测点，重要部位则应适当增加，由于图中4、5坝段处于最大坝高处，且地质条件较差，所以每坝段增设一点，此外，为了在该处测定大坝的转动角，需要在上游方向增设观测点，故 4、5 坝段内各布设了 4 个水平位移观测点。

沉降观测分两级进行：

（1）水准基点—工作基点。

（2）工作基点—沉降观测点。

工作基点相当于临时水准点，其点位也应力求坚固稳定。定期由水准基点复测工作基点，由工作基点观测沉降点。

如果施工场地不大，则可不必分级观测，但水准点应至少布设 3 个，并选择其中最稳定的一个点作为水准基点。

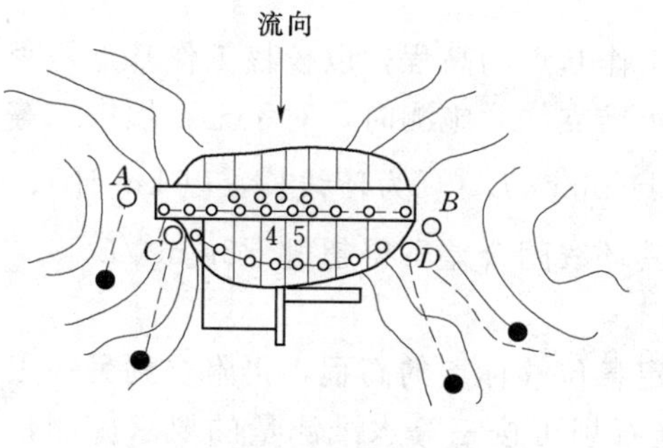

图 15-1　大坝观测布点图

●—水准基点；○—工作基点；∘—观测点

变形观测按时间特性可分为静态式、运动式和动态式。根据变形观测的目的，变形观测工作由三部分组成：

（1）根据不同观测对象、目的设置基准点及观测点。

（2）进行多周期的重复观测。

（3）进行数据整理与统计分析。

任务二　垂直位移观测

垂直位移观测是要测定大坝在铅垂方向的变动情况，一般多采用水准测量和静力水准测量进行观测，现介绍如下。

一、测点布设

用于垂直位移观测的测点一般分为三级：水准基点、工作基点和沉降观测点，如图 15-1 所示。

（1）水准基点。水准基点是垂直位移观测的基准点，一般应埋设在坝外地基坚实稳固（基岩）、不受大坝变形影响、便于引测的地方。为了互相校核是否有变动，一般应埋设三个以上。

（2）工作基点。由于水准基点一般离坝较远，为方便施测，通常在每排位移标点的延长线上，即在大坝两端的山坡上，选择地基坚实的地方埋设工作基点作为施测位移标点的依据，故工作基点的高程与该排位移标点的高程相差不宜过大。工作基点的结构可按一般水准点的要求进行埋设。

（3）沉降观测点。为了便于将大坝的水平位移及垂直位移结合起来分析，在水平位移标点上，埋设一个半圆形的铜质标志作为垂直位移标点，但有特殊需要的部位，应加设垂直位移标点。

二、观测方法及精度要求

进行垂直位移观测时，首先校测工作基点的高程，然后再由工作基点测定各位移标点的高程。将首次测得的位移标点高程与本次测得的高程相比较，其差值即为两次观测时间间隔内位移标点的垂直位移量。按规定垂直位移向下为正，向上为负。

1. 工作基点的校测

工作基点的校测是由水准基点出发，测定各工作基点的高程，以校核工作基点是否有变动。水准基点与工作基点一般构成水准环线或水准支线。施测时，对于土石坝按二等水准测量的要求进行施测，其环线闭合差不得超过$\pm 4\text{mm}\sqrt{L}$（L为环线长，以 km 计）；对于混凝土坝应按一等水准测量的要求进行施测，其环线闭合差不得超过$\pm 2\text{mm}\sqrt{L}$。

2. 沉降观测点的观测

垂直位移标点的观测是由工作基点出发，测定各位移标点的高程，再附合到另一工作基点上（也可往返施测或构成闭合环形）。对于土石坝可按三等水准测量的要求施测，对于混凝土坝应按一等或二等水准测量的要求施测。

任务三 视准线法观测水平位移

一、观测原理

如图 15-2 所示，在坝端两岸山坡上设置固定工作基点 A 和 B，在坝面沿 AB 方向上设置若干位移标点 a、b、c、d 等。由于 A、B 埋设在山坡稳固的基岩或原状土上，其位置可认为不变。因此，将经纬仪安置在基点 A，照准另一基点 B，构成视准线，作为观测坝体水平位移的基准线。以第一次测定各位移观测点垂直于视准线的距离（偏离值）l_{a0}、l_{b0}、l_{c0}、l_{d0} 作为起始数据。相隔若干时间后，又安置经纬仪于基点 A，照准基点 B，测得各位移标点对视准线的偏离值 l_{a1}、l_{b1}、l_{c1}、l_{d1}，前后两次测得的偏离值不等，其差值如 a 点的差值 $\Delta_{a1}=l_{a1}-l_{a0}$，即为第一次到第二次时间内，$a$ 点在垂直于视准线方向的水平位移值。同理可算出其他各点的水平位移值，从而了解整个坝体各部位的水平位移情况。一般规定，水平位移值向下游为正，向上游为负，向左岸为正，向右岸为负。

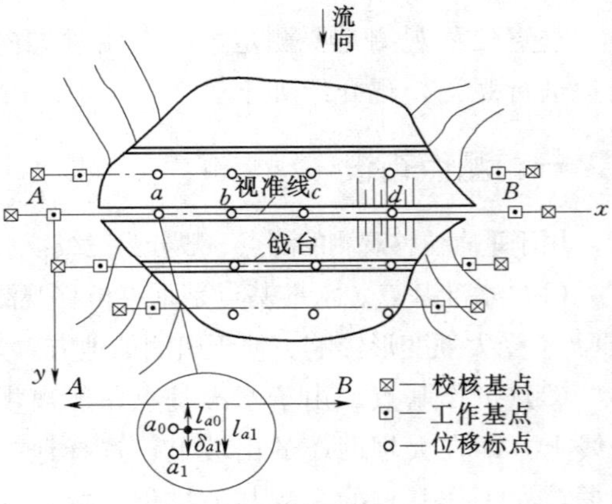

图 15-2 视准线法观测原理及观测点的布设

二、观测点的布设

图 15-2 是土坝观测点的布设情况，通常是在迎水面最高水位以上的坝坡上布设位移标点 1 排，坝顶靠下游坝肩上布设 1 排，下游坡面上根据坝高布设 1～3 排。在每排内各测点的间距为 50～100m，但在薄弱部位，如最大坝高处、地质条件较差等地段应当增设位移标点。为了掌握大坝横断面的变化情况，力求使各排测点都在相应的横断面上。各排测点应与坝轴线平行，并在各排延长线的两端山坡上埋设工作基点，工作基点外再埋设校核基点，用以校核工作基点是否有变动。

对于混凝土坝，一般在坝顶上每一坝块布设 1～2 个位移标点。

三、观测仪器和设备

1. 观测仪器

用视准线法观测水平位移，关键在于提供一条方向线，故所用仪器首先应考虑望远镜放大率及旋转轴的精度。除坝长小于 300m 的中小型土坝可采用 DJ_2 型或 DJ_6 型经纬仪进行观测外，一般应采用 DJ_1 型经纬仪或大坝视准仪进行观测。

2. 观测设备

（1）工作基点及校核基点。都要建造专用的观测墩，用以安置仪器和专用的觇标，埋设在大坝两端山坡上的工作基点和校核基点，称固定工作基点。如果大坝较长或为线型坝，需在坝体上增设工作基点时，这种工作基点将随坝体位移而位移，称为非固定工作基点。

观测墩一般是用钢筋混凝土浇筑而成（图 15-3），其顶部大都埋设有强制对中设备，以便减小仪器和觇标的对中误差（可使对中误差不大于 0.1mm）。

（2）位移标点。位移标点的标墩应与坝体连接，从坝面以下 0.3～0.4m 处起浇筑。其顶部也应埋设强制对中设备，常常还在位移标点的基脚或顶部设铜质标志，兼作垂直位移的标点。

（3）觇标。觇标分为固定觇标和活动觇标。前者是安置在工作基点上，供经纬仪瞄准构成视准线用；后者是安置在位移标点上，供经纬仪瞄准以测定位移标点的偏离值用。图 15-4 为觇牌式活动觇标，其上附有微动螺旋和游标，可使觇牌在基座的分划尺上左右移动，利用游标读数，一般可读至 0.1mm。

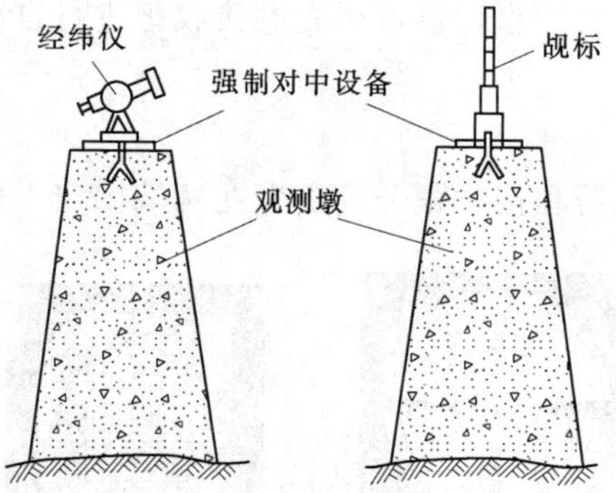

图 15-3　观测墩

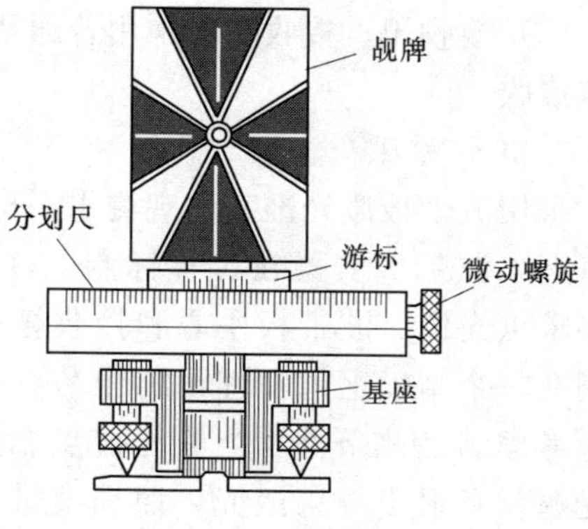

图 15-4　活动觇牌

四、观测方法

如图 15-2 所示，在工作基点 A 安置经纬仪，B 安置固定觇标，在位移标点 a 安置活动觇标，用经纬仪瞄准 B 点上固定觇标作为固定视线，然后俯下望远镜照准 a 点，并指挥司觇者移动觇牌，直至觇牌中丝恰好落在望远镜的竖丝上时发出停止信号，随即由司觇标者在觇牌上读取读数。转动觇牌微动螺旋重新瞄准，再次读数，如此共进行 2～4 次，取其读数的平均值作为上半测回的成果。倒转望远镜，按上述方法测下半测回，取上下两半测回读数的平均值为一测回的成果。一般说来，当用 DJ_1 型经纬仪进行观测，测距在 300m 以内时，可测 2～3 测回，其测回差不得大于 3mm，否则应重测。

任务四 波带板激光衍射法观测水平位移

一、仪器构造及其工作原理

1. 仪器构造

如图 15－5 所示，波带板激光准直系统主要由激光器点光源、波带板和接收靶三部分组成。现将各部分略述如下。

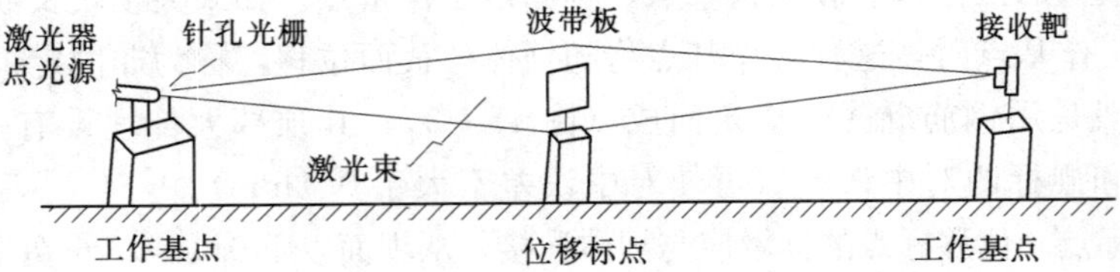

图 15－5 波带板激光衍射法原理

(1) 激光器点光源。它是由氦氖气激光管发出的激光束经聚光透镜聚焦在针孔光栅内，形成近似的点光源，照射至波带板，针孔光阑的中心即为固定工作基点的中心。

(2) 波带板。波带板的形式有圆形和方形两种，其作用是把从激光器发出的一束单色相干光会聚成一个亮点（圆形波带板）或十字亮线（方形波带板），它相当于一个光学透镜。

(3) 接收靶。接收靶可采用普通活动觇牌按目视法接收，也可用光电接收靶进行自动跟踪接收。

2. 工作原理

采用波带板激光准直法观测水平位移，是将激光器和接收靶分别安置在两端固定工作基点上，波带板安置在位移标点上（图 15－5），并要求点光源、波带板中心和接收靶中心三点基本同在一个高度上，在埋设工作基点和位移标点时应考虑满足此条件。当激光器点燃后，激光器点光源就发射出一束激光，照满波带板，通过波带板上不同透光孔的绕射光波之间的相互干涉，就在接收靶上形成一个亮点［对图 15－6 (*a*) 所示的圆形波带板而言］或“十”字亮线［对图 15－6 (*b*) 所示的方形波带板而言］。按照三点准直法，在接收靶上测定十字亮线的中心位置，即可决定位移标点的位置，从而求出其偏离值：由于激光具有方向性强、亮度高、单色性和相干性好等特点，其观测精度比视准线法有较大的提高。

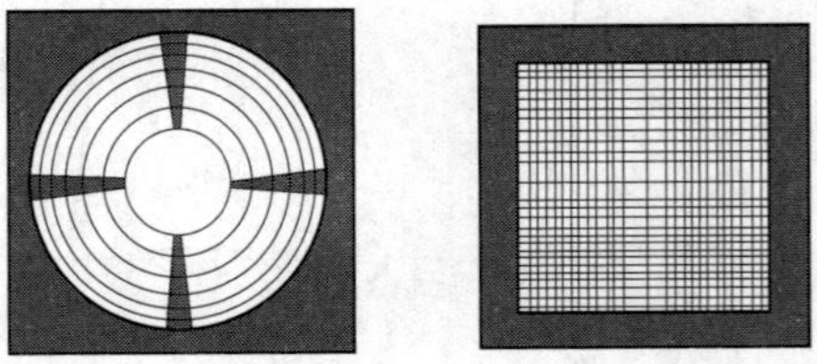

(*a*) (*b*)

图 15－6 波带板

(*a*) 圆形波带板；(*b*) 方形波带板

二、观测方法

如图 15－7 所示，观测时，由安置在基点 A 上激光器发射激光束，照准位移标点 C

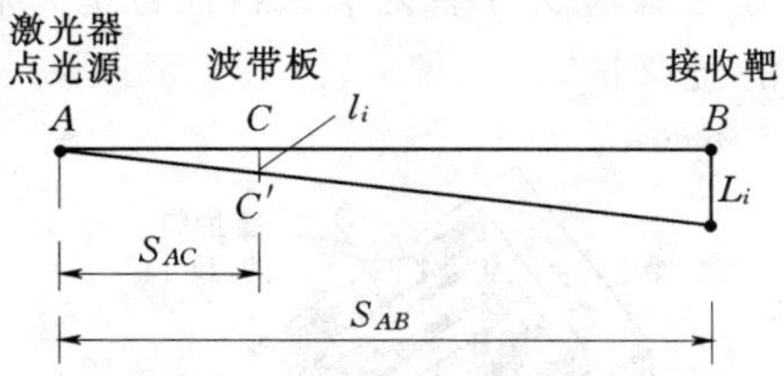

图 15-7　波带板激光准直法

上的波带板。则在另一工作基点 B 的接收靶上呈现亮点或十字亮线。此时，若为目视法接收，则由司砚者转动接收靶的微动螺旋，令接收靶中心与亮点或十字亮线中心重合，然后按接收靶的游标读数，并重新转动接收靶的微动螺旋，再次重合，读数。如此重复读取 2～4 次读数，取其平均值为观测值。若用光电接收靶接收，它可由微机控制，自动跟踪，并显示和打印观测数据。如果位移标点 C 因发生位移而移至 C′（图 15-7），则根据在接收靶测得的偏离值 L_i，按相似三角形关系可算得 C 点的偏离值为 l_i 为

$$l_i=\frac{S_{AC}}{S_{AB}}L_i \tag{15-1}$$

式中　S_{AC}、S_{AB}——A—C、A—B 点的距离，可实地量出。

任务五　引张线法观测水平位移

对于混凝土坝和砌石坝的水平位移观侧，其位移点的布设除在坝顶埋设一排外，还在不同高程的廊道内进行布设，一般是在每一坝段内（或 50m 左右）埋设一点，常采用引张线法进行观测，因该法操作简便，不受天气条件的影响，且精度较高，故应用较为普遍。

一、观测原理

如图 15-8 所示，引张线法是在坝顶或廊道两端的基岩上浇筑固定端点，在两固定端点间拉紧一根不锈钢丝作为基准线，然后定期测量坝体上各位移标点对此线偏离值的变化

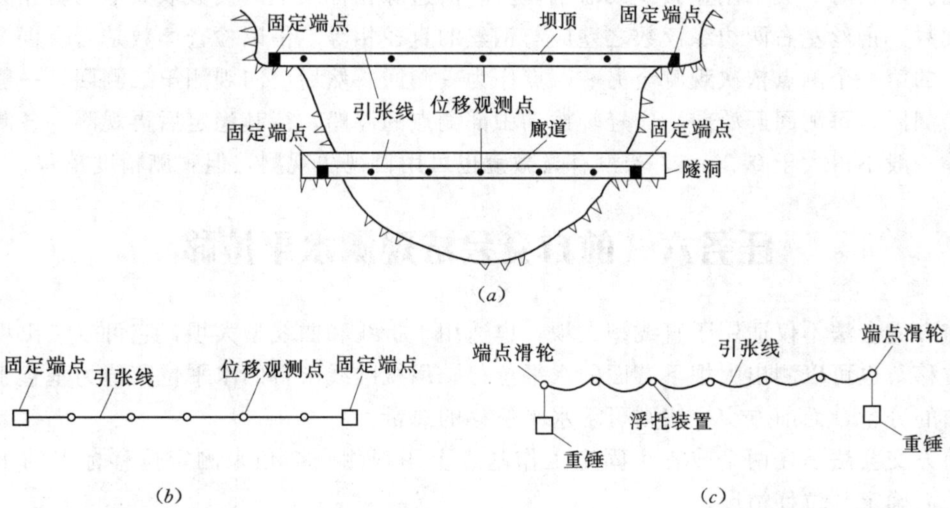

图 15-8　水平位移观测—引张线法

（a）布置示意图；（b）平面图；（c）侧面图

情况，从而计算水平位移量，若端点设于坝体上，则应与倒垂线（参见本项目任务七）相连接，借以测定端点的位移量，进一步推算位移标点的位移量。

二、观测设备

引张线设备主要由测线、端点装置和位移观测点组成。

（1）测线。一般采用0.8～1.2mm的不锈钢丝，为了防风及保护测线，通常用塑料管或铁管把测线套在管内。

（2）端点装置。端点装置由混凝土基座、夹线装置、滑轮和重锤等组成。夹线装置的作用是使测线始终处于同一位置，安置时使测线通过滑轮拉紧后，恰与V形槽中心重合。

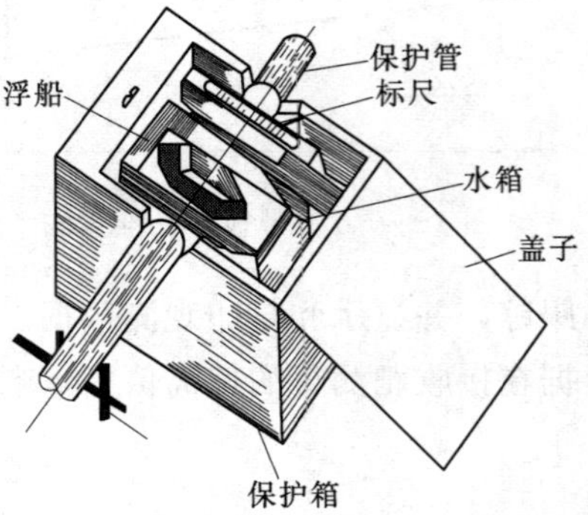

图15-9 引张线法位移观测点装置

（3）位移观测点。位移观测点与浮托装置结合在一起。在该处的坝体上埋有一只金属箱，箱内设有水箱，水上有支承钢丝的浮托器，在垂直于钢丝方向的槽钢上，设有毫米分划的标尺用以读数（图15-9）。

三、观测方法

由于引张线是与两端的固定端点相连接，其位置可认为不变，而位移观测点是埋在坝体上，随坝体变形而位移，因此定期测定钢丝在测点标尺上的读数变化，即可算出该点在垂直坝轴线方向的水平位移值。

观测时，挂上重锤，并调节滑轮支架，使钢丝通过夹线装置的V形槽中心。将各测点水箱加水，使浮托器托起钢丝（高出标尺面0.2～0.5mm），待钢丝稳定半小时即可进行观测。观测时一般采用显微镜读取钢丝左右两边缘在标尺上的读数取其平均值作为该测点的读数。钢丝左右两边缘读数之差应与钢丝的直径相等，借以检查读数是否有误。从靠近端点的第一个测点依次观测至另一端点作为一测回，然后反向观测第二测回，一般应观测三个测回。每测回开始前，应轻轻拨动中部测点的浮船，待其稳定后再观测，各测回间的误差一般不得大于0.2mm。若没有显微镜也可用目视法观测，但观测精度稍差。

任务六　前方交会法观测水平位移

前方交会法不仅适用于直线型大坝，也适用于折线和曲线型大坝，它可以测出坝顶的水平位移，也可以测出大坝下游面的水平位移。用视准线求得的水平位移值为垂直于视准线方向的分量，而前方交会法则可求水平位移的总量。

前方交会法是在两个或三个固定工作基点上用观测交会角来测定位移标点的坐标变化，从而确定其位移情况。

图15-10中A、B为两固定工作基点，Ⅰ、Ⅱ为坝轴线的端点，它们的坐标为已知，P_1、P_2、P_3、P_4为位移标点。将经纬仪安置在工作基点A、B上，分别测出角度α、β，即可求

得各位移点的坐标值。第 i 次观测的坐标值与第一次观测坐标值之差即为水平位移。

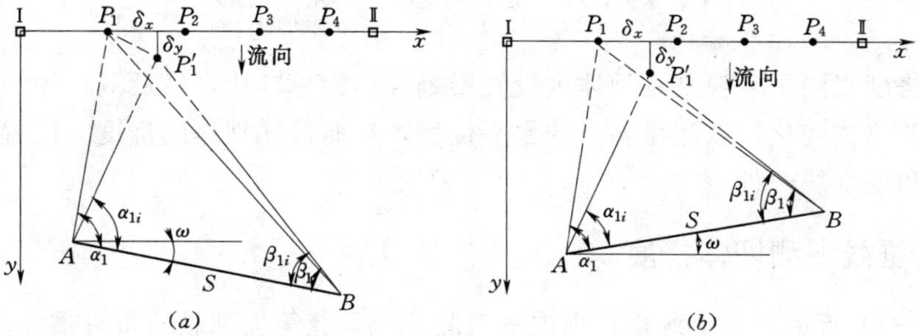

图 15-10　前方交会法测定水平位移示意图

第一次分别在 A、B 点安置经纬仪测得 P_1 的交会角 α_1、β_1，第 i 次观测时，P_1 移动到 P'_1，测得交会角为 α_{1i} 及 β_{1i}。由图 15-10 可知，P_1 和 P'_1 的坐标分别为

$$x_{P_1} = x_A + \Delta x_{AP_1}, y_{P_1} = y_A - \Delta y_{AP_1}$$
$$x_{P'_1} = x_A + \Delta x_{AP'_1}, y_{P'_1} = y_A - \Delta y_{AP'_1}$$

则 P_i 点在 x 方向和 y 方向的位移分量为

$$\left.\begin{aligned}\delta_{xP_i} &= x_{P'_i} - x_{P_i} = \Delta x_{AP'_i} - \Delta x_{AP_i} \\ \delta_{yP_i} &= y_{P'_i} - y_{P_i} = -(\Delta y_{AP'_i} - \Delta y_{AP_i})\end{aligned}\right\} \quad (15-2)$$

式（15-2）说明，P_i 点的位移量等于该点与测站点 A 的坐标增量的变化值。因此可先根据在测站点 A、B 首次与本次的角度观测值，求得观测点 P_i 在坐标系中的两次坐标增量为

$$\left.\begin{aligned}\Delta x_{P_i} &= S\frac{\sin\beta_i\cos(\alpha_i-\omega)}{\sin(\alpha_i+\beta_i)} \\ \Delta y_{P_i} &= S\frac{\sin\beta_i\sin(\alpha_i-\omega)}{\sin(\alpha_i+\beta_i)}\end{aligned}\right\} \quad (15-3)$$

$$\left.\begin{aligned}\Delta x_{P'_i} &= S\frac{\sin\beta'_i\cos(\alpha'_i-\omega)}{\sin(\alpha'_i+\beta'_i)} \\ \Delta y_{P'_i} &= S\frac{\sin\beta'_i\sin(\alpha'_i-\omega)}{\sin(\alpha'_i+\beta'_i)}\end{aligned}\right\} \quad (15-4)$$

由式（15-3）及式（15-4），即可求得观测点 P_i 在 x 方向和 y 方向的位移分量为

$$\left.\begin{aligned}\delta_{xP_i} &= S\left[\frac{\sin\beta'_i\cos(\alpha'_i-\omega)}{\sin(\alpha'_i+\beta'_i)} - \frac{\sin\beta_i\cos(\alpha_i-\omega)}{\sin(\alpha_i+\beta_i)}\right] \\ \delta_{yP_i} &= -S\left[\frac{\sin\beta'_i\sin(\alpha'_i-\omega)}{\sin(\alpha'_i+\beta'_i)} - \frac{\sin\beta_i\sin(\alpha_i-\omega)}{\sin(\alpha_i+\beta_i)}\right]\end{aligned}\right\} \quad (15-5)$$

根据式（15-5），每次观测后即可计算本次观测相对于首次观测的水平位移值，式中第二项经首次观测的交会角计算求得后，在以后的计算中均不会改变，因此可视为常数。而 α'_i、β'_i 则每次测得的数据都不相同。

前方交会法要精确地测出基点处的交会角 α、β，以便准确地求得这些角度的微小变化，故一般是采用高精度的经纬仪（如 DJ_1 型）进行观测，按全圆测回法观测 4～12 测回。

任务七　挠　度　观　测

坝体的挠度观测，一般是在坝体内设置铅垂线作为标准线，然后测量坝体不同高度相对于铅垂线的位置变化，以测得各点的水平位移，从而得知坝体的挠度。设置铅垂线的方法有正垂线和倒垂线两种。

一、正垂线观测坝体挠度

如图 15－11 所示，正垂线是在坝内的观测井或宽缝等上部悬挂带有重锤的不锈钢丝，提供一条铅垂线作为标准线。它是由悬挂装置、夹线装置、钢丝、重锤及观测台等组成。悬挂装置及夹线装置一般是在竖井墙壁上埋设角钢进行安置。

由于垂线挂在坝体上，它随坝体位移而位移，若悬挂点在坝顶，在坝基上设置观测点，即可测得相对于坝基的水平位移［图 15－11（a）］。如果在坝体不同高度埋设夹线装置，在某一点把垂线夹紧，即可在坝基下测得该点对坝基的相对水平位移。依次测出坝体不同高程点对坝基的相对水平位移，从而求得坝体的挠度［图 15－11（b）］。

二、倒垂线观测坝体挠度

倒垂线的结构与正垂线相反，它是将钢丝一端固定在坝基深处，上端牵以浮托装置，使钢丝成一固定的倒垂线。一般由锚固点、钢丝、浮托装置和观测台（图 15－12）组成。锚固点是倒垂线的支点，要埋在不受坝体荷载影响的基岩深处，其深度一般约为坝高的 1/3，钻孔应铅直，钢丝连接在锚块上。

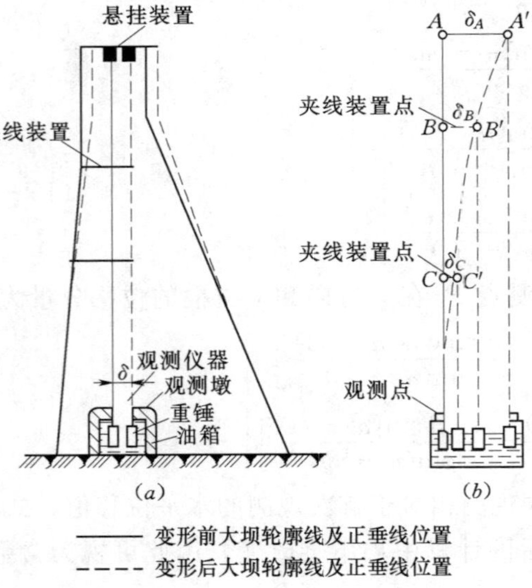

图 15－11　挠度观测——正垂线

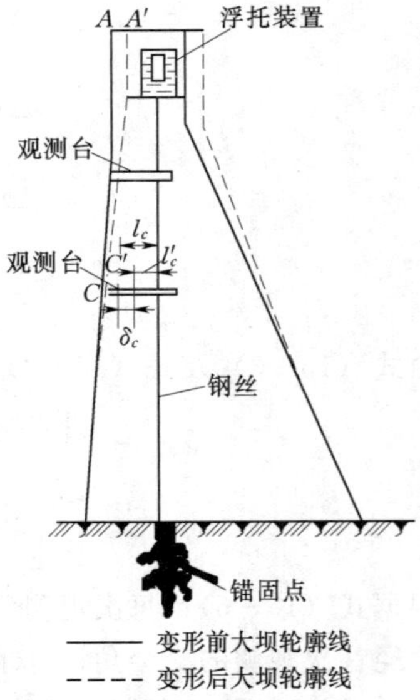

图 15－12　挠度观测——倒垂线

由于倒垂线可以认为是一条位置固定不变的铅垂线。因此在坝体不同的高度上设置观测点，测定各观测点与倒垂线偏离值的变化，即可求得各点的位移值。如图 15－12 中，

变形前测得 C 点与垂线的偏离值为 l_c，变形后测得其偏离值 l'_c，则其位移值为 $\delta_c = l_c - l'_c$，测出坝体不同高度上各点的位移值，即可求得坝体的挠度。

任务八　变形监测及自动化系统

全球定位系统 GPS 的应用是测量技术的一项革命性变革。在变形监测方面，与传统方法相比较，应用 GPS 不仅具有精度高、速度快、操作简便等优点，而且利用 GPS 和计算机技术、数据通信技术及数据处理与分析技术进行集成，可实现从数据采集、传输、管理到变形分析及预报的自动化，达到远程在线网络实时监控的目的。

一、GPS 变形监测的特点

（1）测站间无需通视。对于传统的地表变形监测方法，点与点之间只有通视才能进行观测，而 GPS 测量的一个显著特点就是点之间无需保持通视，只需测站上空开阔即可，从而可使变形监测点位的布设方便而灵活，并可省去不必要的中间传递过渡点，节省许多费用。

（2）可同时提供监测点的三维位移信息。采用传统方法进行变形监测时，平面位移和垂直位移是采用不同方法分别进行监测的，这样，不仅监测的周期长、工作量大，而且监测的时间和点位很难保持一致，为变形分析增加了难度。采用 GPS 可同时精确测定监测点的三维位移信息。

（3）全天候监测。GPS 测量不受气候条件的限制，无论起雾刮风、下雨下雪均可进行正常的监测。配备防雷电设施后，GPS 变形监测系统便可实现长期的全天候观测，它对防汛抗洪、滑坡、泥石流等地质灾害监测等应用领域极为重要。

（4）监测精度高。GPS 可以提供 1×10^{-6}m 甚至更高的相对定位精度。在变形监测中，如果 GPS 接收机天线保持固定不动，则天线的对中误差、整平误差、定向误差、天线高测定误差等并不会影响变形监测的结果。同样，GPS 数据处理时起始坐标的误差，解算软件本身的不完善以及卫星信号的传播误差（电离层延迟、对流层延迟、多路径误差）中的公共部分的影响也可以得到消除或削弱。实践证明，利用 GPS 进行变形监测可获得±（0.5～2）mm 的精度。

（5）操作简便，易于实现监测自动化。GPS 接收机的自动化已越来越高，趋于“傻瓜”，而且体积越来越小，重量越来越轻，便于安置和操作。同时，GPS 接收机为用户预留有必要的接口，用户可以较为方便地利用各监测点建成无人值守的自动监测系统，实现从数据采集、传输、处理、分析、报警到入库的全自动化。

（6）GPS 大地高用于垂直位移测量。由于 GPS 定位获得的是大地高，而用户需要的是正常高或正高，它们之间有以下关系

$$h_{正常高} = H_{大地高} - \xi$$
$$h_{正高} = H_{大地高} - N$$

其中，高程异常 ξ 和大地水准面差距 N 的确定精度较低，从而导致了转换后的正常高或正高的精度不高。但是，在垂直位移监测中我们关心的只是高程的变化，对于工程的局部范围而言，完全可以用大地高的变化来进行垂直位移监测。

二、GPS 变形监测自动化系统

一般而言，GPS 变形监测可分为周期性监测模式和连续性监测模式。GPS 周期性变形监测与传统的变形监测网相类似，所以在这里将以某大坝外部变形 GPS 自动化监测系统为例，重点介绍 GPS 连续性监测模式。

该水库位于湖北省长阳县境内，是清江中游的一个水利水电工程。大坝为三圆心变截面混凝土重力拱坝，坝长为 653m，坝高为 151m。该大坝外观变形 GPS 自动化监测系统于 1998 年 3 月投入运行，系统由数据采集，数据传输，数据处理、分析和管理等部分组成。该系统中各 GPS 点位的分布情况如图 15－13 所示。

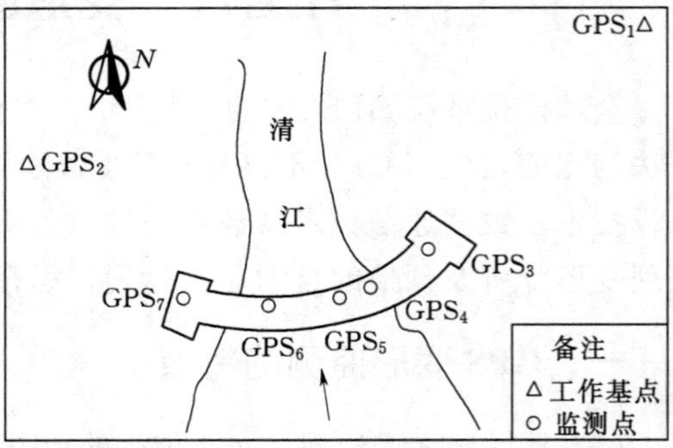

图 15－13　系统中各 GPS 点位的分布情况

1. 数据采集

GPS 数据采集分为基准点和监测点两部分，由 7 台 AshtechZ－12GPS 接收机组成。为提高大坝监测的精度和可靠性，选两个大坝监测基准点，并分别位于大坝两岸。点位地质条件要好，点位要稳定且能满足 GPS 观测条件。监测点能反映大坝形变，并能满足 GPS 观测条件。根据以上原则，该大坝外观变形 GPS 监测系统基准点为 2 个（GPS_1 和 GPS_2）、监测点为 5 个（GPS_3～GPS_7）。

2. 数据传输

根据现场条件，GPS 数据传输采用有线（坝面监测点观测数据）和无线（基准点观测数据）相结合的方法，网络结构如图 15－14 所示。

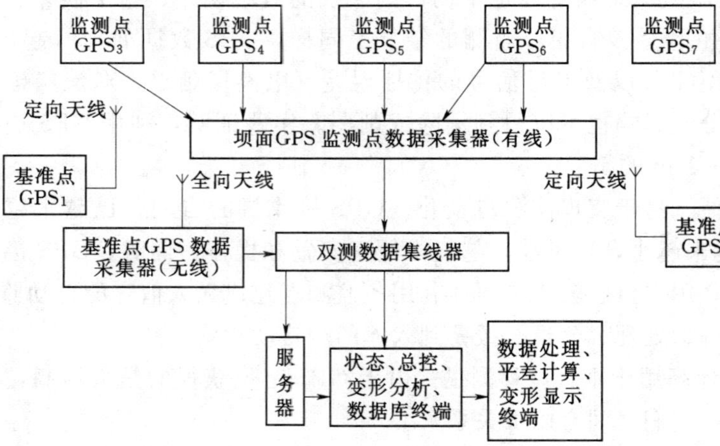

图 15－14　GPS 自动监测系统网络结构

3. GPS 数据处理、分析和管理

整个系统有 7 台 GPS 接收机，在 365 天内连续观测，并实时将观测资料传输至控制中心，进行处理、分析、储存。系统反应时间小于 10 分钟（即从每台 GPS 接收机传输数据开始，到处理、分析、变形显示为止，所需总的时间小于 10 分钟)，为此，必须建立一个局域网，有一个完善的软件管理、监控系统。

本系统的硬件环境及配置如图 15-15 所示。

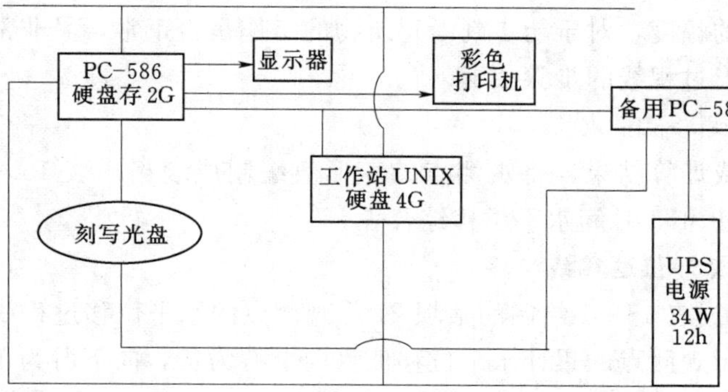

图 15-15　系统的硬件环境及配置

整个系统全自动，应用广播星历 1～2 小时 GPS 观测资料解算的监测点位水平精度优于 1.5mm（相对于基准点，以下同），垂直精度优于 1.5mm；6 小时 GPS 观测资料解算水平精度优于 lmm，垂直精度优于 1mm。

任务九　成　果　整　理

一、成果整理的内容和方法

变形观测的成果整理包括简单整理和定期的成果整理分析。简单整理是在每周期观测结束后，应及时计算出建筑物的各项变形，检查观测中的粗差，初步判断建筑物是否存在异常现象，以便根据情况进行必要的重测与进一步的监视观测。定期成果整理分析是在进行了一定数量的周期观测后，应对观测成果进行整理分析，以便归纳分析建筑物变形过程、变形规律、变形幅度，分析建筑物变形的原因，变形值与引起变形因素之间的关系，将变形值与设计值进行比较，进一步判断建筑物工作是否正常，在积累了大量观测数据之后，还可以进一步找出建筑物变形的内在规律，从而修正设计理论和经验系数。

定期成果整理分析主要包括下列内容：

(1) 检核各项原始记录，检查各项观测值是否合乎限差要求，各次变形值的计算有无误差。

(2) 对各变形值按时间逐点填写观测报表。

(3) 绘制各种变形过程线，建筑物的各种剖面变形分布图，变形值与其他有关因素的关系曲线图。

(4) 根据上述各种曲线，分析建筑物的变形规律，判断建筑物的安全程度和预报未来变形值的范围。提出对工程管理的改进意见。

二、观测点变形值过程线的绘制

一个观测点变形值的过程线是以时间为横坐标，以累计变形值（水平位移、垂直位移、倾斜等）为纵坐标绘制的曲线。观测点变形过程线，可以明显地反映出变形的趋势、变形的规律和变形的幅度，对于初步判断建筑物的工作是否正常，是非常有用的。

绘制观测点变形过程线的步骤如下。

1. 编制、填写变形值报表

根据观测记录或计算结果，将观测点的变形值编制成表格。表 15-1 为某观测点在 1997 年 10 月至 1999 年 4 月间水平位移综合表。

2. 绘制观测点变形值过程线

图 15-16 是根据表 15-1 绘制的某坝 21 号观测点的水平位移过程线，图中横坐标表示时间，纵坐标表示观测点的累计水平位移值（向上游为负，向下游为正）。

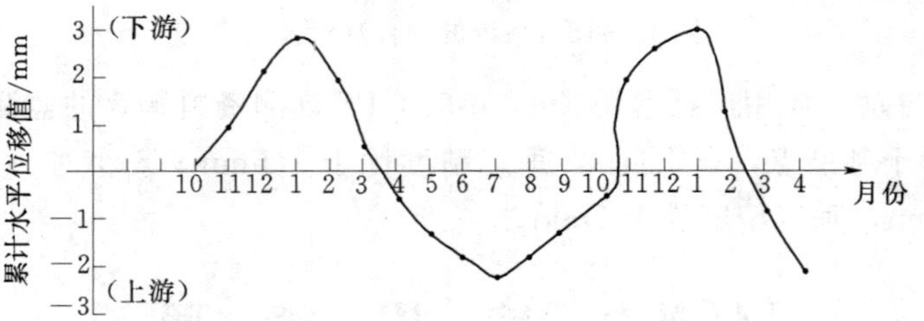

图 15-16　水平位移曲线

表 15-1　　**水 平 位 移 表**

观测点号	累计水平位移/mm								
	1997 年			1998 年					
	10 月 5 日	11 月 4 日	12 月 6 日	1 月 5 日	2 月 6 日	3 月 4 日	4 月 6 日	5 月 4 日	6 月 7 日
21	0	+0.80	+2.05	+2.80	+1.83	+0.61	−0.62	−1.43	−2.00

观测点号	累计水平位移/mm									
	1998 年						1999 年			
	7 月 6 日	8 月 5 日	9 月 4 日	10 月 6 日	11 月 4 日	12 月 7 日	1 月 5 日	2 月 5 日	3 月 4 日	4 月 6 日
21	−2.65	−2.34	−1.51	−0.20	+2.03	+2.50	+2.84	+1.01	−1.10	−2.51

为了便于全面分析工程建筑物变形的原因和规律，还要经常绘制建筑物垂直位移、水位、温度等过程线。表 15-2 是某混凝土坝坝顶 55 号点垂直位移综合表，图 15-17 是根据该表绘制的 55 号点垂直位移过程线，由图中可以看出，变形过程线是以年为周期的正弦曲线，说明大坝变形属于弹性变形。从图中还可以很方便地找出大坝变形的幅度。例如从图 15-16 中可量出坝顶 21 号点水平位移的变形幅度：2.65+2.84=5.49（mm），通过对坝顶全部观测点位移幅度的比较，可找出坝顶水平位移的最大变幅。

表 15-2　　垂直位移综合表

观测点号	累计垂直位移/mm								
	1997 年								1998 年
	5 月 14 日	6 月 16 日	7 月 15 日	8 月 15 日	9 月 16 日	10 月 16 日	11 月 15 日	12 月 15 日	1 月 14 日
55	0	−0.62	−1.42	−1.85	−1.30	−0.90	−0.60	+0.40	+1.10

观测点号	累计垂直位移/mm									
	1998 年									
	2 月 16 日	3 月 15 日	4 月 15 日	5 月 15 日	6 月 16 日	7 月 16 日	8 月 14 日	9 月 15 日	10 月 15 日	11 月 16 日
55	+2.32	+2.89	+2.30	+0.37	−0.90	−2.01	−2.75	+0.17	+0.66	+1.61

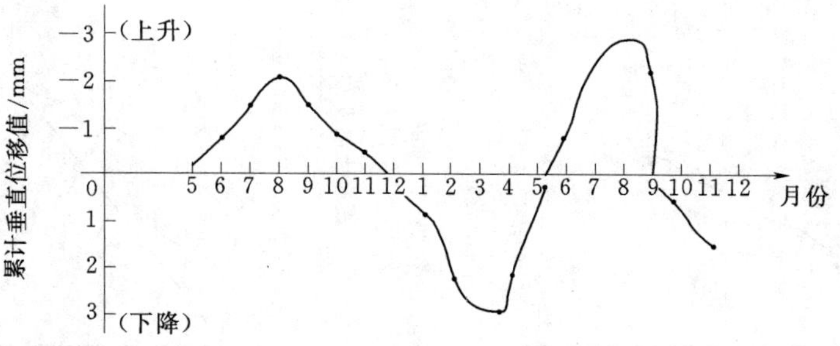

图 15-17　垂直位移曲线

3. 实测变形过程线的修匀

由于观测是定期进行的，所得成果在变形过程线上仅是几个孤立的点。若直接连接各点，则得到的自然是一条折线，如图 15-18 (*a*) 中的实线。

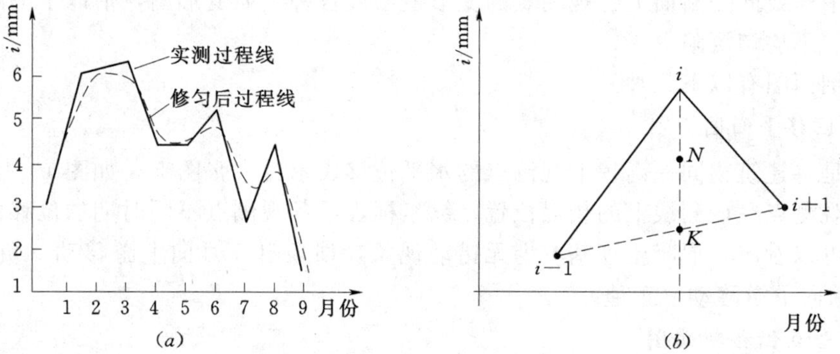

图 15-18　变形过程线修匀

为了更确切地反映建筑物变形的规律，需将折线修匀成圆滑的曲线。常用的修匀方法是“三点法”。如图 15-18 (*b*) 中 ($i-1$)、i、($i+1$) 为实测变形过程中相邻的三点，用“三点法”修匀的步骤是：①用直尺将点 ($i-1$) 和 ($i+1$) 相连，求取此线与过 i 点的纵坐标轴平行线的交点 k；②在直线 iK 上求取 N 点，使 $NK=P_i/[P]\ iK$，则点 N 即为 i 的修正位置

$$[P]=P_{i-1}+P_i+P_{i+1}$$

而 P_{i-1}、P_i、P_{i+1}分别为点（$i-1$）、i、（$i+1$）三点根据实测情况决定的权。当 $P_i=P_{i+1}=P_{i-1}$时，$P_i/[P]=1/3$。图 15－18（b）中的 N 点是根据 $P_{i-1}=P_{i+1}=1$，$P_i=4$ 求取的。图 15－18（a）中的虚线是根据“三点法”修匀后的过程线。

三、各种关系曲线图的绘制

除了绘制上述过程线图外，为了分析建筑物变形与各种外界及内在因素的关系，还要绘制各种关系曲线。例如：垂直位移与地下水位的关系，大坝水平位移与上游水位的关系，垂直位移与混凝土温度的关系，等等。

图 15－19 为混凝土大坝上游水位与水平位移关系曲线，图 15－20 为混凝土坝体温度与垂直位移关系曲线。

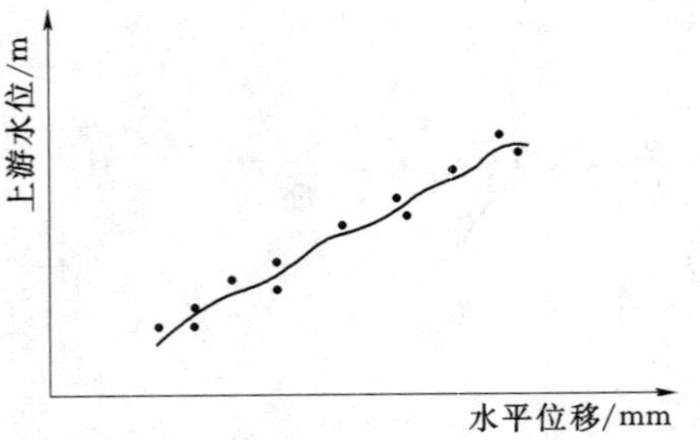

图 15－19 上游水位与水平位移关系曲线

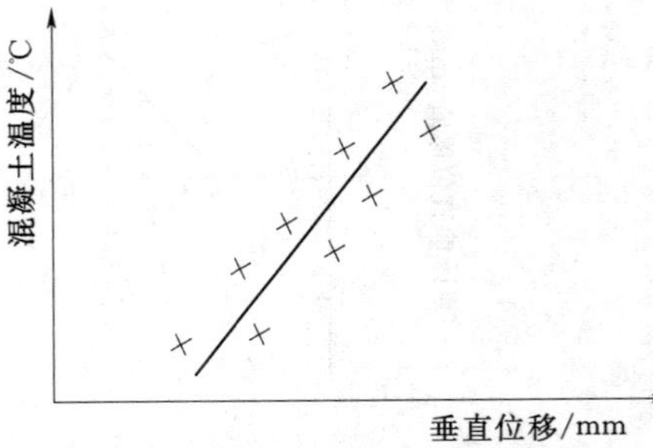

图 15－20 坝体温度与垂直位移关系曲线

四、建筑物各种剖面图、变形图的绘制

为了了解建筑物的变形状况，除了绘制观测点变形值过程线图和各种关系曲线图外，还要将同一平面或同一断面上各观测点的变形值绘成各种剖面变形图，借以了解建筑物之间是否错动、不均匀沉陷等。

常用的剖面图有以下几种。

1. 水平位移平面图

这种图是将建筑物同一高程上观测点的水平位移表示在一张图上，如图 15－21 所示。横坐标表示观测点在该测线上的相对位置，纵坐标表示各观测点不同时期的位移值。

由图中可以看出，混凝土坝基本上无错动现象，坝顶自 5 月向上游移动（负值），到 7 月坝体开始向下游移动（正值）。

2. 坝体垂直位移断面图

图 15－22 为某混凝土坝基础廊道垂直位移纵断面图。根据需要，可以沿建筑物纵剖面或横剖面来表示建筑物的垂直位移情况。当建筑物在不同高程上均进行垂直位移观测时，也可在一个断面上表示几个高程面上的垂直位移情况。绘制垂直位移断面图时，用横坐标表示观测点的相对位置，用纵坐标表示垂直位移（下沉为正，上升为负）。

从图中可以看出，坝体基本上是均匀沉陷，其垂直位移的规律是 4 月开始向下沉，到 8 月以后开始回升，属弹性变形。

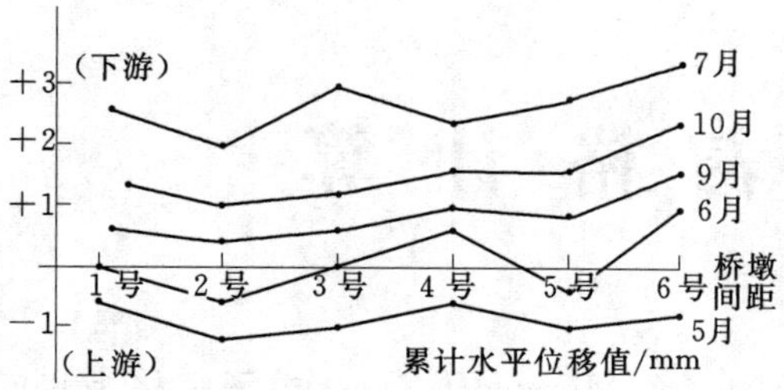

图 15-21　水平位移平面图

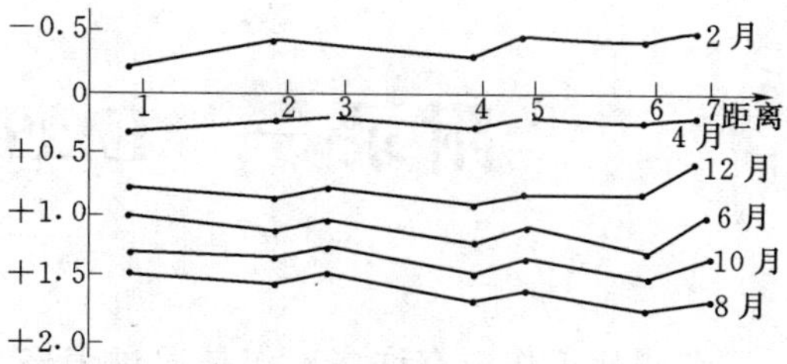

图 15-22　垂直位移断面图

3. 坝体挠度曲线

将同一垂直横断面上不同高程各点的水平位移绘在一张图上，就得到该断面的挠度曲线，绘图时以横坐标表示各测点相对基准点（测站）的水平位移值，纵坐标表示各测点所在位置的高程，如图 15-23 所示。

从图中可看出，从 1 月开始，坝体向下游摆动，7 月以后，坝体开始向上游回摆，到 12 月又转而向下游摆动，显示了混凝土坝弹性变形的特性。

4. 垂直位移等值线图

在分析建筑物基础沉陷情况时，还常常用到等值线图。首先按适当比例尺绘制建筑物平面图，并标上垂直位移观测点位，然后将垂直位移实测成果填入相应测点上，勾绘出等值线。勾绘方法与地形测量中勾绘等高线的方法一样。

图 15-24 为某坝垂直位移等值线图。由图中可以看出：在原老河槽处沉陷量最大，由坝体中间向四周逐渐减少，说明坝高的地方沉陷量较大。

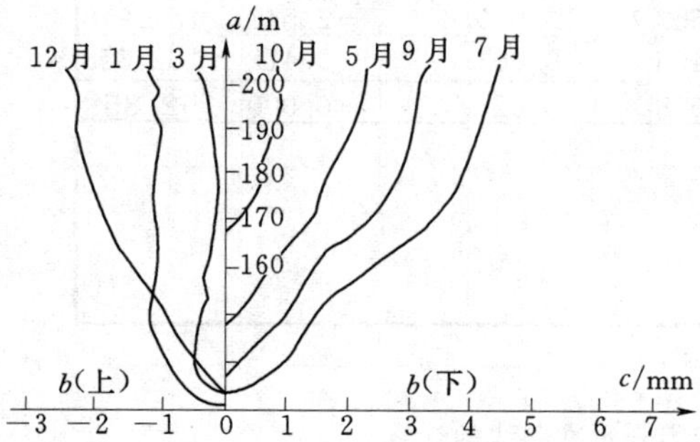

图 15-23　坝体挠度曲线

a—高程；b—上、下游；c—水平位移值

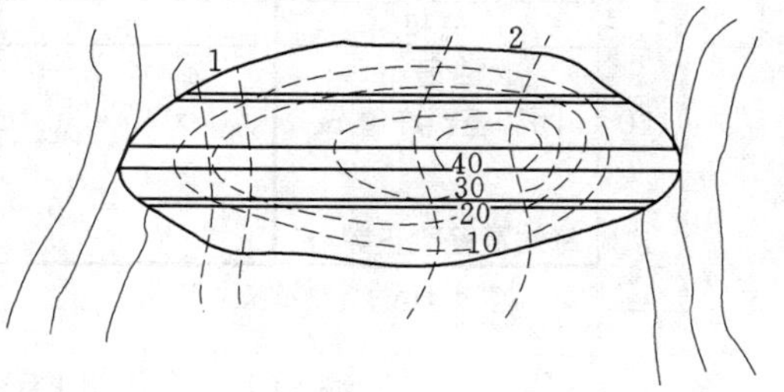

图 15-24　坝体垂直位移等值线

1—合拢段；2—老河槽

习　题

1. 什么是大坝变形观测？主要包括哪几项观测内容？
2. 请分别叙述混凝土坝与土坝变形观测点的布置方法。
3. 大坝水平位移观测的方法有哪些？试简述其具体的观测方法及适用场合。
4. 试简述大坝挠度观测的方法。
5. 垂直位移观测的标点有哪几种？简述其布设方案。

附录一 Excel 表格计算

在测量工作中有许多工作是通过表格来完成的。而 Microsoft Excel 电子表格为我们提供了能进行高级复杂计算的功能。这里以书中的一些表格计算为例，介绍 Excel 在测量中的应用。

一、利用 Excel 进行水准路线成果计算

1. 使用 Excel 计算项目四表 4-3

计算结果如附图 1-1 所示。按照图中所示输入已知数据：点名（A 列）、测站数（B 列）、观测高差（C 列）、已知点 BM_1 的高程。

表1

	A	B	C	D	E	F
1	表4-3 闭合水准测量的成果处理					
2	点名	测站数	观测高差/m	改正数/m	改正后高差/m	高程/m
3	BM1					**152.358**
4	A	5.0	0.746	0.006	0.752	153.110
5	B	4.0	1.374	0.005	1.379	154.489
6	C	8.0	-2.553	0.010	-2.543	151.946
7	BM1	6.0	0.405	0.007	0.412	152.358
8	总和	23.0	-0.028	0.028	0.000	**152.358**
9	闭合差/m	$\sum h=$	-0.028			
10	闭和差容许值/m	$f_{h容}=\pm12\sqrt{n}=$	0.058			
11	每站高差改正数/m	$-\frac{\sum h}{n}=$	0.001			
12	注：公式中的n为总测站数					

附图 1-1 使用 Excel 进行闭合水准路线的计算

在表中输入已知数据后，便可以输入公式，计算闭合差、改正数及各点高程。公式输入如附图 1-2 所示。

如计算无误，则 D8（改正数之和）的计算结果应等于 C9（闭合差）结果的反号。

如果计算无误，则 E9（改正后高差之和）的计算结果应等于 0。

如果计算无误，则 F7（已知点的高程）的计算结果应等于 F8（已知点的高程）的值。

当改正数出现凑整误差时，可手动修改改正数。

2. 使用 Excel 计算项目四表 4-4

计算结果如附图 1-3 所示。按照图中所示输入已知数据：点名（A 列）、路线长（B 列）、观测高差（C 列）、已知点 *BM*—A 和 *BM*—B 的高程。

1	A	B	C	D	E	F
2	点名	测站数	观测高差/m	改正数/m	改正后高差/m	高程/m
3	BM_1					152.358
4	A	5.0	0.746	B4 * $C$11	C4+D4	F3+E4
5	B	4.0	1.374	B5 * $C$11	C5+D5	F4+E5
6	C	8.0	−2.553	B6 * $C$11	C6+D6	F5+E6
7	BM_1	6.0	0.405	B7 * $C$11	C7+D7	F6+E7
8	总和	SUM(B4:B7)	SUM(C4:C7)	SUM(D4:D7)	SUM(E4:E7)	152.358
9	闭合差/m	$\sum h=$	C8			
10	闭合差容许值/m	$f_{h允}=\pm 12\sqrt{n}=$	12 * SQRT(B8)/1000			
11	每站高差改正数/m	$-\frac{\sum h}{n}=$	−C9/B8			

附图 1-2 Excel表进行闭合水准路线计算的公式输入

	A	B	C	D	E	F
1	表4-4 附合水准测量的成果处理					
2	点名	路线长/km	观测高差/m	改正数/m	改正后高差/m	高程/m
3	BM-A					**45.286**
4	1	1.6	2.331	-0.008	2.323	47.609
5	2	2.1	2.813	-0.011	2.803	50.412
6	3	1.7	-2.244	-0.009	-2.253	48.159
7	BM-B	2.0	1.430	-0.010	1.420	49.579
8	总和	7.4	4.330	-0.037	4.293	**49.579**
9	闭合差/m	$f_h=\sum h_{测}-(H_{终}-H_{始})=$		0.037	$H_{终}-H_{始}=$	4.293
10	闭和差容许值/m	$\pm 40\sqrt{L}$mm =		0.109		
11	1km高差改正数/m	$-\frac{f_h}{\sum L}=$		-0.005		

附图 1-3 使用 Excel进行附合水准路线的计算

在表中输入已知数据后，便可以输入公式，计算闭合差、改正数及各点高程。公式输入如附图 1-4 所示。

如计算无误，则 D8（改正数之和）的计算结果应等于 D9（闭合差）结果的反号。

如果计算无误，则 E8（改正后高差之和）的计算结果应等于 F9（终点与起始点的高差）。

如果计算无误，则 F7（已知点的高程）的计算结果应等于 F8（已知点的高程）的值。

当改正数出现凑整误差时，可手动修改改正数。

二、利用 Excel 计算中误差

1. 用改正数计算观测值中误差

使用 Excel 计算项目三表 3-3，计算结果如附图 1-5 所示。按照图中所示输入已知数据：观测次序（A 列）、观测值（B 列）。

	A	B	C	D	E	F
1	点名	路线长/km	观测高差/m	改正数/m	改正后高差/m	高程/m
2	*BM-A*					45.286
3	1	1.6	2.331	B4 * $D$11	C4+D4	F3+E4
4	2	2.1	2.813	B5 * $D$11	C5+D5	F4+E5
5	3	1.7	−2.244	B6 * $D$11	C6+D6	F5+E6
6	*BM-B*	2.0	1.430	B7 * $D$11	C7+D7	F6+E7
7	总和	SUM(B4:B7)	SUM(C4:C7)	SUM(D4:D7)	SUM(E4:E7)	49.579
8	闭合差/m	$f_h=\sum h_{测}-(H_{终}-H_{始})=$		C8−(F8−F3)	$H_{终}-H_{始}=$	F8−F3
9	闭和差容许值/m	$\pm 40\sqrt{L}$mm=		40 * SQRT(B8)/1000		
10	1km高差改正数/m	$-\frac{f_h}{\sum L}=$		−D9/B8		

附图 1-4　Excel表进行附合水准路线计算的公式输入

	A	B	C	D	
1	表3-3 用改正数计算观测值的中误差				
2	次序	观测值/m	V/mm	VV	
3	1	123.457	-5.00	25	
4	2	123.450	2.00	4	
5	3	123.453	-1.00	1	
6	4	123.449	3.00	9	
7	5	123.451	1.00	1	
8	总和	**123.452**	0.00	40	
9			观测值的中误差m=	3.162	mm

附图 1-5　使用Excel计算观测值中误差

在表中输入已知数据后，便可以输入公式，计算改正数及中误差。公式输入如附图 1-6 所示。

其中，利用改正数总和（C8）为零，可用作计算中的检核。

2. 计算算术平均值、算术平均值中误差及相对误差

使用Excel计算项目三表 3-4，计算结果如附图 1-7 所示。按照图中所示输入已知数据：观测次序（A列）、观测值（B列）。

在表中输入已知数据后，便可以输入公式，计算改正数及中误差。公式输入如附图 1-8所示。

其中，利用改正数总和（C9）为零，可用作计算中的检核。

三、利用Excel进行闭合和附合导线坐标计算

1. 闭合导线坐标计算

使用Excel计算项目八表 8-6，计算结果如附图 1-9 所示。按照图中所示输入已知

数据：点号（A 列）、观测角值（B、C、D 列）、距离（I 列）、已知起始边 12 的方位角（H3）和 1 点的坐标（N3、O3）。

在表中输入已知数据后，便可以输入公式进行计算。公式输入如附图 1－10 所示。

	A	B	C	D
1	次序	观测值/m	V/mm	VV
2	1	123.457	($B$8－B3)*1000	C3^2
3	2	123.450	($B$8－B4)*1000	C4^2
4	3	123.453	($B$8－B5)*1000	C5^2
5	4	123.449	($B$8－B6)*1000	C6^2
6	5	123.451	($B$8－B7)*1000	C7^2
7	总和	(SUM(B3:B7))/A7	SUM(C3:C7)	SUM(D3:D7)
			观测值的中误差 m=	SQRT((SUM(D8)/(A7－1)))

附图 1－6　使用 Excel 计算观测值中误差的公式输入

	A	B	C	D	
1	表3-4 计算算术平均值中误差及其相对中误差				
2	次序	观测值/m	V/mm	VV	
3	1	140.324	-8.83	78.028	
4	2	140.319	-3.83	14.694	
5	3	140.320	-4.83	23.361	
6	4	140.311	4.17	17.361	
7	5	140.301	14.17	200.694	
8	6	140.316	-0.83	0.694	
9	总和	841.891	0.00	334.833	
10	算术平均值	140.315	中误差M=	3.341	mm
11		相对中误差	1/	42000	

附图 1－7　使用 Excel 计算算术平均值中误差

	A	B	C	D
1	次序	观测值/m	V/mm	VV
2	1	140.324	－8.83	78.028
3	2	140.319	－3.83	14.694
4	3	140.320	－4.83	23.361
5	4	140.311	4.17	17.361
6	5	140.301	14.17	200.694
7	6	140.316	－0.83	0.694
8	总和	SUM(B3:B8)	SUM(C3:C8)	SUM(D3:D8)
9	算术平均值	B9/A8	中误差 M=	SQRT(D9/(A8*(A8－1)))
10		相对中误差	1/INT(B10/D10*1000)	

附图 1－8　使用 Excel 计算算术平均值中误差的公式输入

	A	B	C	D	E	F	G	H	I	J	K	L	M	N	O
1	表8-6 图根级闭合导线坐标计算表（右角）														
2	点号	°	′	″	观测角/(°)	角度改正数	改正后的角/(°)	坐标方位角/(°)	距离/m	Δx/m	Δy/m	Δx/m	Δy/m	x/m	y/m
3	1							**38.25000**						200.00	200.00
4	2	102	48	9	**102.8025**	-0.0025	102.800000	115.45000	**112.01**	87.96	69.34	87.93	69.34	287.93	269.34
5	3	78	51	15	**78.8542**	-0.0025	78.851667	216.59833	**87.58**	-37.64	79.08	-37.66	79.07	250.28	348.41
6	4	84	23	27	**84.3908**	-0.0025	84.388333	312.21000	**137.71**	-110.56	-82.10	-110.59	-82.11	139.68	266.30
7	1	93	57	45	**93.9625**	-0.0025	93.960000	38.25000	**89.5**	60.13	-66.29	60.11	-66.30	199.79	200.00
8	2														
9	Σ				360.01	-0.01	360.0000		426.8	0.11	0.03	-0.21	0.00		
10	辅助计算	$f_{\beta测}$ =			0.01	度 =	36	秒	f_D =	0.114					
11		$f_{\beta理}$ =			120	秒			K=	1/	3729	<	1/2000		

附图 1-9　闭合导线计算

	A	B	C	D	E	F	G	H	I	J	K	L	M	N	O
1	表8-6 图根级闭合导线坐标计算表（右角）														
2	点号	°	′	″	观测角/(°)	角度改正数	改正后的角/(°)	坐标方位角/(°)	距离/m	Δx/m	Δy/m	Δx/m	Δy/m	x/m	y/m
3	1							**38.25000**						200.00	200.00
4	2	102	48	9	B4+C4/60+D4/3600	-$E$10/4	E4+F4	H3-G4+180	112.01	I4*COS(RADIANS(H3))	I4*SIN(RADIANS(H3))	J4-I4/$I$9*$J$9	K4-I4/$I$9*$K$9	N3+L4	O3+M4
5	3	78	51	15	B5+C5/60+D5/3600	-$E$10/4	E5+F5	H4-G5+180	87.58	I5*COS(RADIANS(H4))	I5*SIN(RADIANS(H4))	J5-I5/$I$9*$J$9	K5-I5/$I$9*$K$9	N4+L5	O4+M5
6	4	84	23	27	B6+C6/60+D6/3600	-$E$10/4	E6+F6	H5-G6+180	137.71	I6*COS(RADIANS(H5))	I6*SIN(RADIANS(H5))	J6-I6/$I$9*$J$9	K6-I6/$I$9*$K$9	N5+L6	O5+M6
7	1	93	57	45	B7+C7/60+D7/3600	-$E$10/4	E7+F7	H7-G8+180	89.5	I7*COS(RADIANS(H6))	I7*SIN(RADIANS(H6))	J7-I7/$I$9*$J$9	K7-I7/$I$9*$K$9	N6+L7	O6+M7
8	2														
9	Σ						SUM(F4:F7)		SUM(I4:I7)	SUM(J4:J7)	SUM(K4:K7)				
10	辅助计算	$f_{\beta测}$ =			E9-360	度 =	E10*3600	秒	f_D =	SQRT(J9^2+K9^2)					
11		$f_{\beta理}$ =			60*SQRT(4)	秒			K=	1/	INT(I9/J10)	<	1/2000		

附图 1-10　闭合导线计算的公式输入

2. 附合导线坐标计算

使用 Excel 计算项目八表 8－7，计算结果如附图 1－11 所示。按照图中所示输入已知数据：点号（A 列）、观测角值（B、C、D 列）、距离（I 列）、已知起始边 AB 的方位角（H3）和 CD 边的方位角（H10），已知点 B 和 C 的坐标。

	A	B	C	D	E	F	G	H	I	J	K	L	M	N	O
1	表8-7 图根附合导线坐标计算表（右角）														
2	点号	°	′	″	观测角/(°)	角度改正数	改正后的角/(°)	坐标方位角/(°)	距离/m	Δx/m	Δy/m	Δx/m	Δy/m	x/m	y/m
3	A							**43.28670**							
4	B	180	13	36	**180.2267**	0.0022272	180.228894	43.05781	**124.08**	90.661	84.714	90.646	84.734	**1230.880**	**673.450**
5	1	178	22	30	**178.3750**	0.0022272	178.377227	44.68058	**164.10**	116.681	115.388	116.662	115.415	1321.526	758.184
6	2	193	44	0	**193.7333**	0.0022272	193.735561	30.94502	**208.53**	178.848	107.229	178.824	107.264	1438.189	873.599
7	3	181	13	0	**181.2167**	0.0022272	181.218894	29.72612	**94.18**	81.786	46.700	81.775	46.715	1617.012	980.863
8	4	204	54	30	**204.9083**	0.0022272	204.910561	4.81556	**147.44**	146.9196	12.37737	146.902	12.402	1698.788	1027.578
9	C	180	32	48	**180.5467**	0.0022272	180.548894	4.26667						1845.690	1039.980
10	D							**4.26667**						**1845.690**	**1039.980**
11	和				1119.00667	0.013	1119.0200		738.33	614.896	366.408	614.810	366.530		
12	辅助计算		α'_{CD} =		4.28003		$x_C - x_A$ =	614.81	$y_C - y_A$ =	366.530	f_x(m) =	0.086	f_y(m) =	-0.122	
13			f_β(d)=		0.01336						f(m) =	0.150			
14			f_β(s)=		48	$f_{\beta允}$(s) =	147	K =	1/	4932	<	1/2000			

附图 1－11　附合导线计算

在表中输入已知数据后，便可以输入公式进行计算。公式输入如附图 1－12（a）、（b）所示。

	A	B	C	D	E	F	G	H	I
1									表8-7 图根附合导
2	点号	°	′	″	观测角/(°)	角度改正数	改正后的角	坐标方位角/(°)	距离/m
3	A							**43.28670**	
4	B	180	13	36	B4+C4/60+D4/3600	$E$13/6	E4+F4	H3-G4+180+IF(H3-G4+180>360,-360,0)	**124.08**
5	1	178	22	30	B5+C5/60+D5/3600	$E$13/6	E5+F5	H4-G5+180+IF(H4-G5+180>360,-360,0)	**164.10**
6	2	193	44	0	B6+C6/60+D6/3600	$E$13/6	E6+F6	H5-G6+180+IF(H5-G6+180>360,-360,0)	**208.53**
7	3	181	13	0	B7+C7/60+D7/3600	$E$13/6	E7+F7	H6-G7+180+IF(H6-G7+180>360,-360,0)	**94.18**
8	4	204	54	30	B8+C8/60+D8/3600	$E$13/6	E8+F9	H7-G8+180+IF(H7-G8+180>360,-360,0)	**147.44**
9	C	180	32	48	B9+C9/60+D9/3600	$E$13/6	E9+F9	H8-G9+180+IF(H8-G9+180>360,-360,0)	
10	D							**4.26667**	
11	和				SUM(E4:E9)	UM(F4:F9	SUM(G4:G9)		SUM(I4:I8
12	辅助计算		α'_{CD} =		H3-E11+6*180		$x_C - x_A$ =	N10-N4	$y_C - y_A$ =
13			f_β(d)=		E12-H10				
14			f_β(s)=		E13*3600	$f_{\beta允}$(s) =	60*SQRT(6)		K = 1/

附图 1－12（a）　附合导线计算公式输入

	I	J	K	L	M	N	O
1	图根附合导线坐标计算表（右角）						
2	距离/m	Δx/m	Δy/m	Δx/m	Δy/m	x/m	y/m
3							
4	**124.08**	I4*COS(RADIANS(H4))	I4*SIN(RADIANS(H4))	J4-I4/$I$11*$L$12	K4-I4/$I$11*$N$12	**1230.880**	**673.450**
5	**164.10**	I5*COS(RADIANS(H5))	I5*SIN(RADIANS(H5))	J5-I5/$I$11*$L$12	K5-I5/$I$11*$N$12	N4+L4	O4+M4
6	**208.53**	I6*COS(RADIANS(H6))	I6*SIN(RADIANS(H6))	J6-I6/$I$11*$L$12	K6-I6/$I$11*$N$12	N5+L5	O5+M5
7	**94.18**	I7*COS(RADIANS(H7))	I7*SIN(RADIANS(H7))	J7-I7/$I$11*$L$12	K7-I7/$I$11*$N$12	N6+L6	O6+M6
8	**147.44**	I8*COS(RADIANS(H8))	I8*SIN(RADIANS(H8))	J8-I8/$I$11*$L$12	K8-I8/$I$11*$N$12	N7+L7	O7+M7
9						N8+L8	O8+M8
10						**1845.690**	**1039.980**
11	SUM(I4:I8)	SUM(J4:J8)	SUM(K4:K8)	SUM(L4:L8)	SUM(M4:M8)		
12	$y_C - y_A$ =	O10-O4	f_x(m) =	J11-H12	f_y(m) =	K11-J12	
13			f (m) =	SQRT(L12^2+N12^2)			
14	K = 1/	I11/L13	<	1/2000			

附图 1－12（b）　附合导线计算公式输入

四、利用 Excel 进行曲线放样数据计算

1. 计算圆曲线主点元素及里程

使用 Excel 计算项目十一［例 11-2］，计算结果如附图 1-13 所示。按照图中所示输入已知数据：转角（B3）、半径（D3）、交点 JD 里程（E3）。

	A	B	C	D	E
1	例11-2 圆曲线主点元素及里程计算				
2	已知数据	转角/(°)	转角/弧度	半径/m	JD里程/m
3		23.3333	0.40724291	200	380.89
4	主点元素计算	**T/m**	**L/m**	**E/m**	**q/m**
5		41.30	81.45	4.22	1.14
6	主点里程计算	**ZY**	**YZ**	**QZ**	**检核JD里程**
7		339.59	421.04	380.32	380.89

附图 1-13　圆曲线主点元素及里程计算

在表中输入已知数据后，便可以输入公式进行计算。公式输入如附图 1-14 所示。

	A	B	C	D	E
1	已知数据	转角/(°)	转角/弧度	半径/m	JD 里程/m
2		23.3333	RADIANS(B3)	200	380.89
3	主点元素计算	**T/m**	**L/m**	**E/m**	**q/m**
4		D3 * tan(C3/2)	D3 * C3	D3 * (1/cos(C3/2)－1)	2 * B5－C5
5	主点里程计算	**ZY**	**YZ**	**QZ**	检核 **JD** 里程
6		E3－B5	B7＋C5	C7－C5/2	D7＋E5/2

附图 1-14　圆曲线主点元素及里程计算公式输入

2. 直角坐标法计算细部点放样数据

使用 Excel 计算项目十一表 11-1，计算结果如附图 1-15 所示。按照图中所示输入已知数据：转角（B3）、半径（D3）、交点 JD 里程（E3）。

	A	B	C	D	E	F
1	表11-1 直角坐标法计算放样数据					
2	已知数据	转角/(°)	转角/弧度	半径/m	JD里程/m	
3		92.6667	1.617339022	20	2752.89	
4	主点元素计算	**T/m**	**L/m**	**E/m**	**q/m**	
5		20.95	32.35	8.97	9.56	
6	主点里程计算	**ZY**	**YZ**	**QZ**	**检核JD里程**	
7		2731.94	2764.28	2748.11	2752.89	
8	曲线桩号		各桩至ZY或YZ的弧长	圆心角/弧度	x坐标/m	y坐标/m
9	**ZY**	2731.94	0.000	0.0000	0.000	0.000
10		2740.00	8.063	0.4032	7.847	1.603
11	**QZ**	2748.11	16.173	0.8087	14.467	6.191
12		2750.00	14.284	0.7142	13.100	4.887
13		2760.00	4.284	0.2142	4.251	0.457
14	**YZ**	2764.28	0.000	0.0000	0.000	0.000

附图 1-15　直角坐标法计算细部点放样数据

在表中输入已知数据后，便可以输入公式进行计算。公式输入如附图 1－16 所示。

首先计算主点元素及里程：切线长 T、曲线长 L、外矢距 E 和切曲差 q，主点 ZY、YZ、QZ 里程。

已知数据	转角/(°)	转角/弧度	半径/m	JD 里程/m	
	92.6667	RADIANS(B3)	20	2752.89	
主点元素计算	**T/m**	**L/m**	**E/m**	**q/m**	
	D3 * tan(C3/2)	D3 * C3	D3 * (1/cos(C3/2)－1)	2 * B5－C5	
主点里程计算	**ZY**	**YZ**	**QZ**	检核 **JD** 里程	
	E3－B5	B7＋C5	C7－C5/2	D7＋E5/2	
曲线桩号	各桩至 ZY 或 YZ 的弧长	圆心角/弧度	x 坐标/m	y 坐标/m	
ZY	E3－B5	B9－B9	C9/ $D$12	$D$12 * SIN(D9)	$D$12 * (1－COS(D9))
	2740.00	B10－B9＋C9	C10/ $D$12	$D$12 * SIN(D10)	$D$12 * (1－COS(D10))
QZ	C7－C5/2	B11－B10＋C10	C11/ $D$12	$D$12 * SIN(D11)	$D$12 * (1－COS(D11))
	2750.00	B13－B12＋C13	C12/ $D$12	$D$12 * SIN(D12)	$D$12 * (1－COS(D12))
	2760.00	B14－B13＋C14	C13/ $D$12	$D$12 * SIN(D13)	$D$12 * (1－COS(D13))
YZ	B7＋C5	B14－B14	C14/ $D$12	$D$12 * SIN(D14)	$B$25 * (1－COS(D14))

附图 1－16　直角坐标法计算细部点放样数据公式输入

然后，在 B 列输入主点及各细部点的桩号，按公式计算出弧长、圆心角和坐标。

3. 偏角法

使用 Excel 计算项目十一表 11－2，计算结果如附图 1－17 所示。按照图中所示输入已知数据：转角（B3）、半径（D3）、交点 JD 里程（E3）。

	A	B	C	D	E	F	G
1	表11-2　圆曲线主点元素及里程计算						
2	已知数据	转角/(°)	转角/弧度	半径/m	JD里程/m		
3		68.7	1.199041196	100	2254.02		
4	主点元素计算	**T/m**	**L/m**	**E/m**	**q/m**		
5		68.34	119.90	21.12	16.78		
6	主点里程计算	**ZY**	**YZ**	**QZ**	**检核JD里程**		
7		2185.68	2305.58	2245.63	2254.02		
8	里程		各桩至ZY的弧长/m	偏角/(°)	弦长/m	相邻曲线桩间弧长/m	相邻曲线桩间弦长/m
9	ZY	2185.68	0.00	0.0000	0.0000		
10		2200.00	14.32	4.1033	14.3111	14.323	14.311
11		2220.00	34.32	9.8329	34.1551	20.000	19.967
12		2240.00	54.32	15.5625	53.6578	20.000	19.967
13		2260.00	74.32	21.2921	72.6244	20.000	19.967
14		2280.00	94.32	27.0216	90.8654	20.000	19.967
15		2300.00	114.32	32.7512	108.1985	20.000	19.967
16	YZ	2305.58	119.90	34.3500	112.8493	5.581	5.580
17	QZ	2245.63	59.95	17.1750	59.0582		

附图 1－17　偏角法计算细部点放样数据

在表中输入已知数据后，便可以输入公式进行计算。公式输入如附图 1－18 所示。

	A	B	C	D	E	F	G
1	表11-2 偏角法计算细部点放样数据						
2	已知数据	转角/(°)	转角/弧度	半径/m	JD里程/m		
3		68.7	RADIANS(B3)	100	2254.02		
4	主点元素计算	**T/m**	**L/m**	**E/m**	**q/m**		
5		D3 * tan(C3/2)	D3 * C3	D3 * (1/cos(C3/2)−1)	2 * B5−C5		
6	主点里程计算	**ZY**	**YZ**	**QZ**	**检核JD里程**		
7		E3−B5	B7+C5	C7−C5/2	D7+E5/2		
8	里程		各桩至ZY的弧长/m	偏角/(°)	弦长/m	相邻曲线桩间弧长/m	相邻曲线桩间弦长/m
9	ZY	E3−B5	B9−B9	DEGREES(C9/$D$3)/2	2 * $D$3 * SIN(RADIANS(D9))		
10		2200.00	B10−B9+C9	DEGREES(C10/$D$3)/2	2 * $D$3 * SIN(RADIANS(D10))	B10−B9	2 * $D$3 * SIN(F10/2/$D$3)
11		2220.00	B11−B10+C10	DEGREES(C11/$D$3)/2	2 * $D$3 * SIN(RADIANS(D11))	B11−B10	2 * $D$3 * SIN(F11/2/$D$3)
12		2240.00	B12−B11+C11	DEGREES(C12/$D$3)/2	2 * $D$3 * SIN(RADIANS(D12))	B12−B11	2 * $D$3 * SIN(F12/2/$D$3)
13		2260.00	B13−B12+C12	DEGREES(C13/$D$3)/2	2 * $D$3 * SIN(RADIANS(D13))	B13−B12	2 * $D$3 * SIN(F13/2/$D$3)
14		2280.00	B14−B13+C13	DEGREES(C14/$D$3)/2	2 * $D$3 * SIN(RADIANS(D14))	B14−B13	2 * $D$3 * SIN(F14/2/$D$3)
15		2300.00	B15−B14+C14	DEGREES(C15/$D$3)/2	2 * $D$3 * SIN(RADIANS(D15))	B15−B14	2 * $D$3 * SIN(F15/2/$D$3)
16	YZ	B7+C5	B16−B15+C15	DEGREES(C16/$D$3)/2	2 * $D$3 * SIN(RADIANS(D16))	B16−B15	2 * $D$3 * SIN(F16/2/$D$3)
17	QZ	C7−C5/2	B17−B16+C16	DEGREES(C17/$D$3)/2	2 * $D$3 * SIN(RADIANS(D17))		

附图1-18 偏角法计算细部点放样数据公式输入

首先计算主点元素及里程：切线长 T、曲线长 L、外矢距 E 和切曲差 q，主点ZY、YZ、QZ里程。然后，在B列输入主点及各细部点的桩号，按公式计算出弧长、偏角和弦长。

附录二　测　量　实　训

一、测量实习须知

(1) 水利工程测量是一门实践性很强的课程。测量实习课不仅可以加深对课堂教学内容的理解，而且只有通过实际操作才能真正领会和掌握仪器的构造、性能和使用方法，因此实习课是掌握测绘技能的重要环节，必须以严肃、认真的态度完成指定的实习内容，努力培养独立工作的能力、严谨的科学态度和团结协作的精神。

(2) 测量实习前，应预习所做实习项目，认真复习教材中有关内容，预习实习指导书，初步了解实习目的、要求、操作方法、步骤、记录、计算及注意事项等，及时完成实习前的预做作业，以便更好地完成实习项目。

(3) 实习应在规定的时间内进行，不得无故缺席或迟到早退。在测站上，不得嬉戏打闹，不看与实习无关的书籍或报纸。

(4) 实习分小组进行，组长负责小组实习的组织协调和仪器的借还。领取仪器时，由组长负责按借物单核对所借物品的品种、数量是否相符。核对无误后，在借物单上签字，再将全部仪器和工具领出仪器室。实习中，各组组长应切实负责，合理安排小组工作，每一项工作都由小组成员轮流担任，使每人都有练习的机会。

(5) 如果初次接触仪器，未经讲解，不得擅自开箱取用仪器，以免发生损坏。经实习指导教师讲授，明确仪器的构造、操作方法和注意事项后方可开箱进行操作。

(6) 在作业中间，应严格按照操作规程进行，要爱护仪器，有不懂之处及时请教指导老师。仪器使用注意事项见“测量仪器使用注意事项”。

(7) 应认真对待测量数据的记录和计算。具体要求见“测量记录注意事项”。

(8) 每人都应认真、仔细地操作，每项实习都应取得合格成果，并提交规范的实习报告，经指导教师审阅签字后，方可结束实习。

(9) 归还仪器时，应待仪器室工作人员对所还仪器和工具检查验收，获准后方可离开。

二、测量仪器使用注意事项

(1) 携带仪器时，应注意检查仪器箱盖是否关紧锁好，拉手、背带是否牢固。

(2) 打开仪器箱后，要看清并记住仪器在箱中的安放位置，以便用毕后将各部件稳妥地放回原位。

(3) 提取仪器之前，应注意先松开制动螺旋，以免取出仪器时因强行扭转而损坏微动装置，甚至损坏轴系。提取仪器时，应一手握住照准部支架，另一只手扶住基座部分，轻轻取出仪器，勿提望远镜，也不要一只手抓仪器。

(4) 三脚架安置稳妥后，方可安置仪器。安装仪器于脚架上时，应一手握住仪器，另一只手立即拧紧连接螺旋。

(5) 仪器安装在脚架上之后，应将仪器箱盖关好，以防灰尘等杂物进入箱中。仪器箱上不得坐人。

(6) 在野外，仪器必须有人守护，做到“人不离仪器”，特别在交通要道、施工场地或坚硬光滑之处，更应注意。

(7) 在阳光下使用仪器时，必须撑伞保护仪器，雨天应禁止观测。对于电子测量仪器，在任何情况下均应撑伞防护。

(8) 若发现透镜表面有灰尘或其他污物，应先用软毛刷轻轻拂去，再用镜头纸擦拭，严禁用手帕、粗布或其他纸张擦拭，以免损坏镜头。观测结束后应及时盖好物镜盖。

(9) 在训练过程中，应按实习指导书和操作规程严格操作。对仪器性能尚未了解的部件，未经指导教师许可，不得擅自操作。发现仪器有不正常情况，应及时报告。

(10) 各制动螺旋勿扭之过紧，各微动螺旋勿扭至极端。使用各种螺旋都应均匀用力，以免损坏螺纹。转动仪器时，应先松开制动螺旋。使用微动螺旋时，应先旋紧制动螺旋。

(11) 对于电子仪器，电池充电时，应用专用充电器。每次取下电池盒时，都必须先关掉仪器电源，否则仪器易损坏。在进行测量的过程中，千万不能不关机拔下电池，否则测量数据将会丢失。

(12) 仪器搬站时，先检查连接螺旋，再收拢脚架，一手握支架或基座，另一只手握脚架，将望远镜直立向上，保持仪器近直立状态搬移。绝对禁止横扛仪器于肩上。长距离搬运时应将仪器装入箱内，再行搬站。

(13) 从三脚架取下仪器时，先松开制动螺旋，一手握住仪器基座或支架，一手拧松连接螺旋，双手从脚架上取下仪器，装箱后再旋紧制动螺旋，以免仪器在箱内晃动。如发现箱盖不能关闭时，应打开查看原因，不可强力按下。最后关箱上锁。

(14) 水准尺、棱镜杆不准用作担抬工具，以防弯曲变形或折断。立尺时，要用双手扶好，严禁脱开双手。在观测间隙，不要将尺子随便倚靠于树上或墙上，以防尺子滑倒摔坏。尺子放在平地上，应注意不得有碎石、硬土块等尖锐物体磨伤尺面，更不能坐在尺子上。

(15) 训练结束前须清点仪器，发现损坏和遗失要及时报告，并按照学校的规章制度进行赔偿。

三、测量记录注意事项

(1) 记录时应用 2H 或 3H 铅笔书写，字体应端正清晰，不得潦草。

(2) 观测数据应直接填入指定的记录表格或实习报告册中，不得以其他纸张记录再事后誊抄。记录表格上规定的内容及项目必须填写，不得空白。

(3) 字体大小一般占格宽的一半左右，字脚靠近底线，留出空隙作改正错误用。

(4) 观测数据应随测随记，不得转抄，记录者应在每一数据记录完毕后立即向观测者“回报”所记数据，以防听错或记错。

(5) 如记录发生错误，不得直接在原数字上涂改，也不得用橡皮擦拭，应用横线或斜线将错误数据划去，并在其上方写上正确数据。观测成果不能连环涂改。除计算数据外，所有观测数据的修改和作废，必须在备注栏内注明原因以及重测结果记于何处。

(6) 观测数据应表现其精度及完整性，不能省略零位。如水准尺读至毫米，则应记为2.330；度盘读数45°00′06″，这些读数中的“0”都不能省略。

(7) 距离测量和水准测量中，厘米及以下数值不得更改；在同一距离、同一高差的往、返测或两次测量的相关数字，以及水准测量的红、黑面读数不得连环更改，否则，必须重测。

(8) 角度观测时，分、秒读数不准涂改，同一方向盘左、盘右读数不得同时更改。

(9) 计算时，按“四舍六入，五前奇进偶不进”的取数规则进行计算。

(10) 简单的计算及必要的检核，应在测量进行时随即算出，以判断测量成果是否合格。经检查确认无误后方可搬动仪器，以免影响测量进度。

(11) 观测结束后，将表格上各项内容计算填写齐全，自检合格后将实习结果交给指导教师审阅，符合要求并经允许后方可收拾仪器工具归还仪器室，结束实习。

训练单元一　水 准 测 量

训练一　普 通 水 准 测 量

一、预做作业

1. 整平仪器时，用脚螺旋使圆水准器气泡居中，称为____________，转动微倾螺旋使水准管气泡居中，称为____________。

2. 视差是物像未投影到____________，消除视差的方法是____________________。

3. 准星与照门瞄准目标后，应固紧____________，再转动____________，使十字丝纵丝平分尺面。

4. 在水准测量中，转点应放置____________。

5. 测站检核的目的是检查各站____________的正确性。

二、训练目的

1. 了解水准仪的构造，熟悉各部件的名称、功能及作用，学会水准尺的读数。

2. 掌握水准测量观测、记录、计算的基本方法。

三、仪器工具

DS_3 型水准仪 1 台，水准尺 1 对，尺垫 2 个，测伞 1 把。

四、训练内容及要求

1. 熟悉 DS_3 型水准仪各部件名称及作用，学会水准仪的粗平与精平。

2. 学会瞄准目标，消除视差及利用望远镜的中丝在水准尺上读数。

3. 学会利用水准仪测定地面两点间的高差，并进行记录、计算。

4. 每组施测一个测段的高差，至少设定一个转点，已知一个点的高程，通过转点，求另一个点的高程。

5. 每一个测站采用变动仪器高法或双面尺法进行测站检核。要求测站检核高差不超过 ±6mm。

五、训练步骤

（一）安置仪器

将三脚架张开，架头大致水平，高度适中，用脚踩实架腿，使脚架稳定、牢固。然后用连接螺旋将水准仪固定在三脚架上。

（二）了解水准仪各部件的功能及使用方法

（1）粗平：转动脚螺旋使圆水准器气泡居中。整平时先两手同时相对旋转两个脚螺旋，使圆水准气泡置于两脚螺旋的中间，再单独旋转第三个脚螺旋使气泡居中，若未达目的，可如法重复进行。注意：气泡与左手拇指移动方向一致。

（2）目镜对光：调节目镜对光螺旋，使十字丝清晰。

（3）瞄准目标：用准星和照门粗略照准目标，旋紧水平制动螺旋。旋转物镜调焦螺旋，使物像清晰。此时应注意消除视差。转动水平微动螺旋精确照准目标。

（4）精平：转动微倾螺旋使水准管气泡居中。精平前应先由水准管窗口外看清气泡位置，再调微倾螺旋使气泡居中。微倾螺旋旋进（顺时针），气泡移向目镜端，微倾螺旋退出（反时针）则移向物镜端。

（5）读数：应先认清水准尺分划和注记的规律，再在望远镜内练习读数。读数时应由小向大读取横丝读数。

（三）高差测量练习

（1）从已知水准点 A 开始，通过转点 1，测定 B 点的高程。首先将仪器安置在 A 和转点 1 之间，使前后视距离大致相等，测定 A 和转点 1 之间的高差；然后变动仪器高度超过 10cm 或采用双面尺法，重新测定这两点高差，检核合格后，搬到下一站，直至测到终点为止。

（2）根据已知水准点 A 高程，求出待定点 B 点的高程。

六、注意事项

1. 仪器操作时，各种螺旋旋转的手感均应匀滑流畅，当微动螺旋、微倾螺旋或脚螺旋突然旋转不动时，说明已至极限范围，切勿再用力旋拧。

2. 安置仪器时，脚架头应大致水平，脚架应踩实。水准尺应直立，不得倾斜。

3. 选择测站时，应尽量使前后视距相等。

4. 在已知水准点和待定水准点上不能放置尺垫；仪器未搬站，后视点尺垫不能移动；仪器搬站时，前视点尺垫不能移动，否则应从起点 A 开始重测。

5. 尺垫应踩入土中或置于坚固的地面上，在观测过程中，不得碰动仪器或尺垫。

6. 瞄准标尺时必须消除视差。每次读数前，须先使符合水准气泡居中。读数完成后注意检核气泡是否仍然居中。

7. 应先读后视，后读前视。后视与前视之间若圆气泡不再居中，如未偏出圆圈，仍可继续施测，如因碰动脚架而偏出圆圈，则应重新整平，后视亦应重新观测。

七、实习成果

班级__________**组号**__________**观测者**__________**记录者**__________

仪器__________**编号**__________**日期**__________**测量时间：自**__________**至**__________

测站	测点	后视读数 /m	前视读数 /m	高差 /m	平均高差 /m	高程 /m	备注
检核计算							

训练二 闭合水准测量

一、预做作业

1. 水准路线有以下3种形式：__________、__________、__________。
2. 水准路线检核的目的是______________________________。
3. 闭合水准路线的检核条件是________________。

二、训练目的

1. 掌握闭合水准路线的施测方法。
2. 掌握高差闭合差的计算与调整。

三、仪器工具

DS_3 型水准仪1台，水准尺1对，尺垫2个，测伞1把。

四、训练内容及要求

1. 每组施测一条闭合水准路线。在场地上选定一个坚固点作为已知高程点，再选定2～3个待测高程点，跟已知高程点一起构成一条闭合水准路线。在两个高程点之间，最好再设置几个转点，以能观测2～3站为宜。

2. 观测精度满足要求后，根据观测结果进行水准路线高差闭合差的调整和高程计算。水准路线高差闭合差限差为$\pm 12\sqrt{n}$mm或$\pm 40\sqrt{L}$mm（n为测站总数，L为以km为单位的水准路线长度）。

五、训练步骤

1. 从已知点A开始，按照预定的路线逐站施测。观测时，安置仪器于A点和转点TP_1大致等距离处，转点需放置尺垫。仪器置平后，分别读取后视读数和前视读数，均记入手簿中。

2. 第一站观测结束，搬仪器至第二站，注意前后视距离要大致相等。TP_1上尺垫不动，将水准尺转至朝向仪器，并由第一站的前视变为第二站的后视；将A点上水准尺向前移至另一点上，并作为第二站的前视。分别读取后视读数和前视读数，均记入手簿中。

3. 依此法观测整条水准路线，最后回到已知高程点A。

4. 现场进行检核计算，并计算高差闭合差。

检核计算：后视读数之和减前视读数之和应等于高差之和。

计算高差闭合差：$f_h = \sum h_{测}$。高差闭合差应在限差之内，否则，应当返工。

5. 对符合要求的观测成果进行闭合差的调整和高程计算。

六、注意事项

1. 在已知点和未知点上不应放置尺垫，而转点则必须放置尺垫。

2. 作为前视点的转点，当仪器迁站时不得有任何移动；作为后视点的转点，只有当测站观测工作全部完毕、仪器搬离测站后才能移动。

3. 每次读数前水准管气泡要严格居中；读数时水准尺应立直。

4. 仪器安置须稳固，注意消除视差。

5. 前、后视距离应大致相等。

6. 调整高差闭合差时，只需调整待测水准点的高差，无需计算中间各转点的高程。

七、实习成果

班级__________组号__________观测者__________记录者__________
仪器__________编号__________日期__________测量时间：自__________至__________

测站	测点	后视读数 /m	前视读数 /m	高差 /m	高程 /m	备注
						$f_{h容}=\pm 12\sqrt{n}$ (mm) =
						$f_h=\sum h_{测}=$
检核计算						

训练三　水准仪的检验与校正

一、预做作业

1. 水准仪应满足的几何条件有：__________；__________；__________。

2. 水准管轴若不平行于视准轴，除加以校正外，还可以在观测时，采用__________方法消除。

二、训练目的

1. 熟悉 DS_3 水准仪各轴线应满足的条件。

2. 掌握 DS_3 水准仪的检验与校正方法。

三、仪器工具

DS_3 水准仪 1 台，水准尺 1 对，校正针 1 根，小螺丝刀 1 把，尺垫 2 个，测伞 1 把。

四、训练内容及要求

每组完成 1 台水准仪的检验。内容包括：
1. 圆水准器轴平行于竖轴的检验与校正。
2. 十字丝的横丝垂直于竖轴的检验与校正。
3. 水准管轴平行于视准轴的检验与校正。

五、训练步骤

1. 按实习报告所列项目进行一般检查。
2. 圆水准器轴平行于竖轴的检验与校正。

（1）检验。调脚螺旋使圆水准器气泡居中，旋转仪器 180°，若气泡偏离圆圈，则需校正。

（2）校正。拨圆水准器下面的 3 个校正螺丝使气泡退回偏移量的 1/2，调脚螺旋使气泡居中。

3. 十字丝横丝垂直于竖轴的检验与校正。

（1）检验。用微动和微倾螺旋使十字丝交点对准一明显标志点，旋转水平微动螺旋，若该点偏离横丝，则需校正。

（2）校正。用螺丝刀松开十字丝镜筒相邻的两颗固定螺丝，转动分划板座，让横丝水平，再将螺丝拧紧。

4. 水准管轴平行于视准轴的检验与校正。

（1）检验。在比较平坦的地面上选择相距 80m 的 A、B 两点，分别在两点上放上尺垫，踩紧并立上水准尺。安置水准仪于 A、B 两点的中间，使两端距离严格相等，测得后视读数 a_1 和前视读数 b_1，用变动仪器高法或双面尺法测出 A、B 两点的高差，若两次测得的高差之差不超过 3mm，则取其平均值作为两点的正确高差 h_{AB}。将仪器搬至距前视尺约 3m 处，读后视读数 a_2 和前视读数 b_2。根据正确高差求出后视尺的正确读数为 $a_2'=h_{AB}+b_2$，然后按下式计算 i 角，当 i 角大于 20″时，需要校正。

$$i''=\frac{\Delta h}{D_{AB}}\rho''$$

其中，$\Delta h=a_2-a_2'$，$\rho=206265''$。

（2）校正。调微倾螺旋使前视读数为正确读数 a_2'，用校正针松开水准管的左右校正螺丝，然后拨动上下校正螺丝，一松一紧，升降水准管的一端，使气泡居中。此项检验需反复进行，直到符合要求后，拧紧松开的校正螺丝。

六、注意事项

1. 必须按训练步骤规定的顺序进行检验和校正，不得颠倒。

2. 拨动校正螺丝时，应先松后紧，一松一紧，用力不宜过大；校正结束后，校正螺丝不能松动，应处于稍紧状态。

3. 每一项检验与校正都应反复进行 2～3 次，直至满足要求，不能简单地认为校正 1 次就行了。

七、实习成果

班级_________**组号**_________**观测者**_________**记录者**_________

仪器________**编号**________**日期**________**测量时间：自**________**至**________

1. 一般检查。

仪器部件是否完备	
脚架是否稳固	
制动、微动、微倾及脚螺旋是否有效	
其　他	

2. 圆水准器轴平行于竖轴。

<table>
<tr><td rowspan="2">检验结果</td><td colspan="4">气泡偏离量（目估）/mm</td></tr>
<tr><td>第一次</td><td></td><td>第二次</td><td></td></tr>
<tr><td>校正方法</td><td colspan="4"></td></tr>
</table>

3. 十字丝横丝垂直于竖轴。

<table>
<tr><td rowspan="2">检验结果</td><td colspan="4">视场内目估横丝一端与目标的确偏离量/mm</td></tr>
<tr><td>第一次</td><td></td><td>第二次</td><td></td></tr>
<tr><td>校正方法</td><td colspan="4"></td></tr>
<tr><td>误差消除方法</td><td colspan="4"></td></tr>
</table>

4. 水准管轴平行于视准轴。

<table>
<tr><td colspan="3">仪 器 在 中 间 求 正 确 高 差</td><td colspan="3">仪 器 在 前 视 点 旁 检 验 结 果</td></tr>
<tr><td rowspan="3">第一次</td><td>后视读数 a_1</td><td></td><td rowspan="4">第一次</td><td>后视读数 a_2</td><td></td></tr>
<tr><td>前视读数 b_1</td><td></td><td>前视读数 b_2</td><td></td></tr>
<tr><td>$h_{AB}=a_1-b_1$</td><td></td><td>后视应读数 $a_2'=h_{AB}+b_2$</td><td></td></tr>
<tr><td rowspan="3">第二次</td><td>后视读数 a_2</td><td></td><td>误差值 $a_2'-a_2$</td><td></td></tr>
<tr><td>前视读数 b_2</td><td></td><td rowspan="4">第二次</td><td>后视读数 a_2</td><td></td></tr>
<tr><td>$h_2=a_2-b_2$</td><td></td><td>前视读数 b_2</td><td></td></tr>
<tr><td rowspan="3">平均</td><td colspan="2" rowspan="3">$h_{AB}=\frac{1}{2}(h_1+h_2)=$</td><td>后视应读数 $a_2'=h_{AB}+b_2$</td><td></td></tr>
<tr><td>误差值</td><td></td></tr>
<tr><td></td><td>i 角</td><td></td></tr>
<tr><td colspan="2">校正方法</td><td colspan="4"></td></tr>
<tr><td colspan="2">误差消除方法</td><td colspan="4"></td></tr>
</table>

训练单元二　角　度　测　量

训练一　测回法观测水平角

一、预做作业

1. 用经纬仪观测水平角过程中，旋转照准部时，水平度盘应水平并__________。
2. 观测同一个目标时，盘左、盘右水平度盘读数之差的理论值应为__________。
3. 照准和读数都要消除________________。
4. 分微尺读数可直接读到__________，估读到__________。
5. 竖盘位于望远镜的左边称为______，竖盘位于望远镜的右边称为________。

二、目的

1. 熟悉 DJ_6 光学经纬仪的基本构造及各部件的功能。
2. 练习光学经纬仪的对中、整平、照准和读数。
3. 掌握测回法观测水平角的操作、记录及计算方法。

三、仪器工具

DJ_6 光学经纬仪 1 台，测伞 1 把。

四、训练内容及要求

1. 使用光学对中器对中，对中误差不超过 2mm，整平误差不超过 1 格。
2. 每人独立观测一测回，半测回角值之差不超过±40″，各测回角值之差不超过±24″。

五、实习步骤

1. 安置仪器于测站点 O 上，对中、整平。

2. 配置度盘。设共观测水平角 n 个测回，则第 i 测回的度盘位置为略大于$\frac{180°\ (i-1)}{n}$处。

3. 将仪器置于盘左位置，瞄准左方目标 A，读取水平度盘读数，记入手簿。顺时针方向旋转照准部，瞄准右方目标 B，读取水平度盘读数，记入手簿，并计算上半测回角值 $\beta_{左}$。

4. 将仪器变换为盘右位置，先瞄准 B 目标，读取水平度盘读数；沿逆时针方向旋转照准部，瞄准 A 目标，读取水平度盘读数，记入手簿，并计算下半测回角值 $\beta_{右}$。

5. 如果上、下半测回角值差符合要求，则计算一测回角值 $\beta=\frac{1}{2}(\beta_{左}+\beta_{右})$。

继续观测其他测回，注意变换起始方向的度盘位置。测站观测完毕后，应立即检查各测回角值互差是否超限，并计算各测回平均角值。

六、注意事项

1. 瞄准时，应尽量瞄准目标底部，并使目标准确地夹在十字丝交点附近的双竖丝中央（或用单竖丝平分目标），要注意消除视差。

2. 在观测距离较短的目标时，对中更要仔细，瞄准更要精确。

3. 一测回观测期间，不得再动脚螺旋和度盘变换手轮。

4. 一测回观测期间，若水准管气泡偏离值大于 1 格时，应整平后重测。

七、实习成果

班级__________ **组号**__________ **观测者**__________ **记录者**__________
仪器__________ **编号**__________ **日期**__________ **测量时间：自**__________**至**__________

测站	竖盘位置	目标	水平度盘读数/(° ′ ″)	半测回角值/(° ′ ″)	一测回角值/(° ′ ″)	各测回平均角值/(° ′ ″)

训练二　方向法观测水平角

一、预做作业

1. 有四个观测目标 A、B、C、D，用全圆方向法观测，其观测顺序为：盘左时，__________；盘右时，__________。

2. 半测回归零差是指__________，测回差是指__________。

二、目的

掌握方向观测法观测水平角的操作步骤、记录及计算方法。

三、仪器工具

DJ_6 经纬仪 1 台，测伞 1 把。

四、训练内容及要求

1. 观测方向 3 个以上。

2. 每人独立观测一测回，半测回归零差不得大于±18″，各测回同一方向值较差不大于±24″。

五、训练步骤

1. 安置仪器于测站点 O，对中、整平。

2. 盘左位置，先观测选定的起始方向 A，并配置水平度盘读数于稍大于 0°处。顺时针方向转动照准部，依次瞄准目标 B、C、D，分别读取水平度盘读数，记入手簿，最后再次瞄准起始方向 A，读取读数，记入手簿，并计算半测回归零差，其值应符合限差要求。

3. 盘右位置，先观测起始目标 A，然后按逆时针方向依次瞄准 D、C、B、A，依次读取读数，记入手簿，并计算半测回归零差。

4. 计算两倍照准误差 $2C$ 值。$2C$＝盘左读数－（盘右读数±180°）

5. 计算各方向的平均读数，填入手簿相应栏内。

$$平均读数=\frac{1}{2}[盘左读数+(盘右读数\pm180°)]$$

6. 计算归零后的方向值，并填入手簿相应栏内。

将各方向的平均读数减去零方向的平均读数，即得各方向归零后的方向值。

7. 计算各方向归零后方向值的平均值。

六、实习成果

班级________ **组号**________ **观测者**________ **记录者**________

仪器________ **编号**________ **日期**________ **测量时间：自**________ **至**________

测站	测回数	目标	读数		2C＝左－右±180°/(″)	平均读数/(° ′ ″)	归零方向值/(° ′ ″)	各测回归零方向值的平均值/(° ′ ″)
			盘左/(° ′ ″)	盘右/(° ′ ″)				

训练三　竖直角观测

一、预做作业

1. 竖盘读数前应使____________居中。

2. 写出计算公式：指标差 $x=$________；天顶距 $Z=$________；竖直角 $\alpha=$________。

3. 竖直角采用盘左盘右观测可以消除____________的影响。

二、目的

掌握观测竖直角的操作步骤、记录及计算方法。

三、仪器工具

DJ_6 光学经纬仪 1 台，测伞 1 把。

四、训练内容及要求

1. 每人完成两个竖直角的观测任务。

2. 要求竖盘指标差互差不大于±25″。

五、训练步骤

1. 安置仪器在测站点上，进行对中、整平。

2. 如果是第一次使用该仪器，应先判断竖直角计算公式。

3. 盘左位置分别瞄准目标 A 和 B，注意读数前使竖盘指标水准管气泡居中。计算上半测回角值。

4. 盘右位置分别瞄准目标 A 和 B，注意读数前使竖盘指标水准管气泡居中。计算下半测回角值、一测回角值和指标差，检查指标差互差是否超限。

六、注意事项

1. 竖直角观测时，应尽量用十字丝横丝切准目标顶部。

2. 竖直角观测时，每次读数前应使竖盘指标水准管气泡居中。

七、实习成果

班级________ **组号**________ **观测者**________ **记录者**________

仪器________ **编号**________ **日期**________ **测量时间：自**________ **至**________

测站	目标	竖盘位置	竖盘读数/(° ′ ″)	半测回竖直角/(° ′ ″)	指标差/(″)	一测回竖直角/(° ′ ″)
		左				
		右				
		左				
		右				

训练四 经纬仪的检验与校正

一、预做作业

1. 经纬仪的主要轴线有__________、__________、__________、__________，它们之间正确的几何关系是__________、__________、__________、__________。

2. 进行竖直角测量时，竖盘指标水准管轴应__________竖盘读数指标线。

二、训练目的

1. 熟悉经纬仪各轴线间应满足的几何条件。

2. 掌握 DJ_6 光学经纬仪检验和校正方法。

三、仪器工具

DJ_6 光学经纬仪 1 台，校正针 1 根，小螺丝刀 1 把，测伞 1 把。

四、训练内容及要求

每组完成 1 台经纬仪的检验。内容包括：

1. 一般检查。
2. 照准部水准管轴垂直于仪器竖轴的检验和校正。
3. 十字丝竖丝垂直于横轴的检验校正。
4. 视准轴垂直于横轴的检验与校正。
5. 横轴垂直于竖轴的检验与校正。
6. 竖盘指标差的检验与校正。

五、训练步骤

1. 一般检查：包括经纬仪各部件有无损坏，各螺旋转动是否正常，仪器各旋转轴是否灵活以及脚架是否牢固等。

2. 照准部水准管轴垂直于仪器竖轴的检验和校正。

检验：

(1) 安置仪器，大致整平。

(2) 使水准管平行于任意一对脚螺旋的连线，使水准管气泡居中。再将照准部旋转180°，若气泡仍然居中，则条件满足，否则应校正。

校正：用校正针拨动水准管的校正螺丝，使气泡退回偏离量的 1/2，再转动脚螺旋，使气泡居中。此项检验校正必须反复进行，直到照准部转到任何位置气泡偏离值不大于 1 格时为止。

3. 十字丝竖丝垂直于横轴的检验校正。

检验：以十字丝竖丝一端瞄准一明显点，固定照准部，使望远镜上下微动，若该点不离开竖丝，则竖丝垂直于横轴，否正应校正。

校正：卸下目镜处分划板护盖，用螺丝刀松开四个校正螺丝，轻轻转动十字丝环，直到望远镜上下微动时，A 点始终在竖丝上移动为止。此项检校须反复进行。校正结束应及时拧紧四个校正螺丝，并旋上护盖。

4. 视准轴垂直于横轴的检验与校正。

检验：

(1) 将仪器整平，以盘左瞄准远处大致水平方向一明显目标 P，读取水平度盘读数，设为 M_1。

(2) 以盘右瞄准同一目标 P，读取水平度盘读数，设为 M_2。

(3) 计算视准误差 $C=\frac{1}{2}\left[M_1-(M_2\pm180°)\right]$，若 $C>1'$，应校正。

校正：讨论校正方法、校正部位及误差消除方法。

5. 横轴垂直于竖轴的检验与校正。

检验：

(1) 在距墙约 20～30m 处安置仪器，在墙根离地面约等于仪器高处横置标尺。

(2) 盘左瞄准墙上高处一点 m（高点），固定照准部，然后转动望远镜至大致水平位置，在横置的标尺上以交点附近的竖丝为准读一读数 m_1。

(3) 盘右同上法读取读数 m_2。

(4) 量取 m_1、m_2 两点间的距离，取其中点 m_0，计算 $i\approx\tan i=\frac{m_1m_0}{s\tan\alpha}\rho''$（$s$ 为仪器至 m 点的水平距离）。若 $i>20''$，应校正。

校正：因光学经纬仪的横轴被密封在仪器壳内，故 i 角的校正应由维修部门或厂商进行，自己一般不作校正。

6. 竖盘指标差的检验与校正。

检验：为了检验指标差，可选一明显目标，以盘左、盘右观测其竖直角，按指标差 $x=\frac{1}{2}(L+R-360°)$计算之，若 $x>1'$，需要校正。

校正：在盘右位置，先算出盘右位置时的正确读数 $R_0=R-x$，然后转动竖盘指标水准管的微动螺旋，使竖盘读数恰为正确读数 R_0。此时，竖盘指标水准管的气泡不居中。于是，打开水准管校正螺丝的盖板，调整上、下两个校正螺丝，用先松后紧的方法，把水准管的一端升高或降低，直至气泡居中。此项检验校正也应反复进行，直至竖盘指标差 x 的绝对值小于 $1'$为止。

六、注意事项

1. 应按规定顺序进行检验和校正，并记录其检验结果。

2. 各项检验均应仔细进行，力求将观测误差减少到最低程度。

3. 必须认真地逐项讨论有关误差的校正与误差消除方法。切实弄清校正的部位与校正的操作方法。

七、实习成果

班级__________**组号**__________**观测者**__________ **记录者**__________

仪器__________**编号**__________**日期**__________ **测量时间：自**__________**至**__________

水准管轴的检校		
次数	项目	数值
1	水准管	格
	圆水准器	
2	水准管	格
	圆水准器	
次数	竖丝的检校	
1	________ mm 画图	
2	________ mm 画图	

视准轴误差的检校		
次数	水平度盘读数	
		(° ′ ″)
1	M_1	
	M_2	
	C	
2	M_1	
	M_2	
	C	
	横轴误差的检校	
		第一次	第二次
	mm_0		
	s		
	α		
	i		

竖盘指标差的检校		
次数	竖直度盘读数	
	镜位	(° ′ ″)
1	L	
	R	
	指标差 $x=$	
	正确 $\alpha=$	
	正确 $R_0=$	
2	L	
	R	
	指标差 $x=$	
	正确 $\alpha=$	
	正确 $R_0=$	

训练单元三 全站仪使用

训练一 全站仪的角度测量和距离测量

一、预做作业

1. 全站仪由以下三部分组成__________、__________、__________。
2. 全站仪在距离测量前，需进行__________和__________设置。

二、训练目的

1. 熟悉全站仪的构造和性能。
2. 掌握全站仪的使用方法。
3. 掌握全站仪测角和测距的方法。

三、仪器工具

5″全站仪 1 台，棱镜 2 个，空盒气压计 1 个，测伞 1 把。

四、训练内容及要求

1. 熟悉全站仪的构造和性能。
2. 练习水平角的设置：
(1) 通过锁定角度值进行设置。
(2) 通过键盘输入进行设置。
3. 水平角测量：每人利用测回法，测定水平角一个测回。要求水平角观测半测回较差不大于±40″。
4. 距离测量：练习大气改正设置，棱镜常数设置，练习距离测量。要求距离测量往测一测回（瞄准目标一次，读数 2 次），一测回读数间较差不大于±5mm，读数取至 mm。温度需读至 0.2℃，大气压应精确至 50Pa。

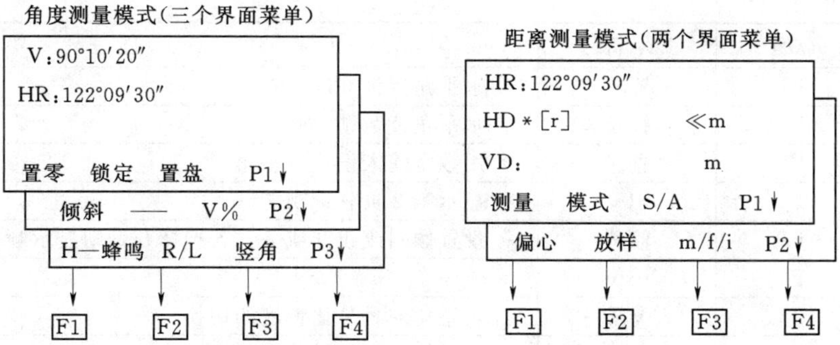

五、南方 NTS－352 全站仪操作说明

（一）显示屏

显示屏采用点阵式液晶显示器，可显示 4 行，每行 20 个字符，一般上面 3 行显示观测数据，底行显示软件的功能，它随测量模式的不同而改变。

（二）显示符号

符　号	含义	符　号	含义
V	垂直角	*	EDM（电子测距）正在进行
HR	水平角（右角）	m	以米为单位
HL	水平角（左角）	ft	以英尺为单位
HD	水平距离	fi	以英尺与英寸为单位
VD	高差		
SD	倾斜距离		
N	北向坐标		
E	东向坐标		
Z	高程		

（三）操作键

按键	名　称	功　　能
	坐标测量键	进入坐标测量模式（▲上移键）
	距离测量键	进入距离测量模式（▼下移键）
ANG	角度测量键	进入角度测量模式（◀左移键）
MENU	菜单键	在菜单模式和测量模式间进行切换（▶右移键）
ESC	退出键	返回上一级状态或返回测量模式
POWER	电源开关键	电源开关
F1－F4	软键（功能键）	对应于显示的软键信息
ENT	回车键	确认
★	星键	进入星键模式

角度测量模式：

页数	软键	显示符号	功　　能
1	F1	置零	水平角置为 0°00′00″
	F2	锁定	水平角读数锁定
	F3	置盘	用数字输入设置水平角
	F4	P1↓	显示第 2 页软键功能
2	F1	倾斜	设置倾斜改正开或关，若选择开，则显示倾斜改正
	F2	……	……
	F3	V%	垂直角与百分比坡度的切换
	F4	P2 ↓	显示第 3 页软键功能

续表

页数	软键	显示符号	功能
3	F1	H—蜂鸣	仪器每转动水平角90°是否要发出蜂鸣声的设置
	F2	R/L	水平角右/左方向计数转换
	F3	竖角	垂直角显示格式（高度角/天顶距）的切换
	F4	P3↓	显示第1页软键功能

距离测量模式：

1	F1	测量	进行测量
	F2	模式	设置测距模式为精测/粗测/跟踪
	F3	S/A	温度、气压、棱镜常数等设置
	F4	P1↓	显示第2页软键功能
2	F1	偏心	偏心测量模式
	F2	放样	距离放样模式
	F3	m/f/i	距离单位设置米/英尺/英寸
	F4	P2↓	显示第1页 软键功能

六、注意事项

1. 在阳光下使用全站仪测量时，一定要撑伞遮掩仪器，严禁用望远镜正对太阳。

2. 当电池电量不足时，应立即结束操作，更换电池。在装卸电池时，必须先关闭电源。

3. 迁站时，即使距离很近，也必须取下全站仪装箱搬运，并注意防震。

4. 部分全站仪因开机方式不同，观测前需要对仪器进行初始化，即仪器对中、整平后，打开仪器开关后，照准部水平旋转3～4周，望远镜在垂直面内转3～4周。

七、实习成果

班级__________ **组号**__________ **观测者**__________ **记录者**__________

仪器__________ **编号**__________ **日期**__________ **测量时间：自**__________ **至**__________

棱镜常数__________

测站	竖盘位置	目标	水平度盘读数/(° ′ ″)	半测回角值/(° ′ ″)	一测回角值/(° ′ ″)	各测回平均角值/(° ′ ″)

边 名	温度 /℃	气压 /hPb	距 离 /m	一测回距离平均值 /m	备 注

训练二 全站仪的坐标测量

一、预做作业

1. 在全站仪测量坐标时，要先设置测站点坐标、仪器高、棱镜高，并进行______，才能测定坐标。

2. 全站仪坐标测量是用__________方法直接测定待定点坐标的。

二、训练目的

掌握全站仪测量坐标的方法。

三、仪器工具

5″全站仪 1 台，棱镜 1 套，对中杆 1 套，空盒气压计 1 个，小钢尺 1 把，测伞 1 把。

四、训练内容及要求

每人测定若干点的坐标，练习全站仪进行坐标测量的步骤及方法。

五、南方 NTS－352 全站仪操作说明

（一）操作键

坐标测量模式(三个界面菜单)

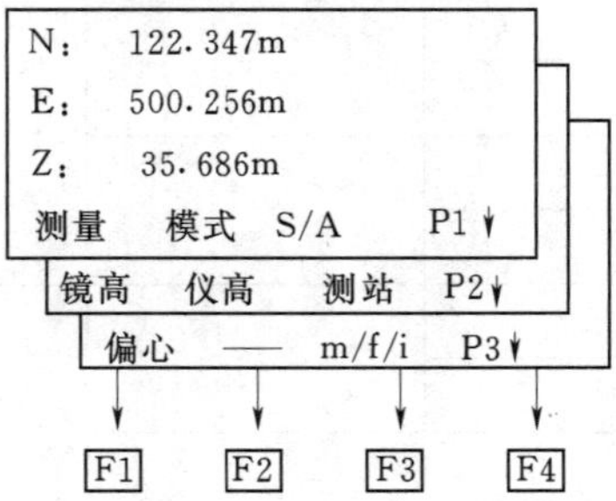

1	F1	测量	启动测量
	F2	模式	设置测距模式，精测/粗测
	F3	S/A	温度、气压、棱镜常数等设置
	F4	P1↓	显示第 2 页软键功能
2	F1	镜高	输入棱镜高
	F2	仪高	输入仪器高
	F3	测站	输入测站坐标
	F4	P2↓	显示第 3 页软键功能
3	F1	偏心	偏心测量模式
	F2	……	……
	F3	m/f/i	距离单位的设置 米/英尺/英寸
	F4	P3↓	显示第 1 页 软键功能

（二）坐标测量的步骤

进行坐标测量，要先设置测站坐标、测站高、棱镜高及后视方位角。

（1）设置测站点坐标。

（2）设置仪器高。

（3）设置棱镜高。

（4）设置后视，并通过测量来确定后视方位角。①通过锁定角度值进行设置；②通过键盘输入进行设置。

（5）测量待求点坐标。

操作过程	操作	显示
①设置已知点 *A* 的方向角（定向）	设置方向角	V：　122°09′30″ HR：　90°09′30″ 置零　锁定　置盘　P1↓
②照准目标 *B*，按  键	照准棱镜 	N：　　　<< m E：　　　m Z：　　　m 测量　模式　S/A　P1↓
③按 F1（测量）键，开始测量	F1	N *　　286.245 m E：　　76.233 m Z：　　14.568 m 测量　模式　S/A　P1↓

六、实习成果

班级__________**组号**__________**观测者**__________**记录者**__________

仪器__________**编号**__________**日期**__________**测量时间：自**__________**至**__________

测站点：__________**仪器高：**__________**坐标：**$x=$________，$y=$________，$z=$________

温度：__________**大气压：**__________**后视点：方位角**__________

测点	坐标/m			棱镜高/m	备注
	x	y	z		

训练单元四　导　线　测　量

训练一　全站仪的导线测量

一、预做作业

1. 导线布设的形式有__________、__________、__________。
2. 导线测量的外业工作包括__________、__________、__________、__________。

二、训练目的

要求使用全站仪通过测距、测角方法施测一条闭合导线。掌握全站仪导线测量的施测步骤与方法。

三、仪器工具

5″全站仪 1 台，棱镜 2 套，空盒气压计 1 个，小钢尺 1 把，测伞 1 把。

四、训练内容及要求

1. 每组选定不少于 4 个点的闭合导线进行施测。
2. 用全站仪完成导线测量工作，要求绘出草图，在草图上标出起算数据和观测结果。
3. 要求对中误差小于 2mm，整平误差小于 1 格。
4. 测定每条导线的边长和转折角。
5. 观测导线前进方向的左转折角，闭合导线观测内角，观测一个测回，半测回差不大于±40″。
6. 边长往测一个测回，要求距离测量往测一测回（瞄准目标一次，读数 2 次），一测回读数间较差不大于±5mm，读数取至 mm。测站读记温度、大气压并输入全站仪。
7. 导线精度要求：导线角度闭合差不大于$\pm 60''\sqrt{n}$，导线全长相对闭合差不大于 1/2000。

五、训练步骤

1. 根据导线测量选点的要求及测区情况，每组选定不少于 4 个导线点，并构成闭合导线。

导线点按逆时针编号。导线起点坐标自己假定，利用罗盘仪测定起始边方位角。

2. 测定每条导线的边长及转折角。
3. 计算导线角度闭合差。

六、实习成果

班级________组号________观测者________记录者________
仪器________编号________日期________测量时间：自________至________
起始点坐标：$x=$________，$y=$________，$z=$________，起始边方位角：________
温度：________大气压：________仪器高：________

水平角记录手簿

测站	竖盘位置	目标	水平度盘读数/(° ′ ″)	半测回角值/(° ′ ″)	一测回角值/(° ′ ″)	各测回平均角值/(° ′ ″)

距离记录手簿

边 名	温度/℃	气压/hPb	距离/m	一测回距离平均值/m	备 注

训练二 全站仪导线测量的内业计算

一、预做作业

1. 导线角度闭合差分配原则：________________________。
2. 坐标方位角推算：$\alpha_{前}$________________________。
3. 坐标增量闭合差的分配原则：________________________。

二、训练目的

掌握导线测量数据处理的步骤及方法，掌握 Excel 进行导线计算的方法。

三、仪器工具

计算器、计算机（Excel）。

四、训练内容及要求

每人分别利用计算器和 Excel 进行导线计算。首先完成给定已知数据的表格计算，然后将训练一的外业测量数据填入表格中，进行坐标计算。

五、训练步骤

1. 完成以下表格计算。

点号	转折角（右角）/(° ′ ″)	改正后角度/(° ′ ″)	坐标方位角/(° ′ ″)	边长/m	坐标增量		改正后坐标增量		坐标	
					Δx/m	Δy/m	Δx/m	Δy/m	X/m	Y/m
1			143 07 15	155.55					500.00	500.00
2	156 00 45			25.77						
3	88 58 00			123.68						
4	95 23 30			76.57						
5	139 05 00			111.09						
1	60 33 15								500.00	500.00
2										
总和										

2. 实测数据成果计算。利用 Excel 进行导线计算的方法，可参见附录一的相关内容。

点号	转折角/(° ′ ″)	改正后角度/(° ′ ″)	坐标方位角/(° ′ ″)	边长/m	坐标增量		改正后坐标增量		坐标	
					Δx/m	Δy/m	Δx/m	Δy/m	X/m	Y/m
总和										

训练单元五 高程控制测量

训练一 四等水准测量

一、预做作业

1. 四等水准测量的各项限差是：①前、后视距差________；②视距累积差________；③最大视距________；④红、黑面读数差________；⑤红、黑面高差之差________；⑥全长高差允许闭合差为________或________。

2. 四等水准测量一测站的观测顺序为：________________________。

二、训练目的

1. 通过四等水准测量的具体实施，明确四等水准测量的实施步骤和方法。

2. 掌握四等水准测量的成果计算。

三、仪器工具

DS_3 水准仪 1 台，水准尺 1 对，尺垫 2 个，测伞 1 把。

四、训练内容及要求

每组利用四等水准测量完成一条水准路线的施测。在校园内布设一条水准路线，在路线上选定 1～2 个待测水准点，由已知水准点 A 出发，依次经过待测水准点，闭合到 A 点。

五、训练步骤

1. 安置水准仪，使前、后视距离大致相等，满足视距差要求。将望远镜对准后视尺黑面，精平后，读取上丝、下丝和中丝读数，记入表中。

2. 照准后视尺红面，精平后只读取中丝读数，记入表中。

3. 将望远镜照准前视尺黑面，精平，读取上丝、下丝和中丝读数，记入表中。

4. 照准前视尺红面，精平后只读取中丝读数，记入表中。

至此，一个测站上的操作已告完成。四等水准测量这样观测的顺序简称为：
“后—后—前—前”，或“黑—红—黑—红”。

六、注意事项

1. 读数前应消除视差，水准管的气泡一定要严格居中。

2. 计算平均高差时，都是以黑面尺计算所得高差为基准。

3. 每站观测完毕，应立即进行计算，该测站的所有检核均符合要求后方可搬站，否则必须立即重测。

4. 仪器未搬站，后视尺不可移动；仪器搬站时，前视尺不可移动。

5. 最后须进行每页计算校核，如果有误，须逐项检查计算中的差错并进行改正。

七、实习成果

班级__________ **组号**__________ **观测者**__________ **记录者**__________

仪器__________ **编号**__________ **日期**__________ **测量时间：自**__________ **至**__________

<table>
<tr><td rowspan="4">点号</td><td rowspan="2">后尺</td><td>下丝</td><td rowspan="2">前尺</td><td>下丝</td><td rowspan="4">方向及尺号</td><td colspan="2" rowspan="2">标尺读数</td><td rowspan="4">K+黑−红/mm</td><td rowspan="4">高差中数/m</td><td rowspan="4">备注</td></tr>
<tr><td>上丝</td><td>上丝</td></tr>
<tr><td colspan="2">后距/m</td><td colspan="2">前距/m</td><td rowspan="2">黑面/m</td><td rowspan="2">红面/m</td></tr>
<tr><td colspan="2">视距差/m</td><td colspan="2">累积差/m</td></tr>
<tr><td rowspan="4"></td><td colspan="2"></td><td colspan="2"></td><td>后</td><td></td><td></td><td></td><td rowspan="4"></td><td rowspan="4">K_1=</td></tr>
<tr><td colspan="2"></td><td colspan="2"></td><td>前</td><td></td><td></td><td></td></tr>
<tr><td colspan="2"></td><td colspan="2"></td><td>后−前</td><td></td><td></td><td></td></tr>
<tr><td colspan="2"></td><td colspan="2"></td><td></td><td></td><td></td><td></td></tr>
<tr><td rowspan="4"></td><td colspan="2"></td><td colspan="2"></td><td>后</td><td></td><td></td><td></td><td rowspan="4"></td><td rowspan="9">K_2=</td></tr>
<tr><td colspan="2"></td><td colspan="2"></td><td>前</td><td></td><td></td><td></td></tr>
<tr><td colspan="2"></td><td colspan="2"></td><td>后−前</td><td></td><td></td><td></td></tr>
<tr><td colspan="2"></td><td colspan="2"></td><td></td><td></td><td></td><td></td></tr>
<tr><td rowspan="4"></td><td colspan="2"></td><td colspan="2"></td><td>后</td><td></td><td></td><td></td><td rowspan="4"></td></tr>
<tr><td colspan="2"></td><td colspan="2"></td><td>前</td><td></td><td></td><td></td></tr>
<tr><td colspan="2"></td><td colspan="2"></td><td>后−前</td><td></td><td></td><td></td></tr>
<tr><td colspan="2"></td><td colspan="2"></td><td></td><td></td><td></td><td></td></tr>
<tr><td>检核计算</td><td colspan="4"></td><td colspan="5"></td></tr>
</table>

训练二　三角高程测量

一、预做作业

1. 三角高程测量中计算高程的公式：____________________。

2. 三角高程测量采用对向观测，可以消除____________________的影响。

二、训练目的

掌握三角高程测量的步骤和方法。

三、仪器工具

5″全站仪 1 台，棱镜 2 个，小钢尺 3 把，测伞 1 把。

四、训练内容及要求

1. 在空旷的场地上选择三个间距约 60m 的点，构成一个三个高程点的闭合环，如下图所示。

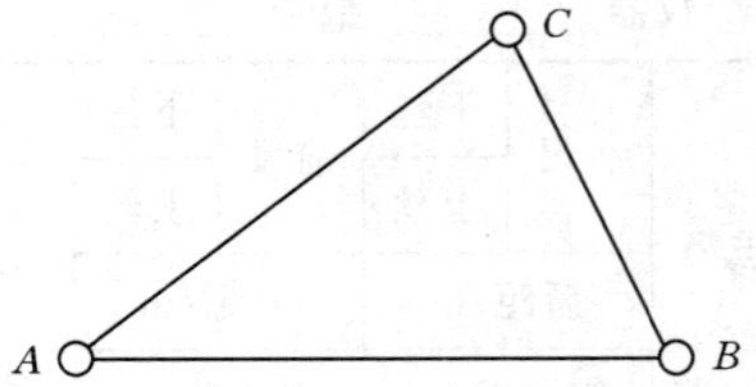

2. 观测每一测段的往返测高差，最后计算闭合差。精度要求：竖直角采用中丝法读数，观测 2 个测回，指标差较差和测回差限差均为不大于±25″，对向观测高差较差不大于 $80\sqrt{D}$mm，环线闭合差不大于 $40\sqrt{\sum D}$mm。其中，边长测量取 2 次读数的平均值，两次读数差不超过±5mm；D 为导线边的长度（km）。仪器高和觇标高量至 mm。

五、训练步骤

1. 从任一点出发开始架设仪器，相邻两点架设棱镜，对中整平后量取仪器高和棱镜高，按以上要求观测距离和垂直角。

2. 沿顺时针或逆时针方向移动仪器和棱镜，重复以上观测，直至所有测段都进行了往返观测。

3. 计算每一测段的往返高差，并检查是否符合精度要求，超限重测。若符合精度要求，则计算往返测平均高差作为测段高差，并计算闭合差，超限重测。

六、注意事项

尽量提高视线高度，这样可以有效削弱地面折光的影响，提高测量精度。

七、实习成果

班级________ **组号**________ **观测者**________ **记录者**________

仪器________ **编号**________ **日期**________ **测量时间：自**________ **至**________

测段	往返	斜距/m	垂直角/(° ′ ″)	仪器高/m	目标高/m	高差/m	高差平均值/m
	往						
	返						
	往						
	返						

训练单元六　大比例尺地形图测绘

训练一　经纬仪测绘法

一、预做作业

1. 经纬仪测绘法在一测站上需要观测和读取数据：____________________。
2. 地物特征点包括____________________。
3. 地貌特征点包括____________________。

二、训练目的

1. 熟悉地形测量的工作内容和工作步骤。
2. 熟悉用经纬仪测绘法施测地形的方法。
3. 明确地形特征点的选择。

三、仪器工具

DJ_6 型光学经纬仪 1 台，水准尺 1 把，小钢尺 1 把，皮尺 1 把，量角器 1 个，小针 1 根，小平板 1 块，聚酯薄膜 1 张，绘图工具 1 套，测伞 1 把。

四、训练内容及要求

在测区内，利用经纬仪测绘法，测绘 1∶500 地形图。需要测绘地物和地貌特征点，并使用量角器在图纸上展点，绘制地物，勾绘等高线。每组选定 A、B 两个控制点作为测图依据。

五、训练步骤

1. 安置仪器于 A 点，对中、整平，量取仪器高。盘左位置瞄准后视点 B，配置水平度盘读数为 $0°00'00''$。

2. 在绘图纸上定出 a 点，画出 ab 方向线，用小针将量角器中心固定在 a 点。

3. 持尺者立水准尺于地形点上，地形点应选在地物和地貌特征点处，在平坦地区或均匀坡地上选取地形点的间隔一般不超过实地 15m，即图上 3cm。

4. 观测者瞄准地形点上的水准尺，将中丝瞄准尺上读数为仪器高处，再分别读取水平角、视距间隔和竖盘读数。水平角读数读至 $5'$，竖盘读数读至 $1'$。

5. 计算水平距离和测点高程。

6. 根据水平度盘读数和水平距离，利用量角器将碎部点展绘在图纸上，并注记高程。

及时绘出地物，勾绘等高线，最后对照实地检查有无遗漏。

六、注意事项

1. 观测 20 个点左右，要检查定向，即重新瞄准 B 点，看水平度盘读数是否仍等于 $0°00'00''$，其检核方向线的偏差不大于图上 0.3mm。

2. 对于一些不通视的碎部点，可以用皮尺量尺寸，采用作图法绘出。

3. 绘图过程中应保持图面整洁，碎部点高程注记应在点位右侧，字头朝北。

七、实习成果

班级__________ **组号**__________ **观测者**__________ **记录者**__________

仪器__________ **编号**__________ **日期**__________ **测量时间：自**__________**至**__________

测站点：__________**坐标：** $x=$__________，$y=$__________，$H=$__________**仪器高：**__________

后视点：__________**坐标：** $x=$__________，$y=$__________，$H=$__________

点号	水平角/(° ′)	视距间隔/m	中丝读数/m	竖盘读数/(° ′)	竖直角/(° ′)	平距/m	高程/m	备注

训练二 草图法数字测图

一、预做作业

1. 波特率是______________________________。

2. 校验位是______________________________。

二、训练目的

1. 掌握全站仪进行数据采集（草图法）的作业过程。

2. 掌握全站仪与计算机之间的数据通信。

3. 掌握南方 CASS 成图软件的使用方法。

三、仪器工具

5″全站仪 1 台，对中杆 2 套，小钢尺 1 把，皮尺 1 把，草图纸，CASS 软件，测伞 1 把。

四、训练内容及要求

在测区内，利用草图法，测绘数字地形图。利用全站仪采集地物和地貌特征点，并将数据传输到计算机中，利用 CASS 软件绘制成图。

五、训练步骤

1. 将全站仪安置在测站点上。

2. 按下 MENU 键，仪器进入主菜单 1/3 模式，按下 F1（数据采集）键，显示数据采集菜单 1/2。

3. 选择数据采集文件，使其所采集数据存储在该文件中。

4. 选择坐标数据文件。可进行测站坐标数据及后视坐标数据的调用（当无需调用已知点坐标数据时，可省略此步骤）。

5. 置测站点。包括仪器高和测站点号及坐标。

6. 置后视点，通过测量后视点进行定向，确定方位角。

7. 输入棱镜高，开始采集数据，存储数据。

8. 全站仪测点的同时，绘图员应跟随立镜员实地绘制草图。

9. 碎部点施测完毕，将数据导入计算机中。

（1）设置通信参数。微机与全站仪的通信参数设置必须一致。

（2）发送数据。发送测量数据文件到计算机中。

10. 利用 CASS 软件绘制地形图。

六、注意事项

1. 观测员应及时与绘图员对点号，立镜员最好固定一个镜高，当改变镜高时，应及时告知观测员。

2. 传输数据时，一定注意微机与全站仪的通信参数设置必须一致。

七、实习成果

班级________ **组号**________ **观测者**________ **记录者**________

仪器________ **编号**________ **日期**________ **测量时间：自**________**至**________

测站点：________**坐标：**x=________，y=________，H=________，**仪器高：**________

后视点：________**坐标：**x=________，y=________，H=________

草图：

训练单元七 地形图应用

训练一 纸质地形图的应用

一、预做作业

1. 坡度的计算公式________________________________。
2. 纵断面图是反映指定方向________________________。

二、训练目的

1. 掌握在地形图上计算点位坐标、方位角、距离、高程的方法。
2. 掌握绘制断面图的方法。
3. 掌握坡度计算及按要求选定一条满足坡度的最短路线。

三、仪器工具

计算器，绘图工具。

四、训练内容及要求

在 1∶2000 地形图上完成以下工作：
1. 确定 A、C 两点的坐标。
2. 计算直线 AC 的距离和方位角。
3. 求 A、C、D、E 四点的高程。
4. 求 AC 连线的平均坡度。
5. 由 A 点到 E 点选定一条坡度不超过 6.5%的最短路线。
6. 做沿 AB 方向的断面图。

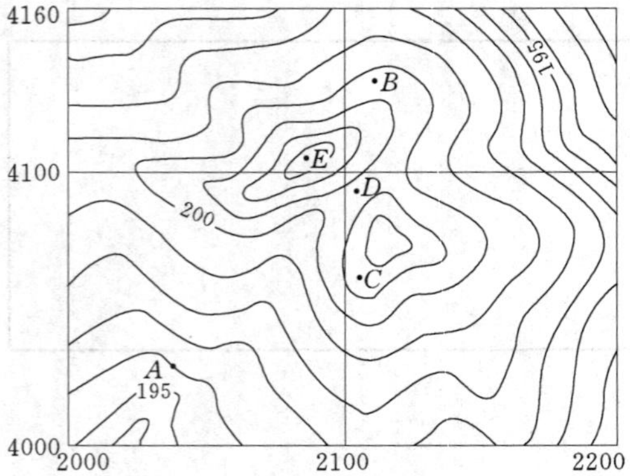

训练二　数字地形图的应用

一、预做作业

1. 方格网法计算土方量时，方格顶点的填挖高度=＿＿＿＿＿＿＿＿＿＿＿＿＿＿。
2. 区域土方量平衡法，可以保证＿＿＿＿＿＿＿＿＿＿＿＿＿＿＿＿＿＿。

二、训练目的

1. 掌握 CASS 软件进行几何要素查询的方法。
2. 熟悉 CASS 软件计算土方量和绘制断面图的步骤和方法。

三、仪器工具

计算机，南方 CASS 软件。

四、训练内容及要求

可以利用 CASS 软件自带的数据文件 DGX. DAT，做以下练习。

（一）基本几何要素的查询

查询指定点坐标，查询两点距离及方位，查询线长，查询实体面积。

方法：用鼠标点取“工程应用”菜单中的相应查询功能，用鼠标点取所要查询的点、线、面即可。

（二）土方量的计算

土方量计算的方法有很多种，CASS 软件提供的方法有：DTM 法、断面法、方格网法、等高线法、区域土方量平衡法。可以任选两种方法进行练习。

（三）绘制断面图

CASS 软件绘制断面图的方法有四种：根据已知坐标、根据里程文件、根据等高线、根据三角网。可以任选两种方法进行练习。

训练单元八　放　样　测　量

训练一　已知高程的测设

一、预做作业

已知点 A 的高程为 19.032m，需测设 B 点的高程为 19.547m，将仪器安置在 A、B 两点之间，后视 A 读数为 1.384m，则视线高为________________m，前视 B 应读数为__________m。

二、训练目的

掌握利用水准仪进行高程测设的方法。

三、仪器工具

DS_3 型水准仪 1 台，水准尺 1 根，木桩 1 个，测伞 1 把。

四、训练内容及要求

1. 掌握计算放样数据的方法。

2. 按给定的数据，先计算出放样数据，然后进行测设。

3. 计算完毕和测设完毕后，都必须进行认真的校核。放样高程精度为 1cm，即检核高差理论值与实际值之差小于±1cm。

4. 测设过程中要注意使仪器严格整平。

五、训练步骤

1. 将水准仪安置在已知水准点 A 与 P 点的中间，后视 A，得后视读数 a，要使 P 点桩顶的高程等于设计值 H_p，则竖立在桩顶的尺上读数应为

$$b = H_A + a - H_p$$

2. 在 P 点逐渐将木桩打入土中，使立在桩顶的尺上读数逐渐增加到 b，这样，在 P 点桩顶就标出了设计高程 H_p。也可将水准尺沿木桩的侧面上下移动，直至尺上读数为计算出的 b 为止，这时沿水准尺的零刻划线在桩的侧面绘一条红线，其高程即为 P 点的设计高程。

六、实习成果

班级________**组号**________**观测者**________**记录者**________**计算者**________

仪器________**编号**________**日期**________**测量时间：自**________**至**________

测设数据计算：

$b_1 = H_A + a_1 - H_{p1} =$

$b_2 = H_A + a_2 - H_{p2} =$

测设后经检查，点 A 与点 1 的高差为 $h=$__________，与已知值__________相差________ mm。

点 A 与点 2 的高差为 $h=$__________，与已知值________相差________ mm。

训练二　全站仪放样建筑物轴线交点

一、预做作业

已知控制点 A（285.000m，1200.000m）、B（304.291m，1247.210m）、待定点 P（344.480m，1207.944m），若在 A 点，后视 B 点，用极坐标法测设 P 点，则测设数据：水平距离 $D=$__________，水平角 $\angle BAP=$__________。

二、训练目的

掌握利用全站仪进行点的平面位置测设的方法。

三、仪器工具

2″全站仪 1 台，对中杆 2 个，木桩 4 个，小钉 4 个，斧头 1 把，测伞 1 把。

四、训练内容及要求

1. 根据两个已知的控制点，用全站仪在实地测设出某建筑物的四个轴线交点的平面位置，并在实地标定。

2. 要求对中误差小于 2mm，整平误差小于 1 格，实地标定的点位清晰。

3. 测量所测设四个点的水平距离和水平角进行检核，要求水平距离与设计值之差的相对误差不大于 1/3000，水平角与设计值之差不大于±30″。

五、训练步骤

1. 在实训场地选定 A、B 两点，假定：

$x_A = 189.00\text{m}$，$y_A = 102.00\text{m}$，$x_B = 185.165\text{m}$，$y_B = 126.702\text{m}$。

2. 设计建筑物轴线交点的坐标为：

$x_{P_1} = 197.845\text{m}$，$y_{P_1} = 109.048\text{m}$，$x_{P_2} = 195.704\text{m}$，$y_{P_2} = 122.678\text{m}$，

$x_{P_3} = 202.927\text{m}$，$y_{P_3} = 110.748\text{m}$，$x_{P_4} = 200.068\text{m}$，$y_{P_4} = 124.154\text{m}$。

3. 把全站仪安置在 A 点，输入 A 点坐标；瞄准后视点 B，输入 B 点坐标进行定向；然后将待放样点 P_1 的设计坐标输入全站仪，即可自动计算出测设数据：水平角 β_1 及水平距离 D_{AP_1}。首先测设水平角度 β_1，转动全站仪的照准部，使 dHA 变为 0°00′00″，将照准部制动；在视线方向上调整棱镜位置，直至 dHD 变为零，此时距离为 D_{AP_1}，这样就得到

了地面点 P_1。同法测设其余三个点。

4. 检核。将全站仪分别安置在 P_1、P_2、P_3、P_4 点上，测量四个水平角和四个水平距离，也可以在 A 点上，利用全站仪程序测量中的"对边测量"功能测量四个点间的水平距离。如水平角和水平距离满足精度要求，则结束实习。否则，应重新放样。

六、实习成果

班级________ **组号**________ **观测者**________ **记录者**________

仪器________ **编号**________ **日期**________ **测量时间：自**________**至**________

平距	设计值/m	实测值/m	差值/m	相对误差	水平角顶点号	设计值/(°)	实测值/(° ′ ″)	差值/(″)
$P_1 \sim P_2$				1/				
$P_2 \sim P_3$				1/				
$P_3 \sim P_4$				1/				
$P_4 \sim P_1$				1/				

参 考 文 献

[1] 张慕良，叶泽荣．水利工程测量［M］．北京：中国水利水电出版社，1994.

[2] 牛志宏，徐启杨，蓝善勇．水利工程测量［M］．北京：中国水利水电出版社，2005.

[3] 李青岳，陈永奇．工程测量学［M］．北京：测绘出版社，1993.

[4] 陈飞龙，金其坤．工程测量［M］．上海：同济大学出版社，1990.

[5] 顾孝烈，鲍峰，程效军．测量学［M］．上海：同济大学出版社，1999.

[6] 王依，过静珺．现代普通测量学［M］．北京：清华大学出版社，2001.

[7] 徐宇飞．数字测图技术［M］．郑州：黄河水利出版社，2005.

[8] 靳祥升．测量学［M］．郑州：黄河水利出版社，2001.

[9] 武汉测绘科技大学《测量学》编写组．测量学［M］．北京：测绘出版社，1991.

[10] 陈丽华．土木工程测量学［M］．杭州：浙江大学出版社，2006.

[11] 覃辉．土木工程测量［M］．上海：同济大学出版社，2005.

[12] 罗聚胜，杨晓明．地形测量学［M］．北京：测绘出版社．2001，7.

[13] 周建郑．工程测量［M］．郑州：黄河水利出版社，2005.

[14] 潘正风，程效军．数字测图原理与方法［M］．武汉：武汉大学出版社，2009.

[15] 中华人民共和国建设部．GB 50026—2007 工程测量规范［S］．北京：中国计划出版社，2008.